新形态立体化精品系列教材

办公自动化技术

Windows 7+Office 2016

微课版 | 第3版

高秀东 阙宏宇 / 主编

刘晓杰 杨眷玉 欧丽娜 / 副主编

人民邮电出版社

北京

图书在版编目（CIP）数据

办公自动化技术 : Windows 7+Office 2016 : 微课版 / 高秀东，阙宏宇主编. -- 3版. -- 北京 : 人民邮电出版社，2023.4
新形态立体化精品系列教材
ISBN 978-7-115-60278-7

Ⅰ. ①办… Ⅱ. ①高… ②阙… Ⅲ. ①Windows操作系统－高等职业教育－教材②办公自动化－应用软件－高等职业教育－教材 Ⅳ. ①TP316.7②TP317.1

中国版本图书馆CIP数据核字(2022)第192651号

内 容 提 要

本书以案例的形式全面介绍了办公自动化技术的相关知识和操作，包括使用 Office 2016 办公软件中的 Word、Excel 和 PowerPoint 3 个组件来创建和编辑各种文档的方法与技巧，以及日常办公中涉及的各种软、硬件的相关知识。全书共 10 章，主要介绍了办公自动化基础与操作平台、制作并编辑 Word 文档、Word 文档的高级编排、制作并编辑 Excel 表格、Excel 表格数据的计算与分析、制作并编辑 PowerPoint 演示文稿、常用办公软件的使用、网络办公应用、常用办公设备的使用及综合案例——编写广告文案等内容。通过对 Office 2016 3 个组件及相关软、硬件使用方法的学习，读者可以全面、深入、透彻地理解办公自动化技术，从而提高工作效率。

本书可以作为高等院校、职业院校、培训学校办公自动化技术课程的教材，也适合办公人员和对办公软、硬件有浓厚兴趣的广大读者阅读参考。

◆ 主　　编　高秀东　阙宏宇
　副 主 编　刘晓杰　杨眷玉　欧丽娜
　责任编辑　马小霞
　责任印制　王　郁　焦志炜

◆ 人民邮电出版社出版发行　　北京市丰台区成寿寺路 11 号
　邮编　100164　　电子邮件　315@ptpress.com.cn
　网址　https://www.ptpress.com.cn
　北京市艺辉印刷有限公司印刷

◆ 开本：787×1092　1/16
　印张：14.25　　2023 年 4 月第 3 版
　字数：401 千字　　2023 年 4 月北京第 1 次印刷

定价：59.80 元

读者服务热线：(010)81055256　印装质量热线：(010)81055316
反盗版热线：(010)81055315
广告经营许可证：京东市监广登字 20170147 号

前　言 PREFACE

根据现代教育教学的需要，我们组织了一批优秀的、具有丰富教学经验和实践经验的作者团队编写了本套“新形态立体化精品系列教材”。本套教材已进入学校多年，在这段时间里，我们很庆幸本套教材能够帮助教师授课并得到广大教师的认可；此外，我们更加庆幸的是教师们在使用本套教材的同时，给我们提出了很多宝贵的建议。为了让本套教材能够更好地服务于广大教师和学生，我们根据一线教师的建议，着手本套教材的改版工作。改版后的教材具有案例更丰富、知识更全、练习更多等优点，同时还在教学方法、教学内容、平台支撑、教学资源4个方面体现出了自己的特色。

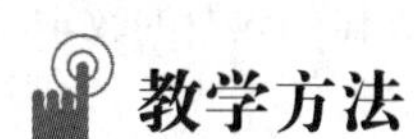

教学方法

本书是本套教材中的一本。本书根据“情景导入→课堂案例→项目实训→课后练习→技巧提升”5段教学法，有机整合职业场景、软件知识和应用知识，使各个环节环环相扣。

- **情景导入：**从日常办公场景展开，以主人公的实习情景为例来引入各章的教学主题，并将主题贯穿于课堂案例的讲解之中，使学生了解相关知识点在实际工作中的应用情况。书中设置了如下两位主人公。

  米拉：职场新人。

  洪钧威：米拉的顶头上司和职场引路人，人称“老洪”。
- **课堂案例：**以职场和实际工作中的案例为主线，以米拉的职场之路来引入每一个课堂案例。因为这些案例均来自职场，所以其应用性非常强。每个课堂案例不仅讲解了案例所涉及的Office 2016 软件知识，还通过“职业素养”小栏目讲解了与案例相关的行业知识，并穿插有“知识提示”和“多学一招”小栏目，以提升学生的软件操作技能，扩展其知识面。
- **项目实训：**结合课堂案例讲解相关知识点，并结合实际的工作需要进行综合训练。综合训练注重锻炼学生的自我总结和学习能力，所以在项目实训中，我们只提供适当的操作思路及步骤提示以供参考，要求学生独立完成操作，以充分锻炼动手能力。同时增加与本项目实训相关的“专业背景”，让学生提升自己的综合能力。
- **课后练习：**结合本章内容给出难度适中的上机操作题，让学生强化、巩固所学知识。
- **技巧提升：**以本章案例所涉及的知识点为主线，深入讲解软件的相关知识，让学生可以更便捷地操作软件，以及掌握软件的其他功能。

教学内容

本书的教学目标是帮助学生掌握自动化办公软、硬件的使用方法和网络办公应用的操作方法。全书共 10 章，可分为以下 4 个部分。

- **第1章：**主要讲解办公自动化系统的功能、办公自动化系统的技术支持和Windows 7的基本操作等知识。
- **第2～6章：**主要讲解文档的制作、编辑、审阅和打印，表格的制作、数据计算和数据分析，演示文稿的制作、设置和放映输出等知识。
- **第7～9章：**主要讲解常用办公软件的使用、网络办公应用、常用办公设备的使用等知识。
- **第10章：**引导学生使用Office 2016组件、QQ、打印机等完成一个综合案例，并通过该案例进一步熟悉办公自动化的流程，从而提升学生的办公能力。

教材特色

为了全面、详细地讲解办公自动化技术的具体应用，推动教学职场化和教材实践化，以及培养学生的职业能力，我们在编写本书时注意突出以下特色。

- **注重素质教育**：党的二十大报告提出“全面贯彻党的教育方针，落实立德树人根本任务，培养德智体美劳全面发展的社会主义建设者和接班人。”本书不仅每章开头以“学习目标”“素养目标”体现素质教育的核心点，还选取了大量包含中华传统文化、科学精神和爱国情怀等元素的项目案例，力求提高学生的家国情怀和责任担当意识，培养学生的专业精神、职业精神、工匠精神和创新意识，努力做到“学思用贯通”与“知信行统一”相融合。
- **校企合作**：本书由高校和企业合作，由企业提供真实项目案例，由具有丰富教学经验的教师执笔，对理论与实践进行充分的融合，很好地体现了职业教育的“做中学，做中教”的教学理念。
- **产教融合**：本书依据真实的职场办公人员的办公经历，精选了大量真实的办公案例，以项目式方式展开理论与实践知识的介绍，力图提升学生的学习认知和学习热情，培养学生的职业素养与职业技能。

教学资源

本书的教学资源包括以下 4 个方面。

- **素材文件与效果文件**：包括书中课堂案例所涉及的素材文件与效果文件。
- **题库练习软件**：包括丰富的Office 2016办公软件相关试题，教师可自行组合出不同的试卷进行测试。
- **PPT教案和教学教案**：包括PPT教案和Word文档格式的教学教案，以帮助教师顺利开展教学工作。
- **拓展资源**：包括Word教学素材和模板、Excel教学素材和模板、PowerPoint教学素材和模板等。

特别提醒：上述教学资源均可在人民邮电出版社人邮教育社区（www.ryjiaoyu.com）中搜索书名下载。

本书案例、实训、讲解中涉及的重要知识点都提供了二维码，读者只需使用手机或平板电脑扫描即可查看对应的操作演示以及相关知识点的讲解，方便读者灵活运用碎片时间，即时学习。

虽然编者在编写本书的过程中倾注了大量心血，但恐百密之中仍有疏漏，恳请广大读者不吝赐教。

编　者

2023年1月

目　录 CONTENTS

第6章

制作并编辑PowerPoint演示文稿

第7章

常用办公软件的使用

第8章

网络办公应用

第9章

第10章

第1章
办公自动化基础与操作平台

情景导入

米拉应聘到一家公司担任行政助理一职，并开始了她的实习生涯。为了让米拉快速适应行政助理的工作，公司让行政部的洪均威（人称“老洪”）带她熟悉相关业务。老洪准备先给米拉介绍一下公司的办公环境，并让米拉熟悉一下办公自动化的相关基础知识，为后面开展工作做好准备。

学习目标

- 了解办公自动化系统的功能和技术支持。

如文字处理、数据处理、图形图像处理、文件管理、信息交流、在线办公和远程办公、办公自动化系统的硬件和软件等。

- 掌握计算机办公自动化平台——Windows 7的基本操作。

如进入与退出 Windows 7、使用鼠标操作 Windows 7 和 Windows 7 系统桌面的操作，以及认识并操作 Windows 7 的三大元素等。

素质目标

了解办公自动化的发展，提高工作效率，能将计算机技术应用于办公室工作。

案例展示

▲办公自动化系统的硬件

▲Windows 7系统桌面

1.1 办公自动化系统的功能

办公自动化（Office Automation，OA）也称为无纸化办公，它是将现代化办公和计算机网络功能结合起来的一种新型办公方式，也是信息化社会的必然产物。随着三大核心支持技术——网络通信技术、计算机技术和数据库技术的成熟，办公自动化已具有以下4个方面的特点。

- **集成化：**软、硬件及网络的集成，人与系统的集成，单一办公系统同社会公众信息系统的集成，由此组成了“无缝集成”的开放式系统。
- **智能化：**可用于日常事务处理，辅助人们完成智能性工作，如汉字识别、辅助决策等。
- **多媒体化：**可用于数字、文字、图形图像、声音和动画的综合处理。
- **运用电子数据交换（Electronic Data Interchange，EDI）：**通过计算机网络，计算机之间可进行数据交换和自动化处理。

一般来说，办公室人员需要进行大量的文件处理，如公文、表格和演示文稿的制作与管理等。办公自动化使这些独立的业务实现一体化，使自动化程度得以提高，从而提高了办公效率，带来了更大的效益，同时也创造了无纸化办公的优越环境。办公自动化系统的基本功能如图1-1所示，下面对其进行详细介绍。

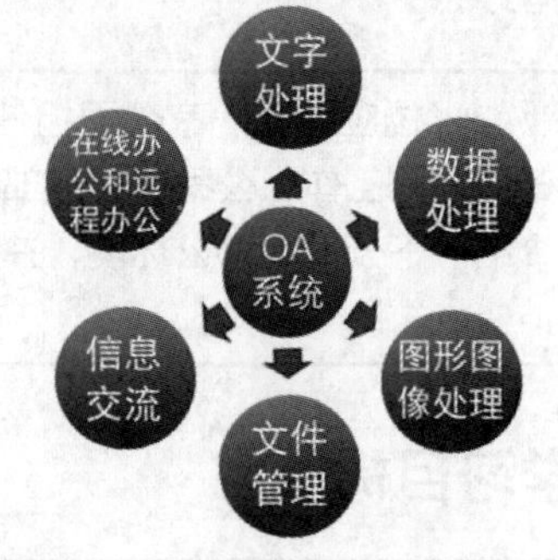

图1-1　办公自动化系统的基本功能

1.1.1　文字处理

文字工作是办公室人员的主要工作之一，文字处理就是利用计算机来处理文字工作，如Word文档的制作，包括输入与编辑文字、文档版式编排、表格制作和文档的智能检查等操作。

1. 输入与编辑文字

汉字、英文和数字等可输入到文字处理软件中。用户可对其进行相应的编辑操作，主要包括设置文本格式，复制、粘贴、查找与替换文本等，还可根据需要在文档中添加图片等对象，以增强文档的观赏性。图1-2所示为使用Word制作的邀请函。

邀请函
Invitation

尊敬的张浩文先生：

您好！

感谢您一直以来对我们公司的关注和支持！在此，总经理××携公司全体员工为您送上最真挚的问候和最衷心的祝福！

我公司将于2021年8月8日（星期日）举行分店开业庆典，诚挚邀请您届时莅临！

时间：2021年8月8日

地点：成都市青羊区大庆路××××××大酒店

流程：领导讲话、嘉宾剪彩、节目表演、宴会合影等

星浩有限责任公司

2021年8月1日

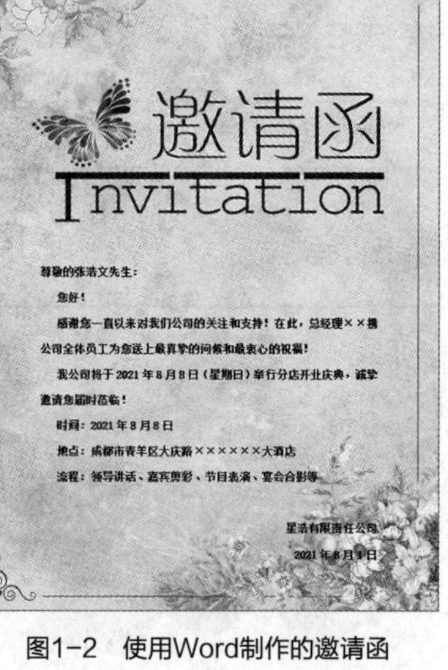

图1-2　使用Word制作的邀请函

2. 文档版式编排

完成了基本的文字输入和编辑操作后，还可编排文档的版式，完善文档的制作效果。版式的编排主要是设置文档页面中的各项参数，如页面分栏、页码格式及页眉和页脚设置等。编排版式可使文档更加美观、规范和专业。

3. 表格制作

表格是一种非常直观的表达方式，所以表格的表达效果往往强于文字的表达效果。在办公自动化系统中使用表格，不仅可以美化文档，还能增强文档的说服力。

4. 文档的智能检查

各种常见的文字处理软件都提供了基本字典和自定义字典，以及用户自定义的词库。用户可使用这些工具对文档进行拼写和语法检查，确保在编辑文档时能及时纠正出现的错误。

知识提示　　**工作中美化文档要把握一定尺度**

办公文档的格式应符合相应的规范和要求，尤其是在企事业单位中，办公文档必须内容严谨、富有条理、格式规范，在使用图片时应与主题相符，不宜过于花哨。

1.1.2 数据处理

数据处理是信息处理的基础，是指将科学研究、生产实践和社会活动等各个领域的原始数据用一定的设备和手段，按一定的目的加工成另一种形式的数据，即利用计算机对数据进行收集、存储、加工和传播等一系列活动的组合。

1. 数据录入

使用电子表格可以快速完成数据录入，而且在录入的过程中，电子表格不仅能方便用户灵活地插入数据行或列，还能自动生成有规律的数据，并根据函数生成特定的、基于数据表的数据，同时进行自动计算等。

2. 根据数据生成相关图形或图表

图形或图表能够更好地表达数据统计的结果，使数据信息一目了然。有数据的电子表格可以利用电子表格软件强大的内嵌功能来自由地选择模板生成各种图形或图表。当电子表格中的数据发生变化时，图形或图表也会根据新的数据发生相应的变化，实现数据的同步更新。

3. 数据统计

电子表格软件提供了各种数据统计功能，常用的数据统计功能有数据排序、筛选和分类汇总等。通过合理使用数据统计功能，用户可方便地对电子表格中的数据进行相应的操作，制作出工作中需要的各种电子表格。

1.1.3 图形图像处理

办公自动化中的图形图像处理主要包括对图形图像的输入、存储、编辑和输出等操作，其基本流程如图1-3所示。

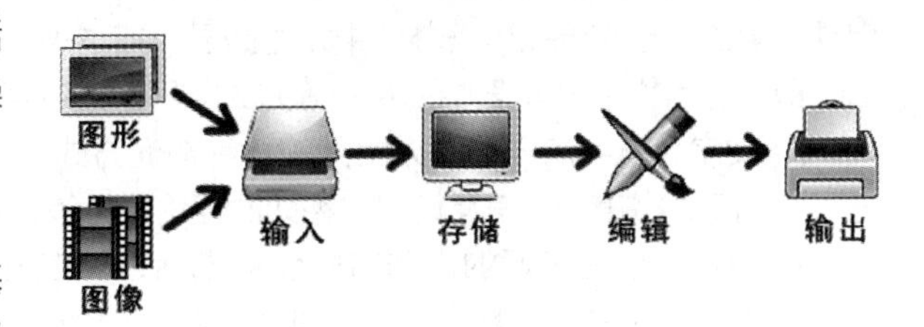

图1-3　图形图像处理的基本流程

1. 图形图像的输入

图形图像的输入是图形图像处理的基础，常见的图形图像输入方式有通过扫描仪扫描，通过手机或数码相机等设备来拍摄，通过数位板绘制图像等。

2. 图形图像的存储和编辑

图形图像的存储是指将获取的图形图像存储到手机或计算机等设备中，然后运用专业的图形图像软件对其进行编辑，包括裁剪大小、调整色调和转换格式等。

3. 图形图像的输出

对图形图像进行编辑处理后，即可将其输出使用。常见的输出方式是通过打印机进行打印输出，另外还可以进行印刷输出等。

1.1.4 文件管理

在日常工作中，文件管理是一项十分重要的工作。传统的手工文件管理方式不仅效率低、消耗大，而且还会占用工作人员的大量时间，所以，该方式已经无法满足办公自动化和远程办公的要求。而办公自动化（OA）系统中的文件处理系统就真正实现了数字化办公，极大地提高了人们的工作效率。该系统主要有以下两种功能。

- **资源共享：** OA系统的网络可使内部成员方便地共享文件，经过授权的用户还可通过访问网络资源来获取文件。
- **文件处理流程系统化：** 传统的文件处理流程需要专门的人员进行分发或催办工作，而在OA系统中，用户可通过基于OA网络的文件处理系统（见图1-4）来真正实现网络化处理，有效缩短文件处理的时间。

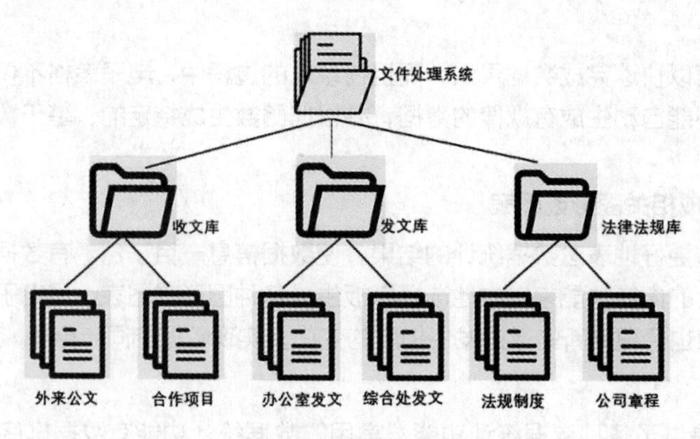

图1-4　文件处理系统

1.1.5 信息交流

办公自动化中的信息交流除了面对面交流外，还可以使用文字、语音与视频等进行交流。办公自动化中的信息交流在远程办公中尤为凸显，如越来越多的远程办公人员使用电子邮件、短信、电话、即时通信软件和远程办公 App等方式与同事进行互动等。

- **文字：** 文字沟通是较为常用的一种沟通方式。常用的文字沟通工具包括文档、电子邮件、QQ、微信、短信及其他各种即时通信软件等，适用于处理不需要即时解决的问题。
- **语音：** 语音沟通的常用方式包括电话、微信语音、QQ 语音等。该方式的优点是沟通及时，但是由于只有语音，直观性不强，所以该方式适用于处理紧急的问题。
- **视频：** 采用视频沟通方式可以轻松实现同事之间的“面对面”交流，沟通效率更高。视频沟通的常用方式包括视频文件、视频会议等。视频文件的功能与文档类似，只能单方面接收信息。

1.1.6 在线办公和远程办公

在线办公和远程办公是利用现代互联网技术实现非本地办公（如在家办公、异地办公、移动办公等）的一种新型办公模式。 其中，远程视频会议和文件共享编辑是比较常用的两种办公方式。

1. 远程视频会议

远程视频会议是一种让身处异地的人可以通过某种传输介质实现“实时、可视、交互”的办公方式。该方式可以通过现有的各种通信传输媒体，将人物的静态和动态图像、语音、文字、图片等多种信息分发到各个用户的终端设备上，使得在地理上分散的用户可以“共聚一处”，通过图形、声音等多种方式进行信息交流，从而增进不同用户对内容的理解。

2. 文件共享编辑

文件共享编辑是指创建者通过网络将文件进行共享后，其他人可以对共享的文件进行编辑、修改的一种办公方式，以达到网络办公和高效办公的目的。用户可以通过腾讯文档、钉钉等软件实现文件共享编辑。

1.2 办公自动化系统的技术支持

计算机的应用是办公自动化系统中较为重要且较为广泛的一种技术支持，计算机是进行信息处理、存储与传输必不可少的设备。办公自动化系统由硬件和软件两大部分组成，硬件即计算机主机和外部设备等实体，软件即安装在计算机上的各种程序，如Windows操作系统、Office办公软件等。要想发挥办公自动化系统的各种功能，硬件和软件缺一不可。

1.2.1 办公自动化系统的硬件

一个完整的办公自动化系统的硬件由主机和外部设备等组成，图1-5所示为计算机硬件系统的组成。

在实际工作中，用户可以根据办公需要来决定除主机外的其他设备的取舍，而无须购置和接入所有的设备。办公中常用的计算机硬件主要包括机箱、电源、主板、中央处理器（Central Processing Unit，CPU）、硬盘、内存条、显示器、键盘、鼠标、音响、耳机和摄像头等，如图1-6所示。

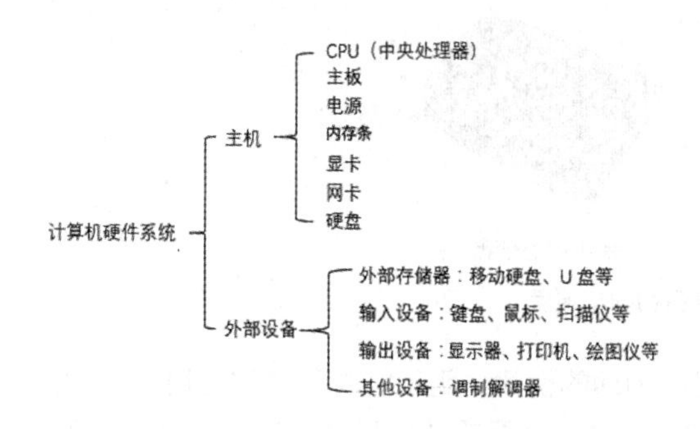

图1-5 计算机硬件系统的组成

图1-6 常用的计算机硬件

- **机箱：** 机箱是计算机主机的载体，计算机本身的重要部件都放置在机箱内，如主板、硬盘等。质量较好的机箱拥有良好的通风结构和合理的布局，不仅有利于硬件的放置，也有利于散热。机箱如图1-7所示。
- **电源：** 电源是计算机的供电设备，为计算机中的其他硬件，如主板、硬盘等提供稳定的电压和电流，使其能够正常工作。电源如图1-8所示。

多学一招　　**查看硬件型号**

若要了解硬件的型号，可查看硬件产品的说明书、包装盒或产品表面。另外，使用硬件检测工具（如EVEREST或360硬件大师等）也可查看硬件的型号。

图1-7　机箱

图1-8　电源

- **主板：**主板又称主机板、系统板或母板，主板上集成了各种电子元件和动力系统，包括BIOS芯片、I/O控制芯片和插槽等。主板的好坏决定着计算机的好坏，主板的性能影响着计算机工作时的性能。主板如图1-9所示。
- **CPU：**CPU又称微处理器，是计算机的核心，负责处理、运算所有数据。CPU主要由运算器、控制器、寄存器组和内部总线等构成。CPU如图1-10所示。

图1-9　主板

图1-10　CPU

- **硬盘：**硬盘是计算机的重要存储设备，能存储大量数据，且存取数据的速度非常快。硬盘主要有容量大小、接口类型和转速等参数。目前计算机的常用硬盘是机械硬盘和固态硬盘，其中固态硬盘的存取速度更快，但是价格相对较高，容量较小。两种硬盘如图1-11所示。

（a）机械硬盘

（b）固态硬盘

图1-11　机械硬盘和固态硬盘

- **内存条：**内存条是CPU与其他硬件设备进行沟通的桥梁，用于临时存放数据和协调CPU的处理速度，如图1-12所示。内有条的内存越大，计算机的处理能力越强，运行速度就越快。
- **显示器：**显示器是计算机的重要输出设备，目前办公领域中普遍使用的显示器是液晶显示器，如图1-13所示。液晶显示器较轻便，而且能有效地减少辐射。

图1-12　内存条

图1-13　液晶显示器

- **网卡：**网卡又称网络适配器，用于实现网络和计算机之间数据信息的接收和发送。网卡可分为独立网卡和集成网卡（网卡集成在计算机主板上）两种，图1-14所示为独立网卡。

- **显卡：**显卡又称显示适配器或图形加速卡，主要用于图形图像的处理和输出，数字信号经过显卡转换成模拟信号后，才能使图形图像显示在显示器上。显卡也分为独立显卡和集成显卡两种，图1-15所示为独立显卡。

图1-14　独立网卡

图1-15　独立显卡

- **鼠标和键盘：**鼠标和键盘是计算机的基本输入设备，如图1-16所示。用户可以通过它们向计算机发出指令，进行各种操作。

（a）鼠标

（b）键盘

图1-16　鼠标和键盘

- **音箱和耳机：**音箱和耳机是计算机的音频输出设备，如图1-17所示。用户可以通过它们听到操作计算机时的声音。

（a）音箱

（b）耳机

图1-17　音箱和耳机

- **扫描仪：**扫描仪是一种可以将实际工作中的文字或图片输入计算机的工具，它诞生于20世纪80年代初，是一种光机电一体化设备。扫描仪可分为手持式扫描仪、平板式扫描仪和滚筒式扫描仪3种，图1-18所示为平板式扫描仪。
- **打印机和复印机：**打印机是日常办公中不可缺少的办公设备之一，它可以打印文件、合同、信函等各种文稿。按工作原理的不同，打印机可分为针式打印机、喷墨打印机和激光打印机3种，现在普遍使用的是喷墨打印机和激光打印机。复印机用于复印文件，在办公中也会经常使用，如复印身份证、各种职称证件等。如今办公中多使用打印机与复印机相结合的一体化速印机，如图1-19所示。

图1-18　平板式扫描仪

图1-19　一体化速印机

1.2.2 办公自动化系统的软件

计算机软件是计算机的灵魂，利用计算机进行的各种操作实际上都需要通过计算机软件来完成。计算机软件可以分为系统软件、工具软件和专业软件三大类。

- **系统软件：**系统软件是其他软件的使用平台，其中较为常用的是Windows操作系统，图1-20所示为Windows 7操作系统的外包装。计算机中必须安装系统软件。
- **工具软件：**工具软件的种类繁多，这类软件的特点是占用空间小、实用性强，如“腾讯视频”视频播放软件、“美图秀秀”图片处理软件等。
- **专业软件：**专业软件是指在某一领域中拥有强大功能的软件。这类软件的特点是专业性强、功能多，如Office办公软件是办公用户的常用软件，Photoshop图形图像处理软件是设计领域的常用软件。图1-21所示为Office 2016的外包装。

图1-20 Windows 7的外包装

图1-21 Office 2016的外包装

1.3 计算机办公自动化平台——Windows 7的基本操作

计算机是实现办公自动化的重要设备，若要使计算机发挥出巨大的作用，就需要安装操作系统。目前的办公自动化平台主要是Windows操作系统，常见的Windows操作系统包括Windows 7和Windows 10，本书主要讲解Windows 7操作系统。

1.3.1 进入与退出Windows 7

要使用Windows 7办公，就必须先启动计算机并进入操作系统。计算机的启动类似于电视机的启动，而正常关闭计算机及退出操作系统的方法则不同于关闭电视机的方法。下面介绍进入与退出Windows 7的方法，具体操作如下。

（1）接通电源后，首先按下显示器的电源按钮开启显示器，然后按下机箱上的电源按钮，启动计算机。

（2）按下电源按钮后，计算机将进入自检状态，待计算机成功启动后将进入系统桌面，如图1-22所示。此时，用户可通过键盘和鼠标操作计算机。

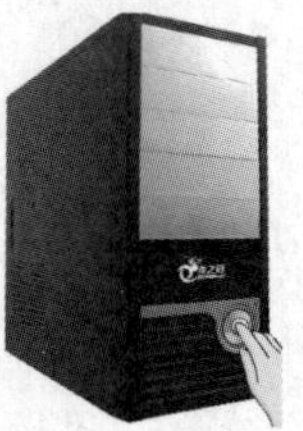

图1-22 启动计算机并进入Windows 7

（3）将屏幕上的鼠标指针移动到屏幕左下角的“开始”按钮上，单击“开始”菜单，再将鼠标指针移动到关机按钮上，单击即可关闭计算机并退出Windows 7，如图1-23所示。

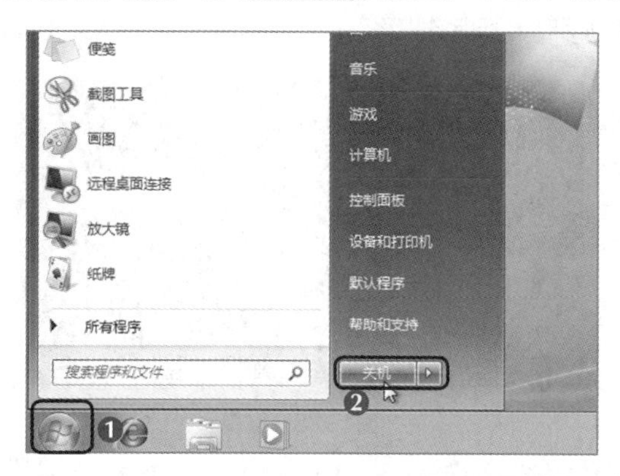

图1-23　关闭计算机并退出Windows 7

多学一招

睡眠与重新启动

当暂时不使用计算机时，可单击关机按钮右侧的按钮，在弹出的列表中选择“睡眠”选项，计算机将进入睡眠节能状态。当计算机遇到某些故障时，可单击关机按钮右侧的按钮，在弹出的列表中选择“重新启动”选项，系统将自动修复故障并重新启动计算机。

1.3.2　使用鼠标操作Windows 7

启动计算机并进入Windows 7后，用户便可对其进行相关的操作。操作Windows 7必须先熟练地使用计算机的主要输入设备——鼠标，只有这样，用户才能更好地利用计算机进行各种操作。下面介绍鼠标在Windows 7中的各类操作。

微课视频

使用鼠标操作Windows7

- **单击：**单击是指用食指按一下鼠标左键，通常用于选择某个对象，如图1-24所示。
- **右击：**右击是指用中指按一下鼠标右键，会弹出一个快捷菜单供用户选择操作命令，如图1-25所示。
- **双击：**双击是指快速、连续地按两次鼠标左键，通常用于打开某个对象，如打开窗口、程序等，如图1-26所示。

图1-24　单击

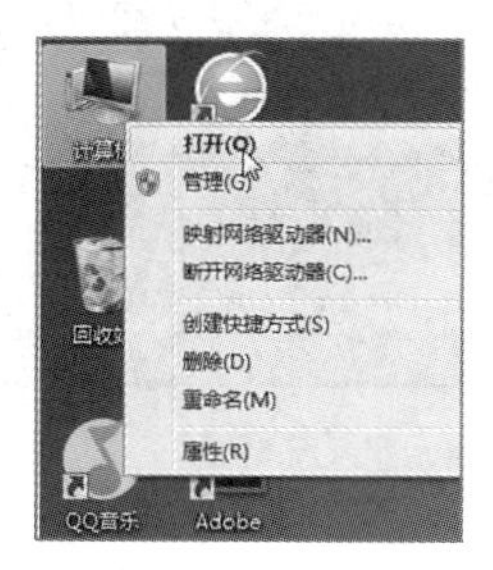

图1-25　右击

图1-26　双击

- **滚动：**滚动是指使用食指或中指滚动鼠标中间的滚轮，用于显示窗口中其他未显示完全的部分，如图1-27所示。
- **拖曳：**拖曳是指用食指按住鼠标左键不放，通过移动鼠标指针来移动目标对象，如图1-28所示。

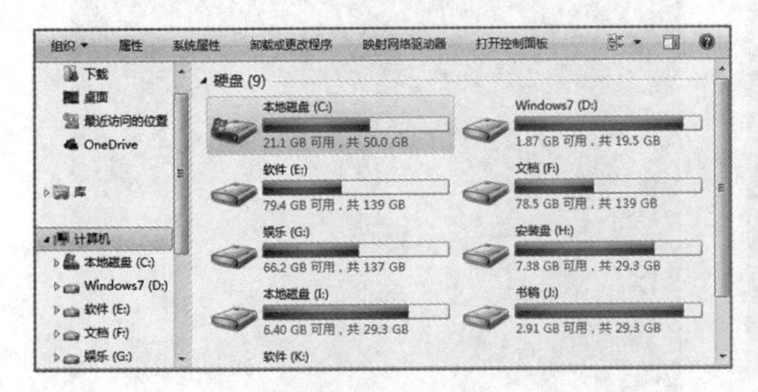

图1-27　滚动

图1-28　拖曳

知识提示　　**鼠标指针不同形状的含义**

在操作鼠标的过程中，鼠标指针的形状并非是一成不变的，系统默认的鼠标指针为形状。当鼠标指针变为形状时表示系统正在执行某项操作，要求用户耐心等待；当鼠标指针变为形状时表示系统处于忙碌状态，不能再进行其他操作；当鼠标指针变为形状时表示鼠标指针所在的位置是一个超链接，单击将进入该链接；在移动窗口或对象时，鼠标指针将变为形状，用于移动整个窗口或目标对象的位置。

1.3.3　Windows 7系统桌面的操作

进入计算机后，显示器屏幕上显示的即为系统桌面，它是用户对计算机进行操作的入口，主要包括桌面背景、桌面图标和任务栏三大部分，如图1-29所示。

图1-29　Windows 7系统桌面

- **桌面背景：**桌面背景是屏幕显示的直观表现。桌面背景可以显示为某种颜色、图案，也可以是一组幻灯片程序，甚至用户还可以根据个人喜好来自行设置。

- **桌面图标：**桌面图标是打开某个程序的快捷途径，用户可通过桌面图标快速打开对应的程序。桌面图标既有系统图标，如图1-30所示；又有一些程序的快捷方式图标，如图1-31所示；还有单独的文件和文件夹图标，如图1-32所示。

图1-30　系统图标

图1-31　快捷方式图标

图1-32　文件和文件夹图标

- **任务栏：**任务栏一般位于桌面底部，由“开始”按钮、任务区、通知区和“显示桌面”按钮4部分组成，如图1-33所示。其中，“开始”按钮用于打开“开始”菜单；任务区用于显示已打开的程序或文件，用户可以在它们之间进行快速切换；通知区包括时钟及一些告知特定程序和计算机设置状态的图标；单击“显示桌面”按钮，将最小化其他窗口，以快速显示桌面。

图1-33　任务栏

1. 设置桌面背景

为Windows 7系统桌面设置精美的桌面背景，不仅可以保护办公人员的视力，还能使办公人员心情愉悦，没有压迫感。下面设置Windows 7系统桌面的桌面背景，具体操作如下。

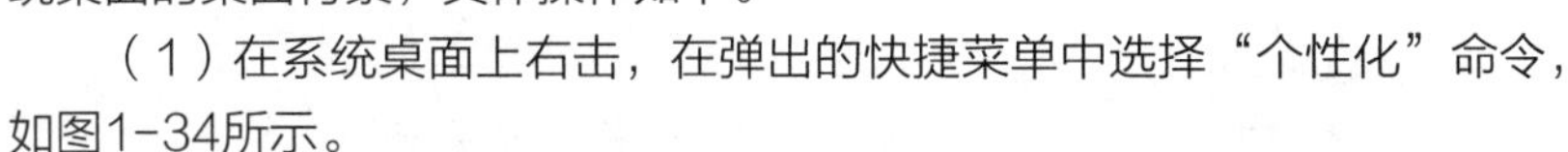

（1）在系统桌面上右击，在弹出的快捷菜单中选择“个性化”命令，如图1-34所示。

（2）打开“个性化”窗口，单击下方的“桌面背景”超链接，如图1-35所示。

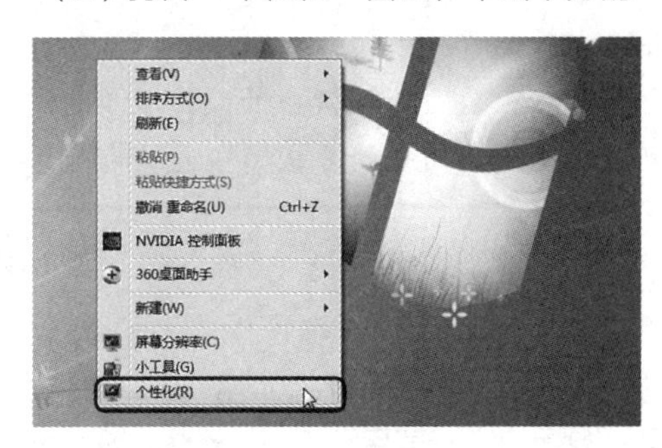

图1-34　选择“个性化”命令

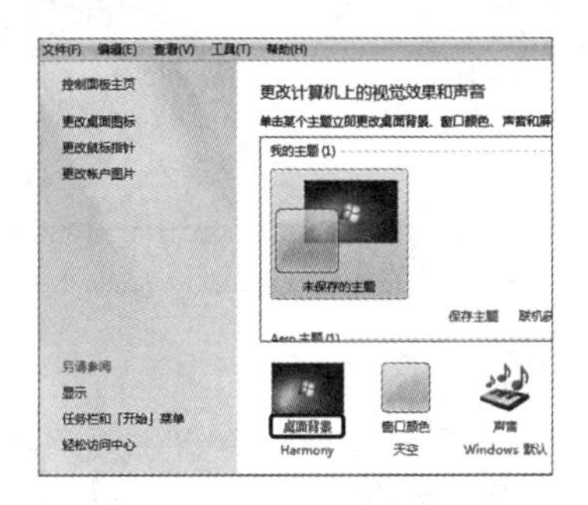

图1-35　单击“桌面背景”超链接

（3）打开“桌面背景”窗口，在“建筑”列表中选择背景图片，单击保存修改按钮，如图1-36所示。

（4）返回“个性化”窗口，单击按钮关闭该窗口。返回桌面后可看到桌面背景已经应用了所选择的图片，如图1-37所示。

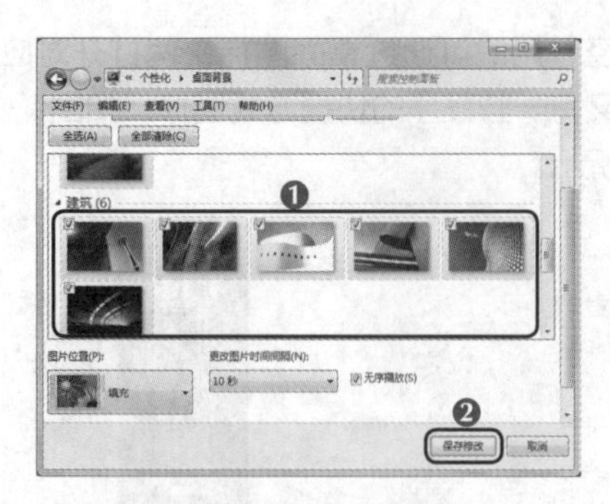

图1-36　选择背景图片

图1-37　应用所选图片

2. 添加系统图标

为了提高计算机的操作速度，用户可以根据需要添加系统图标，以快速打开相应的窗口，具体操作如下。

（1）打开“个性化”窗口，单击导航窗格中的“更改桌面图标”超链接，如图1-38所示。

（2）打开“桌面图标设置”对话框，选中需要添加系统图标的对应复选框，如图1-39所示，单击 确定 按钮，完成添加系统图标的操作。

图1-38　单击“更改桌面图标”超链接

图1-39　添加系统图标

多学一招　　**添加软件程序的快捷图标**

在“开始”菜单中的软件程序对应选项上右击，在弹出的快捷菜单中选择“发送到”命令，在弹出的子菜单中选择“桌面快捷方式”命令，即可添加软件程序的快捷图标。

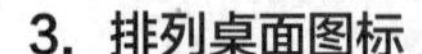

3. 排列桌面图标

随着安装软件的增多，桌面上的图标也会逐渐增加，为了不使桌面看起来凌乱无章，用户可对桌面图标进行排列。排列桌面图标的方法有自动排列和手动排列两种，下面分别进行介绍。

- **自动排列：** 在桌面上右击，在弹出的快捷菜单中选择“排序方式”命令，在弹出的子菜单中选择“名称”“大小”“项目类型”或“修改日期”命令，系统将根据选择的方式自动排列桌面图标，如图1-40所示。

- **手动排列：**将鼠标指针移动到某个图标上，单击即可选择该图标。选择多个图标则需在图标附近的空白处拖曳鼠标，框选需要选择的图标，再释放鼠标左键；将鼠标指针移动到需要选择的图标上，拖曳鼠标，待鼠标指针移动到目标位置后释放鼠标左键，图标便被移动到了新的位置，如图1-41所示。

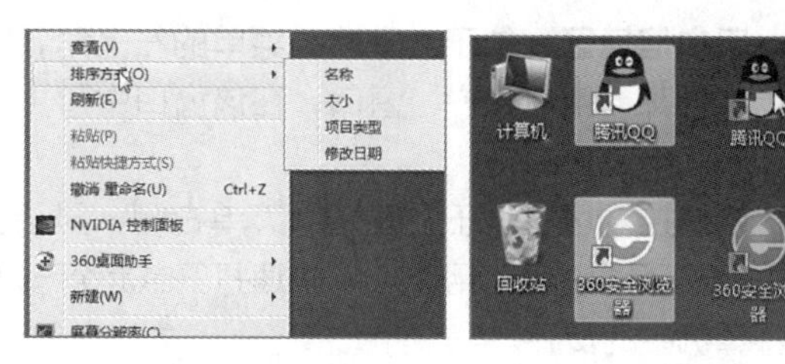

图1-40 自动排列　　图1-41 手动排列

4. “开始”菜单的使用

单击桌面左下角的“开始”按钮，将弹出“开始”菜单，计算机中的大多数程序都可以从这里启动，即使是桌面上没有显示的文件或程序，通过“开始”菜单也能轻松找到。“开始”菜单主要由高频使用区、所有程序区、搜索区、用户信息区、系统控制区和关闭注销区6部分组成，如图1-42所示。

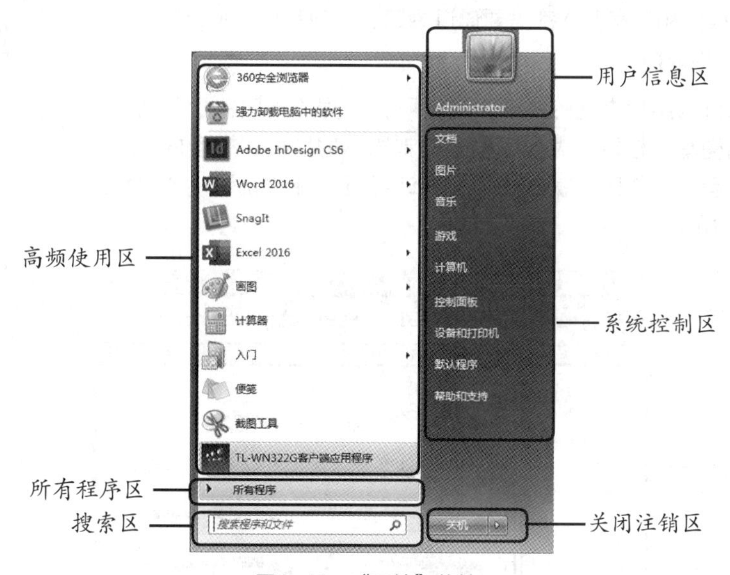

图1-42 “开始”菜单

- **高频使用区：**根据用户使用程序的频率，Windows 7会自动将使用频率较高的程序显示在该区域中，以便用户能够快速地启动所需程序。
- **所有程序区：**选择“所有程序”选项，其上方显示高频使用程序的区域将显示计算机中已安装的所有程序的启动图标或程序文件夹，单击某个选项即可启动相应的程序或展开相应的文件夹，此时，“所有程序”选项将变成“返回”选项。
- **搜索区：**“开始”菜单的最下方有一个“搜索”文本框，在其中输入关键字后，系统将搜索计算机中所有与关键字相关的文件或程序，并将搜索结果显示在上方的区域中，单击某一搜索结果即可打开相应的程序或文件，如图1-43所示。

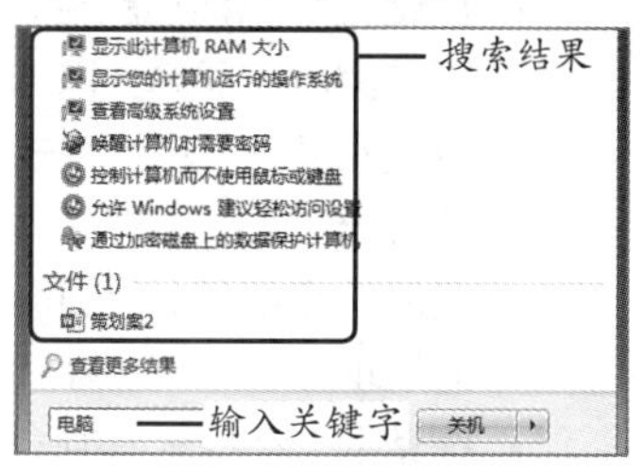

图1-43 搜索区

- **用户信息区：** 位于“开始”菜单的右上角，它显示了当前用户的头像和用户名，单击头像将打开“用户账户”窗口，在该窗口中可更改用户的账户信息，单击用户名将打开当前用户的用户文件夹。
- **系统控制区：** 位于“开始”菜单右侧，显示了“文档”“计算机”“控制面板”等系统选项，通过它们，用户可以快速打开或运行一些程序，以及安装或删除程序等，便于管理计算机中的资源。
- **关闭注销区：** 用于执行关闭、重新启动、注销计算机或锁定计算机，以及使计算机进入睡眠状态等操作。单击 关机 按钮时将直接关闭计算机；单击其右侧的▸按钮，在打开的列表中将出现更多的操作选项，用户可选择任意一个选项来执行相应的命令，如图1-44所示。

图1-44　关闭注销区

1.3.4　认识并操作Windows 7的三大元素

窗口、菜单和对话框是Windows 7操作系统中较为主要的组成部分，计算机中的具体操作和设置基本都需要通过窗口、菜单和对话框来实现。

微课视频　认识并操作窗口

1. 认识并操作窗口

窗口是计算机与用户之间的主要交流场所，不同的窗口包含不同的内容，但其组成结构基本相似，大致可分为控制栏、地址栏、搜索框、工具栏、任务窗格、窗口工作区和状态栏等。“计算机”窗口就是一个典型的窗口，如图1-45所示。

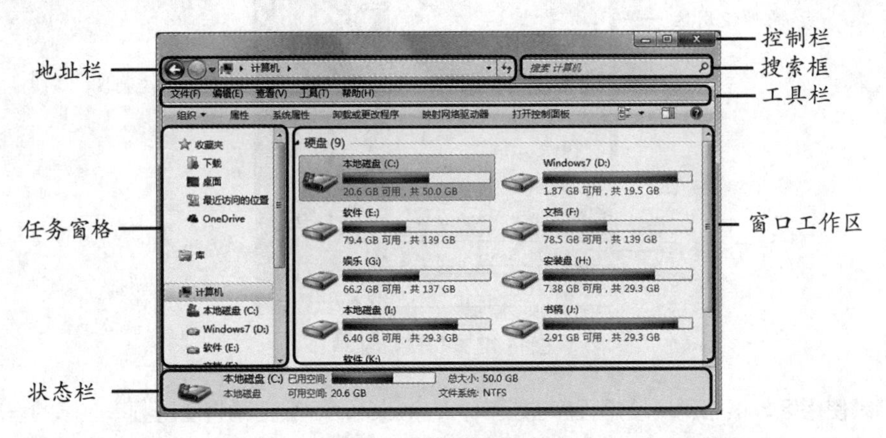

图1-45　“计算机”窗口

- **控制栏：** 也称标题栏，位于窗口顶部，包括控制窗口大小和关闭窗口的按钮，单击□按钮可使窗口在屏幕上以最大化状态显示，最大化显示后，□按钮将变为□按钮，单击该按钮可还原窗口大小；单击□按钮可使窗口最小化到任务栏；单击×按钮可关闭窗口。
- **地址栏：** 用于显示当前窗口的名称或具体路径，单击其左侧的◉或◉按钮可跳转到前一个或后一个窗口，在地址栏中单击▾按钮，在弹出的列表中选择地址后，可快速切换至相应的地址。
- **搜索框：** 在搜索框中输入关键字后，单击🔍按钮，系统将在当前窗口的目录下搜索相关信息。
- **工具栏：** 提供一些常用的命令，并将这些命令以菜单和按钮的方式显示。每个菜单项中包含若干菜单命令，选择某个命令可执行相应的操作。在不同的窗口中，工具栏中的菜单和按钮也有所不同。

- **任务窗格：**包括“收藏夹”栏、“计算机”栏和“网络”栏，单击各栏中相应的选项后，系统将在右侧的窗口工作区中快速显示相关内容。
- **窗口工作区：**位于任务窗格右边，用于显示当前的操作对象，在“计算机”窗口中，用户可以通过依次双击图标来打开所需窗口或启动某个程序。
- **状态栏：**位于窗口最下方，用于显示当前选择目标的提示信息和工作状态。

在Windows 7中，对窗口的操作主要包括改变窗口大小、移动窗口、切换窗口等，具体操作如下。

（1）窗口在还原状态时，将鼠标指针移动到窗口的4条边或4个角上，当鼠标指针变成↕、↔、⤢或⤡形状时，可通过拖曳的方式改变窗口的大小，如图1-46所示。

（2）移动窗口的方法是将鼠标指针移动到窗口控制栏的空白处，如图1-47所示，拖曳窗口到目标位置，然后释放鼠标左键。窗口可以被移动到桌面的任意位置。

（3）当计算机中同时打开多个窗口时，用户需要在不同窗口间进行来回切换，这时，用户可以通过任务栏进行切换。默认情况下，窗口在任务栏上是分类叠放在一起的，用户可以先单击需要切换的窗口所属类图标，然后在弹出的菜单中单击目标窗口，如图1-48所示。

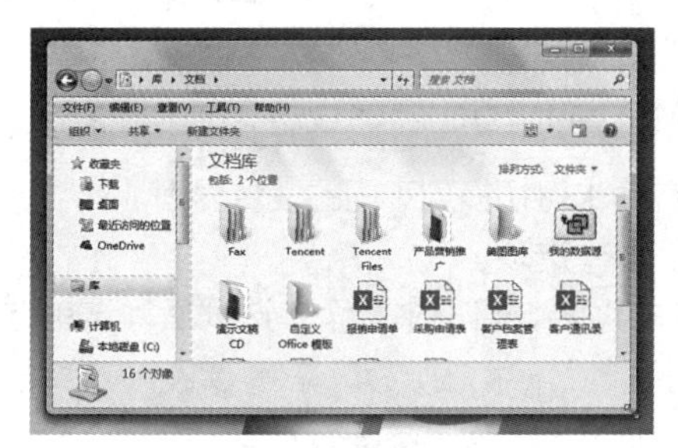

图1-46　改变窗口大小

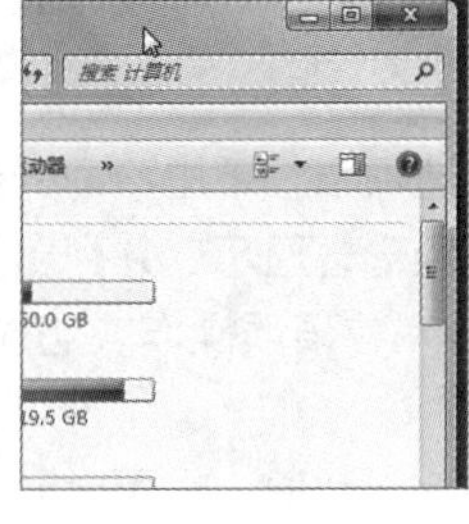

图1-47　移动窗口

图1-48　切换窗口

2. 认识并操作菜单

在计算机的各项操作中，菜单随处可见，通过菜单。用户可以方便、快捷地对系统进行操作。除了“开始”菜单，常用的还有快捷菜单和软件菜单。

- **快捷菜单：**快捷菜单是显示与特定项目相关的一系列命令的菜单。在不同窗口或程序中右击，在弹出的菜单中选择某个命令后，即可进行相应的操作，如图1-49所示。若命令下还包含子菜单，则继续选择相应的子菜单命令。
- **软件菜单：**软件菜单是相对于某个软件或程序而言的，每种软件的菜单不尽相同，但它是使用软件时必不可少的工具。其使用方法和快捷菜单相似，在软件程序中单击某个菜单项，在弹出的菜单中选择某个命令即可进行相应的操作，如图1-50所示。

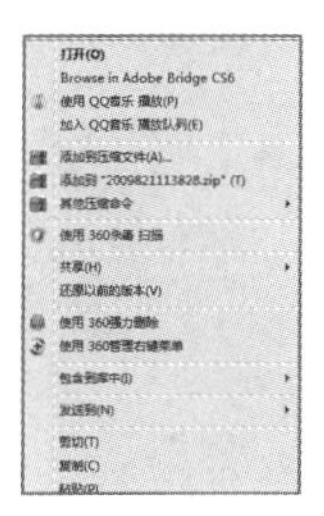

图1-49　文件夹的右键菜单

图1-50　记事本程序的菜单

3. 认识并操作对话框

对话框是一种特殊的窗口，在对话框中可以通过选择某个选项或输入数据来设置一定的效果。图1-51和图1-52所示为“任务栏和「开始」菜单属性”对话框及在其中单击自定义(C)...按钮后打开的“自定义「开始」菜单”对话框。

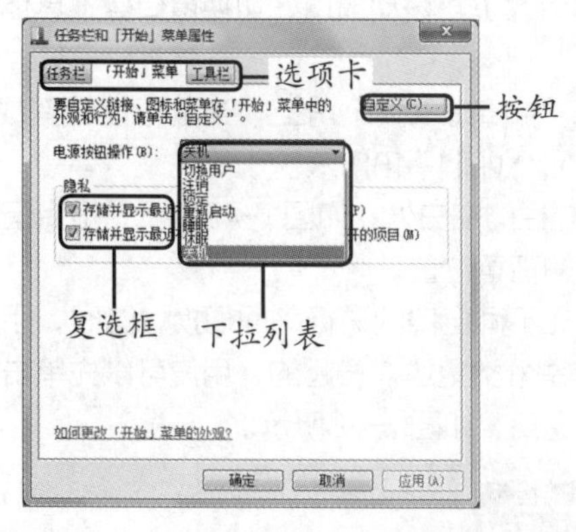

图1-51 “任务栏和「开始」菜单属性”对话框

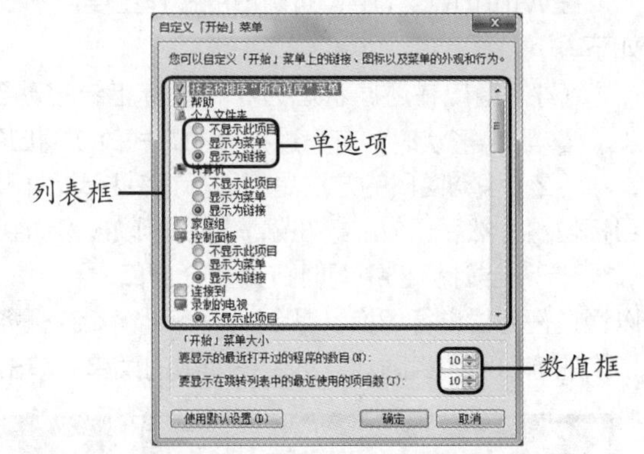

图1-52 单击“自定义”按钮后打开的对话框

- **选项卡：**对话框中一般有多个选项卡，单击不同的选项卡可切换到不同的设置界面。
- **列表框：**列表框在对话框中以矩形框显示，并列出了多个选项。
- **单选项：**选中某个单选项可以完成某项操作或功能的设置，且选中某个单选项后，该单选项前面的○将变为◉。
- **数值框：**可以直接在数值框中输入数值，也可以通过后面的⬍按钮设置数值。
- **复选框：**与单选项类似，当选中某个复选框后，该复选框前面的□将变为☑。
- **列表：**与列表框类似，只是选项被折叠，单击对应按钮将显示全部选项。
- **按钮：**单击对话框中的某些按钮可以打开相应的对话框进行进一步设置，或执行对应的功能。

1.4 项目实训

本章介绍了办公自动化系统的功能和技术支持，以及Windows 7的基本操作。下面通过两个项目实训来帮助大家灵活运用本章讲解的知识。

1.4.1 认识办公自动化系统的外部设备

本实训要求大家在图1-53中查看办公自动化系统的外部设备，并根据前面了解的知识为各硬件标注名称。

图1-53 办公自动化系统的外部设备

1.4.2 使用“计算机”窗口搜索并打开文件

1. 实训目标

本实训的目标是使用“计算机”窗口搜索并打开文件。如果在计算机中保存的文件较多，大家则可以通过搜索的方式来打开相应的文件，有效提高办公效率。本实训主要是让大家练习鼠标和窗口的基本操作。本实训的示意图如图1-54所示。

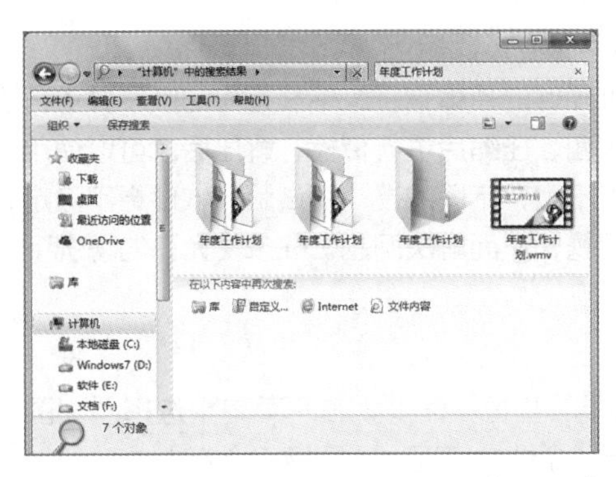

图1-54 使用“计算机”窗口搜索并打开文件示意图

2. 专业背景

打开文件的操作几乎都能通过“计算机”窗口实现，“开始”菜单是启动各项程序的门户，“计算机”窗口则是查找和打开文件的门户。用户通过“计算机”窗口能够在各个文件保存位置之间快速切换，从而达到管理、操作文件的目的。

3. 操作思路

先打开“计算机”窗口，然后在搜索框中输入文件的关键字，最后双击搜索到的相关文件选项以打开文件。

【步骤提示】

（1）启动计算机并进入Windows 7操作系统，将鼠标指针移动到“开始”按钮上，单击，打开“开始”菜单。

（2）在系统控制区中单击“计算机”选项，打开“计算机”窗口，在“搜索框”中输入“年度工作计划”文本。

（3）在显示的搜索结果中双击相应文件选项，打开相应文件。

1.5 课后练习

本章主要介绍了办公自动化系统的功能和技术支持，以及Windows 7的基本操作等知识。下面通过两个练习来帮助大家巩固所学知识点。

练习1：结合应用场景，讨论办公自动化系统的功能

结合自身的理解，讨论生活或工作中的哪些场景属于办公自动化系统的功能应用，请至少列举两个。例如，现在很多企业使用钉钉软件在手机上考勤，可以自动关联员工的外出或出差情况，形成自动化考勤报表，这便是办公自动化系统的功能在考勤方面的应用。

练习2：自定义Windows 7系统桌面

先将自己喜欢的图片设置为桌面背景，再对桌面上的图标进行排列。

1.6 技巧提升

1. 购买计算机硬件的注意事项

首先要衡量产品的性价比，从实用性的角度考虑所选的硬件是否能满足自己的使用需求。其次要考虑硬件之间的兼容性，若兼容性不好则无法达到较好的使用效果。

2. 如何选择“测试版”和“绿色版”等不同版本的软件

在选择软件时，用户应根据实际需要和计算机硬件的具体情况来下载相应的版本并进行安装。“绿色版”软件是在原软件的基础上去掉了一些东西，压缩后进行传播，解压后就可以使用的成熟软件。“测试版”软件和需要安装的普通软件区别不大，不同的是“测试版”软件更不稳定，可能存在各种漏洞或缺陷，需借助测试的过程来发现问题，从而解决问题。在条件允许的情况下，一般选择官方发布的“正版”软件，以保证其能正常使用。

3. 使桌面图标变大或变小

在桌面空白处右击，在弹出的快捷菜单中选择“查看”命令，在子菜单中选择“大图标”命令，桌面上的图标将会变大；同样，选择“小图标”命令，桌面上的图标将会变小。

4. 使用系统自带的功能来优化视觉效果

Windows 7默认的视觉效果包括透明按钮、显示缩略图和显示阴影等，这些视觉效果会耗费掉大量的系统资源。此时，用户可使用系统自带的功能来优化视觉效果，具体操作方法如下：在桌面上的“计算机”图标上右击，在弹出的快捷菜单中选择“属性”命令，打开“系统”窗口，在该窗口左侧的导航窗格中单击“高级系统设置”超链接，然后在“系统属性”对话框的“高级”选项卡中单击“性能”栏下的设置(S)...按钮，打开“性能选项”对话框，单击“视觉效果”选项卡，选中“调整为最佳性能”单选项，完成后单击确定按钮应用设置。另外，如果选中“自定义”单选项，还可以自定义视觉效果。

5. 通过“任务管理器”关闭应用程序

当计算机出现程序卡顿、鼠标不能操作的情况时，用户若要关闭正在运行的程序，可按【Ctrl+Alt+Delete】组合键，在打开的窗口中选择“启动任务管理器”选项，打开“Windows任务管理器”窗口，在“应用程序”选项卡中选择需关闭的应用程序，然后单击窗口右下方的结束任务(E)按钮。

6. 通过键盘直接关机并退出Windows 7

当计算机运行缓慢或出现死机的情况，且鼠标不能操作时，用户可通过键盘直接关机并退出Windows 7，具体操作方法如下：关闭所有打开的程序或文件后按【Win】键，打开“开始”菜单，然后按【→】键，选择关机按钮，再按【Enter】键关闭计算机。

第2章

制作并编辑Word文档

情景导入

米拉在行政助理这个岗位上经常接触不同类型的办公文档，这份工作看似简单，实则繁杂，但米拉能学习和掌握不少知识。接下来，公司将开展每月销售会议，于是老洪安排米拉一同参加，并要求她制作一份会议纪要，把会议的组织情况和具体内容如实地记录下来。

学习目标

- 掌握制作文档的基本操作。

如新建、保存、关闭或打开文档，输入、修改、删除、查找和替换文本等。

- 掌握编辑文档的操作方法。

如设置字符格式、设置段落格式、设置底纹、创建并应用样式等。

- 掌握美化文档的操作方法。

如插入并编辑图片、插入并编辑艺术字、插入并编辑SmartArt图形、插入并编辑表格等。

素质目标

掌握专业办公软件的相关技能，认真履行岗位职责。

案例展示

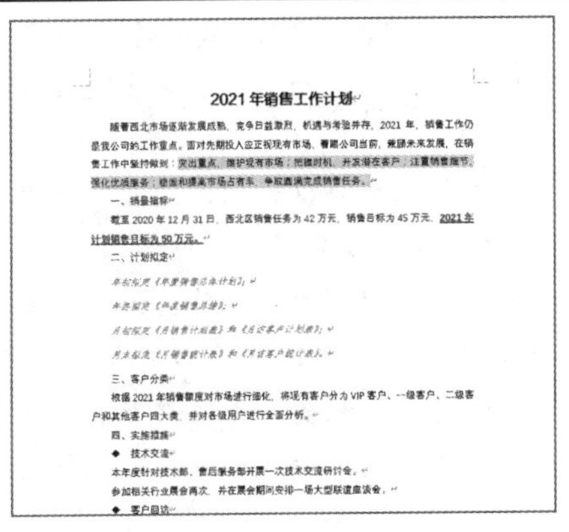

2021年销售工作计划

随着西北市场逐渐发展成熟，竞争日益激烈，机遇与考验并存，2021年，销售工作仍是我公司的工作重点。面对先期投入应正视现有市场、着眼公司当前、兼顾未来发展，在销售工作中坚持做到：突出重点，维护现有市场；把握时机，开发潜在客户；注重销售细节，强化优质服务；稳固和提高市场占有率，争取圆满完成销售任务。

一、销量指标

截至2020年12月31日，西北区销售任务为42万元，销售目标为45万元，2021年计划销售目标为50万元。

二、计划拟定

年初拟定《年度销售总体计划》；

年终拟定《年度销售总结》；

月初拟定《月销售计划表》和《月拜访客户计划表》；

月末拟定《月销售统计表》和《月拜访客户统计表》。

三、客户分类

根据2021年销售额度对市场进行细化，将现有客户分为VIP客户、一级客户、二级客户和其他客户四大类，并对各级用户进行全面分析。

四、实施措施

◆ 技术交流

本年度针对技术部、售后服务部开展一次技术交流研讨会。

参加相关行业展会两次，并在展会期间安排一场大型联谊座谈会。

◆ 客户回访

▲“工作计划”文档效果

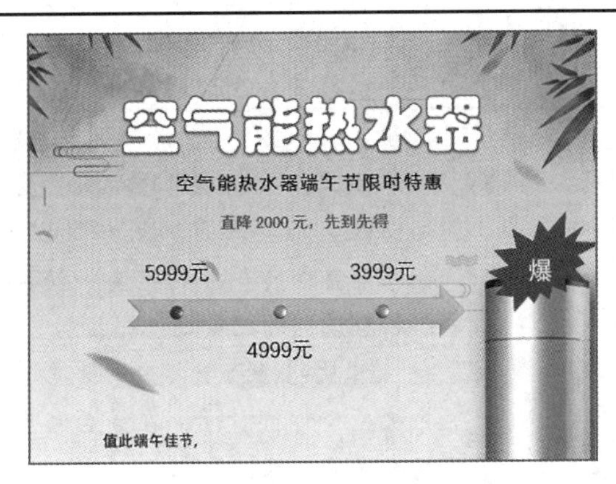

▲“活动宣传单”文档效果

2.1 课堂案例：制作“会议纪要”文档

米拉在接到公司安排的制作“会议纪要”文档的任务后，首先了解了文档的制作目的和制作要求，然后弄清楚了会议的与会人员和主要内容等信息。因为这类文档的内容和组成相对简单，所以米拉准备使用Word 2016完成该文档的制作，涉及的操作主要包括启动Word 2016创建文档，然后输入文本并根据需要编辑文本，最终效果如图2-1所示。

效果所在位置 效果文件\第 2 章\课堂案例\会议纪要 .docx

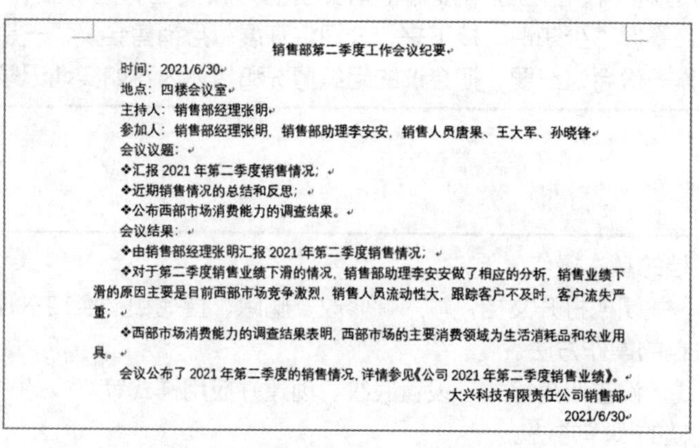

销售部第二季度工作会议纪要

时间：2021/6/30

地点：四楼会议室

主持人：销售部经理张明

参加人：销售部经理张明，销售部助理李安安，销售人员唐果、王大军、孙晓锋

会议议题：

❖汇报 2021 年第二季度销售情况；

❖近期销售情况的总结和反思；

❖公布西部市场消费能力的调查结果。

会议结果：

❖由销售部经理张明汇报 2021 年第二季度销售情况；

❖对于第二季度销售业绩下滑的情况，销售部助理李安安做了相应的分析，销售业绩下滑的原因主要是目前西部市场竞争激烈，销售人员流动性大，跟踪客户不及时，客户流失严重；

❖西部市场消费能力的调查结果表明，西部市场的主要消费领域为生活消耗品和农业用具。

会议公布了 2021 年第二季度的销售情况，详情参见《公司 2021 年第二季度销售业绩》。

大兴科技有限责任公司销售部

2021/6/30

图2-1 “会议纪要”文档最终效果

职业素养 **会议纪要的格式**

会议纪要是在会议记录的基础上经过加工、整理出来的一种记叙性和介绍性文件，包括会议的基本情况、主要精神及中心内容，便于向上级汇报或向有关人员传达及分发。会议纪要要求会议程序清楚、目的明确、中心突出、概括准确、层次分明和语言简练。

会议纪要通常由3个部分构成，即标题、正文和落款。

标题分两种情况：会议名称加“纪要”，如“全国农村工作会议纪要”；召开会议的机关加会议名称，再加“纪要”，如“省经贸委关于企业扭亏会议纪要”。

正文一般包括两个部分：会议概况，主要包括会议时间、地点、名称、主持人、与会人员和基本议程等；会议的精神和议定事项，常务会、办公会、日常工作例会的纪要一般包括会议内容、议定事项，工作会议、专业会议和座谈会的纪要还包括经验、做法、今后工作的意见、措施和要求。

落款包括两个部分：署名，只用于办公室会议纪要，署上召开会议的领导机关全称；时间，在最后写上成文的年、月、日，加盖公章。会议纪要一般不署名，只需写上成文时间，加盖公章。

2.1.1 认识Word 2016的工作界面

Word 2016主要用于文档的输入、编辑和排版。本书以Word 2016进行操作，下面首先介绍Word 2016的工作界面，它主要由快速访问工具栏、标题栏、“窗口控制”按钮、“文件”选项卡、功能区选项卡、搜索框、功能区、文本编辑区、状态栏、视图栏等部分组成，如图2-2所示。

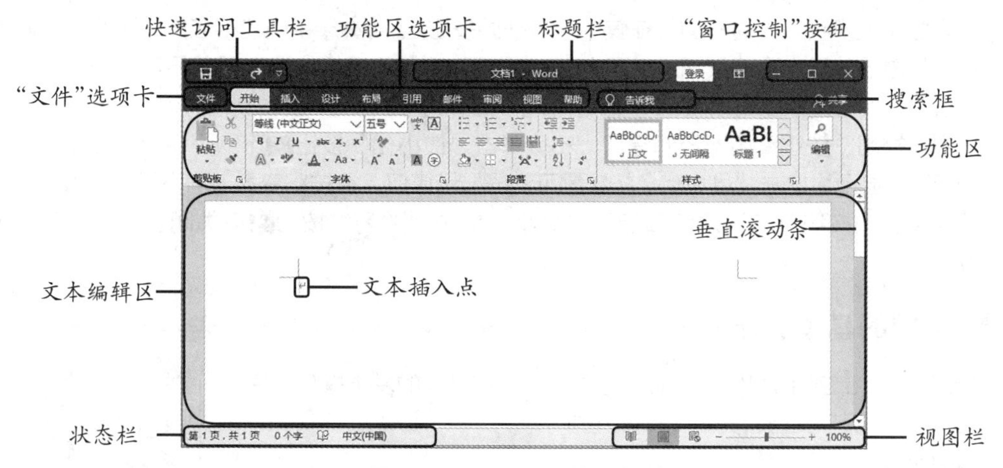

图2-2 Word 2016 的工作界面

- **快速访问工具栏：** 用于显示常用按钮，单击某个按钮可以快速执行相应操作，默认情况下，主要有“保存”按钮、“撤销”按钮和“恢复”按钮。
- **标题栏：** 用于显示当前文档的名称和程序名。
- **“文件”选项卡：** 用于显示对文档执行操作的命令集。单击“文件”选项卡，在弹出的列表中，中间是功能选项，右侧是预览窗格，用户无论是查看或编辑文档信息，还是打印文件，都能在同一界面中预览文档信息和效果，便于对文档进行管理。
- **功能区选项卡：** Word 2016的工作界面中显示了多个选项卡，每个选项卡都代表Word 2016执行的一组核心任务，并将其任务按功能不同分成若干个组，如“开始”选项卡中有“剪贴板”组、“字体”组和“段落”组等。
- **功能区：** 功能区与功能区选项卡是对应的关系，单击某个功能选项卡即可展开相应的功能区，功能区中有许多自动适应窗口大小的组，且每个组中包含了不同的命令按钮或列表框等，如图2-3所示。有的组的右下角还有“对话框启动器”按钮，单击该按钮可打开相应的对话框或任务窗格。

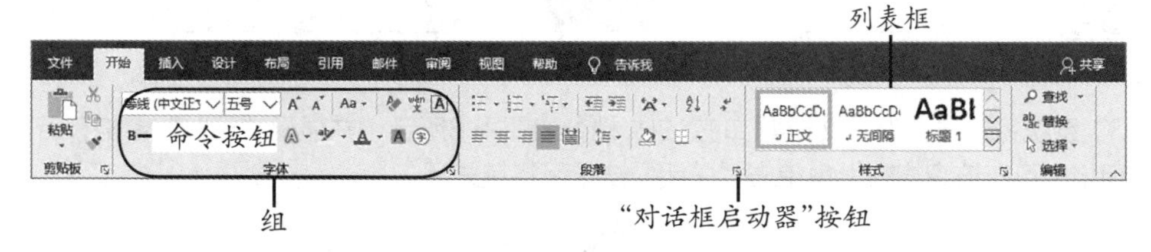

图2-3 功能区选项卡与功能区

- **文本编辑区：** 用于输入和编辑文本的区域。文本编辑区中有一个不断闪烁的竖线光标“I”，即“文本插入点”，用于定位文本的输入位置。在文本编辑区右侧和底部有垂直滚动条和水平滚动条，当窗口缩小或文本编辑区不能完全显示所有的文档内容时，可拖曳滚动条中的滑块或单击滚动条两端的或按钮，使其内容显示出来。

- **搜索框：** 用于查找相关内容，或使用智能查找对所输入的术语进行信息检索或定义。在搜索框中输入要执行操作的有关字词和短语后，可以快速访问要使用的功能或要执行的操作。
- **状态栏：** 位于窗口底端的左侧，用于显示当前文档的页数、总页数、字数、检错结果和语言状态等内容。
- **视图栏：** 位于状态栏的右侧，在其中单击视图按钮组中的相应按钮可切换视图模式；单击当前显示比例按钮100%可打开“显示比例”对话框，调整页面显示比例；单击-按钮、+按钮或拖曳滑块也可调节页面显示比例，方便用户查看文档内容。
- **“窗口控制”按钮：** 用于控制窗口大小。单击“最小化”按钮可缩小窗口到任务栏并以图标形式显示；单击“最大化”按钮可满屏显示窗口，且按钮变为“向下还原”按钮，再次单击该按钮可将恢复窗口到原始大小；单击“关闭”按钮可关闭当前文档并退出Word。

2.1.2 文档的基本操作

用户使用Word 2016制作文档时，首先需要掌握文档的基本操作，主要包括新建文档、保存文档、关闭或打开文档等。

1. 新建文档

启动Word 2016并进入其工作界面，然后根据文档的不同需要，以及用户当前的使用环境选择所需的文档新建方式。下面新建一个空白文档，具体操作如下。

（1）单击“开始”按钮，在弹出的“开始”菜单中选择“Word 2016”选项，如图2-4所示。

（2）此时系统将打开Word 2016的“开始”界面，在其中选择“空白文档”选项，如图2-5所示，或选择【新建】/【空白文档】命令新建空白文档。

图2-4 启动Word 2016

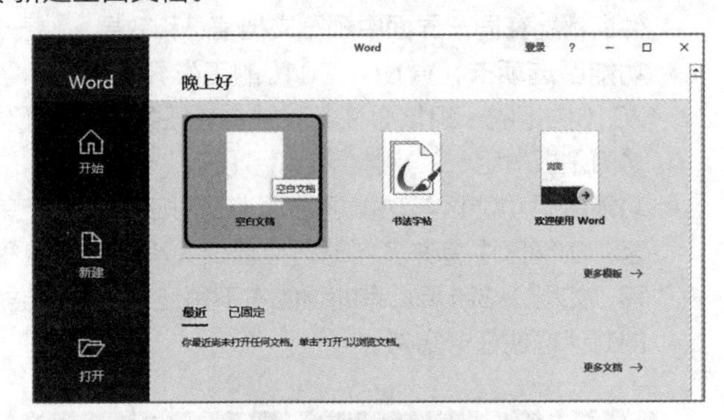

图2-5 选择“空白文档”选项

（3）系统将新建名为“文档1”的空白文档，如图2-6所示，并显示“导航”窗格，若不需要显示该窗格，可在该窗格右上角单击“关闭”按钮将其关闭。

多学一招 **新建模板文档**

在Word 2016的“开始”界面中单击更多模板按钮，在展开的“新建”界面中可选择模板选项，以快速新建具有样式和格式的模板文件，如“简历”和“报告”文档等。另外，在打开文档后按【Ctrl+N】组合键也可快速新建空白文档。

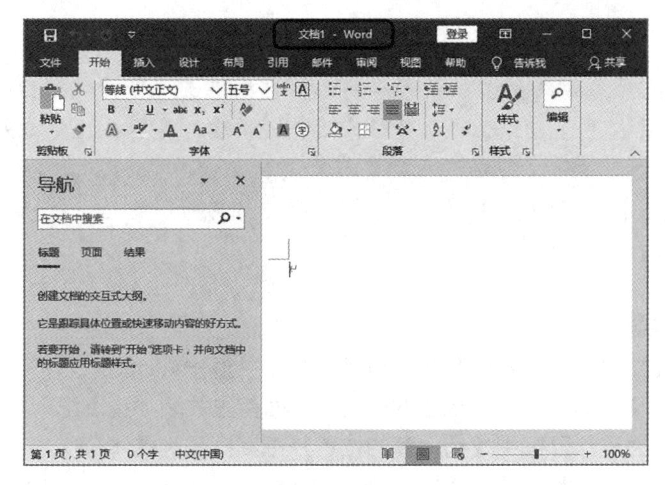

图2-6　新建空白文档

2. 保存文档

新建一篇文档后，需执行保存操作才能将其存储到计算机中，否则，编辑的文档内容将会丢失。下面将新建的空白文档以“会议纪要”为名进行保存，具体操作如下。

（1）单击快速访问工具栏中的“保存”按钮，或选择【文件】/【保存】命令，在打开的“另存为”界面中选择“浏览”选项，如图2-7所示。

（2）在打开的“另存为”对话框地址栏中设置文档的保存位置，在“文件名”文本框中输入“会议纪要”文本，然后单击保存(S)按钮，如图2-8所示。

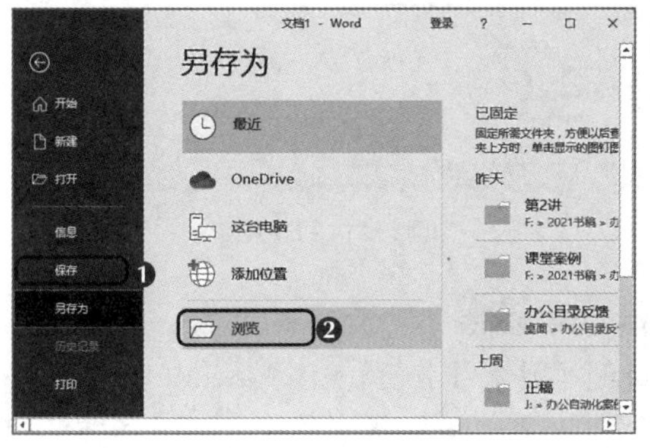

图2-7　选择保存方式

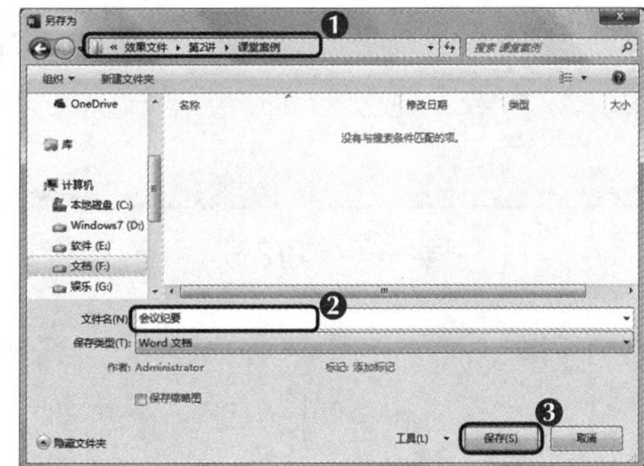

图2-8　设置文档保存位置与名称

（3）返回Word 2016的工作界面后，在标题栏中可看到当前文档名称已显示为“会议纪要”，如图2-9所示。

图2-9　查看保存后的文档效果

知识提示 **另存为文档**

对已经保存的文档进行编辑后，再次单击“保存”按钮，或选择【文件】/【保存】命令，或按【Ctrl+S】组合键，将不再打开“另存为”界面，而是直接保存。若要将文档另存到其他位置，或以其他名称命名，可选择【文件】/【另存为】命令，在打开的“另存为”界面中选择“浏览”选项并执行相应的操作。

3. 关闭或打开文档

在Word中完成文档的编辑并保存后，可关闭文档并退出Word。当需要再次查看或编辑文档时，可打开相应的文档。下面首先关闭“会议纪要.docx”文档，然后在计算机中找到保存的位置并将其打开，具体操作如下。

（1）在“会议纪要.docx”文档中选择【文件】/【关闭】命令，或在标题栏右侧单击“关闭”按钮关闭该文档，如图2-10所示。

（2）在计算机中找到保存“会议纪要.docx”文档的位置，然后双击文档的图标将其打开，如图2-11所示。

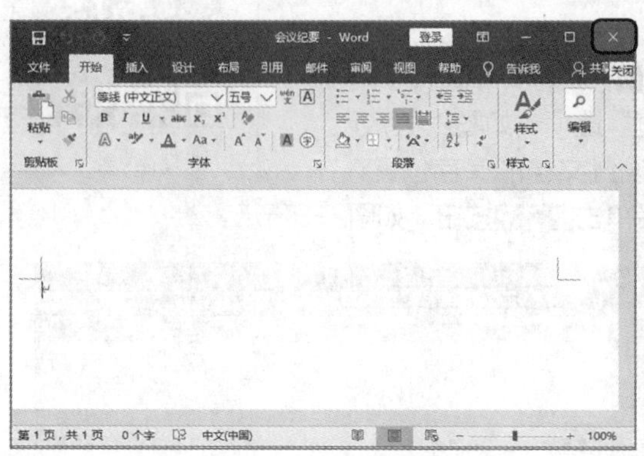

图2-10 关闭文档

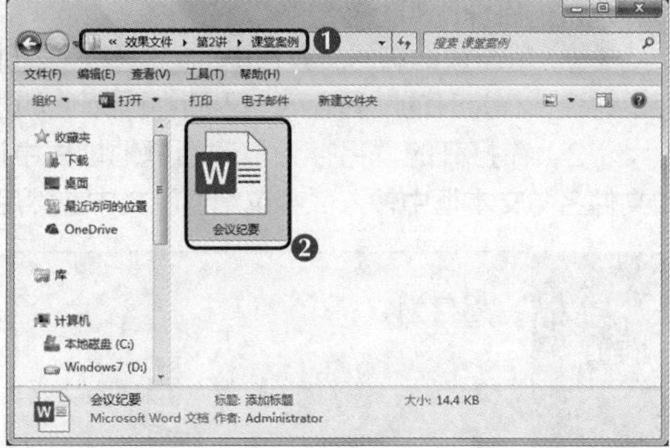

图2-11 打开文档

多学一招 **打开文档的其他方法**

在Word 2016的工作界面中选择【文件】/【打开】命令或按【Ctrl+O】组合键，在打开的“打开”界面中选择“浏览”选项，在打开的“打开”对话框中找到文档的保存位置并选择文档，单击打开(O)按钮，或直接双击文档图标都可实现文档的打开操作。另外，在文档的保存位置，选择文档后，将其拖曳至Word 2016的工作界面的标题栏上，当鼠标指针变为形状时释放鼠标左键，也可打开所需文档。

2.1.3 输入文本

在Word文档中可以输入普通文本、特殊字符等。下面在“会议纪要.docx”文档中输入文本，具体操作如下。

（1）切换至中文输入法状态，将鼠标指针移动到文本编辑区上方的中间位置，当其

变成形状时双击，定位文本插入点，然后直接输入文本“销售部第二季度工作会议纪要”，输入的文本将在文本插入点处显示，如图2-12所示。

（2）将鼠标指针移动到文本编辑区左侧空两格的位置，当其变成形状时双击，定位文本插入点，然后直接输入文本“时间：”，如图2-13所示。

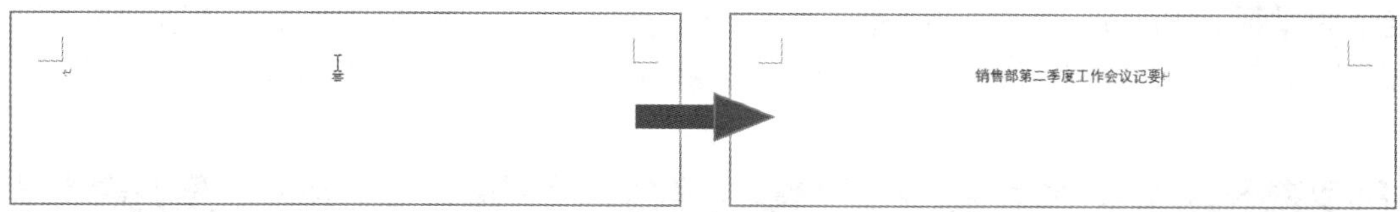

图2-12　输入标题文本

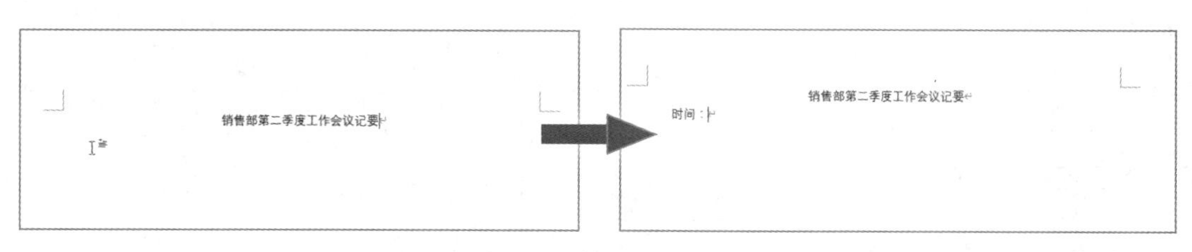

图2-13　输入正文文本

（3）单击【插入】/【文本】组中的日期和时间按钮，在打开的“日期和时间”对话框左侧的下拉列表中选择日期格式为“2021/6/30”，在“语言（国家/地区）”的下拉列表中默认选择“中文（中国）”选项，并取消选中“自动更新”复选框，完成后单击确定按钮，关闭该对话框，如图2-14所示。

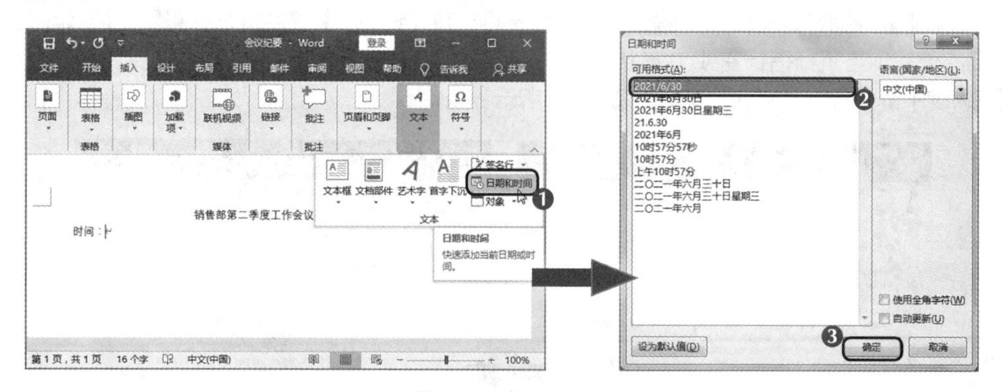

图2-14　插入日期

知识提示　　**设置日期和时间选项**

“语言（国家/地区）”的下拉列表中有两个选项：一是“中文（中国）”选项，二是“英语（美国）”选项。选择不同的选项后，“可用格式”中的内容也将发生相应的变化。另外，选中“使用全角字符”复选框时，插入的日期和时间数字将以全角符号显示；选中“自动更新”复选框时，“使用全角字符”复选框将自动隐藏，插入的日期和时间将随当前操作系统时间的改变而改变。

（4）返回文本编辑区后，即可在文本插入点处插入所选格式的日期文本，然后按【Enter】键换行，继续输入正文文本，并依次用相同的方法输入其他文本内容。当输入的文本到达页面右边界时，文字会自动跳转至下一行以继续显示。

（5）将文本插入点定位到“2021年第二季度销售情况汇报”文本前，单击【插入】/【符号】组中的“符号”按钮Ω，在弹出的下拉列表中选择“其他符号”选项。打开“符号”对话框，在“字体”的下拉列表中选择“Wingdings”选项，并在其下的列表中选择需要的符号“❖”，然后单击插入(I)按钮，即可在文本编辑区的文本插入点处插入选择的符号。继续将文本插入点定位到相应的位置，依次插入相同的符号，完成后单击关闭按钮关闭该对话框。其操作过程如图2-15所示。

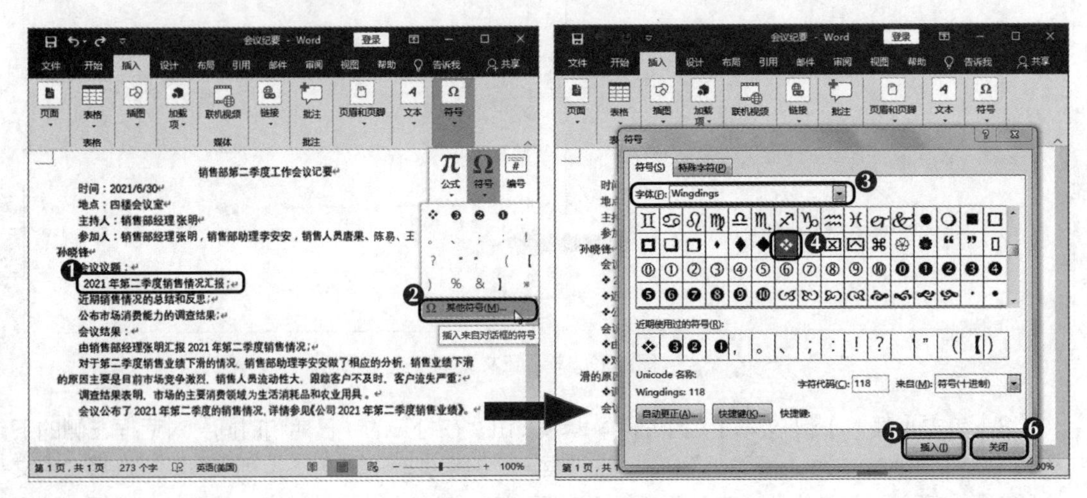

图2-15　插入符号

（6）将鼠标指针定位到文本编辑区的最后一行，按【Enter】键换行，并将鼠标指针移动到该行右侧的位置，当鼠标指针变成I形状时双击，定位文本插入点，输入会议纪要落款部门，完成后按【Enter】键换行，并插入日期，如图2-16所示。

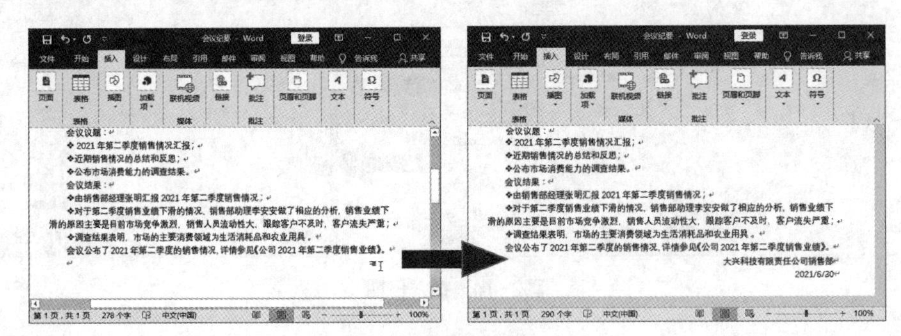

图2-16　输入落款文本

2.1.4　编辑文本

若出现输入的文本错误或不完善的情况，用户需要对文本进行编辑。编辑文本主要包括修改文本、删除文本、移动和复制文本、查找和替换文本等。下面在“会议纪要.docx”文档中对输入的文本内容进行编辑，具体操作如下。

（1）选择要修改的文本“记”，然后直接输入文本“纪”，如图2-17所示。

> **多学一招　　选择段落文本内容**
>
> 将鼠标指针移至文本编辑区左侧，当其变为形状时单击，可选择该行文本；双击，可选择该段文本；连续单击3次，可选择所有文本。按【Ctrl+A】组合键也可选择所有文本。

（2）选择要删除的文本“陈易、”，按【Delete】键将其删除，如图2-18所示。

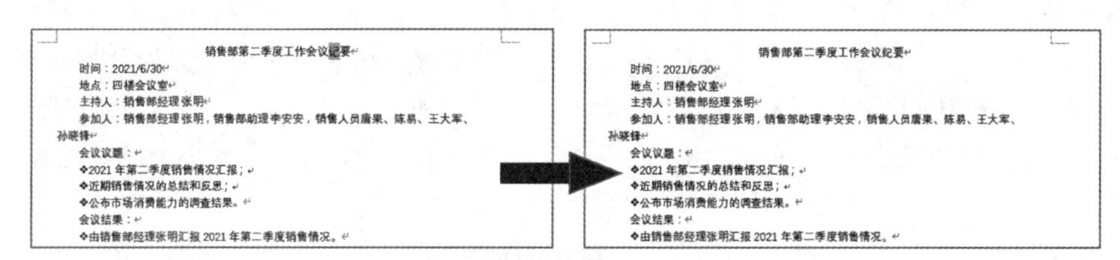

图2-17　修改文本

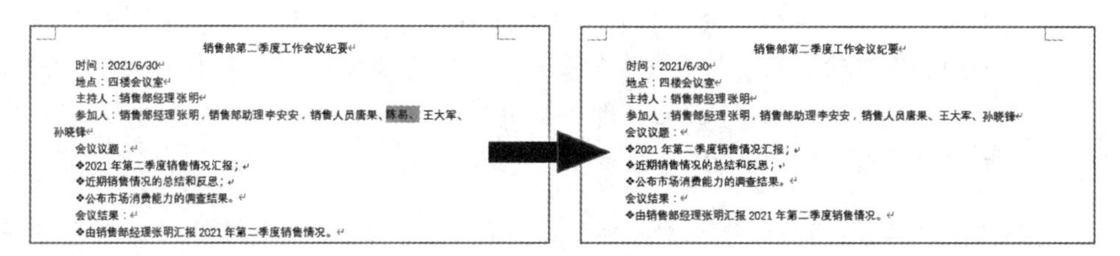

图2-18　删除文本

> **多学一招　　删除文本内容**
>
> 若将文本插入点定位到要删除的文本前，按【Delete】键可删除文本插入点后的文本；若将文本插入点定位到要删除的文本后，按【BackSpace】键可删除文本插入点前的文本。

（3）选择要移动的文本“汇报”，将其拖曳至文本“2021年”前，然后释放鼠标左键，如图2-19所示。

（4）选择要复制的文本“市场消费能力”，按【Ctrl】键的同时，将其拖曳至文本“调查结果”前，然后释放鼠标左键。或者选择要复制的文本“市场消费能力”后，单击【开始】/【剪贴板】组的“复制”按钮，在文本“调查结果”前单击，按【Ctrl+V】组合键粘贴复制的文本，如图2-20所示。

图2-19　移动文本

图2-20　复制文本

多学一招

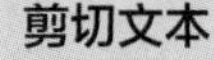

剪切文本

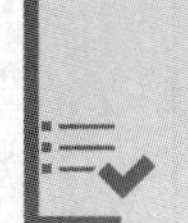

选择要移动的文本，单击【开始】/【剪贴板】组中的“剪切”按钮，或直接按【Ctrl+X】组合键剪切文本，然后将文本插入点定位到目标位置，在“剪贴板”组中单击“粘贴”按钮，或直接按【Ctrl+V】组合键粘贴文本。

知识提示

粘贴选项的作用

剪切或复制文本后，将出现一个粘贴选项按钮(Ctrl)，或单击【开始】/【剪贴板】组中“粘贴”按钮下方的下拉按钮，在弹出的下拉列表中可选择不同的粘贴选项来对剪切或复制的文本进行不同格式的粘贴操作。一般情况下，粘贴选项栏中包含3个按钮，即“保留源格式”按钮、“合并格式”按钮和“只保留文本”按钮。

（5）将文本插入点定位到文档开始处，然后单击【开始】/【编辑】组中的“替换”按钮，或按【Ctrl+H】组合键。打开“查找和替换”对话框，单击“替换”选项卡，在“查找内容”文本框中输入要查找的文本内容“市场”，在“替换为”文本框中输入替换后的文本内容“西部市场”，单击查找下一处(F)按钮，Word 2016将自动查找从文本插入点开始的第一个文本。其操作过程如图2-21所示。

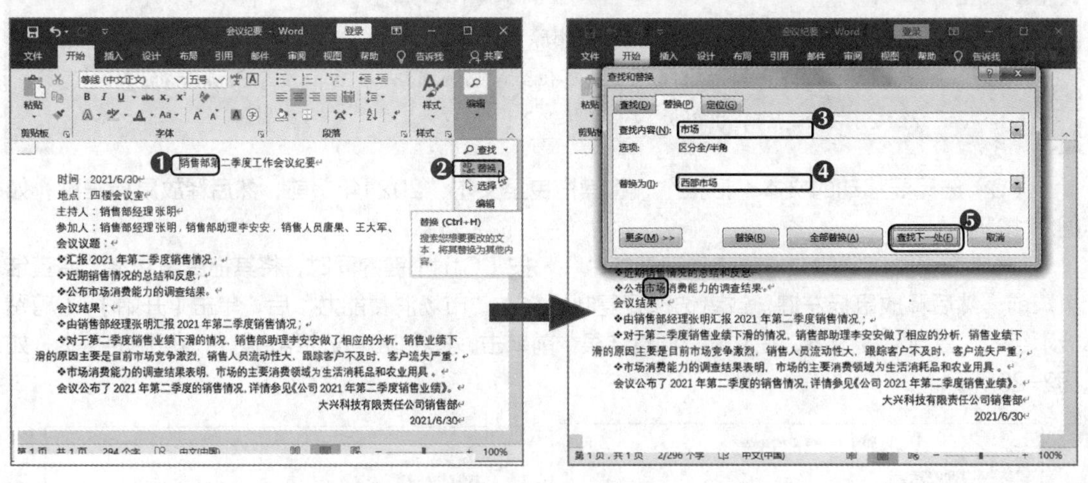

图2-21　查找文本

（6）单击替换(R)按钮，将替换当前查找到的文本并自动查找下一个文本。单击全部替换(A)按钮，在弹出的对话框中将提示已全部完成替换，然后单击确定按钮，返回“查找和替换”对话框，在其中单击关闭按钮，即可将文档中所有的“市场”文本替换为“西部市场”文本，如图2-22所示，完成文档的编辑后保存并关闭文档。

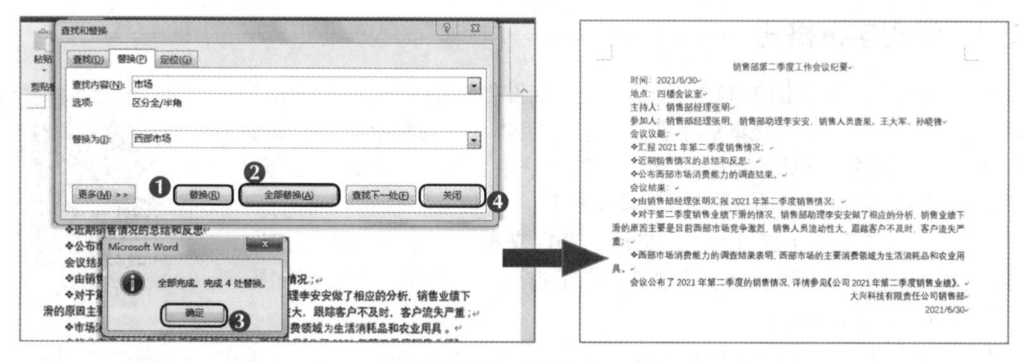

图2-22　替换文本

2.2 课堂案例：编辑“工作计划”文档

制作好“会议纪要”文档后，米拉明显感觉自己对Word 2016的操作还不够熟练，于是去请教老洪。老洪告诉米拉，文档的制作并不简单，除了要在文档中输入文本外，还要对文档的格式进行编辑，使文档更加美观且重点突出，如设置字符格式、段落格式及底纹等。于是老洪安排米拉编辑“工作计划”文档，希望她能通过对“工作计划”文档的编辑更深入地学习和使用Word 2016。米拉在老洪的指点下，很快便完成了对“工作计划”文档的编辑，效果如图2-23所示。

素材所在位置　素材文件\第 2 章\课堂案例\工作计划 .docx

效果所在位置　效果文件\第 2 章\课堂案例\工作计划 .docx

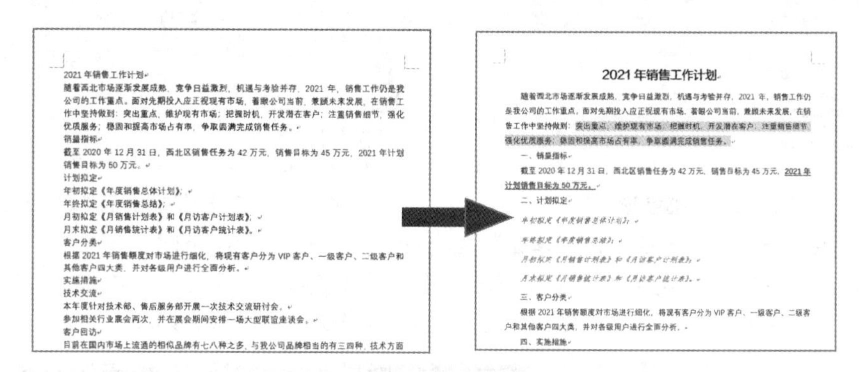

图2-23　“工作计划”文档最终效果

职业素养　**工作计划的作用**

工作计划主要是对一段时间内的工作预先做出安排和打算。制订好了工作计划，工作就有了明确的目标和具体的步骤，就可以协调人们的行动，增强工作的主动性，减少盲目性，使工作有条不紊地进行。同时，工作计划本身又是工作进度和质量的考核标准，对人们有较强的约束和督促作用。所以工作计划对工作既有指导作用，又有推动作用。制订好工作计划，是建立正常的工作秩序、提高工作效率的重要手段。

2.2.1 设置字符格式

一般情况下，在文档中输入的文本都是软件默认的样式，为了使文档更加美观，用户可设置文本的字符格式，如字体、字号和字形等。设置字符格式主要通过“字体”组或“字体”对话框来实现。下面在“工作计划.docx”文档中设置字符格式，具体操作如下。

（1）打开“工作计划.docx”文档，选择文本“2021年销售工作计划”，在【开始】/【字体】组中的“字体”下拉列表中选择“方正兰亭黑_GBK”选项，如图2-24所示。

（2）在【开始】/【字体】组中的“字号”下拉列表中选择“三号”选项，如图2-25所示。

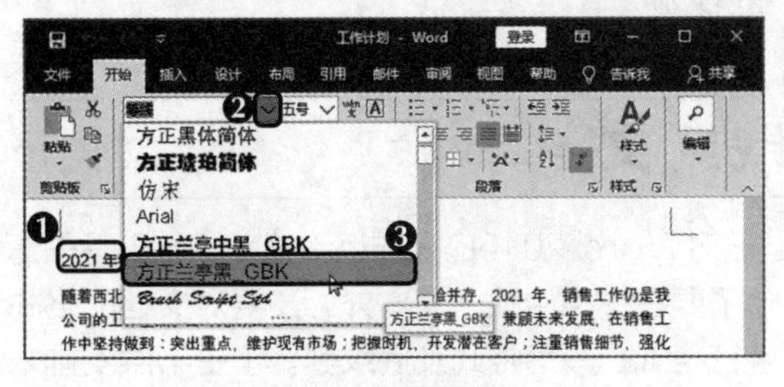

图2-24 设置字体

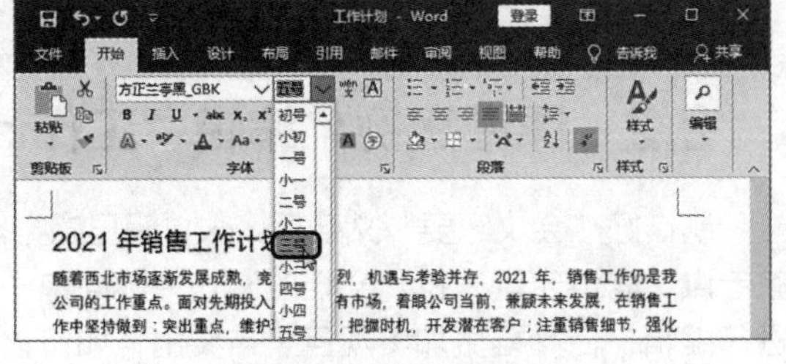

图2-25 设置字号

（3）单击【开始】/【字体】组中的“加粗”按钮**B**，加粗显示标题文本，如图2-26所示。

（4）选择“2021年计划销售目标为50万元。”文本，单击【开始】/【字体】组中的“对话框启动器”按钮，如图2-27所示。

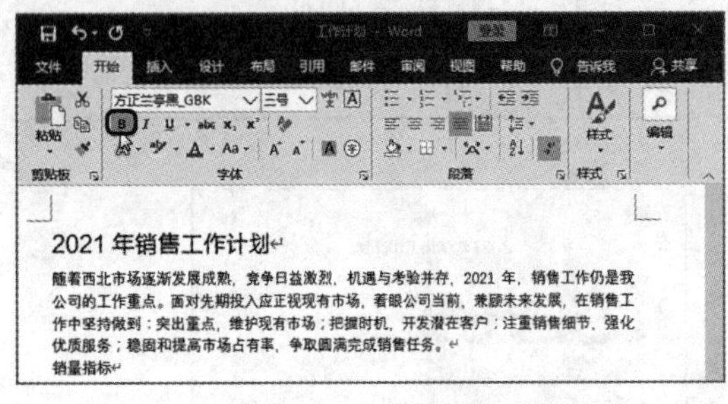

图2-26 设置字形

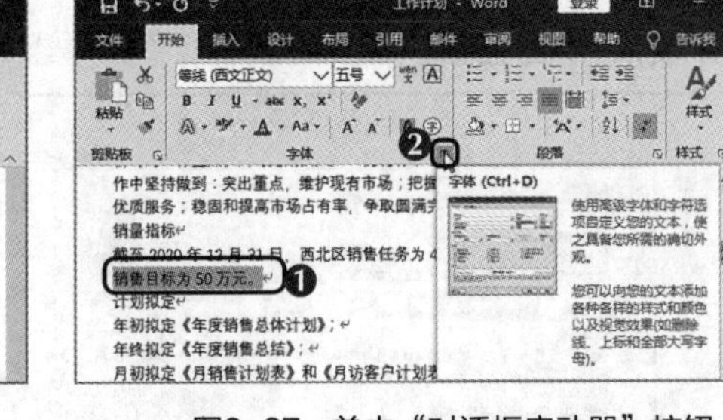

图2-27 单击“对话框启动器”按钮

（5）打开“字体”对话框，在“字体”选项卡中的“字形”下拉列表中选择“加粗”选项，在“字体颜色”下拉列表中选择“红色”选项，在“下划线线型”下拉列表中选择“粗横线”选项，然后单击 确定 按钮。返回文档后，可看到设置字符格式后的效果，如图2-28所示。

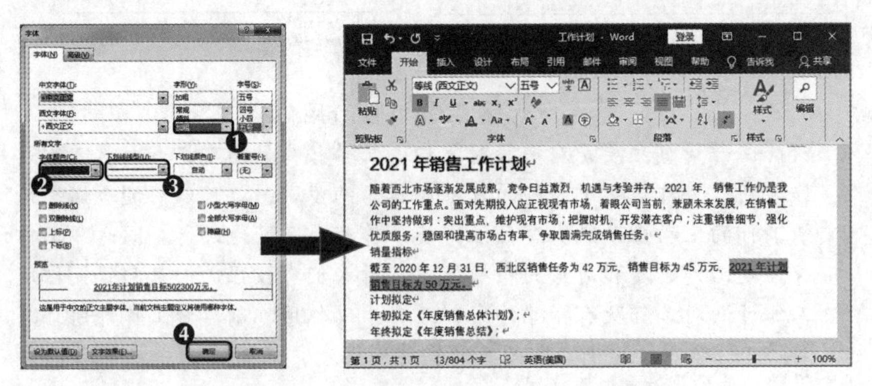

图2-28 在“字体”对话框中设置字符格式

多学一招　**通过浮动工具栏设置字符格式**

在Word 2016中选择文本后，将弹出一个浮动工具栏，如图2-29所示，在其中也可快速设置字符格式。

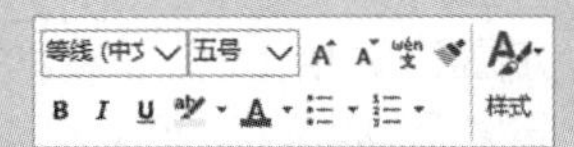

图2-29　浮动工具栏

2.2.2　设置段落格式

为了使文档结构更清晰、层次更分明、重点更突出，用户可在文档中设置段落格式。设置段落格式主要包括设置段落对齐方式、设置段落缩进和间距、添加项目符号和编号等。

1. 设置段落对齐方式

设置段落对齐方式主要是设置文本内容在文档中的显示位置，如常见的将标题文本设置在文档的居中位置等。下面在“工作计划.docx”文档中将标题设置为居中对齐，具体操作如下。

选择标题文本，单击【开始】/【段落】组中的“居中”按钮，设置标题为居中对齐。返回文档后，可看到标题设置为居中对齐后的效果，如图2-30所示。

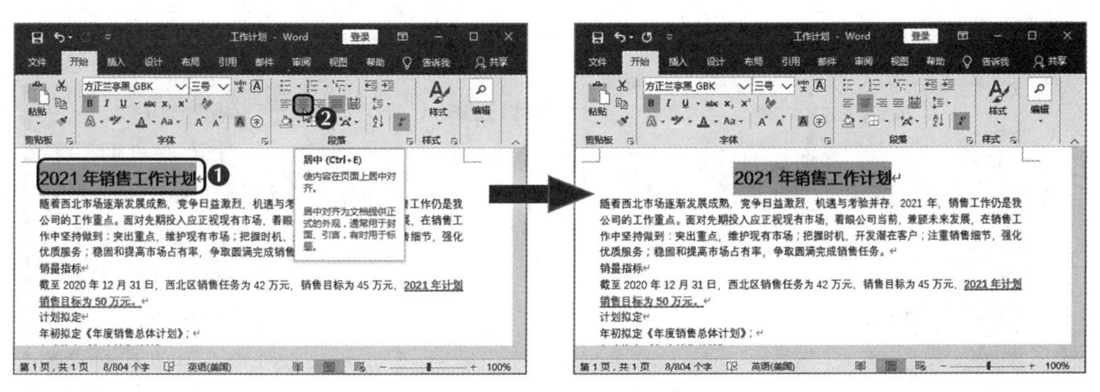

图2-30　设置标题为居中对齐

多学一招　**快速设置段落对齐方式**

选择要设置对齐方式的段落，按【Ctrl+L】组合键设置为左对齐，按【Ctrl+E】组合键设置为居中对齐，按【Ctrl+R】组合键设置为右对齐，按【Ctrl+J】组合键设置为两端对齐，按【Ctrl+Shift+J】组合键设置为分散对齐。

2. 设置段落缩进和间距

设置段落缩进和间距主要是设置文本间行与行的间距，一般通过“段落”对话框实现。下面在“工作计划.docx”文档中设置段落缩进和间距，具体操作如下。

（1）选择所有正文文本，单击【开始】/【段落】组中的“对话框启动器”按钮。打开“段落”对话框，在“缩进和间距”选项卡的“缩进”栏中的“特殊”下拉列表中选择“首行”选项，在“间距”栏中的“行距”下拉列表中选择“最小值”选项，在“设置值”数值框中输入“20磅”，然后单击 确定 按钮，如图2-31所示。

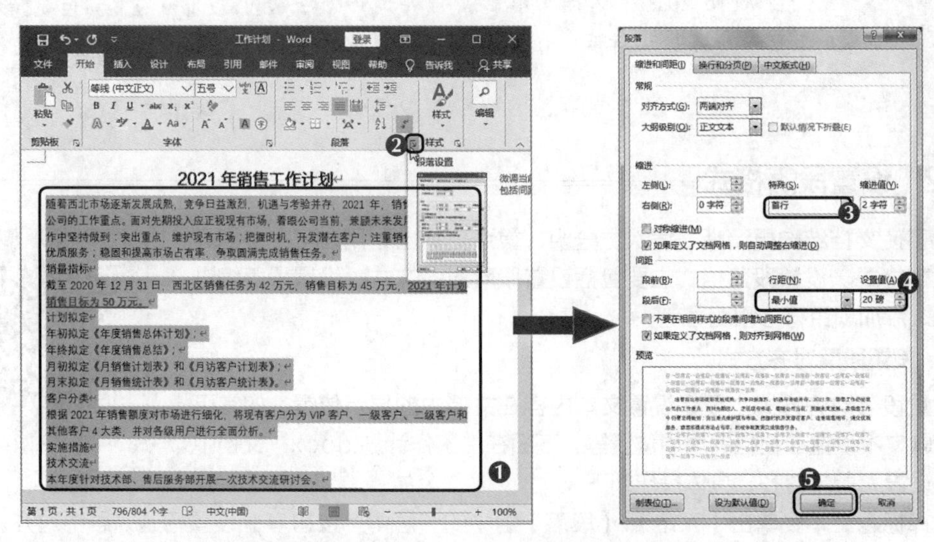

图2-31 通过“段落”对话框设置段落缩进和间距

（2）返回文档后，可看到所有正文内容设置了段落缩进和间距后的效果，如图2-32所示。

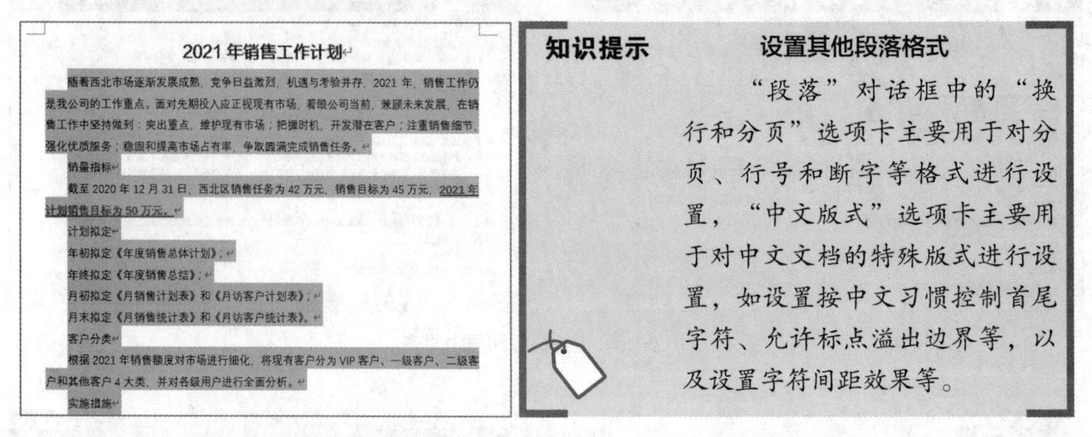

图2-32 设置段落缩进和间距后的效果

知识提示 **设置其他段落格式**

“段落”对话框中的“换行和分页”选项卡主要用于对分页、行号和断字等格式进行设置，“中文版式”选项卡主要用于对中文文档的特殊版式进行设置，如设置按中文习惯控制首尾字符、允许标点溢出边界等，以及设置字符间距效果等。

3. 添加编号和项目符号

编号主要用于表现具有前后顺序关系的段落，项目符号一般用于表现具有并列关系的段落，合理使用编号和项目符号可使整个文档的层次更加清晰。下面在“工作计划.docx”文档中添加编号和项目符号，具体操作如下。

（1）按住【Ctrl】键，同时选择“技术交流”“客户回访”“网络检索”“售后协调”文本，单击【开始】/【段落】组中“项目符号”按钮右侧的下拉按钮，在弹出的下拉列表中选择“◆”选项，如图2-33所示。

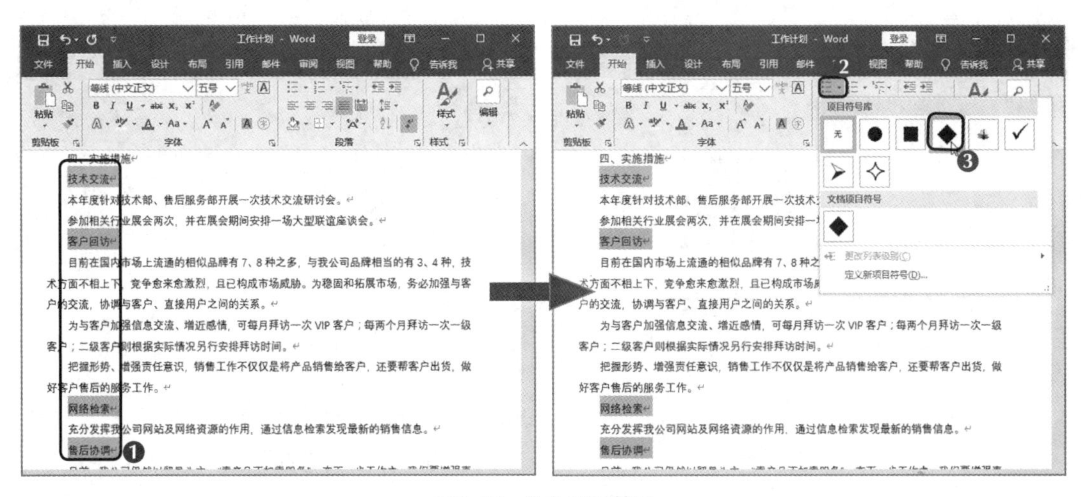

图2-33　添加项目符号

（2）按住【Ctrl】键，同时选择“销量指标”“计划拟定”“客户分类”“实施措施”文本，单击【开始】/【段落】组中“编号”按钮右侧的下拉按钮，在弹出的下拉列表中选择“一、二、三、”选项，如图2-34所示。返回文档后，可看到设置编号后的效果。

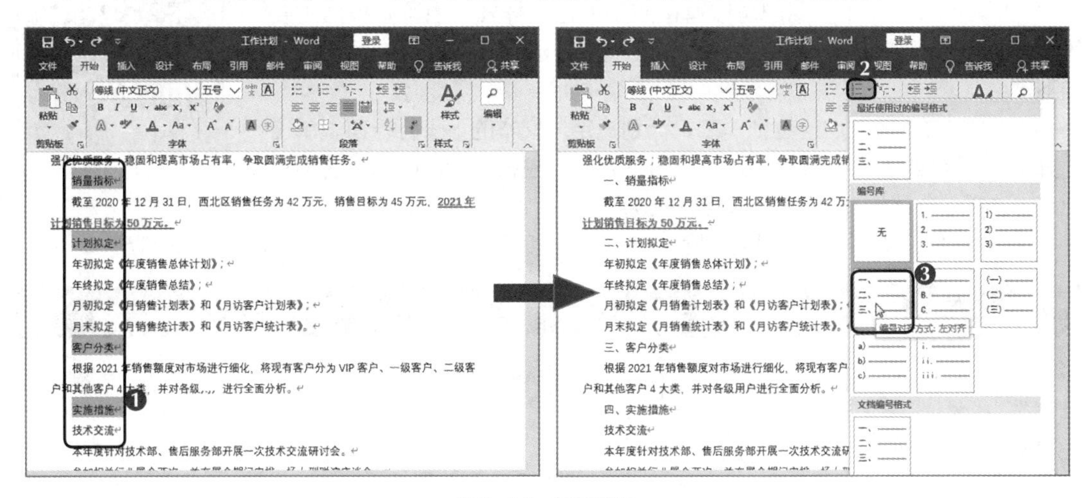

图2-34　添加编号

2.2.3 设置底纹

设置底纹是指为文本内容添加颜色块，使其突出显示。下面在“工作计划.docx”文档中为文本添加底纹，具体操作如下。

（1）选择第一段中冒号后的文本，然后单击【开始】/【段落】组中“底纹”按钮右侧的下拉按钮，在弹出的颜色面板中选择“黄色”选项，如图2-35所示。返回文档后，可看到为文本内容添加底纹后的效果。

（2）使用相同的方法为“在下一步工作中，我们要增强责任感，不断强化优质服务。”文本设置相同颜色的底纹，效果如图2-36所示。

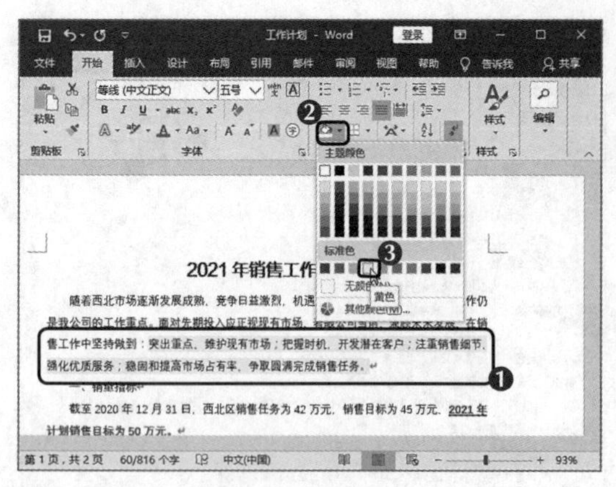

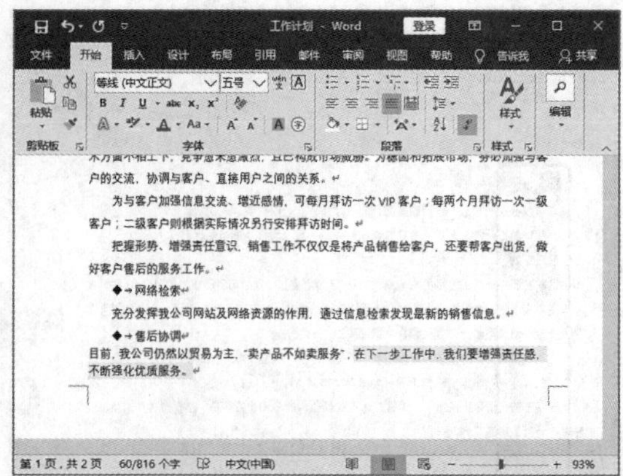

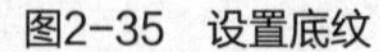

图2-35　设置底纹　　　　图2-36　为其他文本内容设置底纹

2.2.4　创建并应用样式

样式是一组格式的集合，包括字体格式、段落格式、边框、编号和制表位等。在编辑文档时直接应用样式不仅能简化操作，还能提高排版效率。在Word 2016中，用户可以直接应用内置的样式，也可以根据需要新建样式。下面在“工作计划.docx”文档中创建并应用样式，具体操作如下。

（1）将文本插入点定位到“二、计划拟定”文本的下一行行首，单击【开始】/【样式】组中的“样式”按钮下方的下拉按钮▼，在弹出的下拉列表中选择“创建样式”选项，如图2-37所示。

（2）在打开的“根据格式化创建新样式”对话框中单击 修改(M)... 按钮，如图2-38所示。

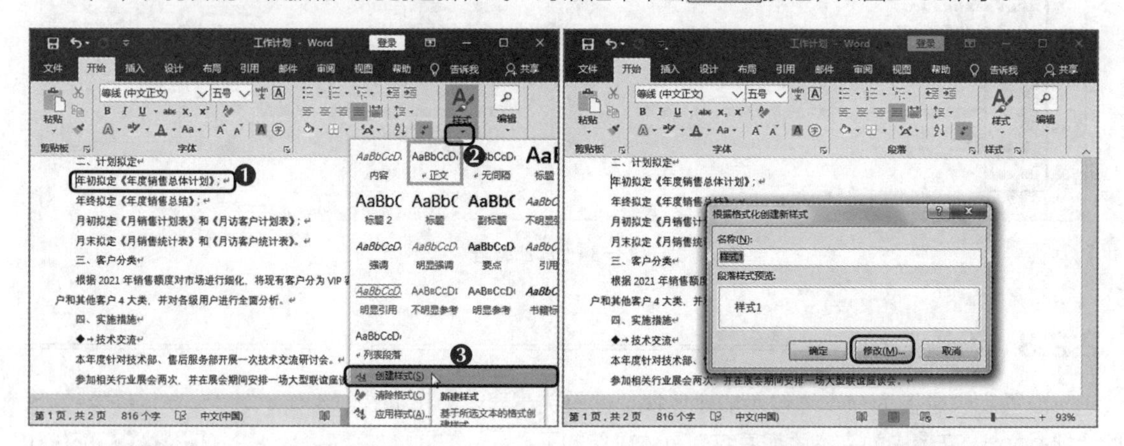

图2-37　选择“创建样式”选项　　　　图2-38　打开“根据格式化创建新样式”对话框

（3）展开“根据格式化创建新样式”对话框，在“名称”文本框中输入文本“内容”，在“格式”栏中设置字符格式为“仿宋、倾斜、蓝色”，并单击按钮加宽段落间距，完成后单击 确定 按钮，如图2-39所示。返回文档后，可看到创建的“内容”样式。

（4）选择“计划拟定”行下的第2~5行，在“样式”组的下拉列表中选择新建的“内容”样式，如图2-40所示，即可将创建的样式应用于所选择的文本，完成样式的应用后保存并关闭文档。

知识提示　　**为创建的样式设置更详细的格式**

在“根据格式化创建新样式”对话框中单击[格式(O)▾]按钮右侧的下拉按钮▾，在弹出的下拉列表中选择某种格式对应的选项，然后在打开的对应对话框中可进行更详细的格式设置。

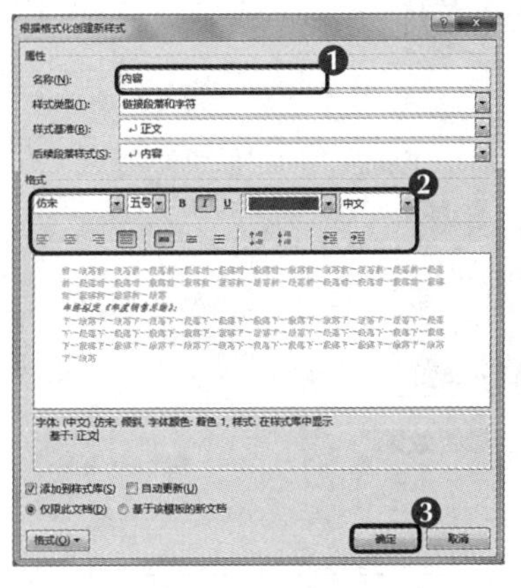

图2-39　创建样式

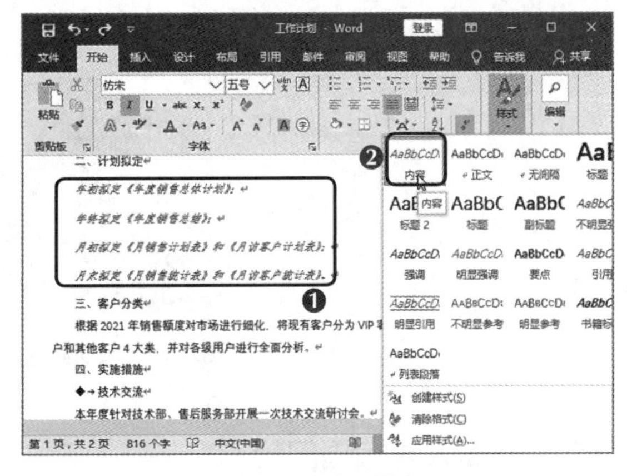

图2-40　应用样式

多学一招　　**删除与清除样式**

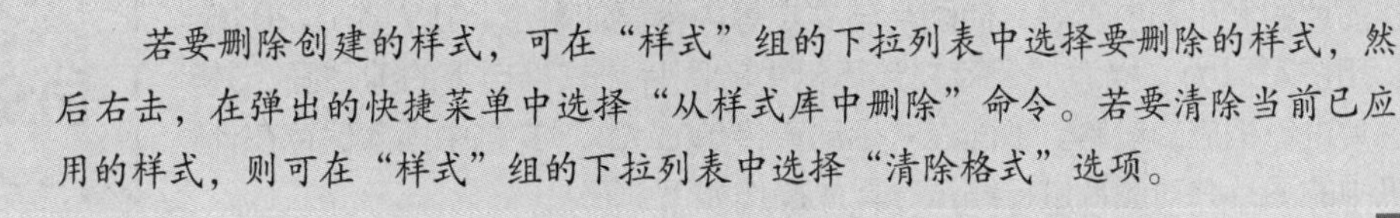

若要删除创建的样式，可在“样式”组的下拉列表中选择要删除的样式，然后右击，在弹出的快捷菜单中选择“从样式库中删除”命令。若要清除当前已应用的样式，则可在“样式”组的下拉列表中选择“清除格式”选项。

2.3　课堂案例：美化“活动宣传单”文档

老洪告诉米拉，有一篇“活动宣传单”文档需要美化。于是米拉首先了解了活动宣传单的主题，确定了活动宣传单的整体背景基调，即此活动宣传单是借端午节推出团购特惠产品，因此在选择背景图片时可使用具有端午节元素的背景图片，如粽子、龙舟等元素，然后添加一些必要的元素，并对文档进行整体布局。经过不懈努力，老洪和米拉一起完成了该文档的美化工作，最终效果如图2-41所示。

素材所在位置　素材文件\第2章\课堂案例\活动宣传单.docx、背景.jpg、热水器.png

效果所在位置　效果文件\第2章\课堂案例\活动宣传单.docx

职业素养　　**传统民俗——端午节**

端午节是中华民族的传统佳节，它不仅记录着先民丰富而多彩的社会生活文化内容，也积淀着博大精深的历史文化内涵。端午节的习俗主要有赛龙舟、采草药、挂艾草、打午时水、洗草药水、祭祖、浸龙舟水、吃龙舟饭、吃粽子、放纸龙、放纸鸢、拴五色丝线和佩香囊等。

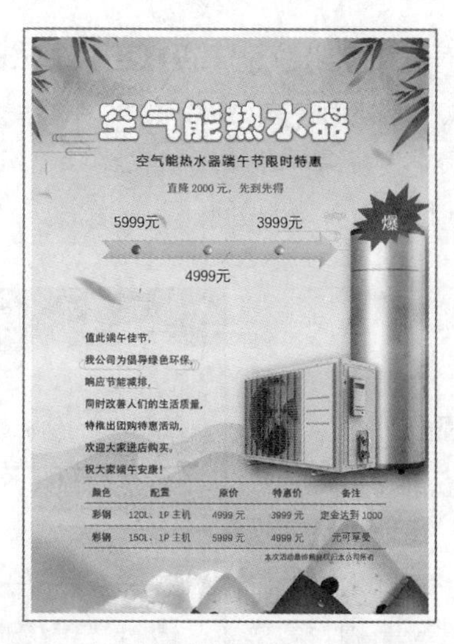

图2-41 “活动宣传单”文档最终效果

2.3.1 插入并编辑图片

在文档中插入图片可以让内容更加丰富、直观，产生美感，从而吸引观众阅读文档的内容。插入图片后，用户还可以根据需要设置图片的格式、调整图片的大小和位置等，使图片与文本等内容更加融合。在Word 2016中，用户可以为文档添加保存在计算机中的图片或软件自带的剪贴画，并对图片进行相应的设置。下面在“活动宣传单.docx”文档中插入保存在计算机中的图片并对图片进行编辑，具体操作如下。

（1）打开“活动宣传单.docx”文档，单击【插入】/【插图】组中的“图片”按钮，如图2-42所示。

（2）在打开的“插入图片”对话框地址栏中选择图片的保存位置，按住【Ctrl】键，同时选择“背景”和“热水器”图片，然后单击插入(S)按钮，如图2-43所示。

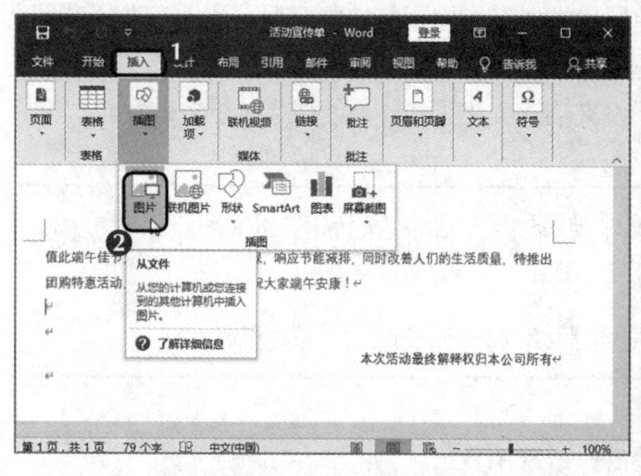

图2-42 单击“图片”按钮

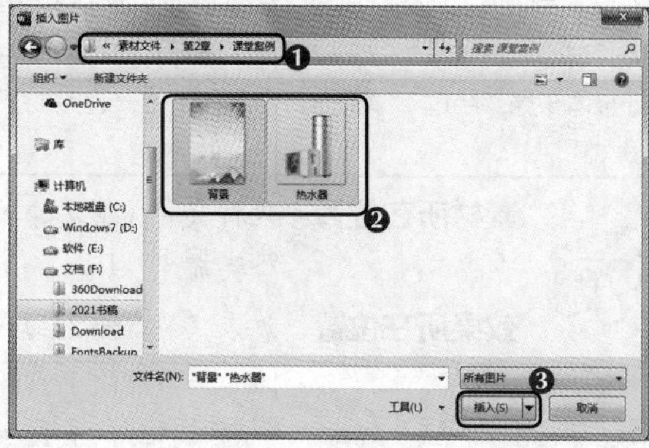

图2-43 选择图片

（3）插入图片后，在“背景”图片上右击，在弹出的快捷菜单中选择【环绕文字】/【衬于文字下方】命令，将“背景”图片衬于文字的下方，如图2-44所示。

（4）将鼠标指针移动到“背景”图片上，当鼠标指针变成形状时，将“背景”图片拖曳至文档页面左上角，对齐文档页面左上角两侧，如图2-45所示。

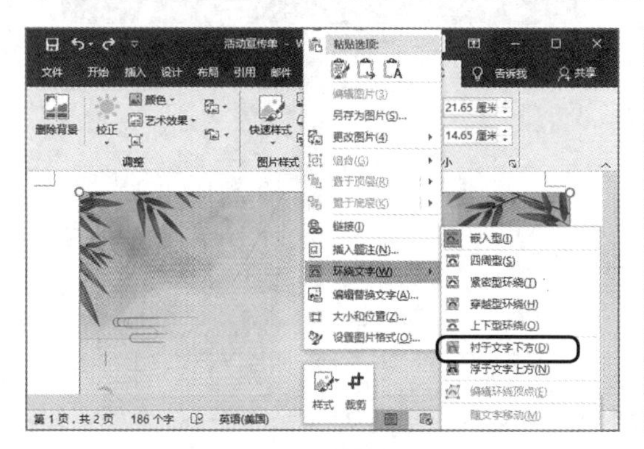

图2-44　将“背景”图片衬于文字下方

图2-45　移动“背景”图片位置

多学一招

插入联机图片

只要计算机正常连接网络，在Word 2016中就可插入联机图片。操作方法：单击【插入】/【插图】组中的“联机图片”按钮，在打开的“插入图片”对话框的“搜索必应”搜索框中输入关键字，按【Enter】键，系统将根据关键字在网络中搜索相关图片，并显示搜索结果，然后选中图片对应的复选框，单击 插入(I) 按钮，即开始下载图片，下载完成后的图片将自动插入文档中。

（5）将鼠标指针移动到“背景”图片右下角的控制点上，当鼠标指针变为↘形状时，将其向右下角拖曳至“背景”图片填充满整个文档页面，然后释放鼠标左键，如图2-46所示。

（6）选择“热水器”图片，然后单击【格式】/【图片样式】组中的“快速样式”按钮，在弹出的下拉列表中选择“矩形投影”选项，为“热水器”图片设置样式，如图2-47所示。

图2-46　调整“背景”图片大小

图2-47　设置“热水器”图片样式

（7）保持“热水器”图片的选择状态，在【格式】/【大小】组的“形状高度”数值框中输入“16厘米”，按【Enter】键，默认状态下，形状宽度将根据形状高度等比例缩放，如图2-48所示。

（8）单击【格式】/【排列】组中的“环绕文字”按钮，在弹出的下拉列表中选择“浮于文字上方”命令，将“热水器”图片浮于文字上方，如图2-49所示。

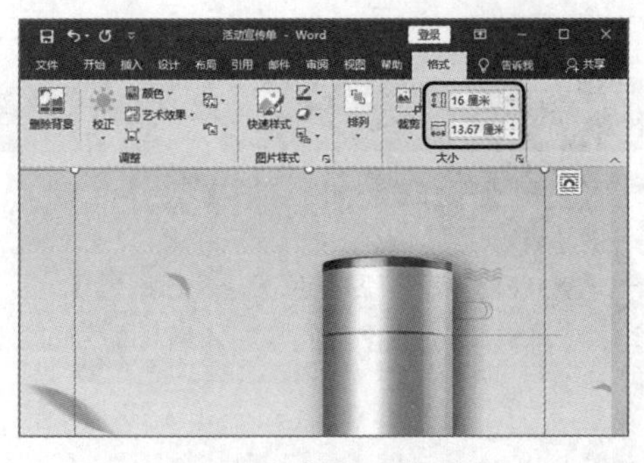

图2-48　调整“热水器”图片大小

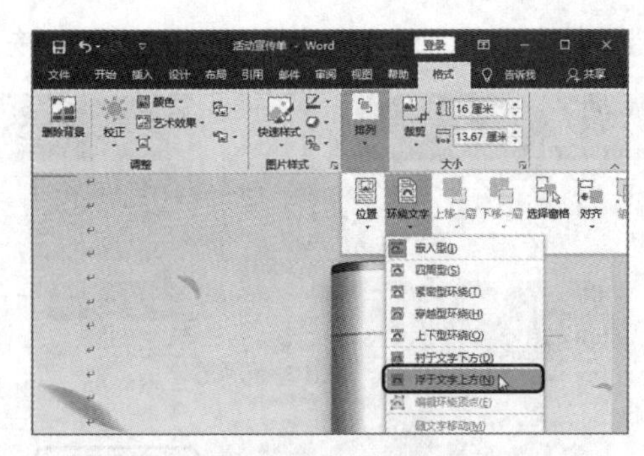

图2-49　将“热水器”图片浮于文字上方

（9）将文本插入点定位到文档的文本内容之前，将文本内容调整到合适位置并设置字体格式，然后选择“热水器”图片，将其移动到合适位置，效果如图2-50所示。

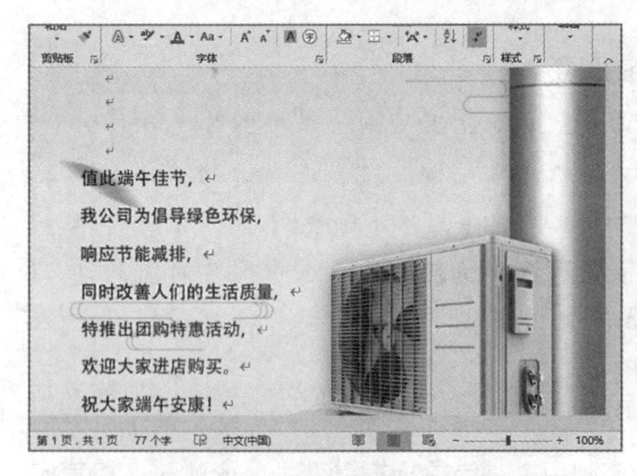

图2-50　调整文本和“热水器”图片位置

知识提示　　**设置图片透明色**

在Word 2016中，设置图片透明色功能只能将图片的纯色背景设置为透明色。如果图片要保留的部分与图片背景色相同，使用该功能时，可能会将图片中要保留的部分设置为透明色。如果图片背景不是纯色的，又需要删除背景，则可使用删除背景功能将其删除。

2.3.2　插入并编辑艺术字

艺术字是具有特殊艺术效果的文字，将其插入文档并对其进行编辑，可使其呈现出不同的效果，以达到美化文档的作用。下面在“活动宣传单.docx”文档中插入艺术字，具体操作如下。

微课视频　插入并编辑艺术字

（1）在文档任意位置定位文本插入点，然后单击【插入】/【文本】组中的“艺术字”按钮，在弹出的下拉列表中选择“填充：白色；轮廓：蓝色，主题色5；阴影”选项，如图2-51所示。

（2）在插入的艺术字文本框中输入文本“空气能热水器”，然后在“字体”组中设置其字体格式为“方正琥珀简体”“60”，如图2-52所示。

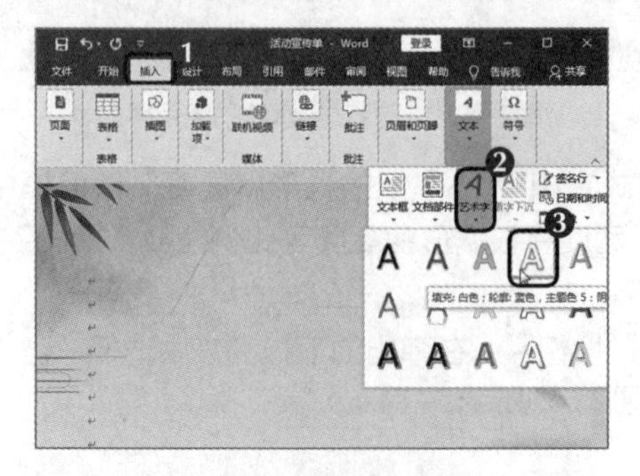

图2-51　选择艺术字样式

图2-52　输入并设置艺术字

（3）选择艺术字文本框，当鼠标指针变成形状时，将艺术字文本框拖曳至文档上方正中央，然后单击【格式】/【艺术字样式】组中的“文本轮廓”按钮，在弹出的颜色面板中选择“绿色，个性色6，深色25%”选项，如图2-53所示。

（4）保持艺术字文本框的选择状态，在“艺术字样式”组中单击“文本轮廓”按钮，在弹出的下拉列表中选择“粗细”选项，在弹出的子列表中选择“1.5磅”选项，如图2-54所示。

图2-53　设置艺术字颜色

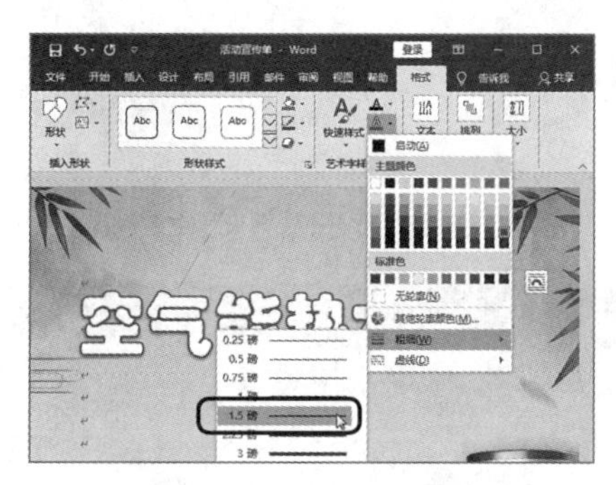

图2-54　设置艺术字粗细

2.3.3　插入并编辑形状

形状是指具有某种规则的图形，如线条、正方形、椭圆、箭头和星形等，一般用于在文档中绘制图形，或为图片等对象添加形状标注。下面在“活动宣传单.docx”文档中插入“爆炸形”形状并对其进行编辑，具体操作如下。

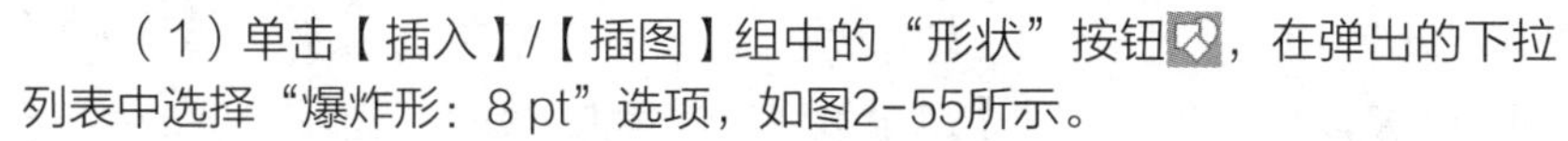

（1）单击【插入】/【插图】组中的“形状”按钮，在弹出的下拉列表中选择“爆炸形：8 pt”选项，如图2-55所示。

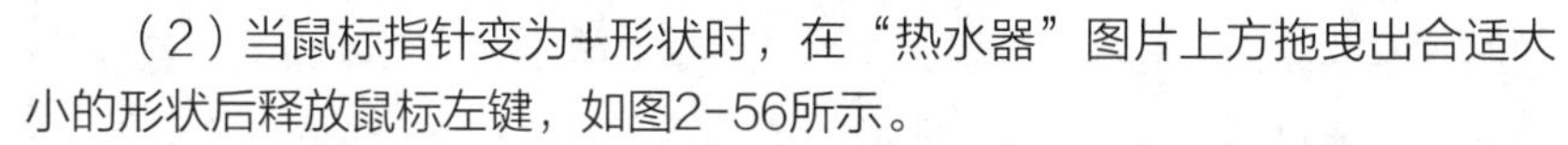

（2）当鼠标指针变为+形状时，在“热水器”图片上方拖曳出合适大小的形状后释放鼠标左键，如图2-56所示。

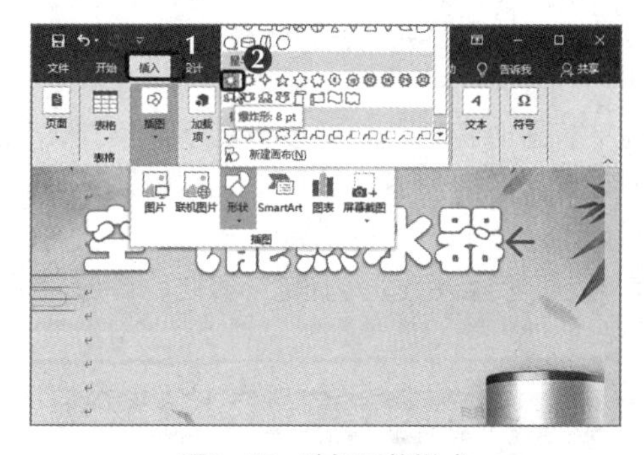

图2-55　选择形状样式

图2-56　绘制形状

（3）单击【格式】/【形状样式】组中的“形状填充”按钮，在弹出的颜色面板中选择“红色”选项，如图2-57所示。

（4）在“形状样式”组中单击“形状轮廓”按钮，在弹出的下拉列表中选择“无轮廓”选项，如图2-58所示。

（5）在形状上右击，在弹出的快捷菜单中选择“编辑文字”选项，如图2-59所示。

（6）在形状中插入文本插入点，然后在其中输入文本“爆”，并将其字体格式设置为“方正黑体简体”“26”“白色”，效果如图2-60所示。

图2-57　设置填充颜色

图2-58　设置轮廓样式

图2-59　选择“编辑文字”选项

图2-60　输入并编辑形状中的文本

多学一招

编辑形状顶点

在Word 2016中，用户可通过编辑形状顶点来改变形状样式。操作方法：选择形状，单击【格式】/【插入形状】组中的“编辑形状”按钮，在弹出的下拉列表中选择“编辑顶点”选项，此时，形状中将出现黑色的小矩形顶点，然后将鼠标指针移动到某个顶点上，拖曳，即可调整顶点的位置。在顶点上右击，弹出的快捷菜单中会显示顶点的编辑命令，用户可选择相应的命令进行操作。

（7）在艺术字下方输入文本“空气能热水器端午节限时特惠”，并设置其字体格式，然后单击【插入】/【插图】组中的“形状”按钮，在弹出的下拉列表中选择“文本框”选项，如图2-61所示。

（8）当鼠标指针变为+形状时，在输入的文本下方拖曳出合适大小的文本框后释放鼠标左键，如图2-62所示。

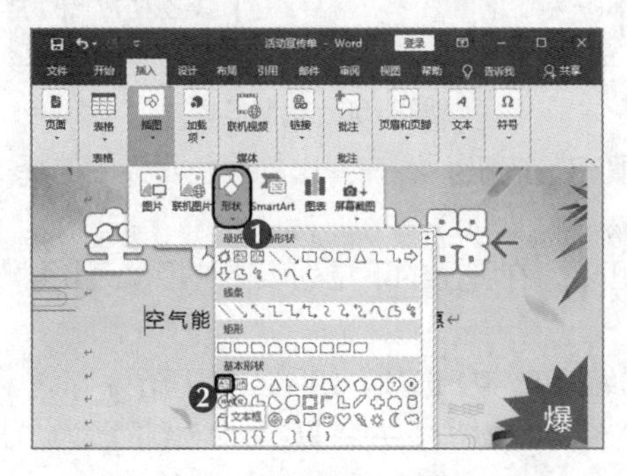

图2-61　选择形状样式

图2-62　绘制形状

（9）在文本框中输入文本“直降2000元 先到先得”，然后设置其字体格式为“黑体”“16”“红色”，如图2-63所示。

（10）选择文本框，单击【格式】/【形状样式】组中的“形状填充”按钮，在弹出的下拉列表中选择“无填充”选项，如图2-64所示，然后在“形状样式”中单击“形状轮廓”按钮，在弹出的下拉列表中选择“无轮廓”选项，最后将文本框移动到合适的位置，完成设置。

图2-63 输入和设置文本格式

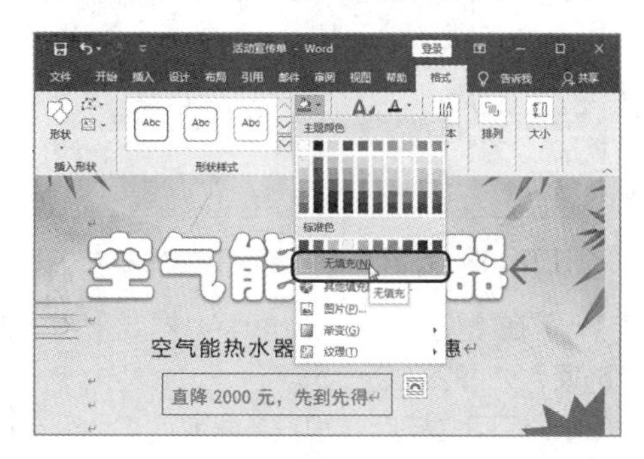

图2-64 设置文本框填充

2.3.4 插入并编辑SmartArt图形

SmartArt图形可以以直观的方式传递信息，清晰地表现出各种关系结构，如循环关系、层次关系、并列关系等，常用于公司组织结构图、工作流程图等的制作。Word 2016提供了多种类型的SmartArt图形，而且每种类型又包含了不同的布局，用户可根据需要自行插入并编辑SmartArt图形。下面在“活动宣传单.docx”文档中插入并编辑SmartArt图形，具体操作如下。

（1）在文档中单击【插入】/【插图】组中的“SmartArt”按钮，如图2-65所示。

（2）打开“选择SmartArt图形”对话框，在其左侧选择“流程”选项卡，在中间选择“基本日程表”选项，单击 确定 按钮，如图2-66所示。

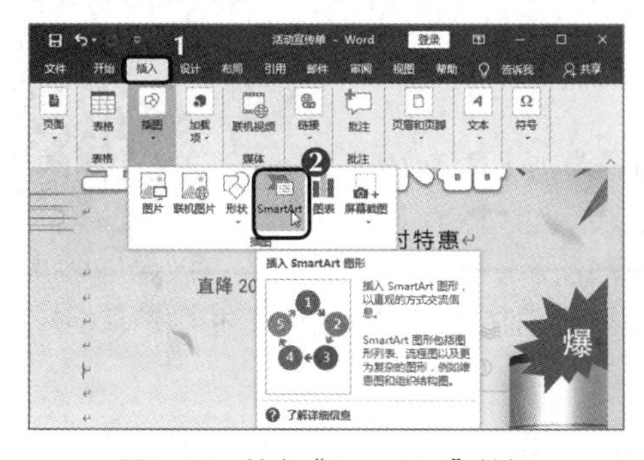

图2-65 单击“SmartArt”按钮

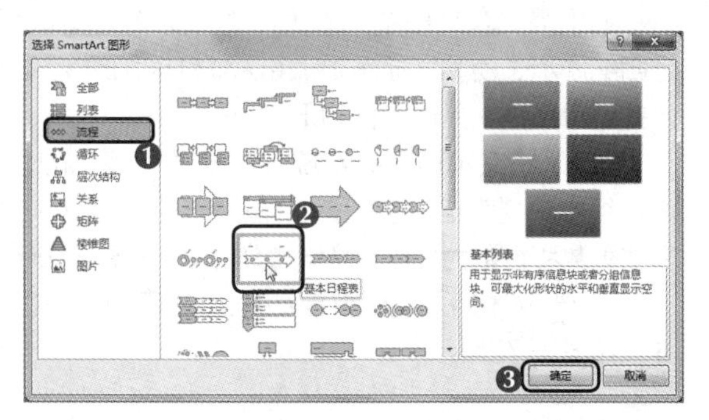

图2-66 选择SmartArt图形样式

（3）在插入的SmartArt图形左侧单击按钮，展开“在此处键入文字”文本框，在其中依次输入相应的文本，如图2-67所示。另外，用户可按【Delete】键删除不需要的文本选项，按【Enter】键换行并添加文本选项。

（4）单击按钮，隐藏“在此处键入文字”文本框，然后单击【设计】/【SmartArt样式】组中的“更改颜色”按钮，在弹出的下拉列表中选择“渐变循环-个性色6”选项，如图2-68所示。

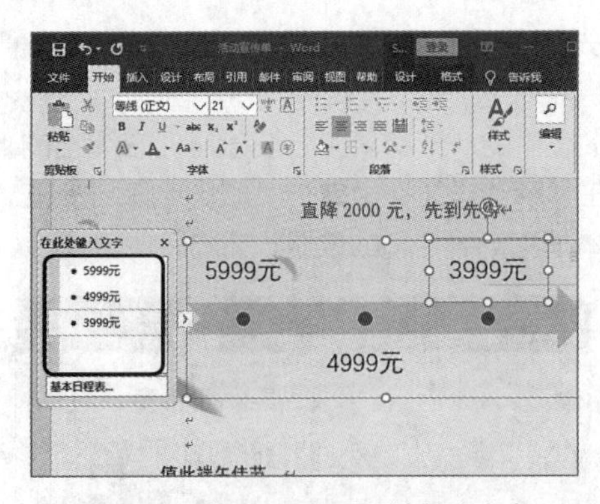

图2-67 在SmartArt图形中输入文本

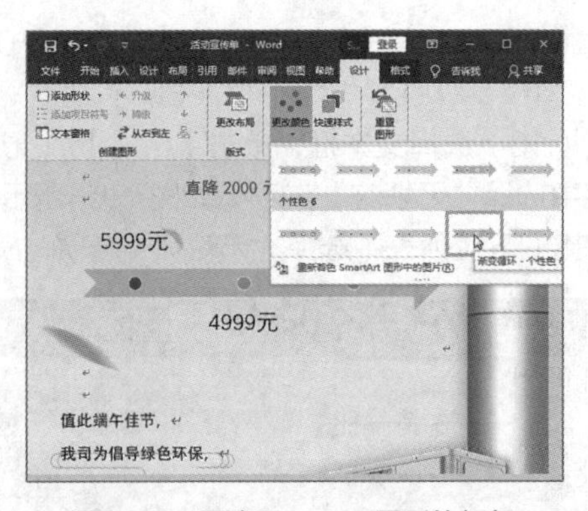

图2-68 更改SmartArt图形的颜色

（5）在【设计】/【SmartArt样式】组中的“快速样式”下拉列表中选择“三维”栏中的“嵌入”选项，如图2-69所示。

（6）返回文档后，根据需要调整SmartArt图形的大小和位置，如图2-70所示。

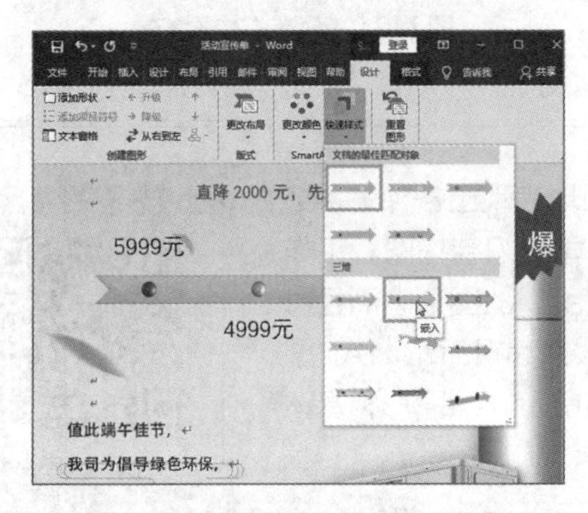

图2-69 设置SmartArt图形样式

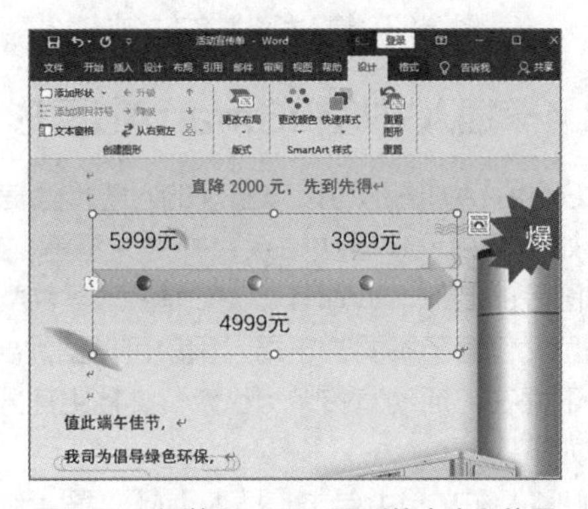

图2-70 调整SmartArt图形的大小和位置

2.3.5 插入并编辑表格

如果需要在文档中输入大量的数据内容，就可通过表格对数据内容进行归纳展示，使数据显示更加直观。下面在“活动宣传单.docx”文档中插入并编辑表格，具体操作如下。

微课视频

插入并编辑表格

（1）将文本插入点定位到需要插入表格的位置，单击【插入】/【表格】组中的“表格”按钮，在弹出的下拉列表中拖曳，当列表中显示的表格列数和行数为“5×3”时释放鼠标左键，如图2-71所示。

（2）文本插入点处将自动插入3行5列的表格，然后分别在表格的每个单元格中输入相应的文本，如图2-72所示。

多学一招 **插入表格的多种方式**

单击【插入】/【表格】组中的“表格”按钮，在弹出的下拉列表中若选择“插入表格”选项，则可在打开的“插入表格”对话框中根据需要输入表格的行数与列数，并设置自动调整；若选择“绘制表格”选项，则可在文档中根据需要绘制所需表格；若选择“Excel电子表格”选项，则可在文档中嵌入Excel表格并进行编辑；若选择“快速表格”选项，则可在文档中插入带有预设样式的表格。

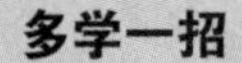

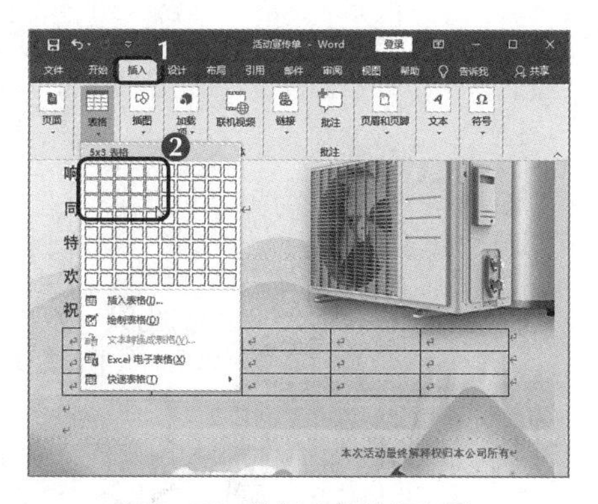

图2-71　选择表格的行和列

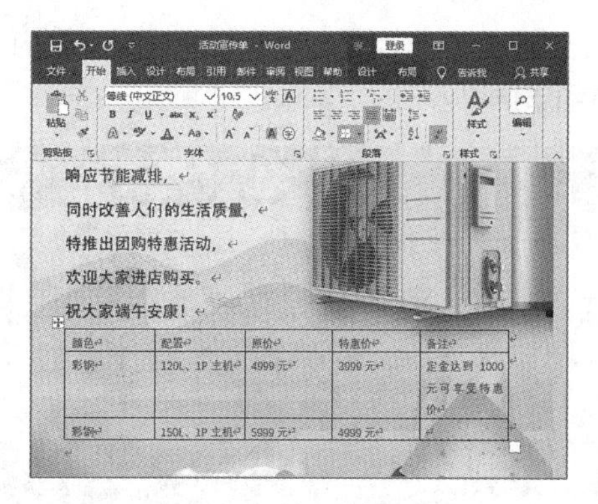

图2-72　输入表格内容

（3）将文本插入点定位到“定金……”前，向下拖曳，选择“备注”列下方的单元格，然后在其上右击，在弹出的快捷菜单中选择“合并单元格”命令，如图2-73所示。

（4）将鼠标指针移动到第1列单元格右侧的边框上，当鼠标指针变成⫲形状时，向左拖曳，以调整单元格列宽，如图2-74所示，使用相同的方法调整其他列的列宽。

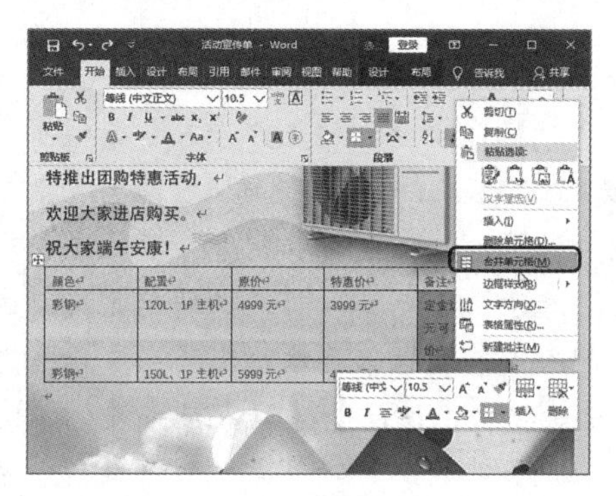

图2-73　合并单元格

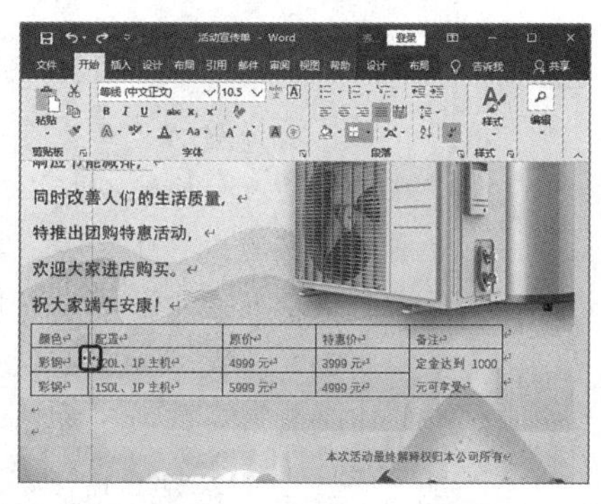

图2-74　调整单元格列宽

（5）单击表格左上角的“全选”按钮⊞，选择整个表格，单击【设计】/【表格样式】组中的“其他”按钮▽，在弹出的下拉列表中选择“无格式表格2”表格样式，如图2-75所示。

（6）保持表格的全选状态，单击【布局】/【对齐方式】组中的“水平居中”按钮☰，设置单元格的对齐方式，如图2-76所示。

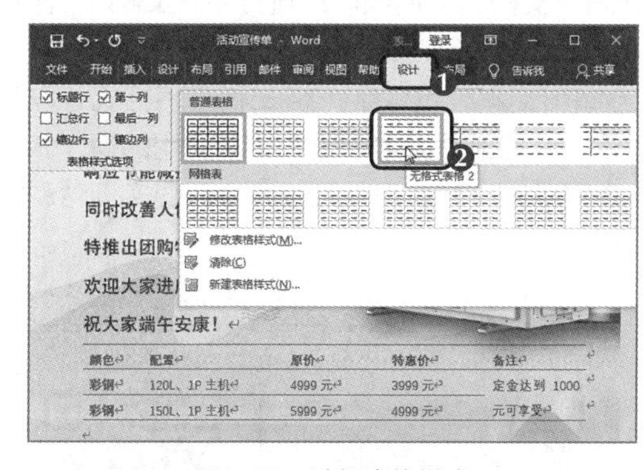

图2-75　选择表格样式

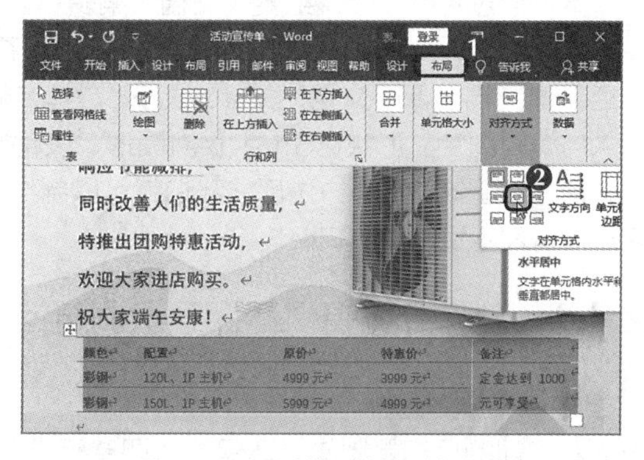

图2-76　设置单元格的对齐方式

（7）将表格中的文本字号设置为“14”，然后选择表格中的“4999元”“5999元”“1000”文本，将其颜色设置为“红色”，效果如图2-77所示。

（8）返回文档后，根据需要调整文档内容使其内容整页显示，效果如图2-78所示，完成表格的编辑后保存并关闭文档。

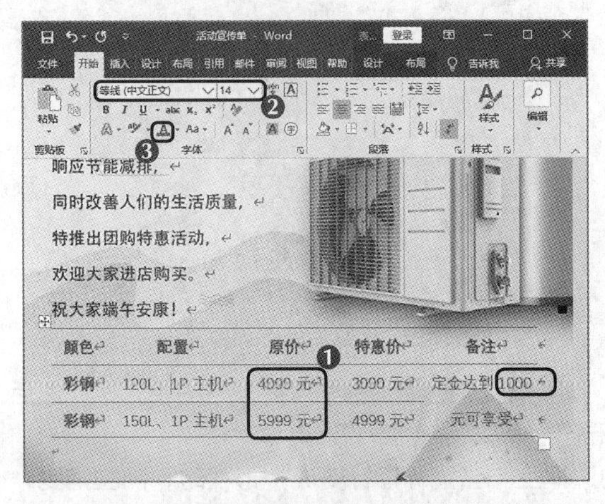

图2-77　设置表格内容的字体格式

图2-78　调整文档内容

知识提示　　**插入、删除单元格与取消单元格边框**

插入表格后，单击【布局】/【行或列】组中的“在上方插入”按钮、“在下方插入”按钮、“在左侧插入”按钮、“在右侧插入”按钮，可分别在表格的上、下、左、右插入相应的单元格；单击“删除”按钮，在弹出的下拉列表中选择“删除单元格”选项，可删除当前选择的单元格，选择“删除列”或“删除行”选项，可删除当前选择单元格所在的列或行，选择“删除表格”选项，可删除整个表格。单击【设计】/【边框】组中的“边框”按钮，在弹出的下拉列表中选择“无框线”选项，可以取消表格单元格的边框效果。

2.4 项目实训

本章通过制作“会议纪要”文档、编辑“工作计划”文档、美化“活动宣传单”文档3个课堂案例，介绍了Word 2016的工作界面，并讲解了使用Word 2016制作、编辑与美化文档的方法，包括新建文档、保存文档、关闭或打开文档，输入与编辑文本，设置字符格式和段落格式，以及插入与编辑图片、形状、SmartArt图形、表格等对象。这些都是日常办公中经常使用的操作，因此，熟练掌握这些操作方法后，我们就可以制作出令人满意的文档。下面通过两个项目实训帮助大家灵活运用本章讲解的知识。

2.4.1 制作并编辑“环保意识调查问卷”文档

1. 实训目标

本实训的目标是制作“环保意识调查问卷”文档。首先需要在新建的文档中输入并编辑文本内容，然后设置字符格式和段落格式，最后保存并关闭文档。“环保意识调查问卷”文档的最终效果如图2-79所示。

效果所在位置 效果文件\第 2 章\项目实训\环保意识调查问卷 .docx

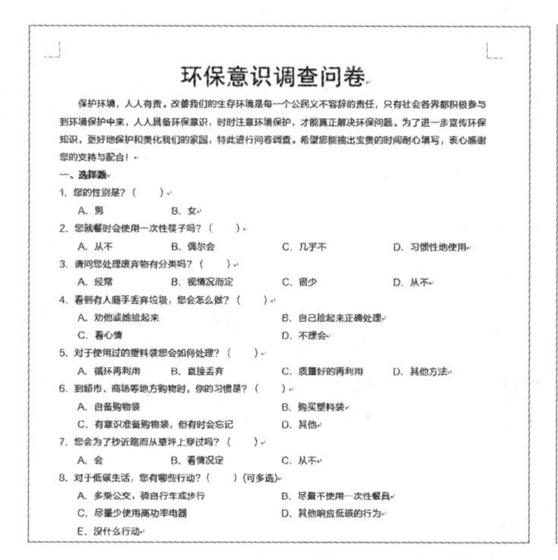

环保意识调查问卷

保护环境，人人有责。改善我们的生存环境是每一个公民义不容辞的责任，只有社会各界都积极参与到环境保护中来，人人具备环保意识，时时注意环境保护，才能真正解决环保问题。为了进一步宣传环保知识，更好地保护和美化我们的家园，特此进行问卷调查。希望您能抽出宝贵的时间耐心填写，衷心感谢您的支持与配合！

一、选择题

1. 您的性别是？（ ）
   A. 男　B. 女
2. 您就餐时会使用一次性筷子吗？（ ）
   A. 从不　B. 偶尔会　C. 几乎不　D. 习惯性地使用
3. 请问您处理废弃物有分类吗？（ ）
   A. 经常　B. 视情况而定　C. 很少　D. 从不
4. 看到有人随手丢弃垃圾，您会怎么做？（ ）
   A. 劝他或她捡起来　B. 自己捡起来正确处理
   C. 看心情　D. 不理会
5. 对于使用过的塑料袋您会如何处理？（ ）
   A. 循环再利用　B. 直接丢弃　C. 质量好的再利用　D. 其他方法
6. 到超市、商场等地方购物时，你的习惯是？（ ）
   A. 自备购物袋　B. 购买塑料袋
   C. 有意识准备购物袋，但有时会忘记　D. 其他
7. 您会为了抄近路而从草坪上穿过吗？（ ）
   A. 会　B. 看情况定　C. 从不
8. 对于低碳生活，您有哪些行动？（ ）(可多选)
   A. 多乘公交，骑自行车或步行　B. 尽量不使用一次性餐具
   C. 尽量少使用高功率电器　D. 其他响应低碳的行为
   E. 没什么行动

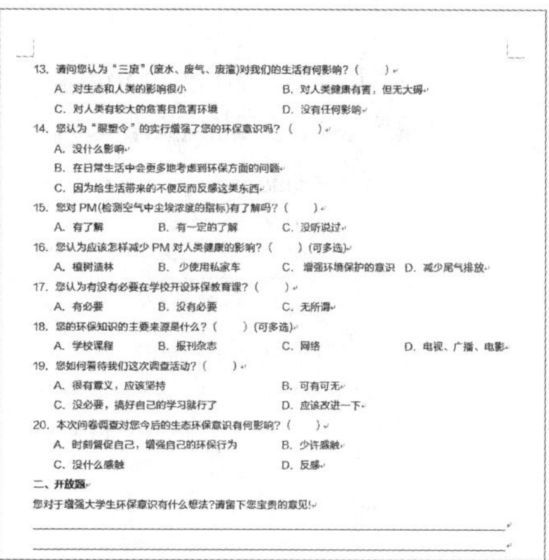

13. 请问您认为“三废”(废水、废气、废渣)对我们的生活有何影响？（ ）
    A. 对生态和人类的影响很小　B. 对人类健康有害，但无大碍
    C. 对人类有较大的危害且危害环境　D. 没有任何影响
14. 您认为“限塑令”的实行增强了您的环保意识吗？（ ）
    A. 没什么影响
    B. 在日常生活中会更多地考虑到环保方面的问题
    C. 因为给生活带来的不便反而反感这类东西
15. 您对 PM(检测空气中尘埃浓度的指标)有了解吗？（ ）
    A. 有了解　B. 有一定的了解　C. 没听说过
16. 您认为应该怎样减少 PM 对人类健康的影响？（ ）(可多选)
    A. 植树造林　B. 少使用私家车　C. 增强环境保护的意识　D. 减少尾气排放
17. 您认为有没有必要在学校开设环保教育课？（ ）
    A. 有必要　B. 没有必要　C. 无所谓
18. 您的环保知识的主要来源是什么？（ ）(可多选)
    A. 学校课程　B. 报刊杂志　C. 网络　D. 电视、广播、电影
19. 您如何看待我们这次调查活动？（ ）
    A. 很有意义，应该坚持　B. 可有可无
    C. 没必要，搞好自己的学习就行了　D. 应该改进一下
20. 本次问卷调查对您今后的生态环保意识有何影响？（ ）
    A. 时刻督促自己，增强自己的环保行为　B. 少许感触
    C. 没什么感触　D. 反感

二、开放题

您对于增强大学生环保意识有什么想法?请留下您宝贵的意见!

____

____

图2-79　“环保意识调查问卷”文档最终效果

2. 专业背景

随着我国经济的发展，有效利用能源、减少环境污染、降低安全生产事故频次、防止突发环境事件、确保生命安全的重要性已日益凸显。制定并执行环保政策和措施，旨在保护环境的同时改善人民的生活质量，这已经成为我国民生工程的关注点。因此，我们要做好环保宣传工作、加大环保的监察力度、提倡绿色的环保行为、养成良好的环保意识，努力改善环境、美化环境、保护环境，使环境更好地适应人类生活和工作的需要。

3. 操作思路

先新建文档并在其中输入文本，然后对文本进行相应的编辑，最后保存并关闭文档。

【步骤提示】

（1）将新建的文档以“环保意识调查问卷”为名进行保存，然后输入相应的文本。

（2）将标题文本的格式设置为“黑体”“一号”“居中”，正文文本的格式设置为“方正兰亭黑_GBK”，行距的最小值为“20磅”，第一段和每个题目的段落格式设置为“首行缩进”“2字符”。

（3）选择“一、选择题”和“二、开放题”文本，将其字体格式设置为“加粗”，在最后两行敲击空格，并添加下划线。

2.4.2　制作并美化“个人简历”文档

1. 实训目标

本实训的目标是制作并美化“个人简历”文档。通过本实训，大家可进一步掌握编辑文档的方法，如输入文本、设置文本的字体格式和段落格式等，并巩固美化文档的操作，如插入文本框、形状、图片等对象，并进行灵活排版。“个人简历”文档的最终效果如图2-80所示。

素材所在位置 素材文件\第2章\项目实训\个人简历

效果所在位置 效果文件\第2章\项目实训\个人简历.docx

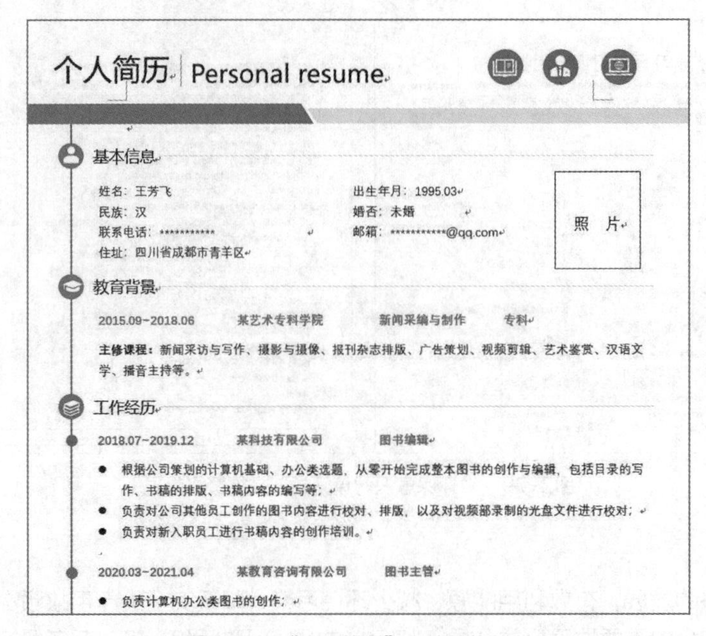

个人简历 | Personal resume

基本信息

姓名：王芳飞　　出生年月：1995.03
民族：汉　　婚否：未婚
联系电话：***********　　邮箱：***********@qq.com
住址：四川省成都市青羊区

照 片

教育背景

2015.09-2018.06　某艺术专科学院　新闻采编与制作　专科

主修课程：新闻采访与写作、摄影与摄像、报刊杂志排版、广告策划、视频剪辑、艺术鉴赏、汉语文学、播音主持等。

工作经历

2018.07-2019.12　某科技有限公司　图书编辑

- 根据公司策划的计算机基础、办公类选题，从零开始完成整本图书的创作与编辑，包括目录的写作、书稿的排版、书稿内容的编写等；
- 负责对公司其他员工创作的图书内容进行校对、排版，以及对视频部录制的光盘文件进行校对；
- 负责对新入职员工进行书稿内容的创作培训。

2020.03-2021.04　某教育咨询有限公司　图书主管

- 负责计算机办公类图书的创作；

图2-80　“个人简历”文档最终效果

2．专业背景

个人简历是对自身的简要介绍。个人简历可以是表格形式，也可以是其他形式。在书写个人简历时，语言要求准确、平实、简洁，布局应突出重点，详略得当。个人简历的书写要点如下。

- **突出过去的成就：**过去的成就是自身能力的有力证据，把它们详细地写出来会更有说服力。
- **以事实材料为主：**要将有实质性的东西呈现给用人单位，不要写对申请职位无用的内容，应重点介绍自己的专业水平、能力及综合素质，略谈自己对学习、工作、生活等的观点、看法。
- **语言要简洁明了：**语言要简洁明了，切勿烦琐，尽量浓缩在3页之内，项目与项目之间应有一定的空位相隔，不要只是文字的堆积。

3．操作思路

首先要将新建的文档以“个人简历”为名进行保存，然后在其中插入形状、图片、文本框等对象，并对其进行编辑。

【步骤提示】

（1）将新建的文档以“个人简历”为名进行保存，然后在文档中绘制矩形、直线、正圆等形状，并根据需要对形状的填充色、轮廓色等进行相应的设置。

（2）在文档中插入相应的图片，并对图片的大小、位置、颜色等进行相应的设置。

（3）绘制文本框，并在文本框中输入相应的文字内容，然后对文本的字体格式、段落格式等进行相应的设置。

2.5 课后练习

本章主要介绍了在Word 2016中创建文档、编辑文档、美化文档等的操作方法。下面通过两个练习帮助大家熟悉各知识的应用方法及相关操作。

练习1：制作并编辑“培训流程”文档

下面将新建并保存“培训流程”文档，然后在其中输入文档内容，并对其进行编辑，如设置字符格式、段落格式等。“培训流程”文档的最终效果如图2-81所示。

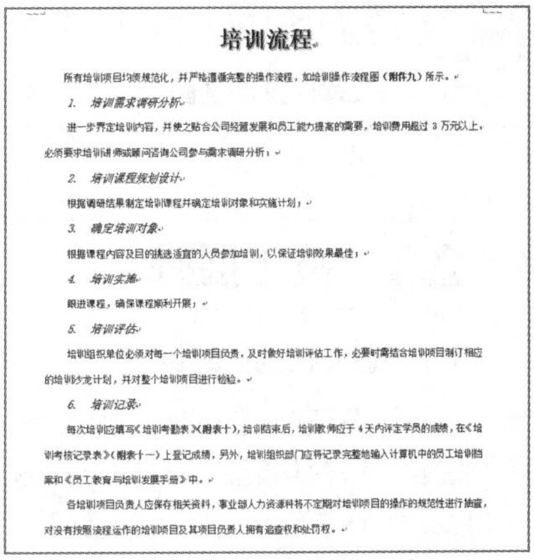

图2-81 “培训流程”文档最终效果

操作要求如下。

- 选择文本“培训流程”，将其字体格式设置为“宋体”“二号”“加粗”“居中”。
- 选择所有小标题文本，将其字体格式设置为“宋体”“五号”“倾斜”。
- 选择正文文本，在“段落”对话框的“缩进和间距”选项卡中设置“首行缩进”。
- 选择所有小标题文本，为其添加“1.”样式编号。
- 选择正文第1行中的“（附件九）”，正文第15和16行中的“（附表十）”和“（附表十一）”文本，通过“字体”组将其字体格式设置为“加粗”“蓝色”。
- 通过“段落”对话框将文档的段落间距设置为“1.5倍”。

效果所在位置 效果文件\第2章\课后练习\培训流程.docx

练习2：制作并美化“公司简介”文档

“公司简介”文档用于介绍公司的现状、规模、经营和生产等信息，类似于公司的名片。下面将新建并保存“公司简介.docx”文档，然后在其中输入文档内容，并对其进行美化，如插入艺术字、SmartArt图形和图片等对象。“公司简介”文档的最终效果如图2-82所示。

图2-82 “公司简介”文档最终效果

操作要求如下。

- 打开“公司简介.docx”文档，在标题位置插入艺术字“公司简介”，并设置其字体格式为“方正兰亭中黑_GBK”“小初”，设置其样式为“填充：水绿色，主题色5”。
- 在“公司理念”第一段文字下方插入“射线循环”SmartArt图形，并在其中输入文本，然后更改其颜色为“彩色范围-个性色4至5”。
- 插入“1.jpg”“2.jpg”“3.jpg”“4.jpg”图片，并将其环绕方式设置为“浮于文字上方”，然后裁剪不需要的图片部分，为保留的图片应用“简单框架，白色”样式。

素材所在位置 素材文件\第2章\课后练习\公司简介

效果所在位置 效果文件\第2章\课后练习\公司简介.docx

2.6 技巧提升

1. 设置文档的自动保存

为了避免在编辑文档时遇到停电或计算机死机等突发事件造成文档丢失的情况，用户可以为文档设置自动保存功能，即每隔一段时间后，系统将自动保存所编辑的文档。具体操作方法如下：在Word 2016中选择【文件】/【选项】命令，在打开的“Word选项”对话框中单击“保存”选项卡，在其右侧选中“保存自动恢复信息时间间隔”复选框，在其后的数值框中输入间隔时间，然后单击 确定 按钮。需要注意的是，自动保存文档的时间间隔设置得太长容易造成不能及时保存文档的情况；设置得太短又可能会因频繁保存而影响文档的编辑，一般以10～15分钟为宜。

2. 修复并打开损坏的文档

在Word 2016中选择【文件】/【打开】命令，在打开的“打开”界面中选择“浏览”选项，在打开的“打开”对话框中选择需要修复的文档，然后单击 打开(O) 按钮右侧的下拉按钮，在弹出的下拉列表中选择“打开并修复”选项，即可修复并打开损坏的文档。

3. 快速选择文档中相同格式的文本内容

利用“文本定位”功能可快速选择文档中相同格式的文本内容，“文本定位”能让用户快速找到文档中自己需要找到的位置，然后对其进行编辑。具体操作方法如下：在文档中单击【开始】/【编辑】组中的 选择 按钮，在弹出的下拉列表中选择“选择所有格式类似的文本”选项，即可在整篇文档中选择相同格式的文本内容。

4. 清除文本或段落中的格式

选择已设置格式的文本或段落，单击【开始】/【字体】组中的“清除所有格式”按钮，即可清除所选择文本或段落的格式。

5. 使用格式刷复制格式

选择带有格式的文字，单击【开始】/【剪贴板】组中的“格式刷”按钮可复制一次格式；双击“格式刷”按钮可复制多次格式，且完成后需再次单击“格式刷”按钮取消其激活状态。另外，在复制格式时，若选择了段落标记，则会将该段落中的文字和段落格式应用到目标文字和段落中；若只选择了文字，则只将文字格式复制到目标文字和段落中。

第3章

Word文档的高级编排

情景导入

米拉接触到了越来越多的、不同类型的办公文档制作工作，她发现，仅掌握简单的编辑操作已不能满足工作的需要。于是，在老洪的帮助和指导下，米拉学会并掌握了更多Word文档的高级编排功能和技巧，如设置封面、设置页眉和页脚、添加目录、制作信封、邮件合并、打印文档等。

学习目标

- 掌握长文档的编排方法。

如设置封面和主题、使用大纲视图查看与编辑文档、设置页眉和页脚、插入分页符和分节符、添加目录等。

- 掌握Word文档的高级编排功能。

如邮件合并、审阅并修订文档、打印文档等。

素质目标

培养工匠精神，培养严谨、细致、专注、负责的工作态度。

案例展示

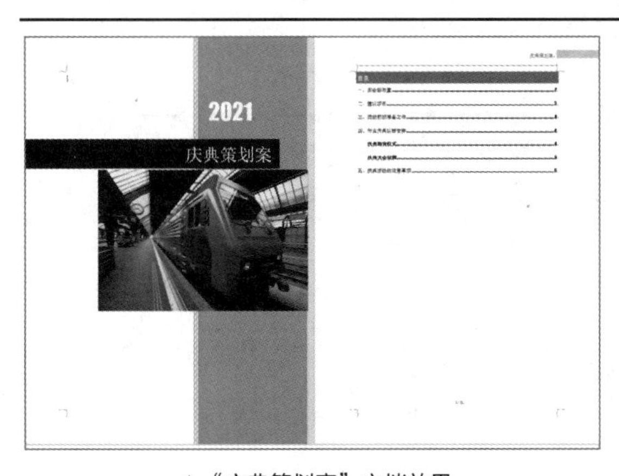

▲“庆典策划案”文档效果

▲“邀请函”文档效果

3.1 课堂案例：编排“庆典策划案”文档

为了扩大公司业务范围、拓展客户资源，公司准备成立一家分公司。最近，公司正在筹备分公司的开业庆典活动，因此需要制作一篇“庆典策划案”文档，于是老洪整理好文档的内容后，便安排米拉进行“庆典策划案”的排版工作。

制作这类文档时，需要设置封面和主题、使用大纲视图查看与编辑文档、设置页眉和页脚、插入分页符和分书符，以及添加目录等，这样可以使文档具有专业性，方便决策者查阅。在老洪的帮助下，米拉很快就完成了“庆典策划案”文档的排版工作。其最终效果如图3-1所示。

素材所在位置 素材文件\第3章\课堂案例\庆典策划案.docx

效果所在位置 效果文件\第3章\课堂案例\庆典策划案.docx

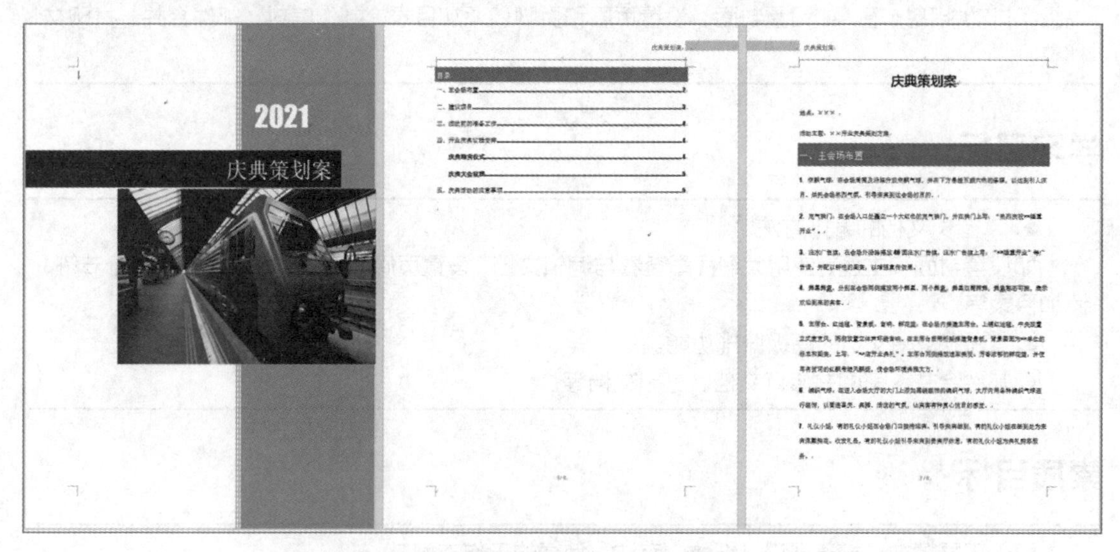

图3-1 “庆典策划案”文档最终效果

职业素养 **策划案的作用与主要内容**

策划案也称策划书，是对未来某个活动或事件进行策划，并展现给用户的文本。策划案是目标规划的文档，也是目标实现的指路灯。策划案一般分为庆典策划案、广告策划案、营销策划案、项目策划案和婚礼策划案等。

策划案的主要内容包括封面、正文和附录。策划案的封面可以列出策划案的名称、策划者的姓名和策划案的制作时间等信息，让用户一目了然；策划案的正文可详细说明策划目的、策划内容和策划实施步骤，以及各项具体分工、策划的期望效果与预测效果、策划实施中应注意的事项等；策划案的附录可列出参考文献与案例，或列出第二、第三备选方案的概要，以及其他与策划内容相关的事宜。

3.1.1　设置封面和主题

微课视频

设置封面

对于多达几页或者几十页的长文档来说，如果依次设置文档格式，将会非常耗时。为了使文档看起来更规范、更专业，可以通过Word 2016提供的封面、主题等功能对文档进行快速编排。

1. 设置封面

在编排策划案、合同或员工手册等长文档时，在文档首页设置封面是非常有必要的，用户可利用Word 2016提供的封面库快速插入精美的封面。下面在“庆典策划案.docx”文档中插入“运动型”封面，具体操作如下。

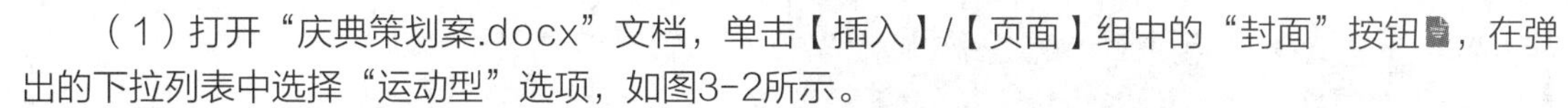

（1）打开“庆典策划案.docx”文档，单击【插入】/【页面】组中的“封面”按钮，在弹出的下拉列表中选择“运动型”选项，如图3-2所示。

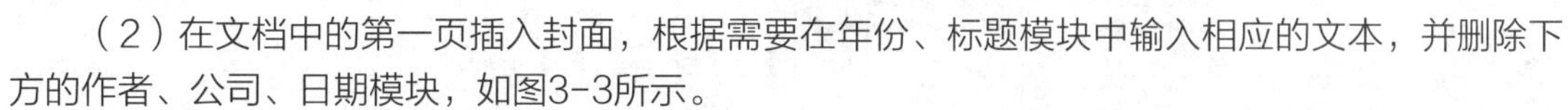

（2）在文档中的第一页插入封面，根据需要在年份、标题模块中输入相应的文本，并删除下方的作者、公司、日期模块，如图3-3所示。

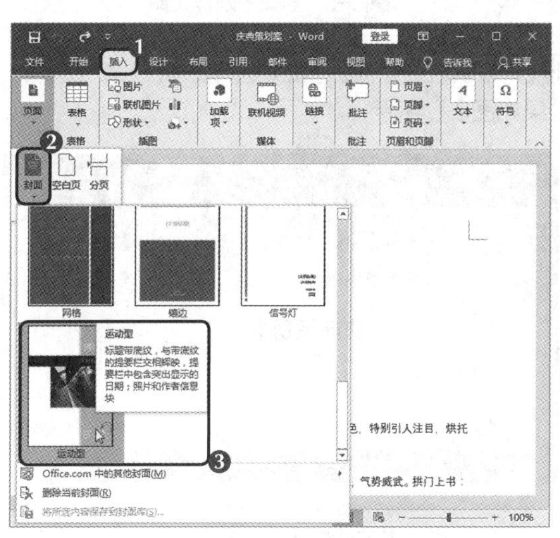

图3-2　插入封面

图3-3　输入封面内容

> **知识提示**　　**快速删除封面**
>
> 如果对文档中插入的封面效果不满意，则可单击【插入】/【页面】组中的“封面”按钮，在弹出的下拉列表中选择“删除当前封面”选项，以快速删除当前封面。

2. 设置主题

若要使文档中的颜色、字体、格式、整体效果保持某一标准，则可通过Word 2016提供的主题方案进行实现。下面在“庆典策划案.docx”文档中应用“主要事件”主题，并设置主题样式集和颜色，具体操作如下。

（1）单击【设计】/【文档格式】组中的“主题”按钮，在弹出的下拉列表中选择“主要事件”选项，如图3-4所示，文档中封面的整体效果将会发生改变。

（2）在“文档格式”组中单击“其他”按钮，在弹出的列表中选择“阴影”选项，如图3-5所示，可快速更改设置了样式的文档外观。

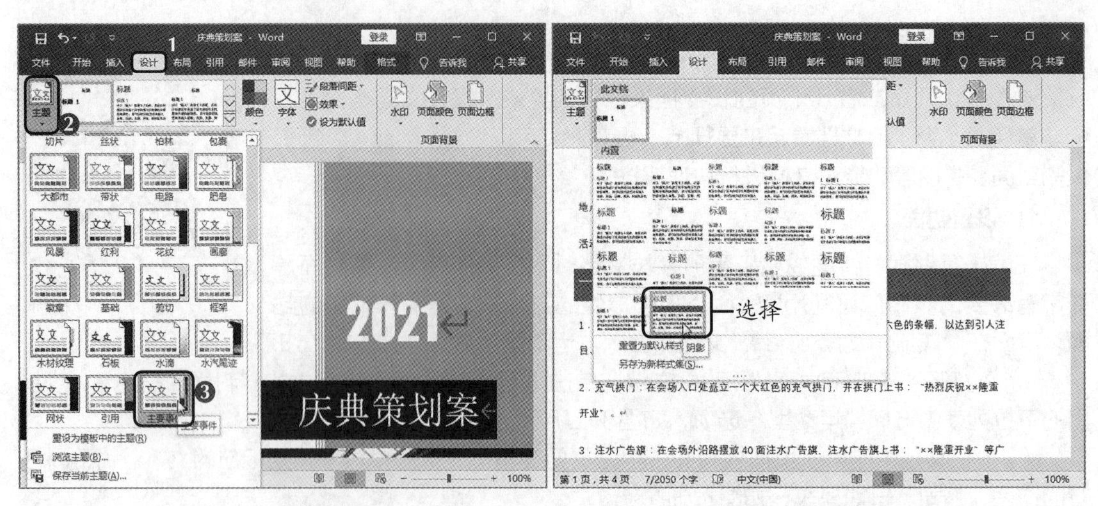

图3-4　选择主题　　　　图3-5　更改主题样式集

（3）在“文档格式”组中单击“颜色”按钮，在弹出的下拉列表中选择“蓝绿色”选项，如图3-6所示，可快速更改文档中的主题颜色，效果如图3-7所示。

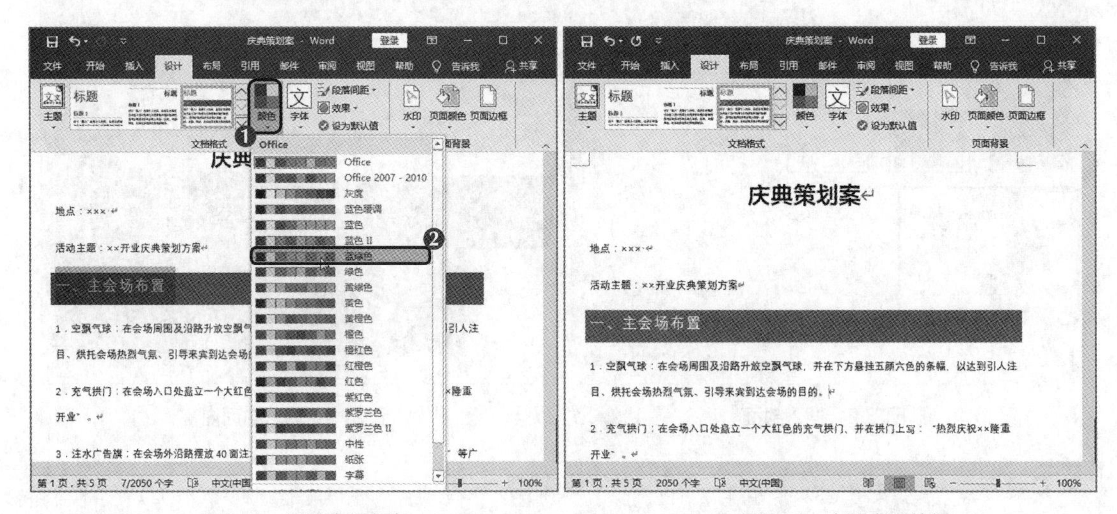

图3-6　更改主题颜色　　　　图3-7　应用主题效果

多学一招　　**修改主题效果**

在“文档格式”组中分别单击“字体”按钮、“效果”按钮和“段落间距”按钮，在弹出的下拉列表中选择需要的选项，可更改当前主题的字体、效果和段落间距；单击“设为默认值”按钮，还可将当前设置的主题效果应用到所有新文档中。

3.1.2　使用大纲视图查看与编辑文档

大纲视图指将文档的标题进行缩进，以不同的级别来展示标题在文档中的结构。当一篇文档过长时，可使用Word 2016提供的大纲视图来帮助组织并管理该文档。下面在“庆典策划案.docx”

文档中使用大纲视图查看与编辑文档，具体操作如下。

（1）单击【视图】/【视图】组中的“大纲”按钮，如图3-8所示。

（2）将文本插入点定位到“庆典迎宾仪式”文本前，单击【大纲显示】/【大纲工具】组中“正文文本”右侧的下拉按钮，在弹出的下拉列表中选择“2级”选项，如图3-9所示，再用相同的方法将“庆典大会议程”文本的标题级别设置为“2级”。

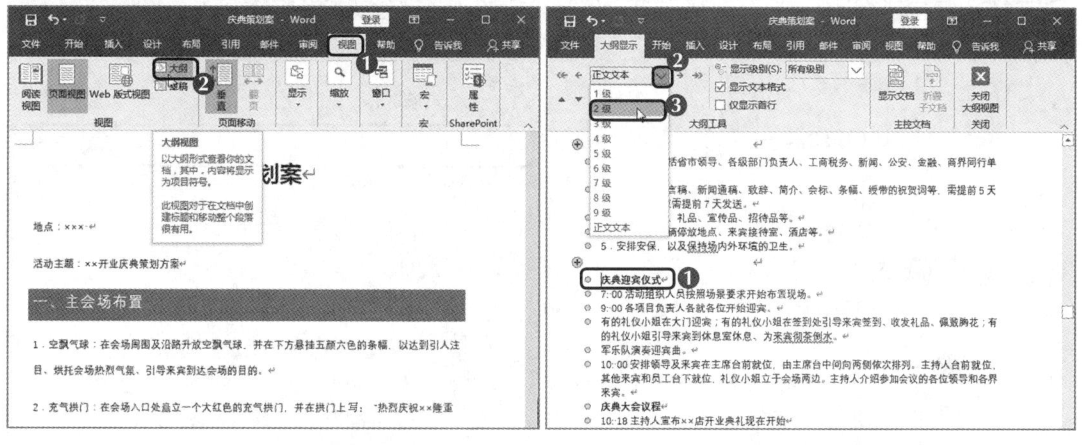

图3-8　进入大纲视图　　　图3-9　设置文本级别

（3）单击【大纲显示】/【大纲工具】组中“所有级别”右侧的下拉按钮，在弹出的下拉列表中选择“2级”选项，如图3-10所示，此时将显示“1级”和“2级”标题文本。因为“1级”标题的字体颜色为白色，所以这里只能看到设置为“2级”标题的文本。

（4）设置完成后在“关闭”组中单击“关闭大纲视图”按钮，如图3-11所示，退出大纲视图，返回文档编辑模式。

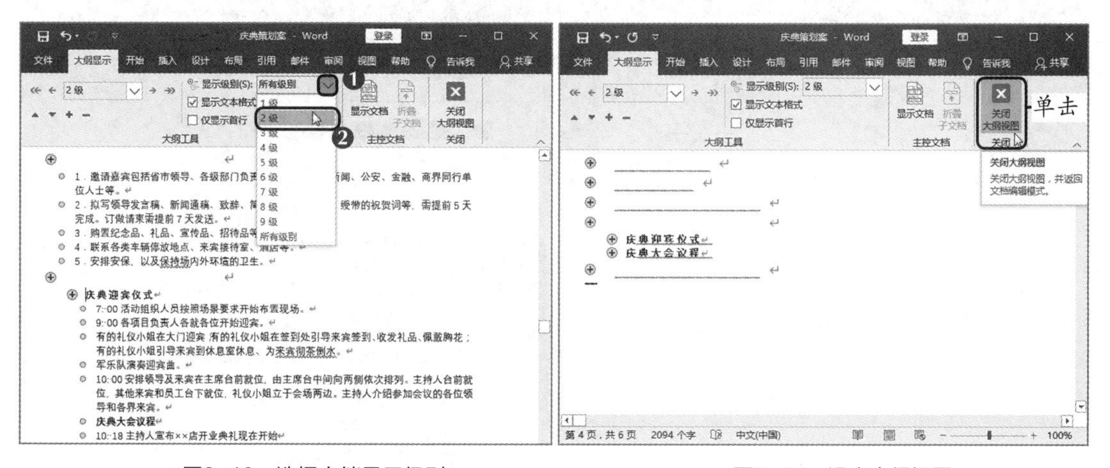

图3-10　选择文档显示级别　　　图3-11　退出大纲视图

3.1.3　设置页眉和页脚

页眉和页脚主要用于显示公司名称、文档名称、公司Logo、日期、页码等附加信息。在Word 2016中，可直接插入Word提供的页眉页脚样式并进行修改，也可根据需要自行添加页眉页脚内容，还可以为首页、奇数页和偶数页等设置不同的页眉页脚。下面在“庆典策划案”文档中设置页眉和页脚，具体操作如下。

（1）单击【插入】/【页眉和页脚】组中的“页眉”按钮，在弹出的下拉列表中选择“运动型（奇数页）”选项，如图3-12所示。

（2）文本插入点将自动定位到页眉区，且自动输入文档标题，然后删除页码，如图3-13所示。

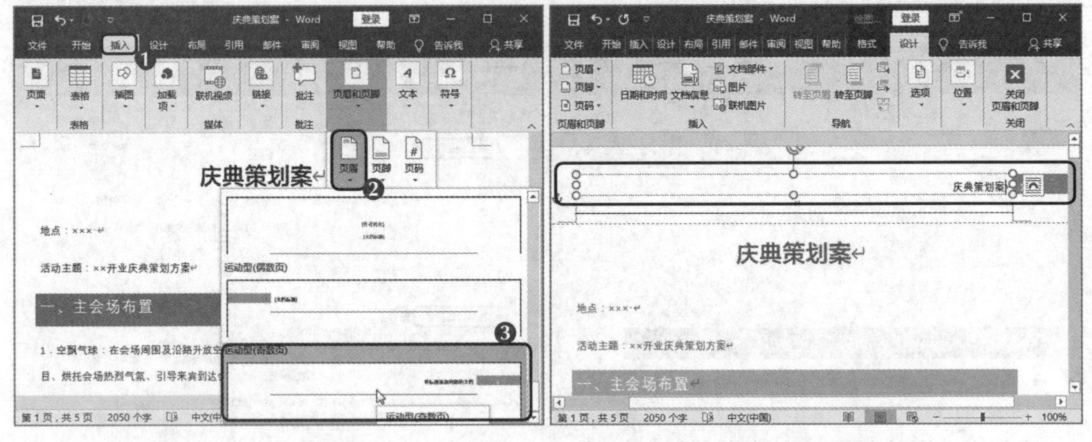

图3-12　选择页眉样式　　　　图3-13　设置奇数页页眉

（3）将文本插入点定位到第2页的页眉处，然后选中【设计】/【选项】组中的“奇偶页不同”复选框，如图3-14所示。

（4）单击【设计】/【页眉和页脚】组中的“页眉”按钮，在弹出的下拉列表中选择“运动型（偶数页）”选项，如图3-15所示，文本插入点将自动定位到页眉区，且自动输入文档标题，然后删除页码。

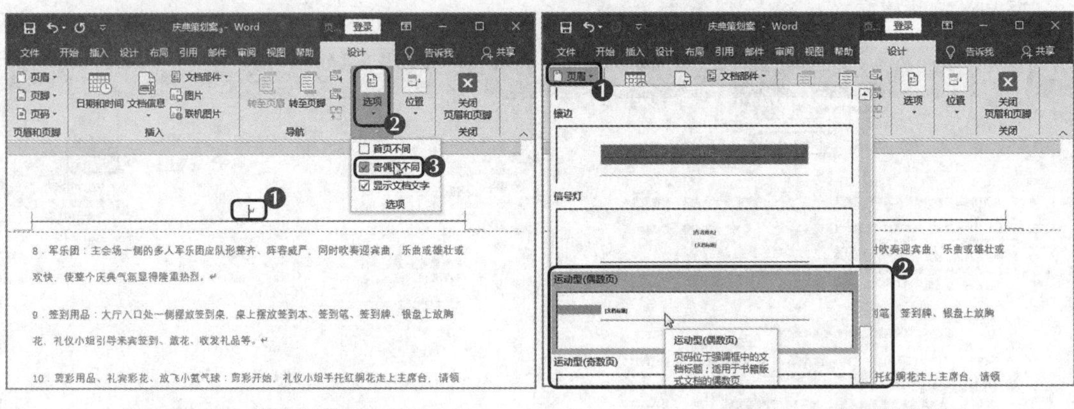

图3-14　设置“奇偶页不同”　　　　图3-15　设置偶数页页眉

（5）将文本插入点定位到第1页的页脚处，然后单击【设计】/【页眉和页脚】组中的“页脚”按钮，在弹出的下拉列表中选择“信号灯”选项，如图3-16所示，在页脚区将自动插入页码。

（6）使用相同的方法在偶数页插入“信号灯”页脚样式，设置完成后单击“关闭页眉和页脚”按钮，如图3-17所示，退出页眉和页脚视图。

图3-16　选择页脚样式　　　　图3-17　退出页眉和页脚视图

知识提示　　**设置页码**

在文档中插入页码后，如果起始页码不正确，或者页码的格式不满足需要，那么用户可对页码的格式进行设置。具体操作方法如下：双击页脚，单击【设计】/【页眉和页脚】组中的“页码”按钮，在弹出的下拉列表中选择“设置页码格式”选项，打开“页码格式”对话框，在其中可设置页码编号格式、起始页码等。

3.1.4　插入分隔符

在Word文档的编排中，可以通过添加分隔符来实现各种排版需要。Word中的分隔符包括分页符和分节符两种类型，如果前后内容的页面编排方式与页眉页脚都一样，只是需要插入新的一页开始新的一章，那么可使用分页符进行相关操作；如果前后内容的页面编排方式与页眉页脚都不同，例如，某几页需要横排或者需要使用不同的纸张、页边距等，则可插入分节符，将其作为单独的节。下面在“庆典策划案.docx”文档中插入分页符，具体操作如下。

（1）将文本插入点定位到“庆典策划案”正文文本前，单击【布局】/【页面设置】组中的“插入分页符和分节符”按钮，在弹出的下拉列表中选择“分页符”选项，如图3-18所示。

（2）返回文档编辑区，可看到目录作为单独的一页，正文则自动跳到下一页显示，如图3-19所示。

知识提示　　**显示/隐藏编辑标记**

Word 2016默认隐藏编辑标记，但对于一些高级排版来说，显示编辑标记非常有用。插入分页符后，在【开始】/【段落】组中单击“显示/隐藏编辑标记”按钮，可显示编辑标记，此时分页符将显示为虚线。

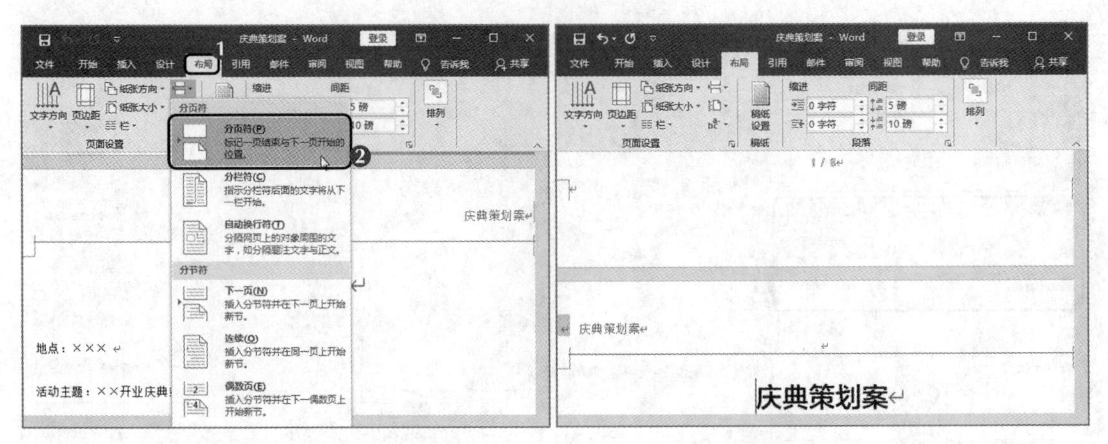

图3-18　选择“分页符”选项　　　　图3-19　插入分页符

3.1.5　添加目录

目录是一种常见的文档索引方式，一般包含标题和页码两个部分。通过目录，用户可快速知晓当前文档的主要内容，以及需要查询内容的页码位置。在Word 2016中，用户无须手动输入标题和页码，只需对相应内容设置标题样式，软件即可提取标题和页码。下面在“庆典策划案.docx”文档中添加目录，具体操作如下。

（1）由于提供的“庆典策划案.docx”文档已对各级标题文本设置了标题样式，故这里可以直接添加目录。方法是将文本插入点定位到插入分页符前的行首，单击【引用】/【目录】组中的“目录”按钮，在弹出的下拉列表中选择“自动目录2”选项，如图3-20所示。

（2）返回文档编辑区，可看到插入目录后的效果，如图3-21所示。

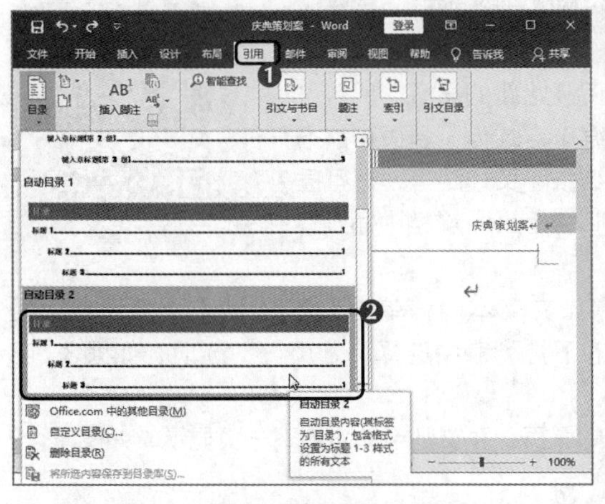

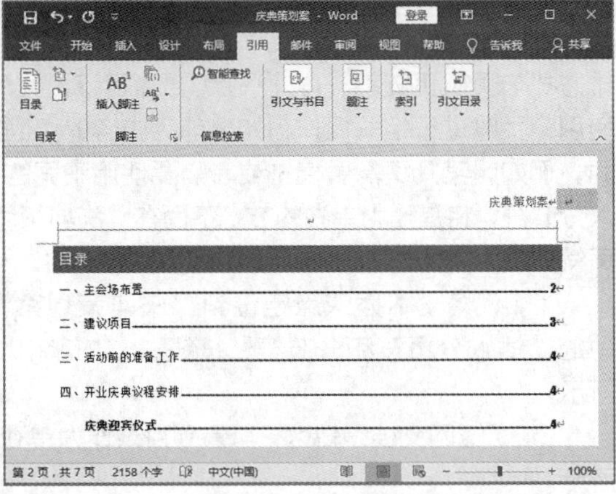

图3-20　选择目录样式　　　　图3-21　插入目录

多学一招　　**自定义目录**

单击【引用】/【目录】组中的“目录”按钮，在弹出的下拉列表中选择“自定义目录”选项，打开“目录”对话框，在其中可设置目录格式、显示级别、是否显示页码等。

3.2 课堂案例：批量制作“信封”与“邀请函”文档

公司近期将举办分公司的开业庆典活动，为了增进友谊、发展业务，公司将邀请亲朋好友、知名人士或专家等前来参加分公司的开业庆典活动，所以需要制作“信封”和“邀请函”文档。老洪忙着筹备其他事项，于是将此重任交给了米拉。米拉接到任务后，便开始收集、查阅相关资料。她发现，Word 2016不仅可以快速批量制作信封（最终效果如图3-22所示），还可以使用邮件合并功能制作邀请函（最终效果如图3-23所示）。

素材所在位置 素材文件\第3章\课堂案例\客户数据表.docx、邀请函.docx

效果所在位置 效果文件\第3章\课堂案例\信封.docx、邀请函.docx

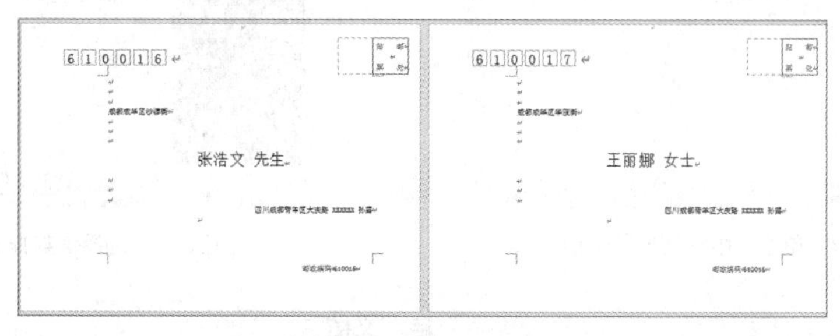

图3-22 “信封”文档最终效果

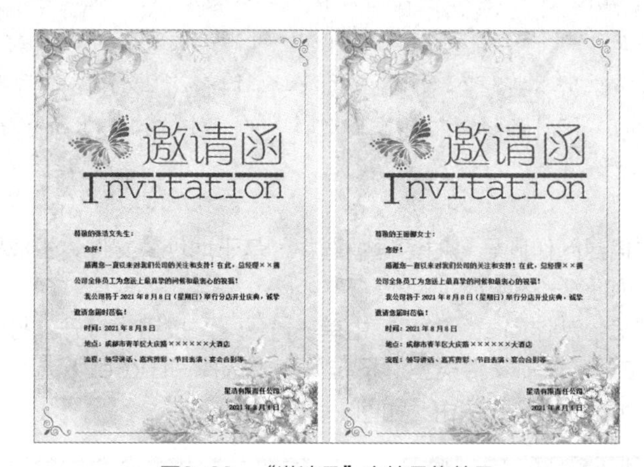

图3-23 “邀请函”文档最终效果

职业素养 **邀请函的书写格式**

邀请函是邀请亲朋好友、知名人士或专家等前来参加某项活动时所发出的请约性书信，是一种礼仪性文书。邀请函一般由标题、称谓、正文和落款组成。标题可写“活动名称＋邀请函”或只写“邀请函”；称谓可写“敬语+姓名+后缀”，如果是公司则直接写公司全称，如果没有明确称呼，则称呼可省略或直接以“敬启者”统称；正文一般先写活动的背景、目的，然后写明活动的具体时间、地点、名称等，最后写邀请语；落款要写明主办方和邀请日期，并盖章。

3.2.1 制作信封

Word 2016提供了信封功能，通过该功能可快速完成单个或多个信封的制作。下面根据提供的客户数据表来批量制作信封，具体操作如下。

（1）新建空白文档，单击【邮件】/【创建】组中的“中文信封”按钮，如图3-24所示。

（2）在打开的“信封制作向导”对话框中单击下一步(N)>按钮。在“信封样式”下拉列表中选择一种信封样式，其他保持默认设置，然后单击下一步(N)>按钮，如图3-25所示。

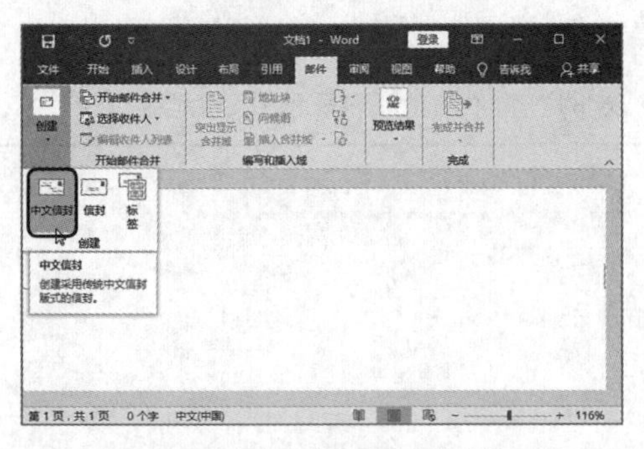

图3-24 单击“中文信封”按钮

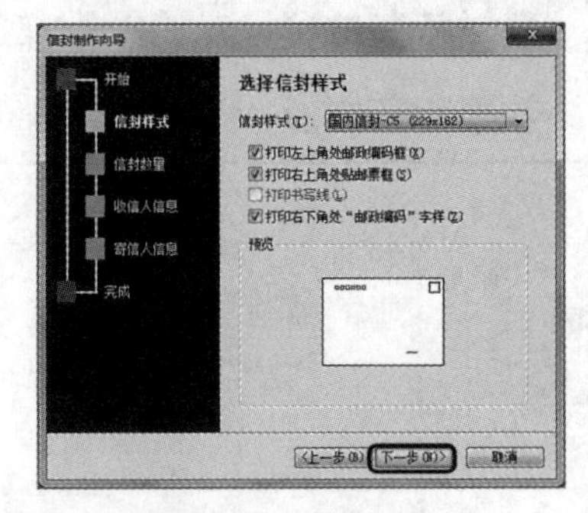

图3-25 选择信封样式

多学一招 **自定义信封**

在Word 2016中还可自定义信封的尺寸、文字效果等。具体操作方法如下：单击【邮件】/【创建】组中的“信封”按钮，在打开的“信封和标签”对话框中对收信人地址、寄信人地址等进行设置，然后单击选项(O)...按钮，在打开的“信封选项”对话框中对信封的尺寸、收信人和寄信人的字体效果及信封打印选项等进行设置。

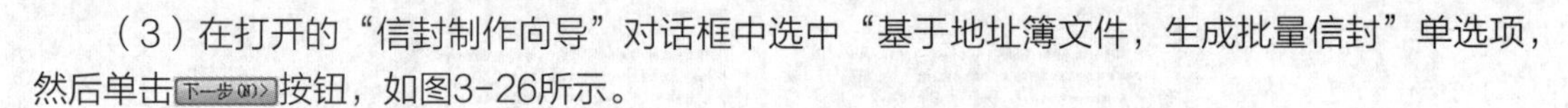

（3）在打开的“信封制作向导”对话框中选中“基于地址簿文件，生成批量信封”单选项，然后单击下一步(N)>按钮，如图3-26所示。

（4）在打开的“信封制作向导”对话框中单击选择地址簿(E)按钮。打开“打开”对话框，在地址栏中选择文件保存的位置，在“文件类型”下拉列表中选择“Excel”选项，在对话框中间选择“客户数据表”选项，单击打开(O)按钮，如图3-27所示。

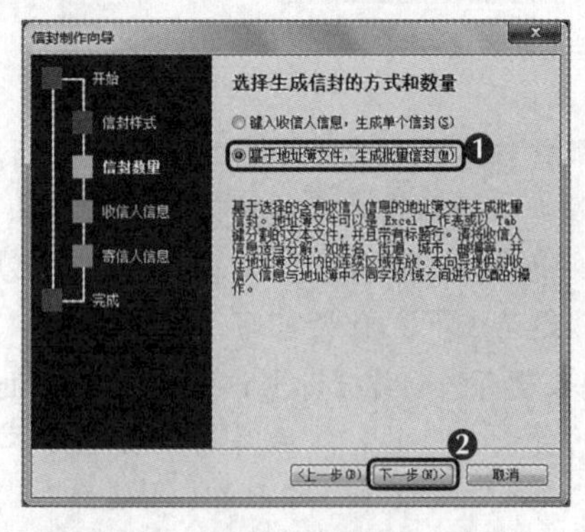

图3-26 选择生成信封的方式和数量

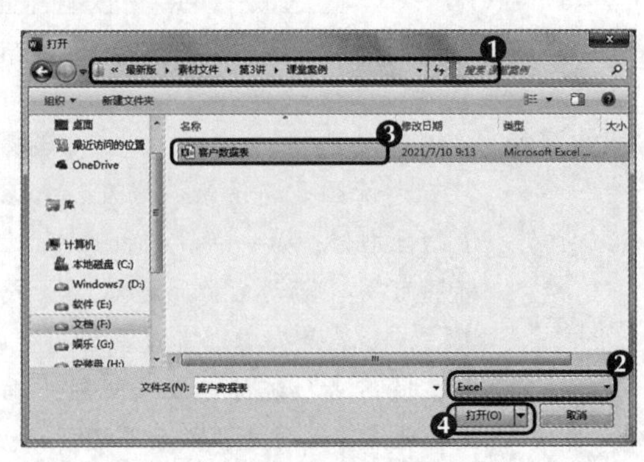

图3-27 选择“客户数据表”文件

（5）返回“信封制作向导”对话框，在“匹配收信人信息”列表框中为收信人信息匹配“客户数据表”表格中对应的字段，完成后单击下一步(N)>按钮，如图3-28所示。

（6）在打开的“信封制作向导”对话框中输入寄信人的姓名、单位、地址和邮编等信息，单击下一步(N)>按钮，如图3-29所示。

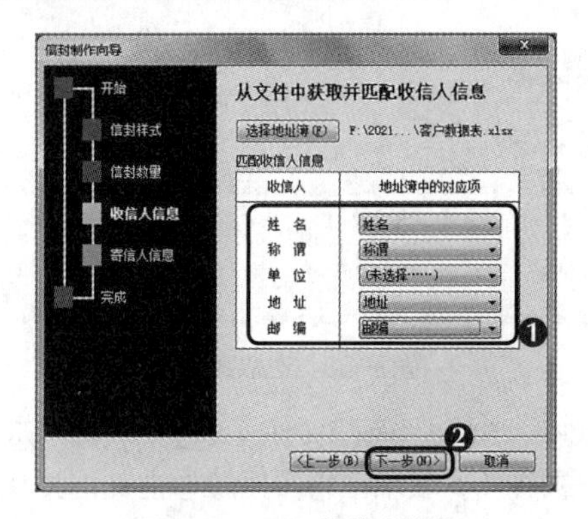

图3-28　匹配收信人信息

图3-29　输入寄信人信息

（7）在打开的“信封制作向导”对话框中单击完成(F)按钮，如图3-30所示。

（8）系统将自动新建一个Word文档，并在其中显示创建的信封，图3-31所示为创建的信封文档效果。

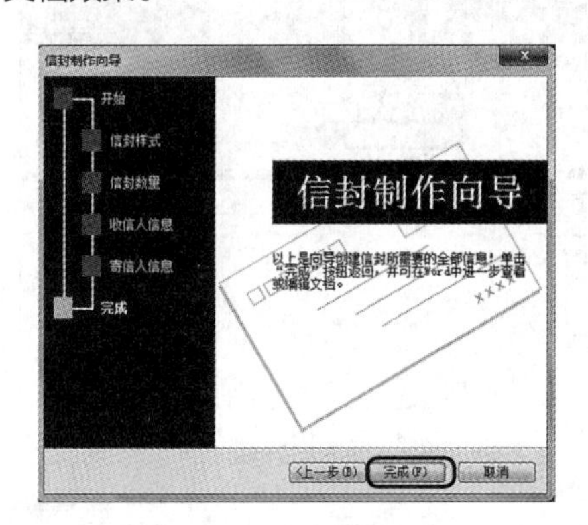

图3-30　完成信封制作

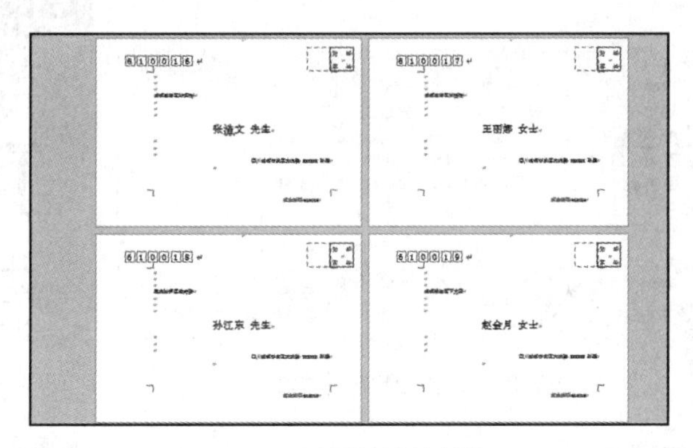

图3-31　创建的信封文档效果

3.2.2　使用Word 2016的邮件合并功能

使用Word 2016的邮件合并功能批量制作文档时，需要先建立一个包含共有内容的Word主文档和一个包含可变信息的数据源文档，然后利用邮件合并功能将数据源中的数据合并到主文档中，合并后的文档既可以打印，也可以以邮件的形式发送出去。下面在“邀请函.docx”文档中使用邮件合并功能批量制作文档，具体操作如下。

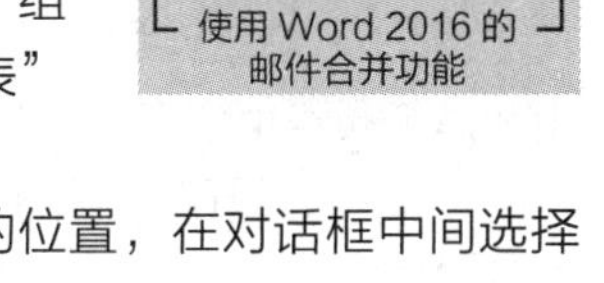

（1）打开“邀请函.docx”文档，单击【邮件】/【开始邮件合并】组中的“选择收件人”按钮，在弹出的下拉列表中选择“使用现有列表”选项，如图3-32所示。

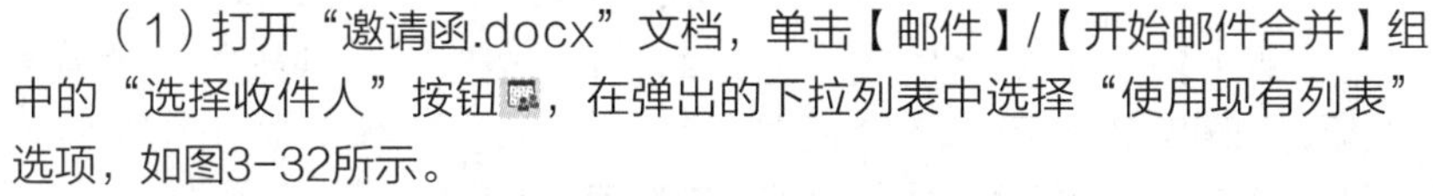

（2）在打开的“选取数据源”对话框的地址栏中选择文件保存的位置，在对话框中间选择“客户数据表”选项，单击打开(O)按钮，如图3-33所示。

图3-32　选择“使用现有列表”选项

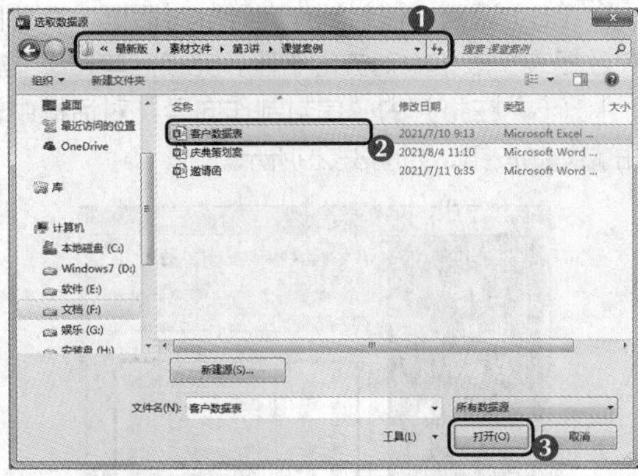

图3-33　选取数据源

（3）在打开的“选择表格”对话框中保持默认状态，单击确定按钮，如图3-34所示。返回文本编辑区后，可看到“邮件”选项卡中部分按钮已被激活，表示已将数据源与主文档关联在一起，如“编辑收件人列表”按钮、“编写和插入域”组中的按钮等。

（4）将文本插入点定位到需要插入合并域的位置，单击【邮件】/【编写和插入域】组中的“插入合并域”按钮，在弹出的下拉列表中选择“姓名”选项，如图3-35所示。

名称	说明	修改时间	创建时间	类型
Sheet1$		12:00:00 AM	12:00:00 AM	TABLE
Sheet2$		12:00:00 AM	12:00:00 AM	TABLE
Sheet3$		12:00:00 AM	12:00:00 AM	TABLE

图3-34　选择数据源中的表格

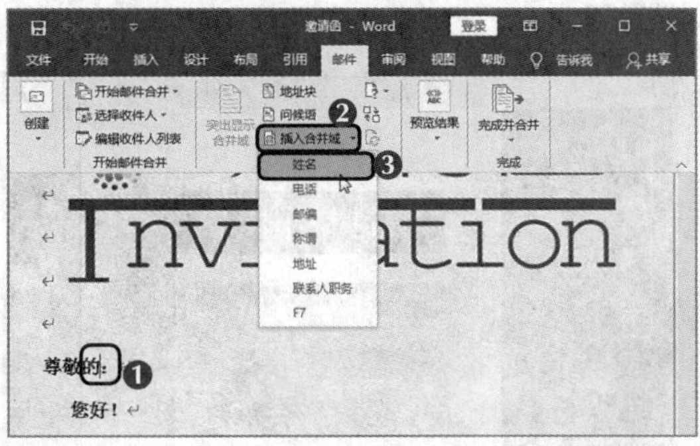

图3-35　插入合并域

知识提示　　**创建数据源**

单击“选择收件人”按钮，在打开的下拉列表中若选择“键入新列表”选项，则可打开“新建地址列表”对话框，在其中输入收件人信息，并添加或删除条目，单击确定按钮，在打开的“保存通讯录”对话框中设置文件保存位置和名称，单击保存(S)按钮，即可将新建的收件人信息保存。

（5）此时，文本插入点所在的位置将插入选择的合并域，使用相同的方法插入“称谓”合并域，然后单击【邮件】/【预览结果】组中的“预览结果”按钮，对合并域效果进行查看，如图3-36所示。

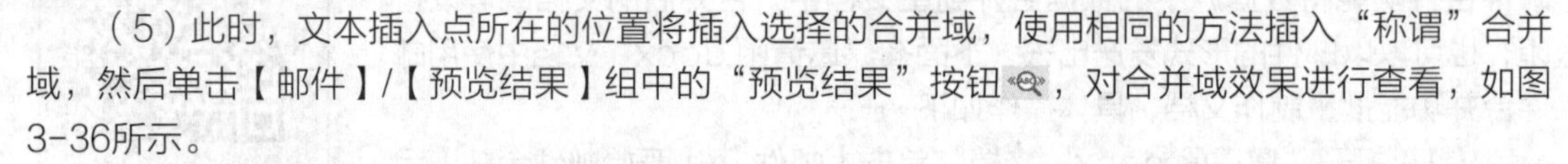

（6）确认无误后，单击【邮件】/【完成】组中的“完成并合并”按钮，在弹出的下拉列表中选择“编辑单个文档”选项，如图3-37所示。

（7）在打开的“合并到新文档”对话框中选中“全部”单选项，然后单击确定按钮，如图3-38所示。

（8）系统将新建一个Word文档，并在其中显示合并的记录，且每条记录独占一页，效果如图3-39所示。

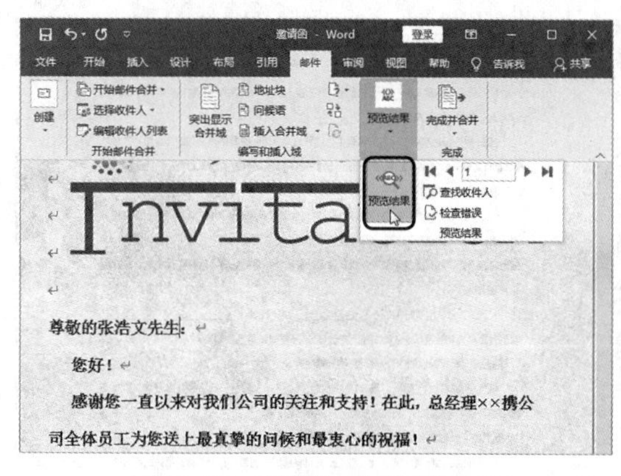

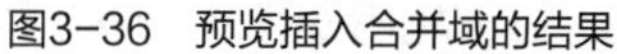
图3-36　预览插入合并域的结果

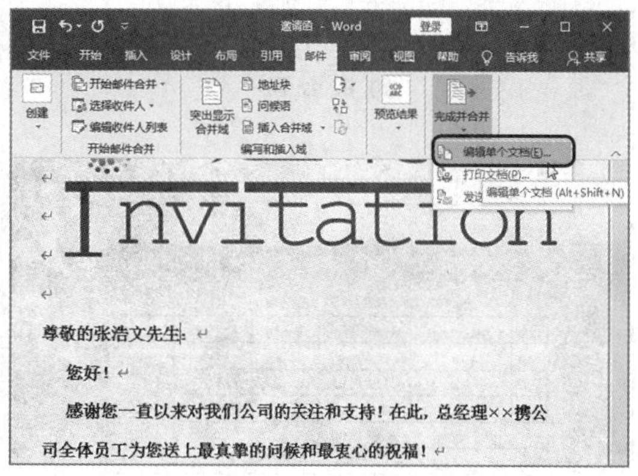

图3-37　选择“编辑单个文档”选项

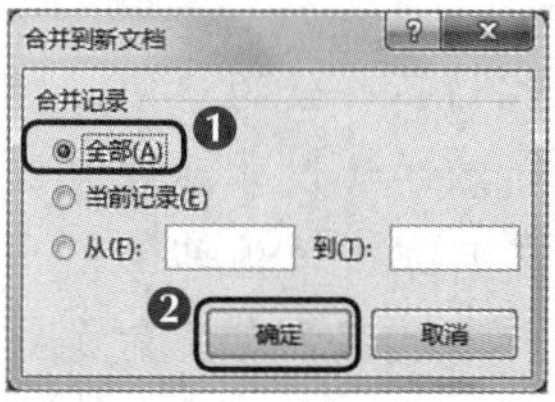

图3-38　设置合并记录

图3-39　邮件合并效果

3.3　课堂案例：审阅并修订“购销合同”文档

因为米拉工作能力突出，做事积极勤快，且认真好学，所以她已经能够独立完成一些基本的工作了。但在面对“购销合同”这类较为正式的文档时，米拉为了避免出现语法、排版和常识性错误，影响文档质量甚至公司形象，她决定先对其进行审阅。米拉在审阅文档时，若针对某些文本需要提出意见和建议，则会在文档中添加批注；同时，会使用修订功能对文档中的错误文本提出修改方法，然后交由其他人员完成修改。审阅并修订“购销合同”文档的最终效果如图3-40所示。

素材所在位置　素材文件\第3章\课堂案例\购销合同.docx、购销合同1.docx

效果所在位置　效果文件\第3章\课堂案例\购销合同.docx、购销合同1.docx

图3-40　审阅并修订“购销合同”文档的最终效果

职业素养　　**签订购销合同的注意事项**

购销合同主要是指供方（卖方）同需方（买方）根据协商一致的意见，由供方将产品交付给需方，需方接受产品并按规定支付价款的协议。签订购销合同时应当正确填写产品名称、商标、规格型号、生产厂家、计量单位、数量、单价、金额、供货时间等内容；同时，质量技术标准、供方对质量负责的条件和期限、交（提）货地点、运输方式及到达站港和费用负担、验收标准、结算方式及期限、违约责任等必须明确约定清楚，以免产生争议。

3.3.1　拼写和语法检查

在输入文字时，有时字符下方会出现红色或绿色的波浪线，这表示Word 2016认为这些字符出现了拼写或语法错误。在一定的语言范围内，Word 2016能自动检测文字的拼写或语法错误，便于用户及时检查并纠正。下面在“购销合同.docx”文档中进行拼写和语法检查，具体操作如下。

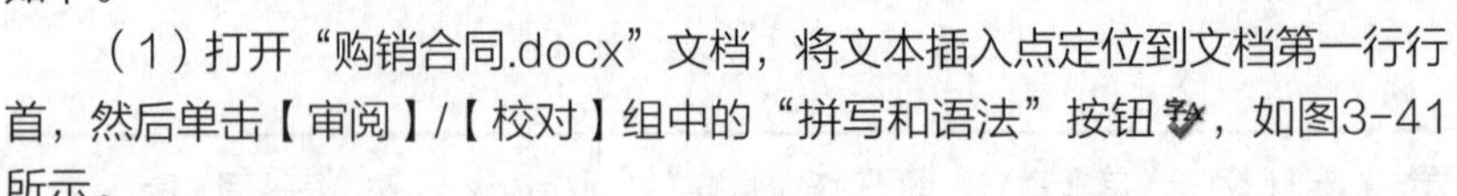

（1）打开“购销合同.docx”文档，将文本插入点定位到文档第一行行首，然后单击【审阅】/【校对】组中的“拼写和语法”按钮，如图3-41所示。

（2）文本编辑区右侧将打开“语法”窗格，在其中可查看文档中的语法错误，如图3-42所示。

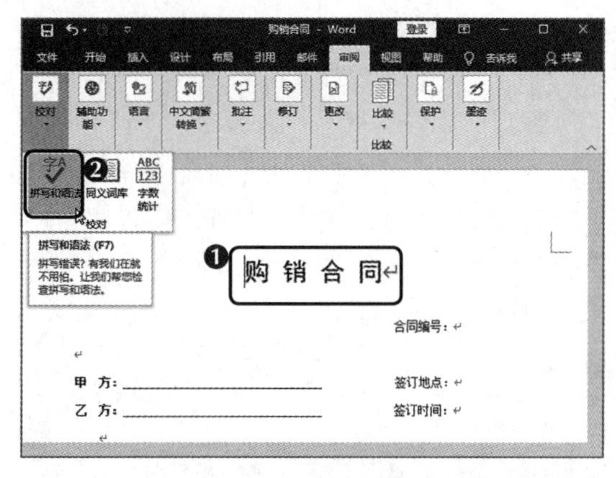

图3-41　单击“拼写和语法”按钮

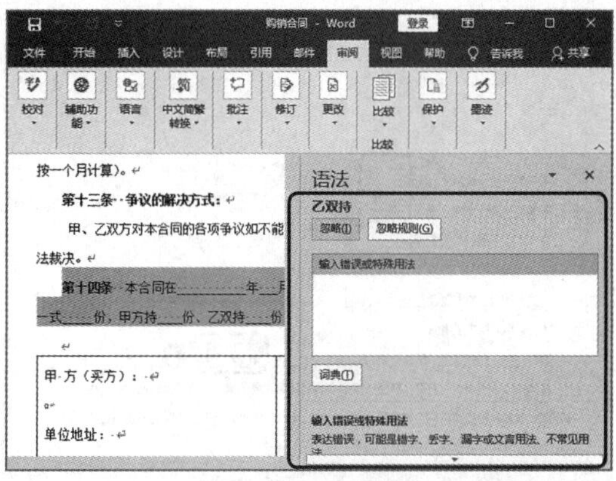

图3-42　查看拼写和语法检查结果

（3）直接在文本编辑区将显示的拼写和语法错误修改为正确的内容，这里将提示的语法错误“乙双持”修改为“乙方持”，完成后单击 继续(S) 按钮继续检查错误，如图3-43所示。

（4）当文档中没有错误时，系统将弹出提示对话框提示“拼写和语法检查完成。”，然后单击 确定 按钮完成拼写和语法检查，如图3-44所示。

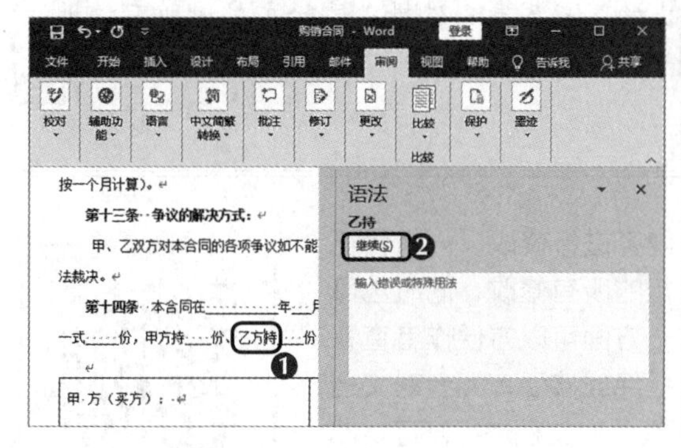

图3-43　修改拼写和语法错误

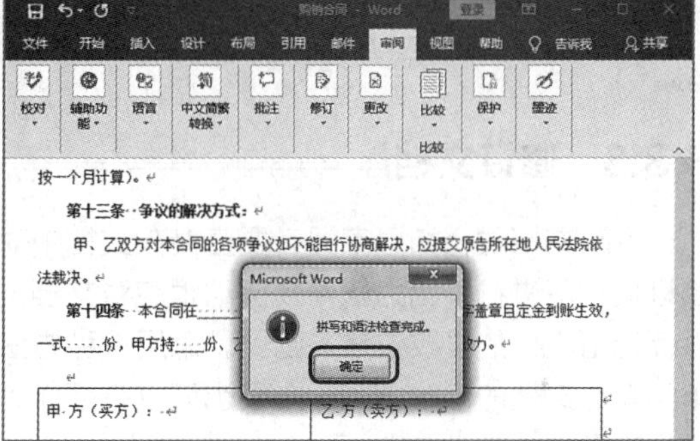

图3-44　完成拼写和语法检查

多学一招　**统计文档字数**

报告或计划书之类的文档少不了字数要求，用户可以在Word文档页面的左下角直接查看全文字数，也可以单击【审阅】/【校对】组中的“字数统计”按钮，在打开的“字数统计”对话框中查看字数详情。

3.3.2　添加批注

在处理办公文档时，有时需要将文档交由上级部门进行审阅，上级部门在审阅过程中，若针对某些文本需要提出意见和建议，则可以在文档中添加批注。下面在“购销合同.docx”文档中添加批注，具体操作如下。

（1）选择要添加批注的“身份证号码：”文本，单击【审阅】/【批注】组中的“新建批注”按钮，如图3-45所示。

（2）页面右侧将插入批注框，在批注框中输入所需内容，完成后的效果如图3-46所示。

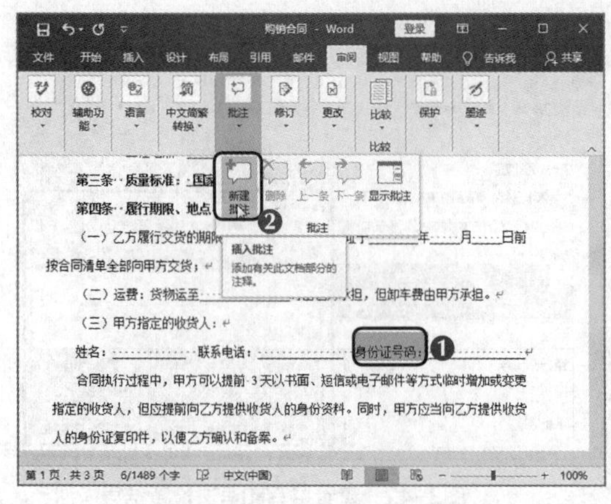

图3-45　选择需要添加批注的文本

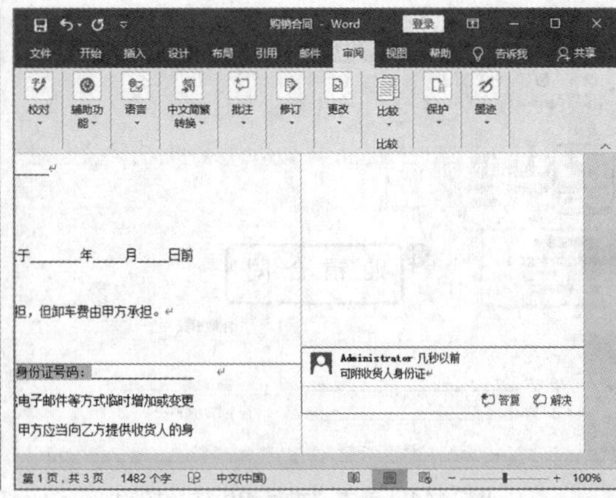

图3-46　添加批注

知识提示　　**删除批注**

在批注框中右击，在弹出的快捷菜单中选择“删除批注”命令，或单击【审阅】/【批注】组中的“删除”按钮可删除某个批注；若单击“删除”按钮下方的下拉按钮，在弹出的下拉列表中选择“删除文档中所有的批注”选项，可删除文档中的所有批注。

3.3.3　修订文档

审阅文档时，如果审阅者要直接在文档中对内容进行修改，一般会在修订模式下进行，因为软件会自动跟踪对文档进行的所有修改，同时也可以标记出文档的修改位置。因此，采用这种方法一方面可以方便作者查看审阅者对文档的修改，另一方面也可以方便作者拒绝或接受审阅者对文档进行的修改。在“购销合同.docx”文档中，审阅者先对文档进行修订，然后作者根据实际情况接受和拒绝审阅者的修订，具体操作如下。

（1）在“购销合同.docx”文档中将文本插入点定位到需要修订的位置，然后单击【审阅】/【修订】组中的“修订”按钮，如图3-47所示。

（2）进入修订状态，并在文档中添加图3-48所示的文本内容，该文档左侧将出现一条红色竖线，用以显示修订的位置。

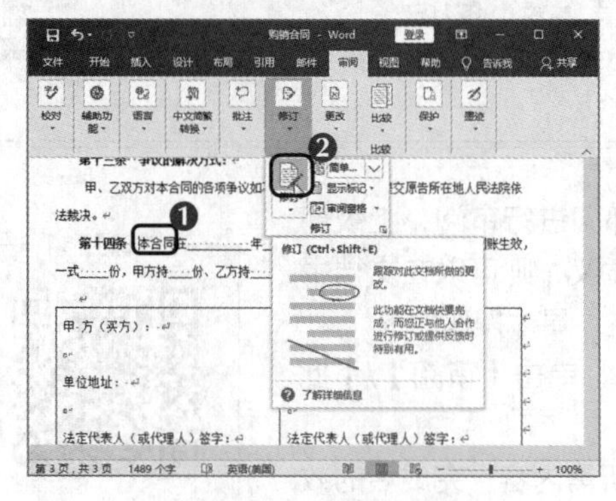

图3-47　单击“修订”按钮

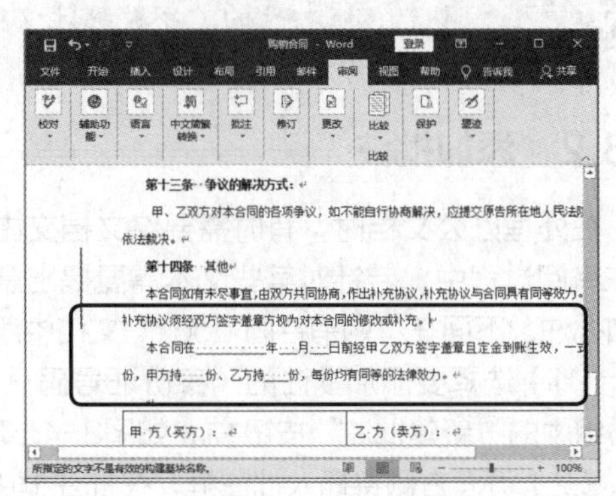

图3-48　输入修订内容

（3）审阅者继续在修订模式下对文档内容进行修改，修改完成后进行保存，并传给作者。当作者再次打开文档时，可查看显示修订内容的位置，然后单击【审阅】/【更改】组中“接受”按钮下方的下拉按钮，在弹出的下拉列表中选择“接受所有更改并停止修订”选项，接受审阅者的修订，如图3-49所示。

（4）此时，“修订”按钮呈未选中状态，表示用户已接受所有修订并退出修订模式，如图3-50所示。

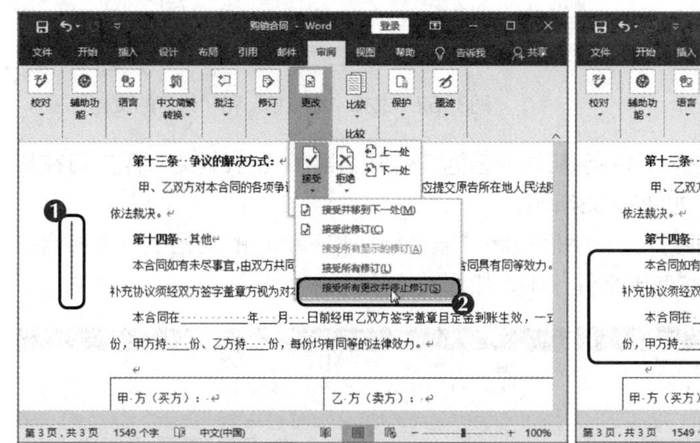

图3-49 选择“接受所有更改并停止修订”选项

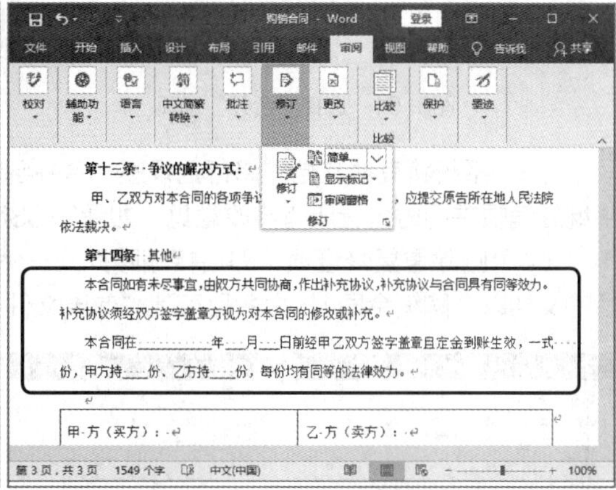

图3-50 接受所有修订

知识提示 **接受和拒绝文档修订**

单击【审阅】/【更改】组中的“接受”按钮或“拒绝”按钮，可接受或拒绝当前修订；若分别单击这两个按钮下方的下拉按钮，在弹出的下拉列表中选择“接受所有修订”选项或“拒绝所有修订”选项，可接受或拒绝文档中的全部修订。

3.3.4 合并文档

通常，报告、总结类文档需要同时发送给经理、主管等各级领导进行审校，这样修订记录会分别保存在多篇文档中。整理文档时，要想综合考虑所有领导的意见，就势必要同时打开多篇文档，这样就会很麻烦。此时，可利用Word 2016提供的合并文档功能来将多篇文档的修订记录全部合并到同一篇文档中。下面将“购销合同1.docx”文档和刚保存到“效果文件”中的“购销合同”文档中所做的修订合并到同一篇文档中，具体操作如下。

（1）单击【审阅】/【比较】组中的“比较”按钮，在弹出的下拉列表中选择“合并”选项，如图3-51所示。

（2）打开“合并文档”对话框，在“原文档”列表框中单击“打开”图标，在打开的“打开”对话框中选择“购销合同1.docx”文档，然后在“修订的文档”列表框中单击“打开”图标，在打开的“打开”对话框中选择“效果文件”中的“购销合同”文档，完成后单击确定按钮，如图3-52所示。

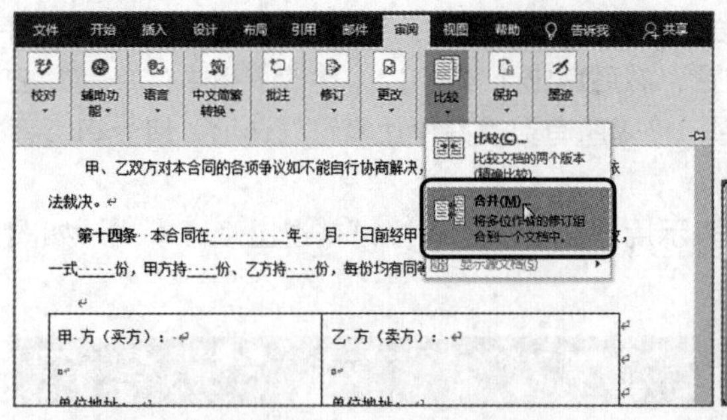

图3-51　选择“合并”选项

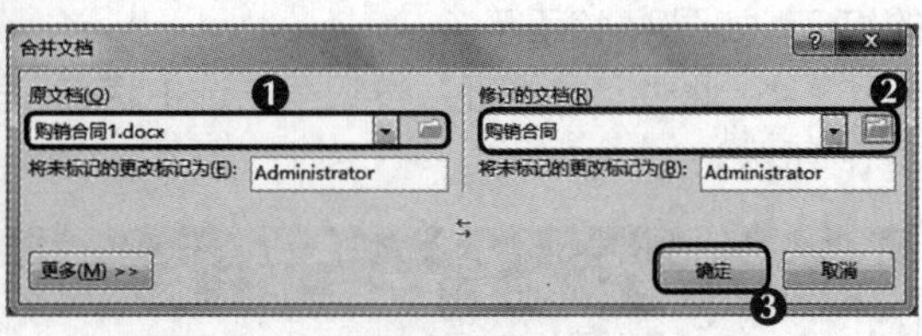

图3-52　选择“原文档”和“修订的文档”

（3）系统将其他文档的修订记录逐一合并到新建的名为“合并结果1”的文档中，用户可在其中继续编辑并同时查看所有修改意见，如图3-53所示。

（4）删除重复修订项，即直接删除批注，然后关闭“原文档”和“修订的文档”，并将合并后的文档以“购销合同1”为名另存到“效果文件”中，如图3-54所示。

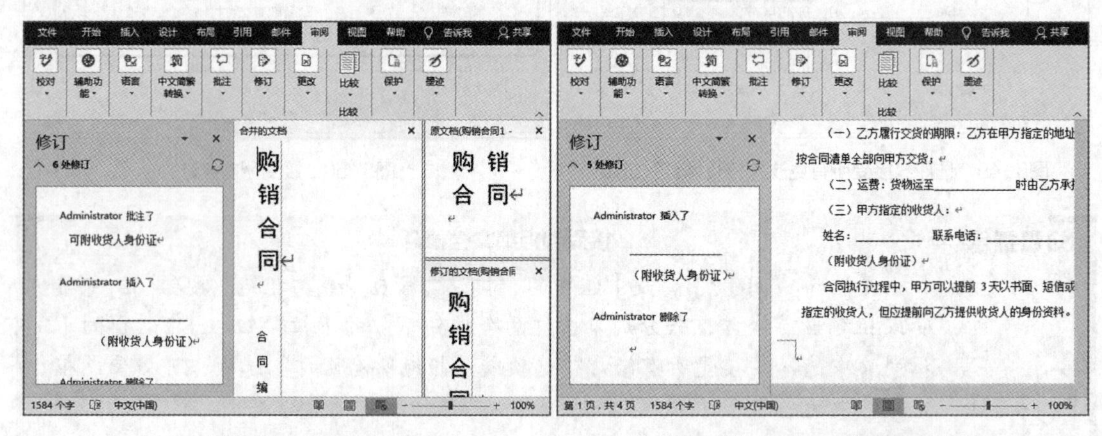

图3-53　合并文档　　　　图3-54　修改并保存合并后的文档

知识提示　　**比较文档**

单击“比较”按钮，在弹出的下拉列表中选择“比较”选项，可打开“比较文档”对话框，在其中添加原文档和修订的文档，并对比较内容和显示修订位置等进行设置，单击确定按钮，可在新文档中显示比较的结果。

3.4　课堂案例：打印“员工手册”文档

公司最近招聘了几名新员工，为了让新员工了解公司文化、熟悉公司规章制度、形成正确的行为规范，从而使员工和公司之间彼此认同，老洪安排米拉打印几本员工手册。为了获得满意的打印效果，米拉完成文档的编辑后首先设置了文档页面，如页边距、页面方向、纸张大小等，然后设置了文档的打印范围、打印份数等，待预览打印效果（见图3-55）满意后，才进行文档的打印。

素材所在位置　素材文件\第3章\课堂案例\员工手册.docx

效果所在位置　效果文件\第3章\课堂案例\员工手册.docx

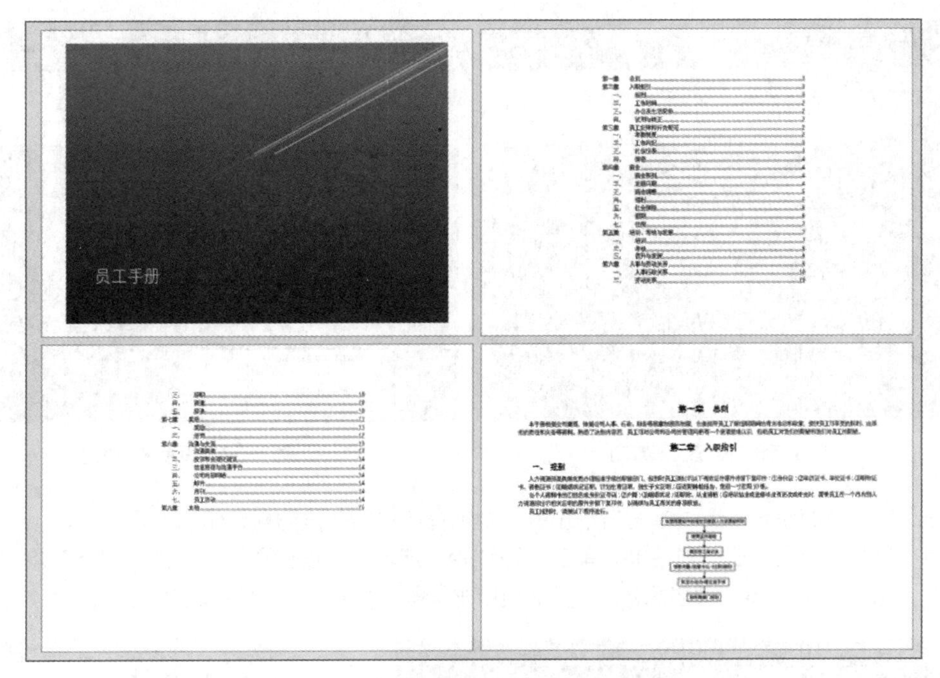

图3-55 “员工手册”文档的打印效果预览

职业素养 **员工手册的作用和编写原则**

员工手册是企业规章制度、企业文化与企业战略的浓缩，也是企业内的“法律法规”，同时还起到了展示企业形象、传播企业文化的作用。

在编写员工手册的过程中，应遵守以下5个原则。

一、依法而行:员工手册的制定要遵循国家的法律法规和行政条例。

二、权责平等:员工手册应充分体现企业与员工之间的平等关系和权利义务的对等关系。

三、讲求实际:员工手册要有实际的内容，体现企业的个性特点。

四、不断完善:员工手册应该不断改进、不断完善。

五、公平、公正、公开:员工是企业的一员，企业的发展离不开全员的参与，所以企业要广泛征求员工的意见，对好的意见和建议要积极采纳。

3.4.1 设置文档页面

制作完成的文档可以打印输出到纸张上，打印文档前首先要对文档页面进行打印前的设置，打印前的设置通常包括纸张方向、纸张大小及页边距的设置。下面在“员工手册.docx”文档中设置文档页面，具体操作如下。

（1）打开“员工手册.docx”文档，在【布局】/【页面设置】组中单击“纸张方向”按钮，在弹出的下拉列表中选择“横向”选项，如图3-56所示。

（2）在“页面设置”组中单击“纸张大小”按钮，在弹出的下拉列表中选择“B5（JIS）”选项，如图3-57所示。

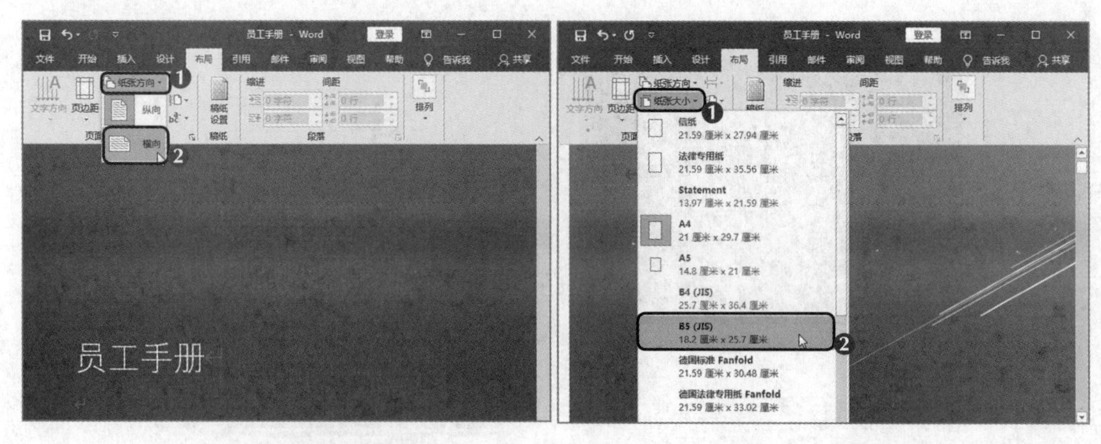

图3-56 设置纸张方向

图3-57 设置纸张大小

（3）在“页面设置”组中单击右下角的“对话框启动器”按钮，如图3-58所示。

（4）打开“页面设置”对话框，单击“页边距”选项卡，设置页边距“上”“下”均为“2.5厘米”，“左”“右”均为“2厘米”，完成后单击确定按钮，如图3-59所示。

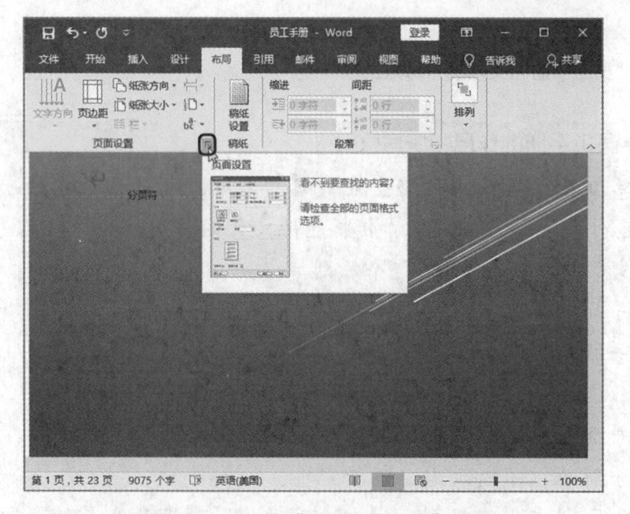

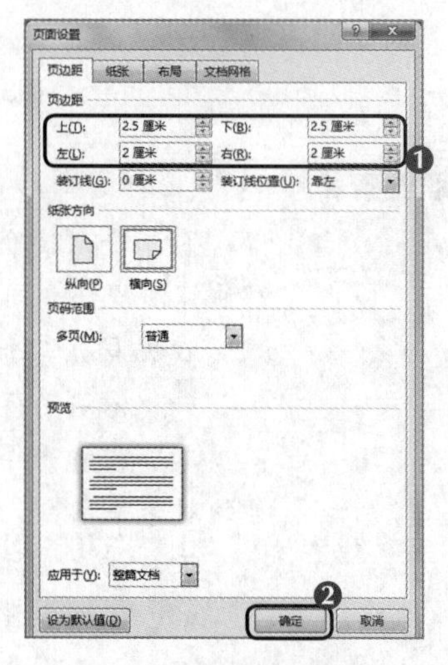

图3-58 单击“对话框启动器”按钮

图3-59 自定义页边距

3.4.2 预览打印效果并设置打印机属性

在Word 2016中完成了打印前的设置后，用户还可预览打印效果并设置打印机属性。下面在“员工手册.docx”文档中预览打印效果并设置打印机属性，具体操作如下。

（1）选择【文件】/【打印】命令，在“打印”界面右侧的列表框中可预览设置后的文档效果，在其下方显示了文档的页数，拖曳显示比例的滑块可调整页面显示大小，单击“下一页”按钮可预览下一页的打印效果，如图3-60所示。

（2）在“打印”界面中间的“打印机”列表框中选择打印机，然后单击其下方的“打印机属性”超链接，如图3-61所示。

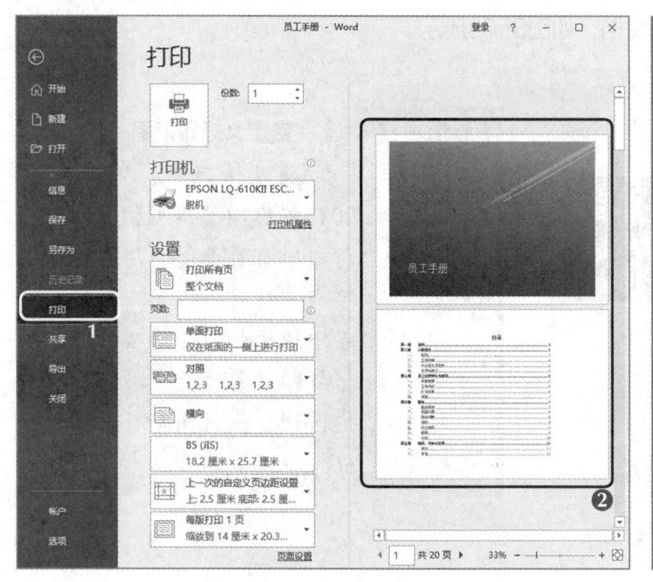

图3-60　预览打印效果

知识提示　预览后设置页面

预览打印效果后，若对设置的打印页面不满意，则可在“打印”界面中间的“设置”栏中重新设置纸张方向、纸张大小、页边距等，或单击“页面设置”超链接，在打开的“页面设置”对话框中进行更多设置。

（3）打开打印机属性对话框，在“主窗口”选项卡的“色彩”栏中选中“灰度模式”单选项，在“双面打印”下拉列表中选择“自动（短边装订）”选项，然后在弹出的提示对话框中单击确定按钮，返回打印机属性对话框，再单击确定按钮，如图3-62所示。

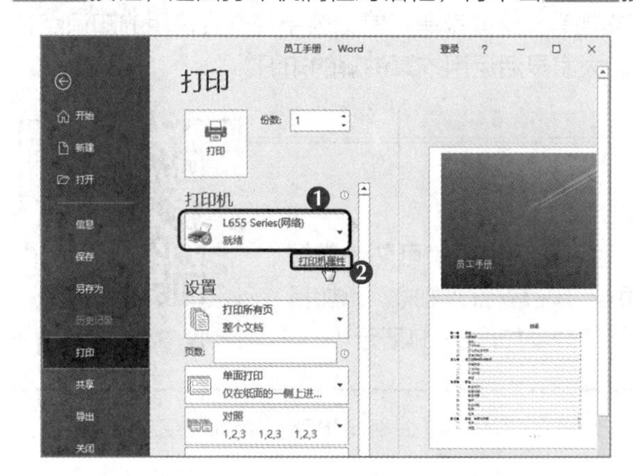

图3-61　单击“打印机属性”超链接

图3-62　设置色彩和双面打印

3.4.3　设置打印份数和范围

在日常办公中，有的文档需要打印若干份，而有的文档只需打印它的部分内容，此时就需要设置打印份数和范围。下面在“员工手册.docx”文档中将打印份数设置为“6份”，打印范围设置为除封面外的其他页面，然后将其打印输出，具体操作如下。

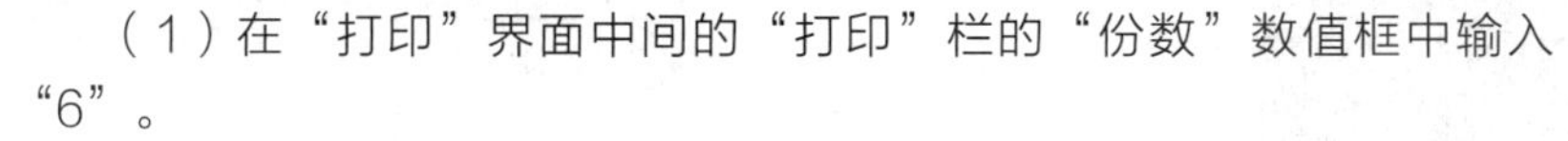

（1）在“打印”界面中间的“打印”栏的“份数”数值框中输入“6”。

（2）在“设置”栏的“页数”文本框中自定义打印页面范围，这里输入“2-19”表示打印第2页至第19页的文档内容。

（3）单击“打印”按钮开始打印文档，如图3-63所示。

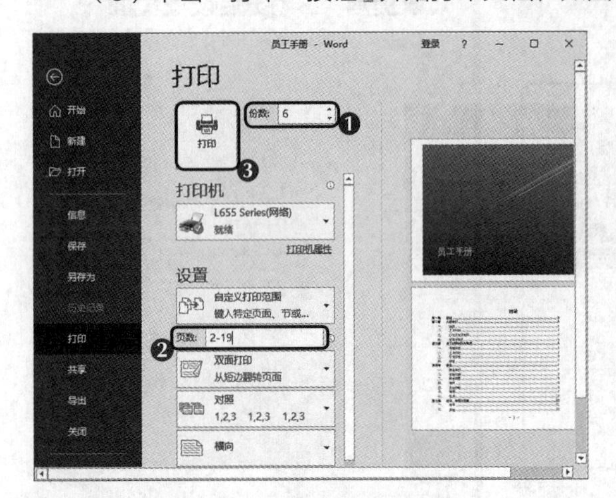

图3-63 设置打印份数和范围

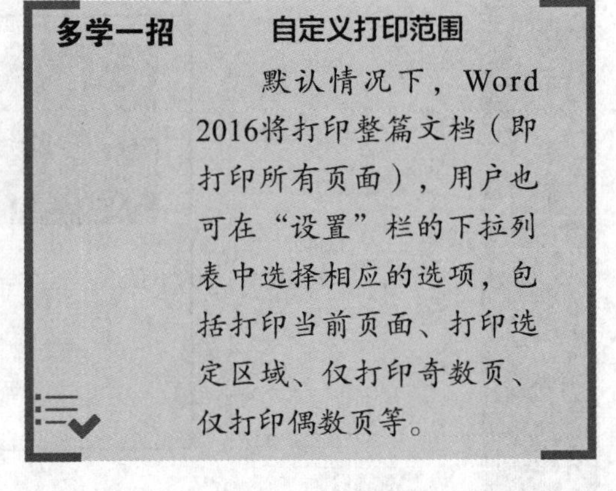

3.5 项目实训

本章通过编排“庆典策划案”文档、批量制作“信封”与“邀请函”文档、审阅并修订“购销合同”文档、打印“员工手册”文档4个课堂案例，讲解了Word 2016的高级编排功能和技巧，如设置封面、设置页眉和页脚、添加目录、打印文档等，这些都是日常办公中经常会使用的知识点，应重点学习和把握。下面通过两个项目实训帮助大家灵活运用本章讲解的知识。

3.5.1 编排“劳动合同”文档

1. 实训目标

本实训的目标是编排“劳动合同”文档。通过实训，大家可熟练掌握设置封面、插入并设置文本框、设置页眉和页脚、设置标题样式、添加目录和插入分页符等操作。“劳动合同”文档的最终效果如图3-64所示。

素材所在位置 素材文件\第3章\项目实训\劳动合同.docx

效果所在位置 效果文件\第3章\项目实训\劳动合同.docx

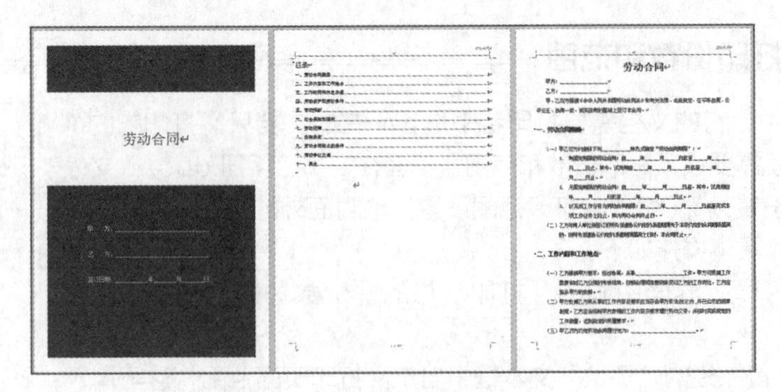

图3-64 “劳动合同”文档最终效果

2. 专业背景

劳动合同是劳动者与用人单位之间确立劳动关系、明确双方权利和义务的协议。订立劳动合同时应当遵守如下原则。

- **合法原则：**劳动合同必须依法以书面形式订立。
- **协商一致原则：**在合法的前提下，劳动合同的订立必须是劳动者与用人单位双方协商一致的结果。
- **合同主体地位平等原则：**在劳动合同的订立过程中，当事人双方的法律地位是平等的，严禁用人单位对劳动者横加限制或强迫劳动者接受命令等情况的发生。
- **等价有偿原则：**劳动合同是一种双方有偿合同，劳动者承担和完成用人单位分配的劳动任务，用人单位付给劳动者一定的报酬，并负责办理劳动者的社会保险。

3. 操作思路

首先为文档插入封面，然后设置页眉和页脚，最后插入目录。

【步骤提示】

（1）打开“劳动合同.docx”文档，在首页插入“镶边”封面，输入标题“劳动合同”，删除“作者”“公司”“地址”模块。

（2）插入文本框，设置其形状轮廓和形状填充分别为“无轮廓”“无填充”，然后输入文本，并设置文本格式为“四号，白色”。

（3）设置页眉样式为“母版型”、页脚样式为“信号灯”。

（4）设置标题样式为“1级标题”、字号为“四号”。

（5）在封面的下一页插入目录，应用“自动目录1”样式，并插入分页符。

3.5.2 打印“产品代理协议”文档

1. 实训目标

本实训的目标是打印“产品代理协议”文档。在打印之前，为了减少错误率，首先应进行拼写和语法检查，然后明确打印要求、打印份数、打印范围，以及是否进行彩色打印等，通常打印出来的文档需要进行装订，因此要留有足够的边距，所有设置完成后即可打印输出文档。“产品代理协议”文档的打印效果预览如图3-65所示。

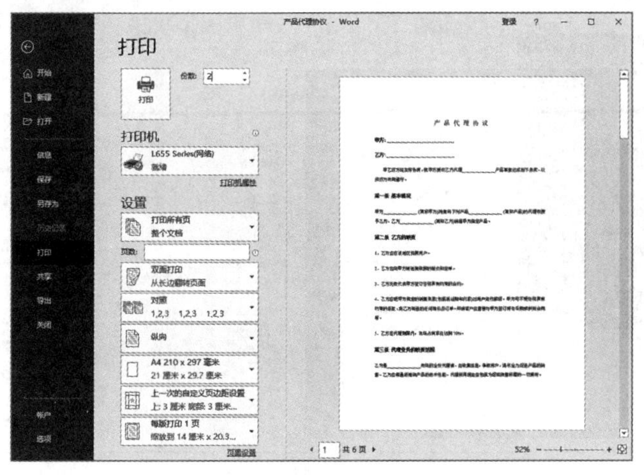

图3-65 “产品代理协议”文档打印效果预览

素材所在位置 素材文件\第3章\项目实训\产品代理协议.docx

效果所在位置 效果文件\第3章\项目实训\产品代理协议.docx

2. 专业背景

协议书是合作双方（或多方）为保障各自的合法权益，经共同协商达成一致意见后签订的书面材料，签署后具有法律效力。因此制作这类文档时，必须明确双方单位的名称、事由，以及详细的条款内容等，经过双方的严格审校后，方可签字盖章。

3. 操作思路

首先进行拼写和语法检查，然后设置文档页面，预览打印效果并设置打印机属性，最后打印“2份”文档。

【步骤提示】

（1）打开“产品代理协议.docx”文档，进行拼写和语法检查，将“不有”修改为“不能”。

（2）设置纸张大小为“A4”，页边距的“上”“下”“左”“右”均为“3厘米”，其他设置保持不变。

（3）在“打印”界面中预览打印效果，然后设置打印机属性，色彩为“灰度模式”，双面打印，打印份数为“2”，完成后单击“打印”按钮开始打印文档。

3.6 课后练习

本章主要介绍了Word 2016的高级编排功能和技巧。通过下面两个练习帮助大家熟悉各知识点的应用方法及相关操作。

练习1：编辑“大学生职业生涯规划书”文档

大学生职业生涯规划书是大学生对自我未来做出的全方位统筹规划。通过认识自我，大学生可以确立目标，进行环境评价和职业定位，制定实现职业生涯目标的行动方案，为未来奠定良好的基础，并帮助自己找到正确的人生方向。通过本练习，大家可以了解大学生职业生涯规划书的内容，并熟练掌握设置并修改封面、设置页眉和页脚、添加目录等操作。“大学生职业生涯规划书”文档的最终效果如图3-66所示。

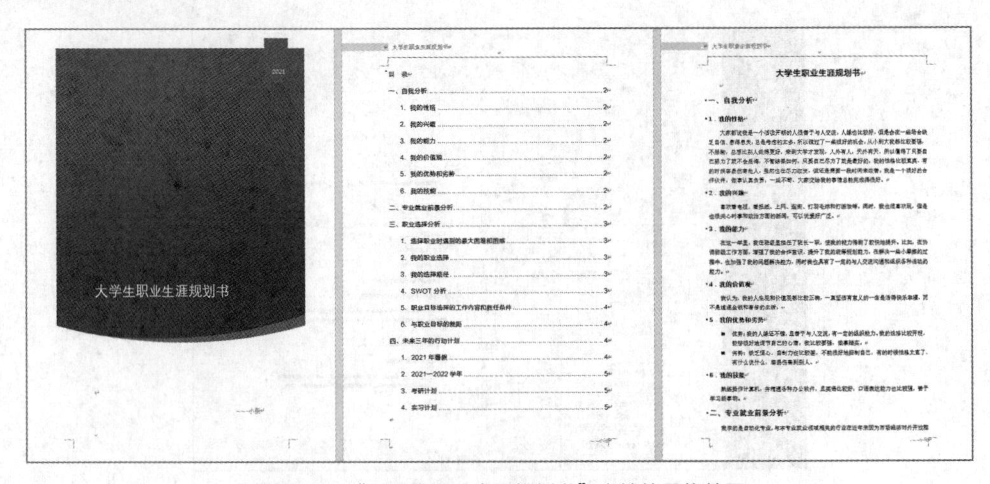

图3-66 “大学生职业生涯规划书”文档的最终效果

素材所在位置 素材文件\第3章\课后练习\大学生职业生涯规划书.docx

效果所在位置 效果文件\第3章\课后练习\大学生职业生涯规划书.docx

操作要求如下。

- 打开“大学生职业生涯规划书.docx”文档，在首页插入“离子（深色）”封面，输入年份“2021”，输入标题“大学生职业生涯规划书”，调整标题字号为“一号”，继续输入作者“小丽”，并设置“居右”，然后删除“副标题”“公司”“地址”模块。
- 设置页眉样式为“运动型（偶数页）”、页脚样式为“切片”。
- 在封面的下一页插入目录，应用“自动目录1”样式，并设置目录的字体格式为“方正兰亭黑_GBK，小四”。

练习2：打印“管理计划”文档

管理计划是人力资源管理中的重要组成部分，可用于人员管理，包括人员招聘、绩效考核、培训等内容。本练习应先进行拼写和语法检查，然后打印文档。“管理计划”文档的打印效果预览如图3-67所示。

素材所在位置 素材文件\第3章\课后练习\管理计划.docx

效果所在位置 效果文件\第3章\课后练习\管理计划.docx

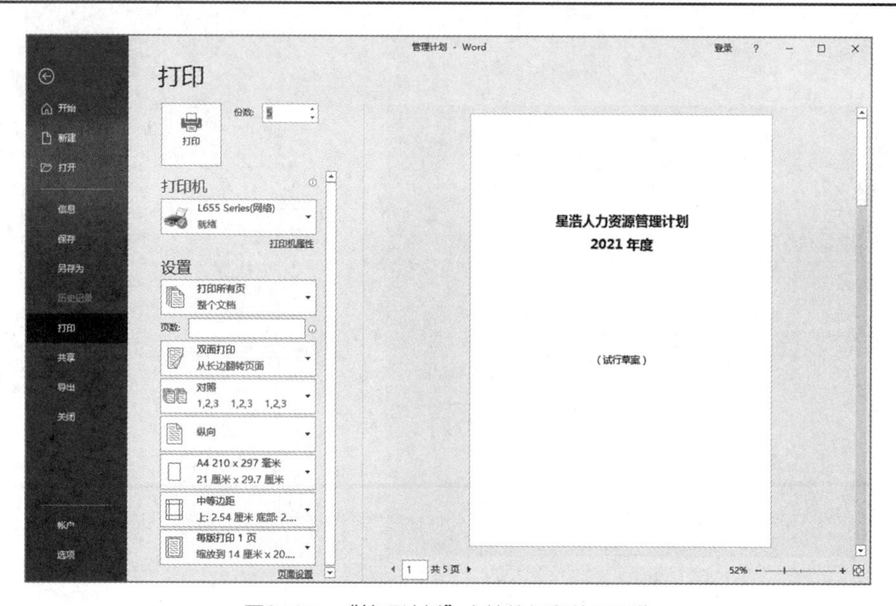

图3-67 “管理计划”文档的打印效果预览

操作要求如下。

- 打开“管理计划.docx”文档，首先对文档进行拼写和语法检查。
- 设置页边距为“中等”、纸张大小为“A4”。
- 在“打印”界面中预览打印效果并设置打印机属性，色彩为“灰度模式”，双面打印，打印份数为“5”，完成后单击“打印”按钮开始打印文档。

3.7 技巧提升

1. 设置页面背景

除了将插入的图片作为文档的背景外，还可通过设置文档的背景来美化文档。具体操作方法如下：单击【设计】/【页面背景】组中的“页面颜色”按钮，在弹出的下拉列表中选择“主题颜色”或“标准色”选项，可设置文档的纯色背景；选择“填充效果”选项，打开“填充效果”对话框，可为文档设置“渐变”“文理”“图案”或“图片”背景。

2. 设置密码保护文档

对于比较重要的文档，为了防止他人查看或编辑，用户可利用Word 2016提供的保护功能来进行保护。具体操作方法如下：选择【文件】/【信息】命令，在页面中单击“保护文档”按钮，在弹出的下拉列表中选择“用密码进行加密”选项，打开“加密文档”对话框，在其中的“密码”文本框中输入要设置的密码，单击确定按钮，打开“确认密码”对话框，在其中的“重新输入密码”文本框中再次输入要设置的密码，然后单击确定按钮，“信息”界面中的“保护文档”按钮将以黄色底纹突出显示。保存并关闭文档后，再次打开该文档时，系统会弹出“密码”对话框，在“请键入打开文件所需的密码”文本框中输入设置的密码，并单击确定按钮后，才能打开该文档。若要取消设置的密码，则可再次单击“保护文档”按钮，在弹出的下拉列表中选择“用密码进行加密”选项，打开“加密文档”对话框，在其中的“密码”文本框中删除设置的密码，然后单击确定按钮即可。

第4章
制作并编辑Excel表格

情景导入

米拉的公司最近招聘了几名新员工，为此老洪安排米拉制作一张员工通讯录表格，以后有新进员工时就及时更新表格内容，以做到信息同步。米拉准备使用Word 2016来制作，但老洪告诉她："咱们公司人多，通讯录最好按部门划分，所以使用Excel 2016制作会更加方便、直观，而且还有其他几张表也要一起制作。"

学习目标

- 掌握制作表格的操作。

如新建和保存工作簿、输入数据、编辑数据、工作表的基本操作等。

- 掌握美化表格的方法。

如设置字体格式、设置数据类型、设置对齐方式、添加边框和底纹等。

- 掌握打印表格的方法。

如设置打印页面、设置打印标题、设置打印区域、设置打印机属性等。

素质目标

善于运用表格管理数据，节约时间，提高效率。

案例展示

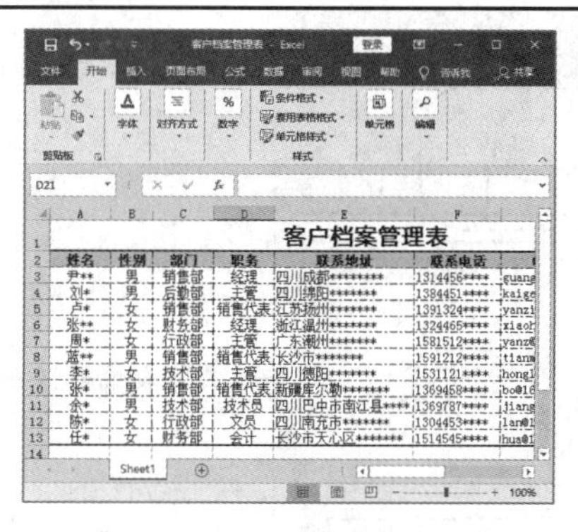

▲"客户档案管理表"表格美化效果

办公用品采购申请表

序号	部门	名称	规格型号	单位	数量	单价	金额	申请原因
1	行政部	办公用胶水	50mL	瓶	30	¥ 0.50	¥ 15.00	仅剩2瓶
2	行政部	长尾夹	41mm	个	100	¥ 0.80	¥ 80.00	已缺
3	市场部	晨光签字笔	15-0350	盒	10	¥ 17.80	¥178.00	已缺
4	市场部	笔芯	普通	盒	50	¥ 10.00	¥500.00	已缺
5	后勤部	笔记本	A4	本	20	¥ 3.50	¥ 70.00	已缺
6	后勤部	档案盒	普通	个	100	¥ 1.45	¥145.00	已缺
7	行政部	得力宽胶带	6cm	卷	10	¥ 6.00	¥ 60.00	已缺
8	行政部	笔记本	A4	本	20	¥ 3.50	¥ 70.00	已缺
9	市场部	晨光签字笔	15-0350	盒	10	¥ 17.80	¥178.00	已缺
10	市场部	档案盒	普通	个	100	¥ 1.45	¥145.00	已缺
11	行政部	笔记本	A4	本	20	¥ 3.50	¥ 70.00	已缺
12	市场部	晨光签字笔	15-0350	盒	10	¥ 17.80	¥178.00	已缺
13	行政部	档案盒	普通	个	100	¥ 1.45	¥145.00	已缺
14	市场部	档案盒	普通	个	100	¥ 1.45	¥145.00	已缺

▲"办公用品采购申请表"表格打印效果预览

4.1 课堂案例：制作“员工通讯录”表格

通讯录是公司行政人员需要制作的基本表格之一。米拉知道通讯录要记录员工的家庭住址和联系电话等，所以她首先收集了相关人员的基本信息，然后将这些信息录入Excel表格。本案例的重点是在表格中输入数据，并对表格进行简单的调整，最终效果如图4-1所示。

素材所在位置 素材文件\第4章\课堂案例\员工通讯录.xlsx、客户通讯录.xlsx

效果所在位置 效果文件\第4章\课堂案例\员工通讯录.xlsx

	C	D	E	F	G	H
1		公司员工通讯录				
2	性别	职位	部门	住址	联系方式	
3	男	业务员	市场部	一环路南一段122号	158****8484	
4	女	业务员	市场部	祥和里街32号	135****3954	
5	女	业务员	市场部	福梓路330号	133****5947	
6	男	业务员	市场部	校园路29号	157****4050	
7	男	业务员	市场部	隆安路117号	188****4948	
8	女	业务内勤	市场部	西浦路124号	187****7239	
9	女	经理助理	市场部	三环路西一段667号	180****1041	

市场部通讯录 | 客户通讯录 | Sheet1 ...

图4-1 “员工通讯录”表格的最终效果

职业素养 **员工通讯录的作用**

员工通讯录用于记录员工的联系方式等基本信息，可以方便员工与员工之间的了解和进行工作中各项事宜的沟通和交流。在实际工作中，员工通讯录需要打印出来，并发放给每个员工。

4.1.1 认识Excel 2016的工作界面

Excel 2016的工作界面与Word 2016的工作界面相比，快速访问工具栏、标题栏、“文件”选项卡、功能区选项卡、功能区等部分的功能和操作方法大致相同，不同的是工作表编辑区由一个一个的单元格组成，且增加了编辑栏、行号、列标、标签滚动按钮组、工作表标签和“插入工作表”按钮等内容，如图4-2所示。

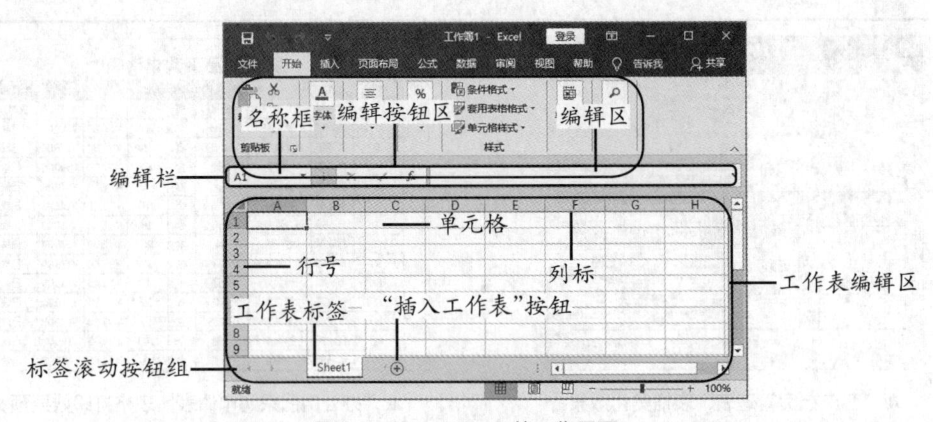

图4-2 Excel 2016 的工作界面

1. 编辑栏

编辑栏由名称框、编辑区和编辑按钮区组成，其作用分别介绍如下。

- **名称框：** 主要用于显示当前单元格或单元格区域的名称，还可用于定位单元格或单元格区域。
- **编辑区：** 用于输入或显示各种数据。
- **编辑按钮区：** 单击“插入函数”按钮将打开“插入函数”对话框，并同时激活“取消”按钮和“确认”按钮；单击“取消”按钮可以取消编辑区中数据的输入，单击“确认”按钮可确认编辑区中数据的输入。

2. 工作表编辑区

工作表编辑区是Excel 2016的重要组成部分，主要由单元格、行号、列标、工作表标签、标签滚动按钮组和“插入工作表”按钮等组成。

- **单元格：** 存储数据的最小单位，可以在其中输入数据或公式等。
- **行号：** 位于工作表编辑区左侧，主要用于定位单元格的位置，以数字显示。
- **列标：** 位于工作表编辑区上方，主要用于定位单元格的位置，以英文字母显示，如“A1”表示A列第1行单元格。
- **工作表标签：** Excel 2016默认有1张工作表，其名称为“Sheet1”，显示工作表名称的区域叫作工作表标签。
- **标签滚动按钮组：** 位于工作表标签左侧，由2个按钮组成，主要用于切换工作表。单击按钮可以切换到当前工作表的上一张工作表，单击按钮可以切换到当前工作表的下一张工作表。
- **“插入工作表”按钮：** 单击该按钮可插入新的工作表，新工作表的名称默认为“Sheet1”。

知识提示　　**单元格、工作表和工作簿的关系**

工作表编辑区中的矩形小方格称为单元格，是Excel表格存储数据的最小单位，Excel表格中的所有数据都存储和显示在单元格内。所有单元格组合在一起构成了一张工作表，而多张工作表又构成了工作簿。

4.1.2 新建和保存工作簿

如果要使用Excel 2016制作各类表格，那么用户首先要掌握新建和保存工作簿的操作。下面新建空白工作簿并将其以“员工通讯录”为名进行保存，具体操作如下。

（1）选择【文件】/【新建】命令，在工作界面中间的“新建”列表框中选择“空白工作簿”选项。系统将新建一个名为“工作簿2”的空白工作簿，如图4-3所示。

（2）选择【文件】/【保存】命令，在工作界面中间的“另存为”栏中双击“这台电脑”选项。打开“另存为”对话框，选择文件保存的位置，在“文件名”文本框中输入文本“员工通讯录”，然后单击保存(S)按钮，在工作簿的标题栏上可看到文档名变成了“员工通讯录”，如图4-4所示，且在相应的保存位置也可找到该工作簿。

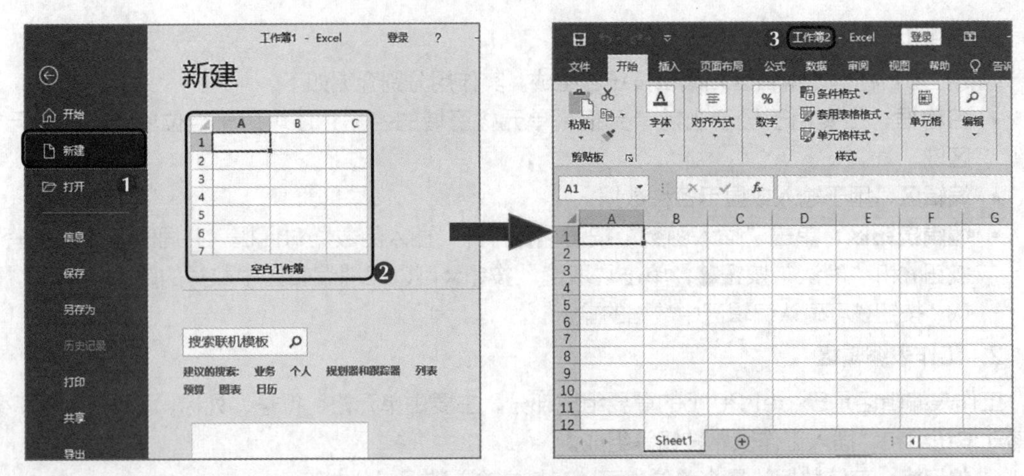

图4-3　新建空白工作簿

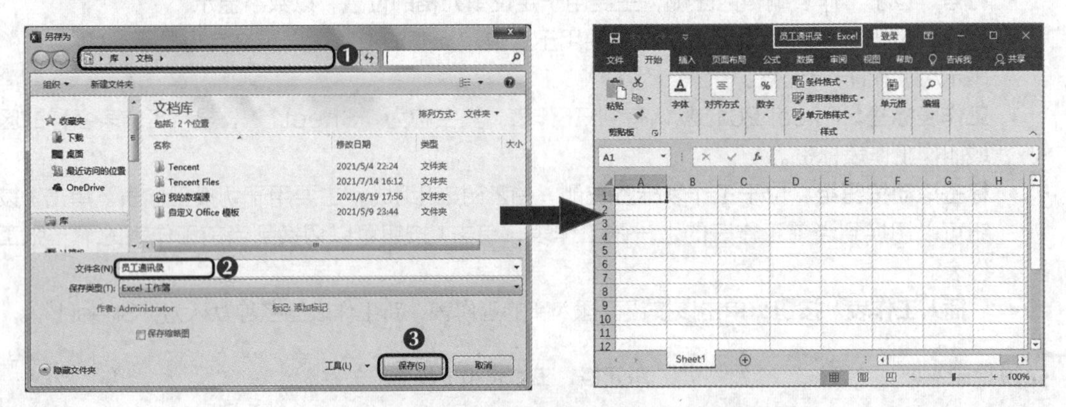

图4-4　保存工作簿

知识提示　　**工作簿的新建、打开、保存和关闭**

工作簿的新建、打开、保存和关闭等基本操作与Word文档的相关操作方法相同。

4.1.3　输入数据

将工作簿保存后，便可将收集整理的数据内容输入工作表，用户除了可以采用直接输入的方式输入数据，也可以通过填充功能快速输入数据。

微课视频

直接输入数据

1. 直接输入数据

在Excel表格中输入数据时，可双击激活单元格后输入，也可选择单元格直接输入。对于长数据而言，可在编辑栏中输入。下面在“员工通讯录.xlsx”工作簿中直接输入数据，具体操作如下。

（1）选择A1单元格，双击，将文本插入点定位到该单元格中，切换到中文输入法输入文本“公司员工通讯录”，然后按【Enter】键确认，如图4-5所示。

（2）此时，系统将自动向下选择A2单元格，在其中直接输入文本“工号”，然后按【Enter】键确认，如图4-6所示。

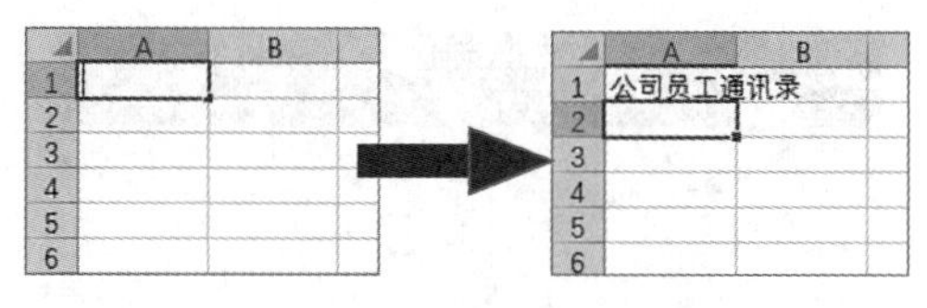

图4-5 输入标题

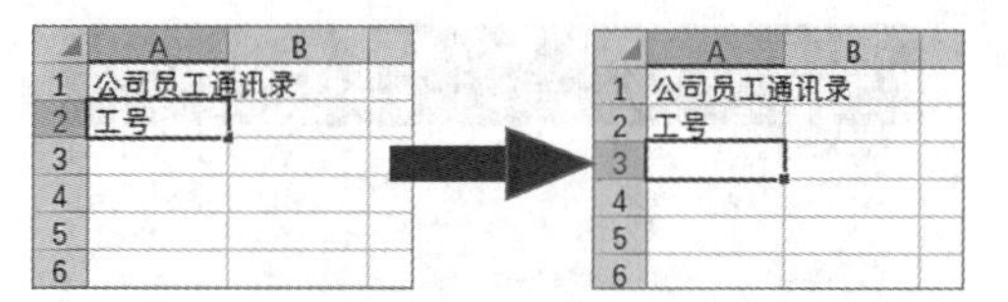

图4-6 输入“工号”

（3）在B2:G2单元格区域中分别输入文本“姓名”“性别”“职位”“部门”“住址”“联系方式”。

（4）将鼠标指针移动到A1单元格，当其变成形状时，拖曳鼠标选择A1:G1单元格区域，然后单击【开始】/【对齐方式】组中的“合并后居中”按钮，使表格标题居中显示，如图4-7所示。

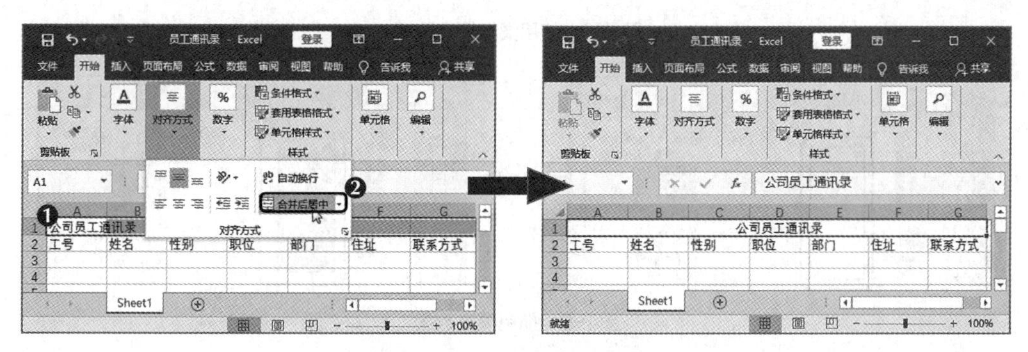

图4-7 合并标题单元格

（5）分别在“姓名”“住址”“联系方式”列中输入对应的数据。

多学一招 **拆分单元格**

将相邻的单元格合并为一个单元格后，若表格内容或样式发生更改，则可将合并的单元格进行拆分。具体操作方法如下：选择合并的单元格，再次单击“合并后居中”按钮。

2. 填充数据

使用Excel 2016提供的快速填充数据功能，可以在Excel表格中快速并准确地输入一些相同或有规律的数据。下面在“员工通讯录.xlsx”表格中使用图标填充、拖曳填充及按住鼠标右键移动鼠标指针填充的方式来快速输入“工号”“性别”“职位”“部门”列的数据内容，具体操作如下。

（1）在A3单元格中输入“AJ001”文本，然后将鼠标指针移动到该单元格的右下角，当其变成**+**形状时，向下拖曳至A11单元格，释放鼠标左键后，单击A11单元格右下角出现的图标，在弹出的下拉列表中选中“填充序列”单选项，如图4-8所示，返回工作簿后，可看到填充的序列数据效果。

（2）在C3单元格中输入文本“男”，然后将鼠标指针移动到该单元格的右下角，当其变成**+**形状时，向下拖曳至C11单元格后释放鼠标左键，以快速填充相同的文本，如图4-9所示。

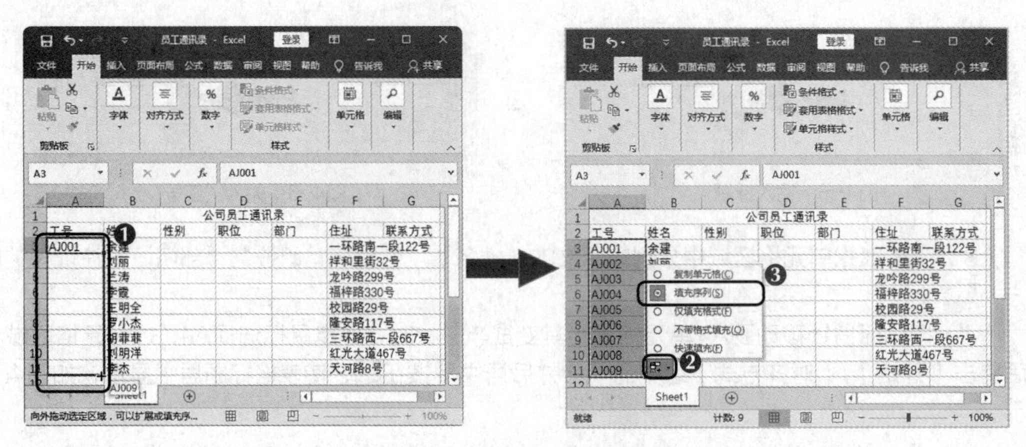

图4-8　使用图标填充数据

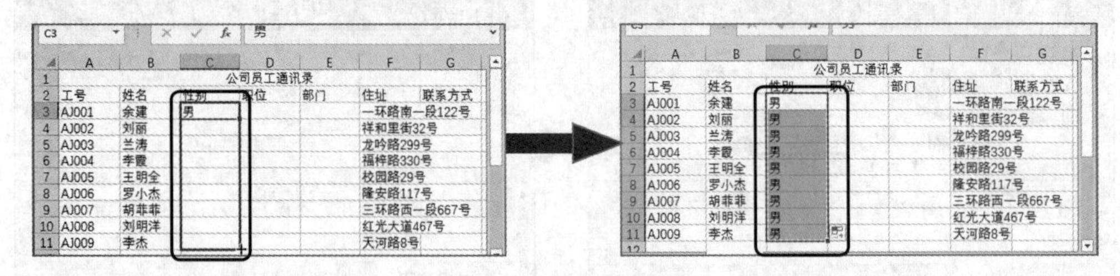

图4-9　拖曳填充数据

（3）在D3单元格中输入文本“业务员”，将鼠标指针移动到该单元格的右下角，当其变成+形状时，按住鼠标右键不放向下移动鼠标指针至D11单元格后释放鼠标右键，然后在弹出的下拉列表中选择“复制单元格”选项，即可在D4:D11单元格区域中填充相同的数据，如图4-10所示。

（4）在“部门”列中输入对应的数据。

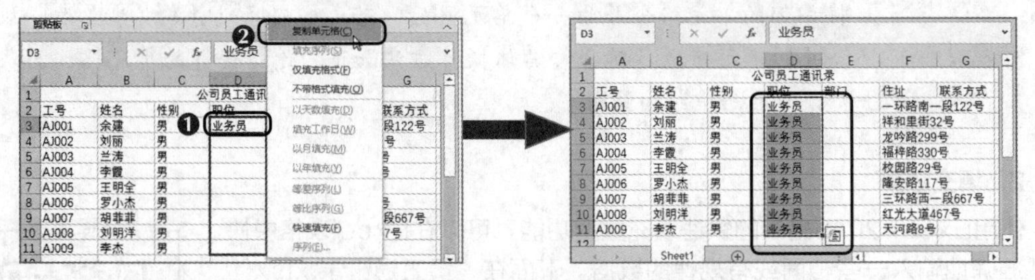

图4-10　按住鼠标右键移动鼠标指针填充数据

多学一招　　**以“1”为递增单位进行快速填充**

在首个单元格中输入“1”或其他数字，然后将鼠标指针移动到该单元格的右下角，当其变成+形状时，按住【Ctrl】键的同时向下拖曳，该单元格所在列将以“1”为递增单位进行快速填充。

4.1.4　编辑数据

输入数据时，难免会出现输入错误或遗漏的情况，此时就需要对数据进行编辑，包括修改数据、复制数据、删除与添加数据、查找和替换数据、调整数据显示等。

1. 修改数据

修改数据是编辑数据中较为频繁的操作，要实现数据的修改，通常的操作是在单元格中选择需要修改的内容，然后输入正确的数据，或先清除单元格中的数据，然后输入正确的数据。下面在“员工通讯录.xlsx”工作簿中修改“职位”列的部分数据，具体操作如下。

（1）选择D9单元格，双击，将文本插入点定位到该单元格中，拖曳选择文本“业务员”，然后输入文本“经理助理”，如图4-11所示。

（2）选择D10单元格，按【Delete】键清除数据，然后输入文本“经理”，按【Enter】键确认，如图4-12所示。

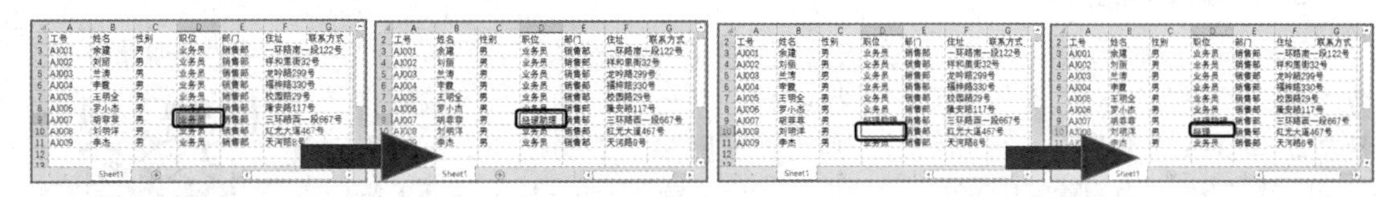

图4-11　重新输入　　图4-12　清除后输入

2. 复制数据

在其他单元格中输入相同的数据时，可利用Excel 2016提供的复制功能快速修改数据，以提高工作效率。下面在“员工通讯录.xlsx”工作簿中复制“性别”列的内容，具体操作如下。

（1）选择C4单元格，将其中的内容修改为“女”，然后单击【开始】/【剪贴板】组中的“复制”按钮，或按【Ctrl+C】组合键复制数据；选择C6单元格，然后单击【开始】/【剪贴板】组中的“粘贴”按钮，或按【Ctrl+V】组合键粘贴数据，如图4-13所示。

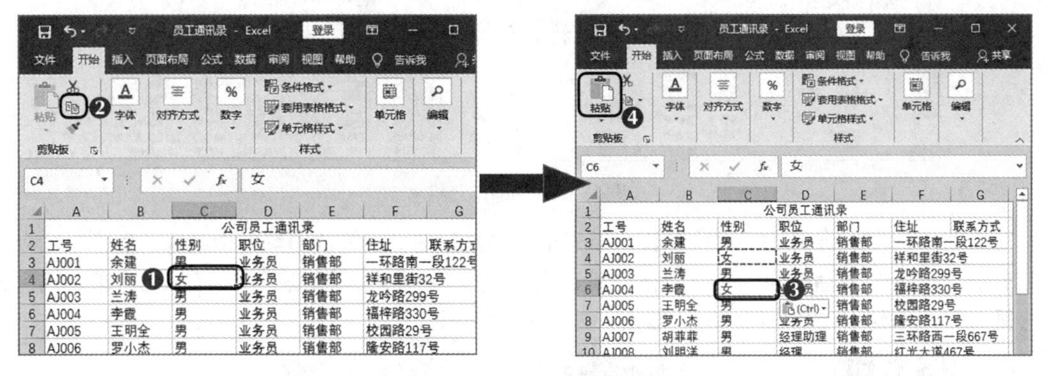

图4-13　复制数据

知识提示　　**不同的复制方式**

完成数据的复制后，目标单元格的右下角将会出现“粘贴选项”按钮(Ctrl)，单击该按钮，在弹出的下拉列表中可选择不同的方式进行数据的粘贴，如粘贴源格式、粘贴数值，以及其他粘贴选项等。

（2）选择C9单元格，然后按【Ctrl+V】组合键粘贴数据，如图4-14所示。

	A	B	C	D	E	F	G
1	公司员工通讯录						
2	工号	姓名	性别	职位	部门	住址	联系方式
3	AJ001	余建	男	业务员	销售部	一环路南一段122号	
4	AJ002	刘丽	女	业务员	销售部	祥和里街32号	
5	AJ003	兰涛	男	业务员	销售部	龙吟路299号	
6	AJ004	李霞	女	业务员	销售部	福梓路330号	
7	AJ005	王明全	男	业务员	销售部	校园路29号	
8	AJ006	罗小杰	男	业务员	销售部	隆安路117号	
9	AJ007	胡菲菲	女	经理助理	销售部	三环路西一段667号	
10	AJ008	刘明洋	男		销售部	红光大道467号	
11	AJ009	李杰	男	业务员	销售部	天河路8号	

图4-14　粘贴数据

> **多学一招　　移动数据**
>
> 单击【开始】/【剪贴板】组的“剪切”按钮，或按【Ctrl+X】组合键可将数据剪切到剪贴板中，然后将其粘贴到目标单元格，可实现数据的移动，且源数据将被删除。

3．删除和添加数据

在编辑Excel表格数据时，若发现工作表中有遗漏的数据，则可在已有表格的所需位置插入新的单元格、行或列，并在其中输入新的数据；若发现有多余的单元格、行或列时，则可将其删除。下面在“员工通讯录.xlsx”工作簿中删除第5行单元格数据，然后在第8行单元格上方插入行并添加新的数据，具体操作如下。

微课视频

删除和添加数据

（1）选择第5行单元格区域中的任意单元格，单击【开始】/【单元格】组中“删除”按钮下方的下拉按钮，在弹出的下拉列表中选择“删除单元格”选项，在打开的“删除”对话框中选中“整行”单选项，然后单击确定按钮即可删除第5行单元格区域，如图4-15所示。

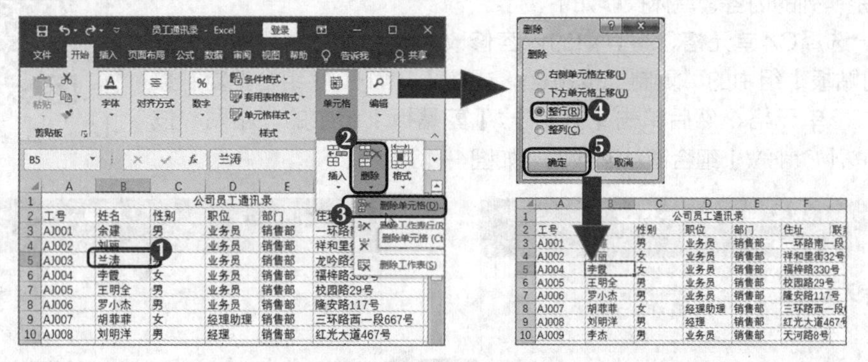

图4-15　删除单元格

（2）选择第8行单元格区域中的任意单元格，右击，在弹出的快捷菜单中选择“插入”命令，在打开的“插入”对话框中选中“整行”单选项，然后单击确定按钮，即可在第8行单元格区域上方插入整行单元格，并在其中输入数据，如图4-16所示。

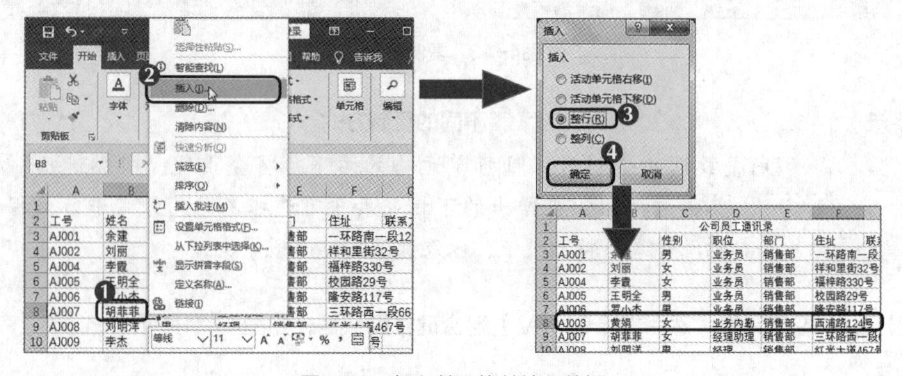

图4-16　插入单元格并输入数据

4. 查找和替换数据

在编辑单元格中的数据时，有时需要在大量的数据中进行查找和替换，如果只是利用逐行逐列的方式进行查找和替换将会非常麻烦，此时，用户可利用Excel 2016的查找和替换功能来快速定位满足查找条件的单元格，然后迅速将单元格中的数据替换为需要的数据。下面在"员工通讯录.xlsx"工作簿中查找"销售部"文本，并将其替换为"市场部"，具体操作如下。

（1）选择A1单元格，单击【开始】/【编辑】组中的"查长和选择"按钮，在弹出的下拉列表中选择"查找"选项，打开"查找和替换"对话框，单击"查找"选项卡，在"查找内容"文本框中输入"销售部"，然后单击查找下一个(F)按钮，如图4-17所示。系统在工作表中查找到第一个符合条件的数据单元格，并选择该单元格。若单击查找全部(I)按钮，则"查找和替换"对话框的下方区域将显示所有符合条件的数据信息。

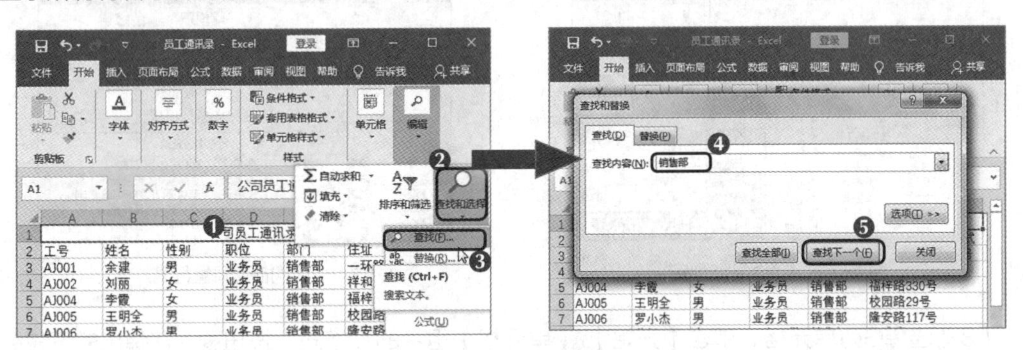

图4-17　查找数据

（2）单击"替换"选项卡，在"替换为"文本框中输入"市场部"，单击全部替换(A)按钮，系统将在工作表中替换所有符合条件的数据，且替换完成后会弹出提示对话框，单击确定按钮，然后单击关闭按钮关闭"查找和替换"对话框，返回工作表后，可看到查找与替换数据后的效果，如图4-18所示。

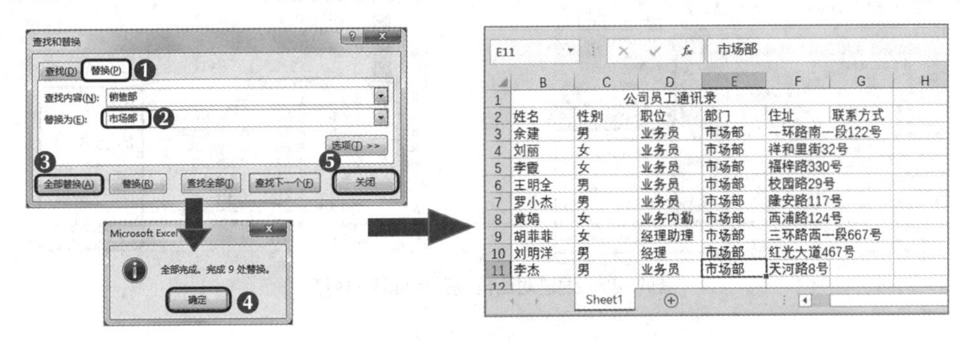

图4-18　替换所有符合条件的数据

多学一招　　**使用快捷键快速替换数据**

在工作表中按【Ctrl+H】组合键可快速打开"查找和替换"对话框，分别在"查找内容"和"替换为"文本框中输入要查找的数据内容和用于替换的数据内容，单击全部替换(A)按钮即可快速替换数据。

5. 调整数据显示

默认状态下，单元格的行高和列宽是固定不变的，但是当单元格中的数据内容太多而不能完全显示时，就需要调整单元格的行高或列宽，从而使数据内容完全显示。下面在“员工通讯录.xlsx”工作簿中调整单元格的行高与列宽，具体操作如下。

（1）选择F列，单击【开始】/【单元格】组中的“格式”按钮，在弹出的下拉列表中选择“自动调整列宽”选项，如图4-19所示。返回工作表后，可看到F列变宽，且其中的数据内容都完整显示出来了。

（2）将鼠标指针移动到第1行与第2行的间隔线上，当其变为形状时，向下拖曳，此时鼠标指针右侧将显示具体的数据，待拖曳至合适的位置后释放鼠标左键，如图4-20所示。

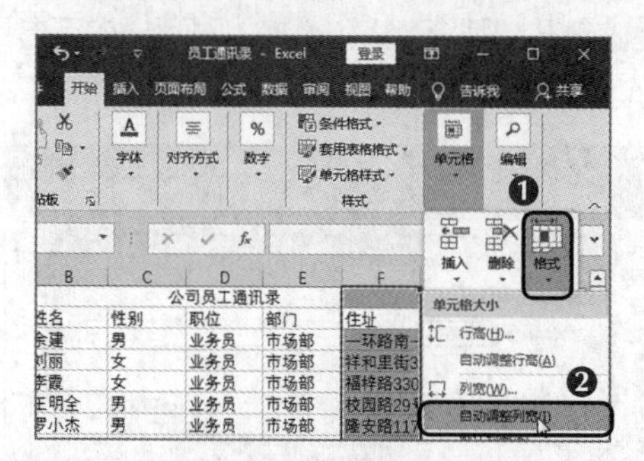

图4-19 自动调整列宽

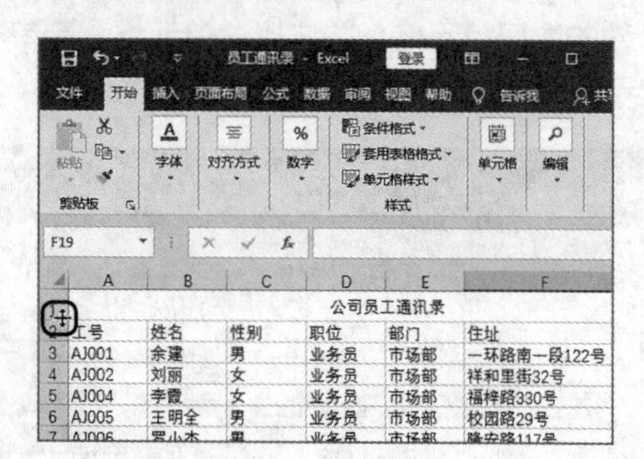

图4-20 拖曳调整行高

（3）选择G列单元格，单击【开始】/【单元格】组中的“格式”按钮，在弹出的下拉列表中选择“列宽”选项，打开“列宽”对话框，在“列宽”数值框中输入“15”，然后单击确定按钮，在工作表中可看到设置列宽后的效果，如图4-21所示。

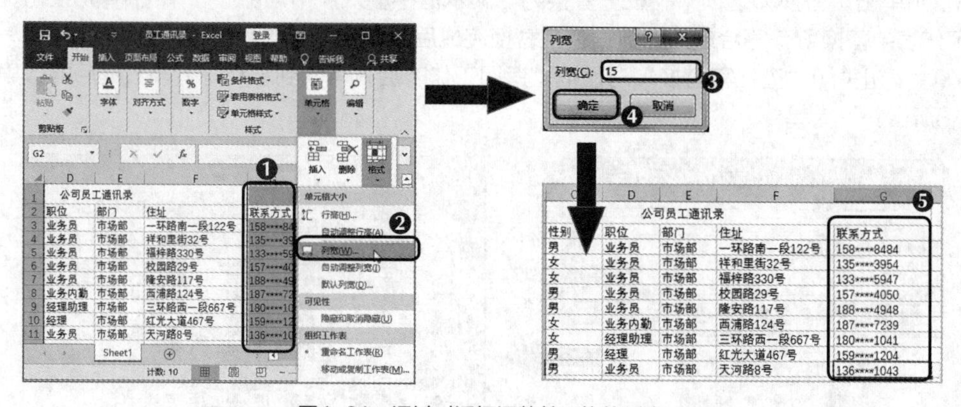

图4-21 通过对话框调整单元格的列宽

4.1.5 工作表的基本操作

工作表是表格内容的载体，熟练掌握各项操作，可以使用户轻松输入、编辑和管理数据。下面主要介绍重命名和插入工作表、移动或复制工作表，以及设置工作表标签颜色等基本操作。

1. 重命名和插入工作表

Excel 2016默认只有一张“Sheet 1”工作表，而为了方便记忆和管理，用户可对工作表重命名或者插入新的工作表。下面在“员工通讯录.xlsx”工作簿中重命名和插入工作表，具体操作如下。

（1）在输入数据的“Sheet1”工作表标签上右击，在弹出的快捷菜单中选择“重命名”命令，如图4-22所示。

（2）此时，工作表标签将呈黑底可编辑状态，然后在其中输入文本“市场部通讯录”，如图4-23所示，输入完成后按【Enter】键完成工作表的重命名操作。

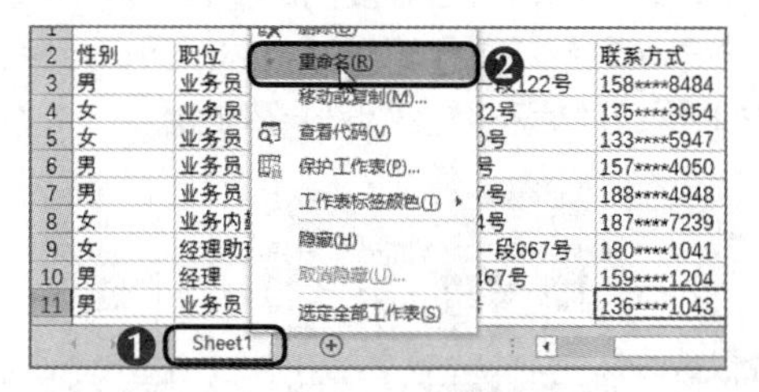

图4-22 选择“重命名”命令

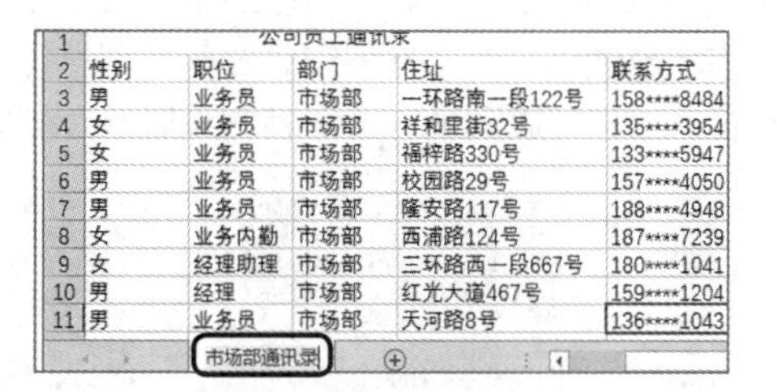

图4-23 重命名工作表

（3）在工作表标签栏上单击“插入工作表”按钮⊕，如图4-24所示。

（4）系统将在工作簿中插入一个名为“Sheet1”的新工作表，如图4-25所示。

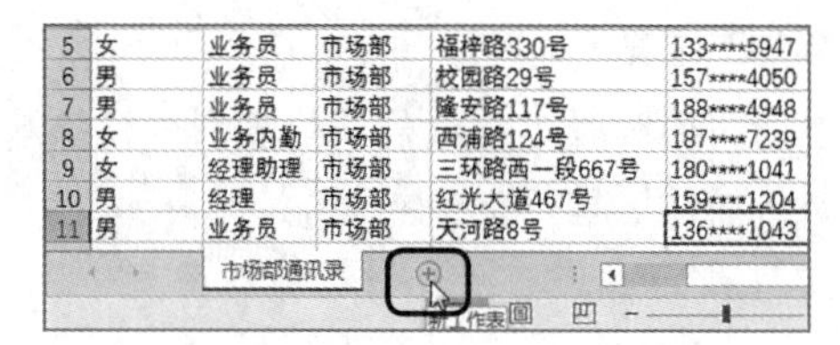

图4-24 单击“插入工作表”按钮

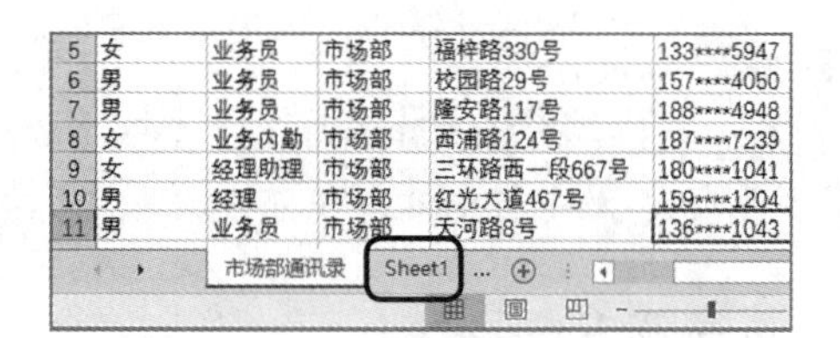

图4-25 插入新工作表

2. 移动或复制工作表

在实际应用中，若要将某些表格内容集合到一个工作簿中，可通过移动或复制功能来完成，以提高工作效率。下面将打开“客户通讯录.xlsx”工作簿，然后将“客户通讯录”工作表复制、粘贴到“员工通讯录.xlsx”工作簿中，并在工作簿中移动工作表，具体操作如下。

（1）打开“客户通讯录.xlsx”工作簿，在“客户通讯录”工作表标签上右击，在弹出的快捷菜单中选择“移动或复制”命令，如图4-26所示。

（2）打开“移动或复制工作表”对话框，在“工作簿”下拉列表框中选择“员工通讯录.xlsx”选项，在“下列选定工作表之前”列表框中保持默认设置，然后选中“建立副本”复选框以复制工作表，再单击 确定 按钮，如图4-27所示。

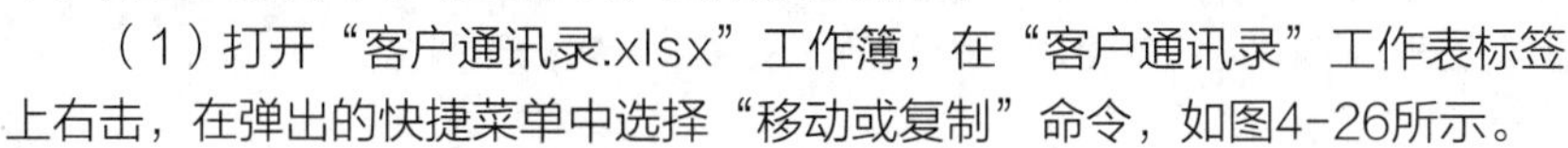

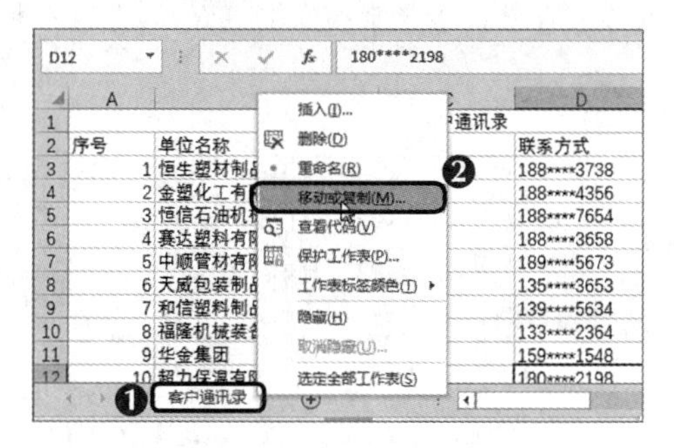

图4-26 选择“移动或复制”命令

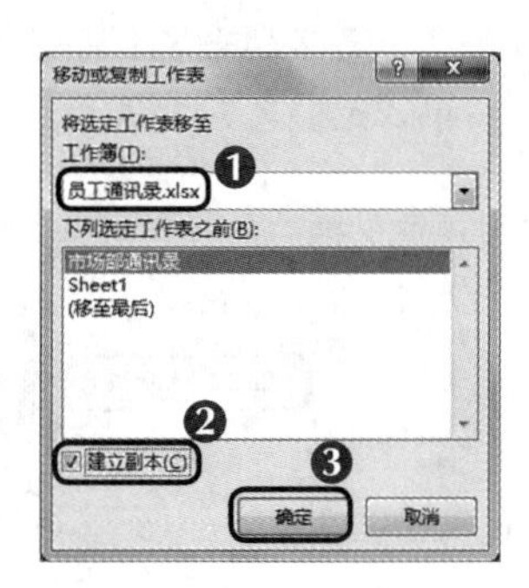

图4-27 复制工作表

知识提示　　**在同一工作簿中移动或复制工作表**

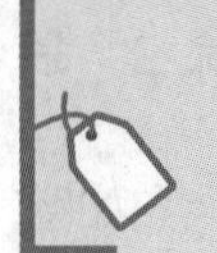

在上述案例中，若在“工作簿”下拉列表框中选择“客户通讯录.xlsx”选项，则表示工作表将在同一个工作簿中移动或复制；若在“移动或复制工作表”对话框取消选中“建立副本”复选框，则表示只移动工作表。

（3）系统将自动切换到“员工通讯录.xlsx”工作簿，同时可看到复制的“客户通讯录”工作表在“市场部通讯录”工作表前，此时，可选择“客户通讯录”工作表标签，然后向右拖曳，当鼠标指针在“市场部通讯录”工作表右方显示为▼形状时释放鼠标左键，如图4-28所示。

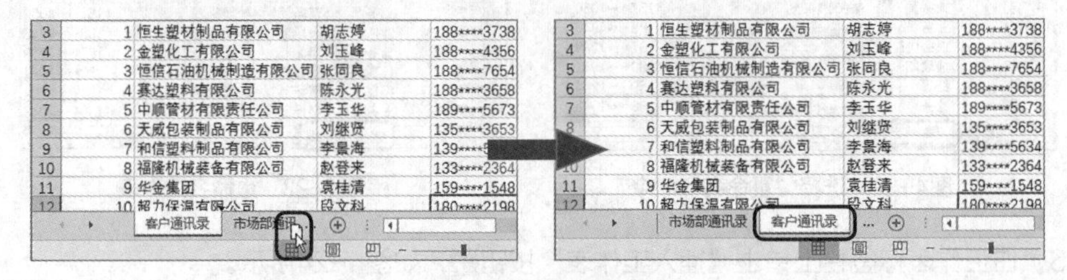

图4-28　移动工作表

多学一招　　**拖曳复制工作表**

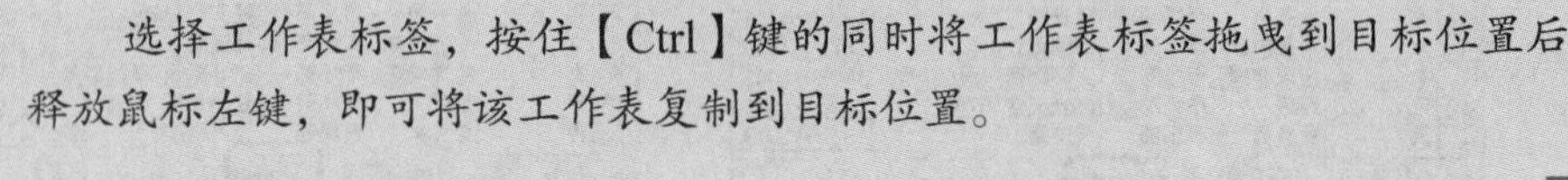

选择工作表标签，按住【Ctrl】键的同时将工作表标签拖曳到目标位置后释放鼠标左键，即可将该工作表复制到目标位置。

3. 设置工作表标签颜色

Excel 2016默认的工作表标签颜色是相同的，为了区别工作簿中的各个工作表，除了对工作表进行重命名外，还可以为工作表标签设置不同的颜色。下面在“员工通讯录.xlsx”工作簿中将“市场部通讯录”工作表标签颜色设置为“红色”，具体操作如下。

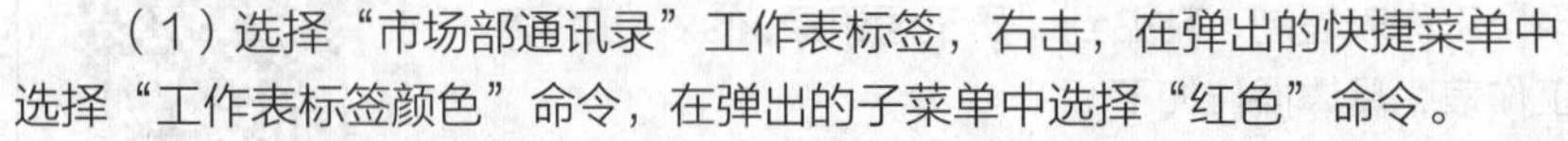

（1）选择“市场部通讯录”工作表标签，右击，在弹出的快捷菜单中选择“工作表标签颜色”命令，在弹出的子菜单中选择“红色”命令。

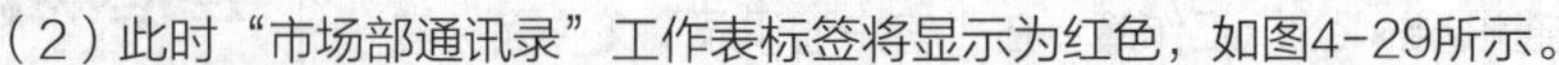

（2）此时“市场部通讯录”工作表标签将显示为红色，如图4-29所示。

多学一招　　**更多颜色选择和取消颜色设置**

在工作表标签上右击，在弹出的快捷菜单中选择“工作表标签颜色”命令，在弹出的子菜单中选择“其他颜色”命令，可在打开的“颜色”对话框中选择更多的颜色；若要取消工作表标签的颜色设置，则可在弹出的子菜单中选中“无颜色”复选框。

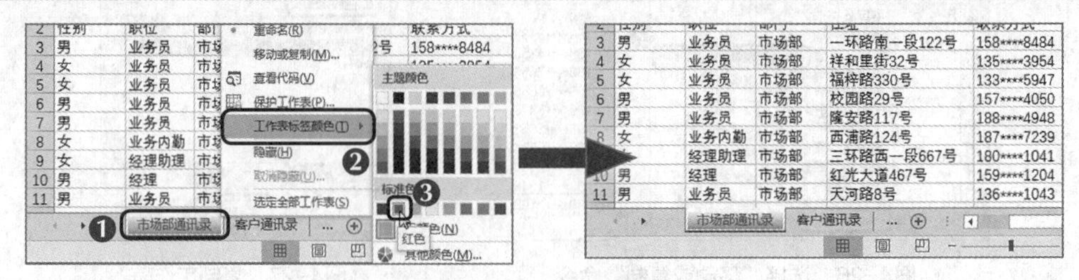

图4-29　设置工作表标签颜色

4.2 课堂案例：美化“客户档案管理表”表格

老洪制作了客户档案管理表，他要求米拉对该表格进行美化。总体来讲，制作一张完整的表格，不仅要输入和编辑数据，还要对它进行美化，如设置字体格式、设置数据类型、设置对齐方式、添加边框和底纹等，这样可以使表格数据井井有条、一目了然，也可以使表格数据更加明晰。沿着老洪的思路，米拉完成了美化操作，最终效果如图4-30所示。

素材所在位置 素材文件\第4章\课堂案例\客户档案管理表.xlsx

效果所在位置 效果文件\第4章\课堂案例\客户档案管理表.xlsx

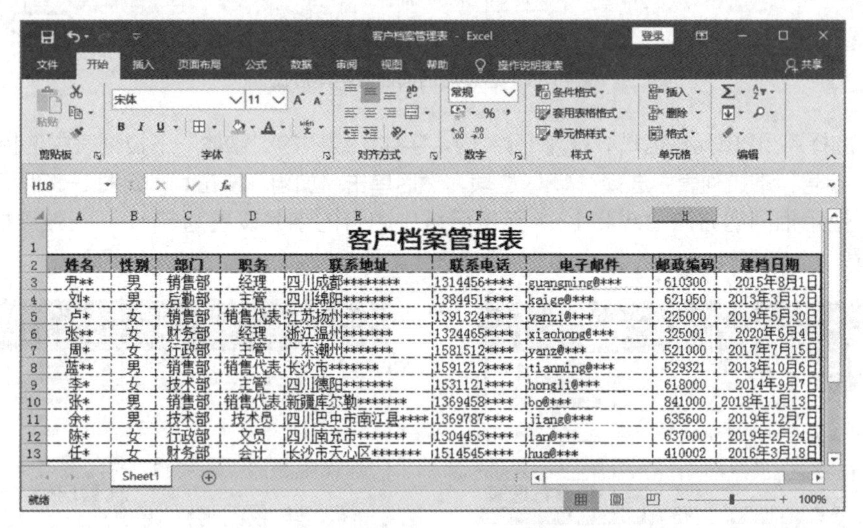

客户档案管理表

姓名	性别	部门	职务	联系地址	联系电话	电子邮件	邮政编码	建档日期
尹**	男	销售部	经理	四川成都********	1314456****	guangming@***	610300	2015年8月1日
刘*	男	后勤部	主管	四川绵阳*******	1384451****	kaige@***	621050	2013年3月12日
卢*	女	销售部	销售代表	江苏扬州*******	1391324****	yanzi@***	225000	2019年5月30日
张**	女	财务部	经理	浙江温州*******	1324465****	xiaohong@***	325001	2020年6月4日
周*	女	行政部	主管	广东潮州*******	1581512****	yanz@***	521000	2017年7月15日
蓝**	男	销售部	销售代表	长沙市*******	1591212****	tianming@***	529321	2013年10月6日
李*	女	技术部	主管	四川德阳*******	1531121****	hongli@***	618000	2014年9月7日
张*	男	销售部	销售代表	新疆库尔勒*******	1369458****	bo@***	841000	2018年11月13日
余*	男	技术部	技术员	四川巴中市南江县****	1369787****	jiang@***	635600	2019年12月7日
陈*	女	行政部	文员	四川南充市*******	1304453****	lan@***	637000	2019年2月24日
任*	女	财务部	会计	长沙市天心区*******	1514545****	hua@***	410002	2016年3月18日

图4-30 “客户档案管理表”表格的最终效果

职业素养 **客户档案管理的意义**

客户档案是企业在与客户交往过程中所形成的较为全面的客户信息资料。对客户档案进行管理的意义在于可对客户资源进行整合和再利用，对有效客户进行深度服务、深度开发，同时，这也是企业规范管理的需要。

4.2.1 设置字体格式

在工作表中输入的数据都是Excel 2016默认的字体格式，这让制作完成后的表格看起来没有主次之分。所以，为了让表格内容更加直观，也利于以后对表格数据进行查看与分析，用户可以对单元格中的字体格式进行设置。下面在“客户档案管理表.xlsx”工作簿中设置字体格式，具体操作如下。

（1）打开“客户档案管理表.xlsx”工作簿，选择合并后的A1单元格，然后单击【开始】/【字体】组右下角的“对话框启动器”按钮，打开“设置单元格格式”对话框，单击“字体”选项卡，在“字体”列表框中选择“方正兰亭黑简体”选项，在“字形”列表框中选择“加粗”选项，在“字号”列表框中选择“20”选项，然后单击 确定 按钮，如图4-31所示。

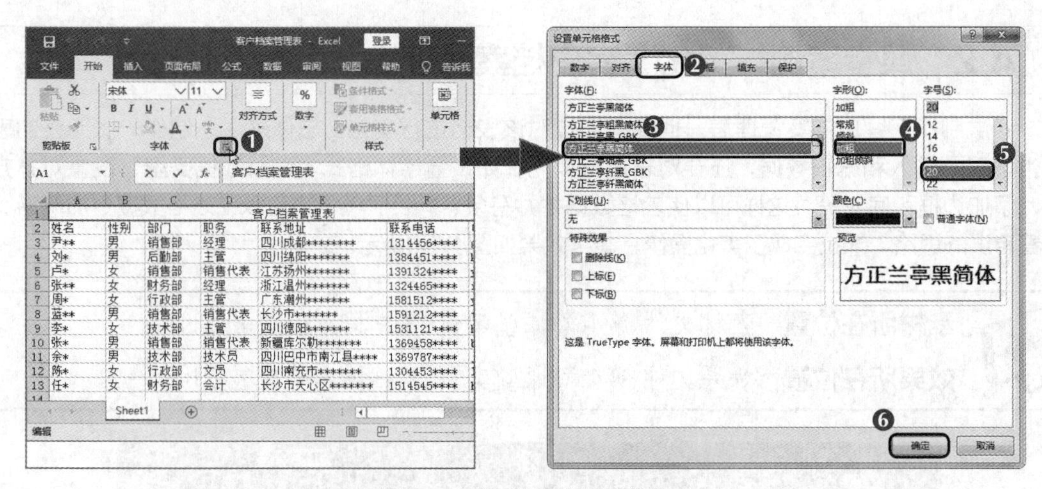

图4-31　通过对话框设置字体格式

（2）选择A2:I2单元格区域，在【开始】/【字体】组中的“字体”下拉列表中选择“黑体”选项，在“字号”下拉列表中选择“12”选项，然后单击“加粗”按钮**B**，如图4-32所示。

（3）使用相同的方法将A3:I13单元格区域中内容的字号设置为“12”，效果如图4-33所示。

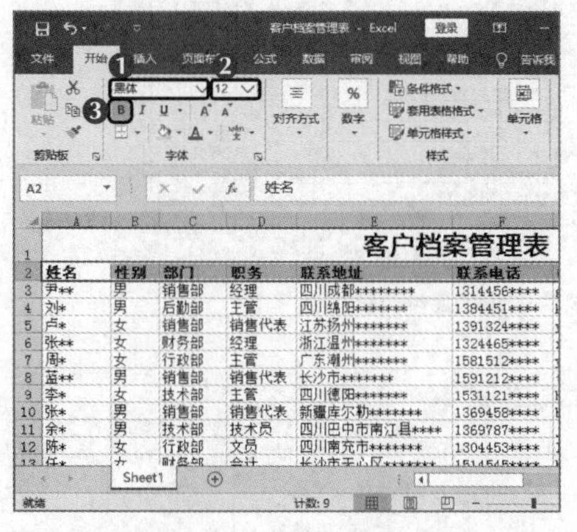

图4-32　通过功能区设置字体格式

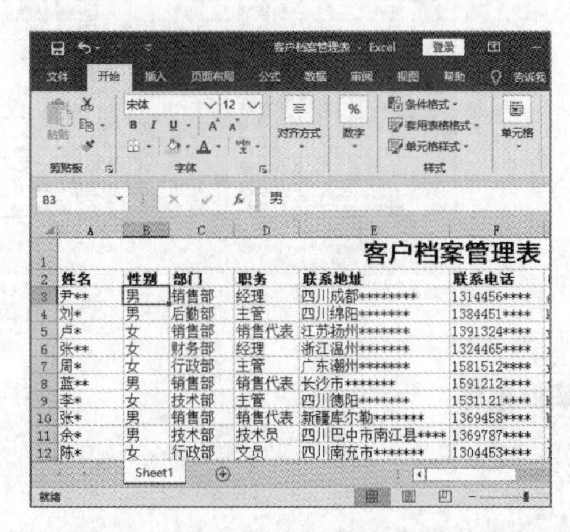

图4-33　设置A3:I13单元格区域的字体格式

4.2.2　设置数据类型

不同领域对工作表中的数据类型有不同的需求，因此，Excel 2016提供了多种数据类型，如数值、货币、日期等。下面在“客户档案管理表.xlsx”工作簿中设置数据类型，具体操作如下。

（1）选择I3:I13单元格区域，单击【开始】/【字体】组右下角的“对话框启动器”按钮，如图4-34所示。

（2）在打开的“设置单元格格式”对话框中单击“数字”选项卡，然后在“分类”列表框中选择“日期”选项，在“类型”列表框中选择“2012年3月14日”选项，单击确定按钮，如图4-35所示。

（3）返回工作表后，可看到所选区域的数据类型发生了变化，如图4-36所示。

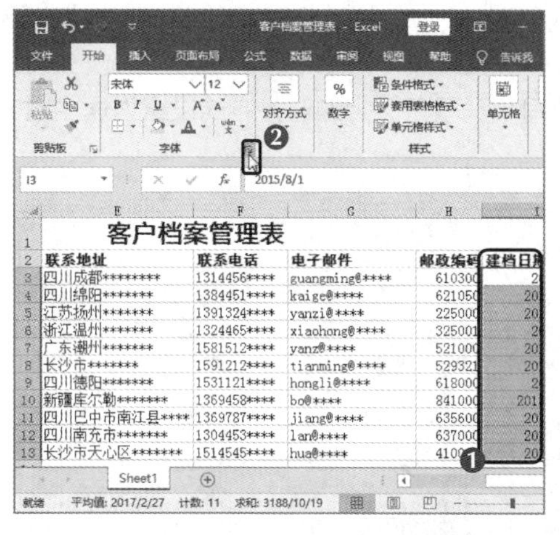

图4-34　单击“对话框启动器”按钮

图4-35　设置数据类型

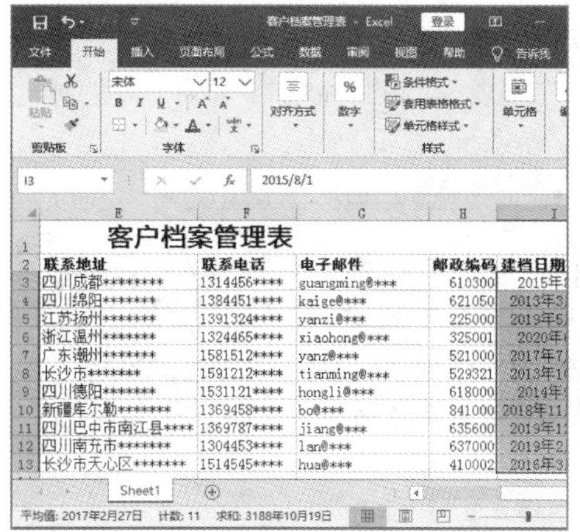

图4-36　设置数据类型后的效果

多学一招　**输入以“0”开头的数字或输入很长的数字**

默认状态下，以“0”开头的数字或很长的数字被输入单元格后都不能正确显示，此时可以通过设置数据类型来解决。具体操作方法如下：选择不能正确显示数字的单元格，在“设置单元格格式”对话框中单击“数字”选项卡，在“分类”列表框中选择“文本”选项，然后单击 确定 按钮。

4.2.3　设置对齐方式

在Excel 2016中，不同的数据默认有不同的对齐方式，为了更方便地查阅表格，使表格更加美观，用户可设置单元格中数据的对齐方式。下面在“客户档案管理表.xlsx”工作簿中设置数据的对齐方式，具体操作如下。

（1）选择A2:I2单元格区域，单击【开始】/【对齐方式】组中的“居中”按钮，将表头设置为居中对齐，如图4-37所示。

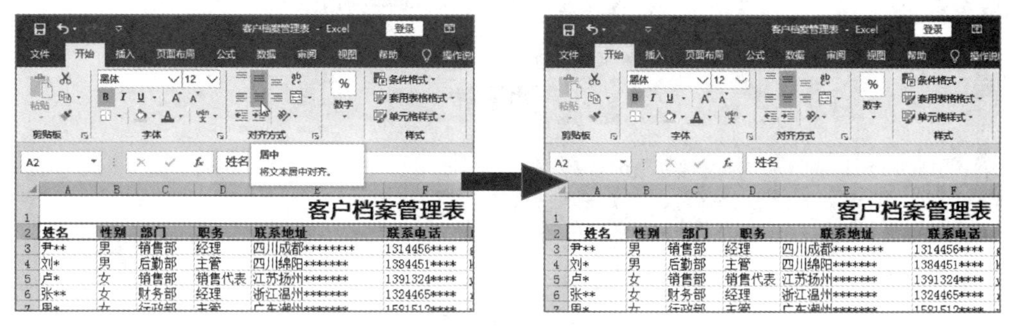

图4-37　设置表头居中对齐

（2）选择I3:I13单元格区域，在“对齐方式”组中单击“右对齐”按钮，将日期数据设置为右对齐，如图4-38所示。

（3）使用相同的方法将“姓名”“性别”“部门”“职务”列的对齐方式设置为居中对齐，如图4-39所示。

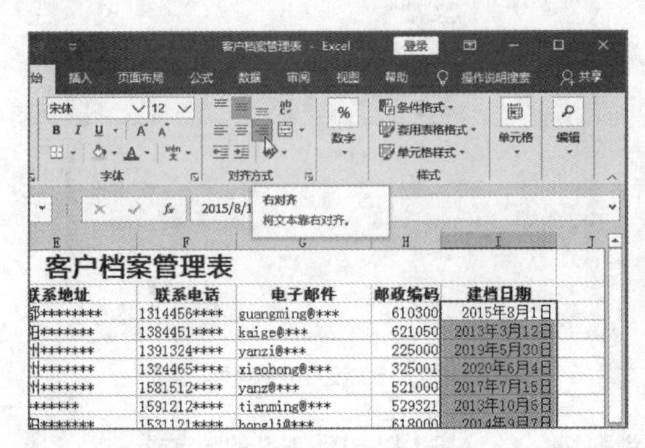

图4-38　设置日期数据右对齐

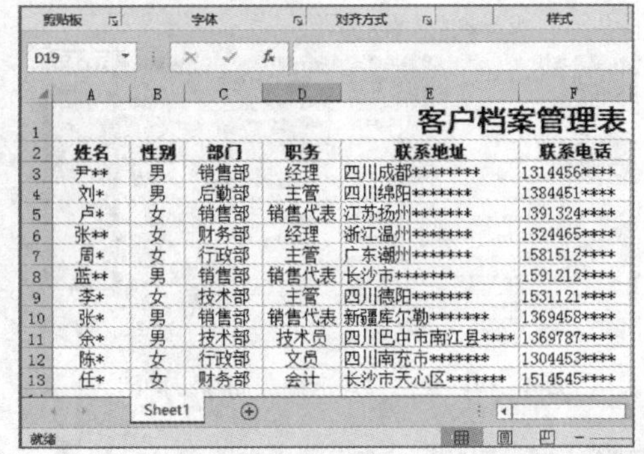

图4-39　设置“姓名”“性别”“部门”“职务”列居中对齐

4.2.4　添加边框和底纹

Excel表格的边线在默认情况下是不能被打印输出的，但有时为了办公的需要，常常要将其打印出来，此时就可通过为表格添加边框来实现这一目的。另外，为了突出显示内容，用户还可为某些单元格区域添加底纹。下面在“客户档案管理表.xlsx”工作簿中添加边框与底纹，具体操作如下。

（1）选择A2:I13单元格区域，单击【开始】/【字体】组中的“边框”按钮右侧的下拉按钮，在弹出的下拉列表中选择“其他边框”选项，打开“设置单元格格式”对话框，单击“边框”选项卡，在“样式”列表框中选择“——”选项，在“预置”栏中单击“外边框”按钮，然后在“样式”列表框中选择“-.-.-.”选项，在“预置”栏中单击“内部”按钮，设置完成后单击确定按钮，如图4-40所示。

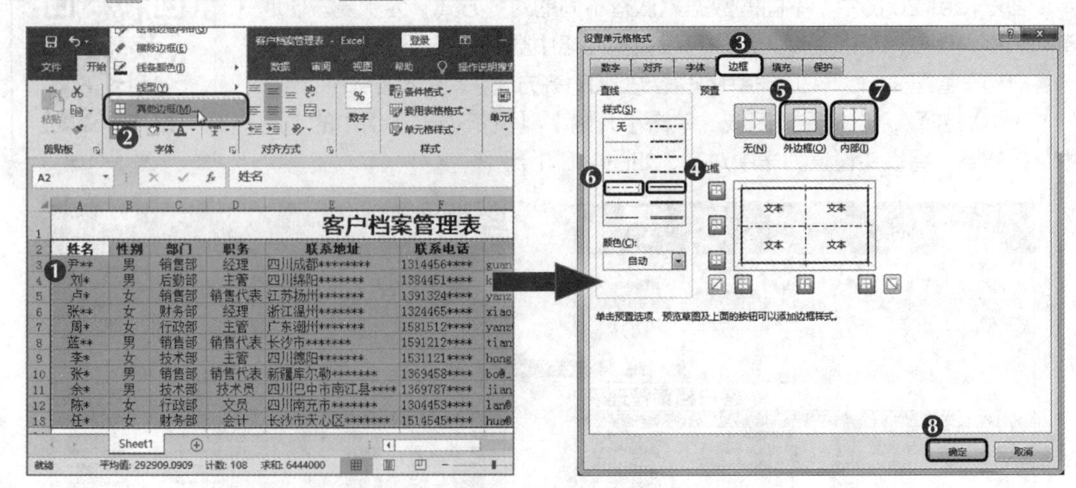

图4-40　添加边框

多学一招　　**在功能区中快速添加边框样式**

选择目标单元格或单元格区域后，在“字体”组中单击“边框”按钮右侧的下拉按钮，在弹出的下拉列表中选择“上框线”“下框线”等选项，可以快速为选择的单元格或单元格区域添加相应的边框样式，选择“无边框”则可取消边框设置。

（2）选择A2:I2单元格区域，在“字体”组中单击“填充颜色”按钮右侧的下拉按钮，在弹出的“主题颜色”面板中选择“深蓝，文字2，淡色80%”选项，如图4-41所示。

（3）返回工作表后，可看到添加边框和底纹后的效果，如图4-42所示。

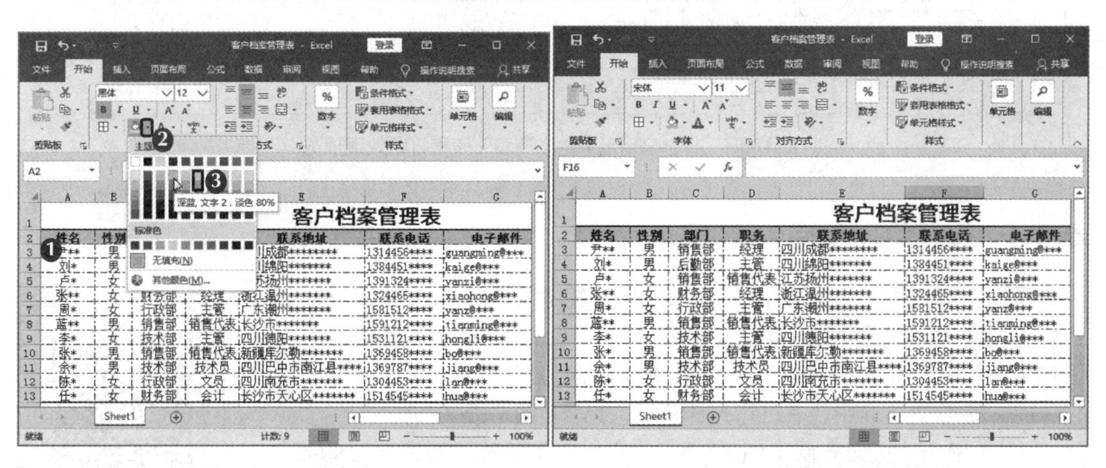

图4-41　添加底纹　　　　图4-42　添加边框和底纹后的效果

多学一招　　**快速添加边框和底纹效果**

选择目标单元格区域后，单击【开始】/【样式】组中的“套用表格格式”按钮，在弹出的下拉列表中选择表格样式，可快速为选择的单元格区域添加边框和底纹效果。

4.3 课堂案例：打印“办公用品采购申请表”表格

在日常办公中，编辑美化后的表格通常还需要打印出来，便于公司员工或客户查看。为了在纸张上完美呈现表格内容，用户需要对工作表的页面、打印范围等进行设置，完成设置后，还可预览打印效果。接下来，米拉需要将编辑、美化后的“办公用品采购申请表”打印出来，以便公司领导和其他员工查看，打印效果预览如图4-43所示。

职业素养　　**采购申请的概念和采购申请表的作用**

采购申请又称请购，主要是指企业各需求部门向采购部门提出在未来一段时间内本部门所需物品的种类及数量等相关信息，并将填制的表格交给采购部门。采购申请表的主要作用是确定需求及内容、确定成本归属、节省费用。

办公用品采购申请表

序号	部门	名称	规格型号	单位	数量	单价	金额	申请原因
1	行政部	办公用胶水	50mL	瓶	30	¥ 0.50	¥ 15.00	仅剩2瓶
2	行政部	长尾夹	41mm	个	100	¥ 0.80	¥ 80.00	已缺
3	市场部	晨光签字笔	15-0350	盒	10	¥17.80	¥178.00	已缺
4	市场部	笔芯	普通	盒	50	¥10.00	¥500.00	已缺
5	后勤部	笔记本	A4	本	20	¥ 3.50	¥ 70.00	已缺
6	后勤部	档案盒	普通	个	100	¥ 1.45	¥145.00	已缺
7	行政部	得力宽胶带	6cm	卷	10	¥ 6.00	¥ 60.00	已缺
8	行政部	笔记本	A4	本	20	¥ 3.50	¥ 70.00	已缺
9	市场部	晨光签字笔	15-0350	盒	10	¥17.80	¥178.00	已缺
10	市场部	档案盒	普通	个	100	¥ 1.45	¥145.00	已缺
11	行政部	笔记本	A4	本	20	¥ 3.50	¥ 70.00	已缺
12	市场部	晨光签字笔	15-0350	盒	10	¥17.80	¥178.00	已缺
13	行政部	档案盒	普通	个	100	¥ 1.45	¥145.00	已缺
14	市场部	档案盒	普通	个	100	¥ 1.45	¥145.00	已缺
15	市场部	晨光签字笔	15-0350	盒	10	¥17.80	¥178.00	已缺
16	市场部	笔记本	A4	本	20	¥ 3.50	¥ 70.00	已缺
17	行政部	档案盒	普通	个	100	¥ 1.45	¥145.00	已缺
18	市场部	晨光签字笔	15-0350	盒	10	¥17.80	¥178.00	已缺
19	市场部	档案袋	A4牛皮纸	个	200	¥ 0.50	¥100.00	已缺

序号	部门	名称	规格型号	单位	数量	单价	金额	申请原因
28	市场部	晨光签字笔	15-0350	盒	10	¥17.80	¥178.00	已缺
30	行政部	晨光签字笔	15-0350	盒	10	¥17.80	¥178.00	已缺
31	行政部	档案盒	普通	个	100	¥ 1.45	¥145.00	已缺
32	财务部	大头针	50g	盒	30	¥ 1.00	¥ 30.00	已缺
总金额	小写：¥4782元				大写：肆仟柒佰捌拾贰元整			
部门经理审核意见		签字：		日期：	年		月	日
行政部审核意见		签字：		日期：	年		月	日
总经理审核意见		签字：		日期：	年		月	日

注：本表中所提供的物品单价及总金额仅为参考金额，财务报销以采购部实际采购价及相关票据为准。

图4-43 “办公用品采购申请表”表格打印效果预览

4.3.1 设置打印页面

设置打印页面主要包括设置纸张方向、缩放比例、纸张大小等，这些都可以通过“页面设置”对话框来进行。下面在“采购申请表.xlsx”工作簿中设置纸张方向为“纵向”，缩放比例为“95%”，纸张大小为“A4”，表格内容居中，并进行打印预览，具体操作如下。

微课视频

设置打印页面

（1）单击【页面布局】/【页面设置】组右下角的“对话框启动器”按钮，如图4-44所示。

（2）打开“页面设置”对话框，单击“页面”选项卡，在“方向”栏中选中“纵向”单选项，在“缩放比例”文本框中输入“95”，在“纸张大小”栏中选择“A4”选项，如图4-45所示。

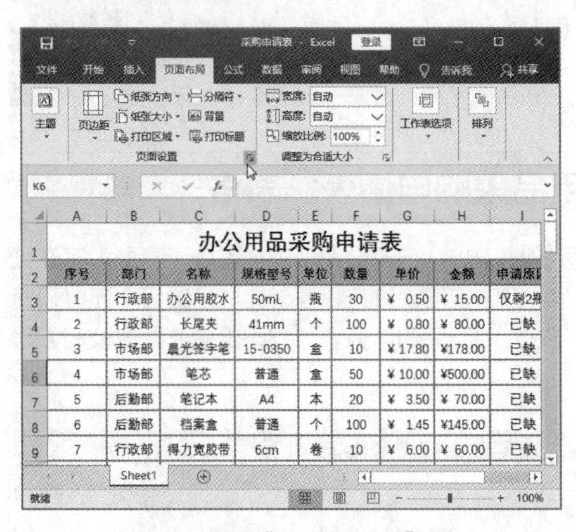

图4-44 单击“对话框启动器”按钮

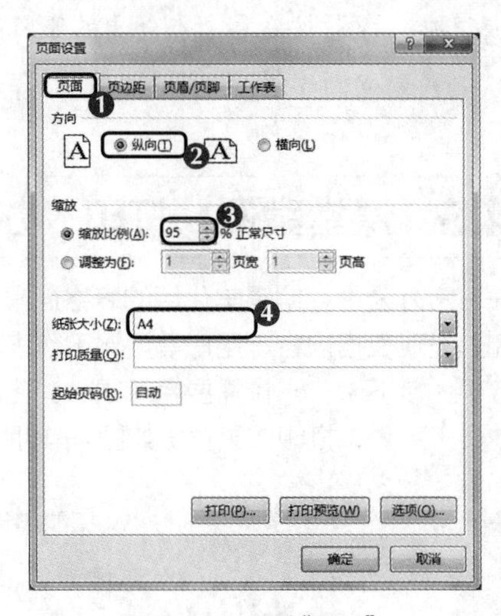

图4-45 设置“页面”

（3）单击“页边距”选项卡，在“居中方式”栏中选中“水平”复选框和“垂直”复选框，然后单击打印预览(W)按钮，如图4-46所示。在“打印”界面右侧可预览设置后的表格打印效果，如图4-47所示。

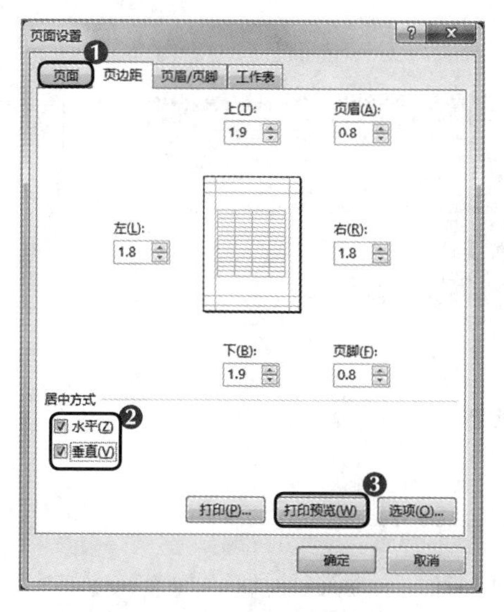

图4-46　设置“页边距”

办公用品采购申请表

序号	部门	名称	规格型号	单位	数量	单价	金额	申请原因
1	行政部	办公用胶水	50mL	瓶	30	¥ 0.50	¥ 15.00	仅剩2瓶
2	行政部	长尾夹	41mm	个	100	¥ 0.80	¥ 80.00	已缺
3	市场部	晨光签字笔	15-0350	盒	10	¥ 17.80	¥ 178.00	已缺
4	市场部	笔芯	普通	盒	50	¥ 10.00	¥ 500.00	已缺
5	后勤部	笔记本	A4	本	20	¥ 3.50	¥ 70.00	已缺
6	后勤部	档案盒	普通	个	100	¥ 1.45	¥ 145.00	已缺
7	行政部	得力宽胶带	6cm	卷	10	¥ 6.00	¥ 60.00	已缺
8	行政部	笔记本	A4	本	20	¥ 3.50	¥ 70.00	已缺
9	市场部	晨光签字笔	15-0350	盒	10	¥ 17.80	¥ 178.00	已缺
10	市场部	档案盒	普通	个	100	¥ 1.45	¥ 145.00	已缺
11	行政部	笔记本	A4	本	20	¥ 3.50	¥ 70.00	已缺
12	市场部	晨光签字笔	15-0350	盒	10	¥ 17.80	¥ 178.00	已缺
13	行政部	档案盒	普通	个	100	¥ 1.45	¥ 145.00	已缺
14	市场部	档案盒	普通	个	100	¥ 1.45	¥ 145.00	已缺
15	市场部	晨光签字笔	15-0350	盒	10	¥ 17.80	¥ 178.00	已缺
16	市场部	笔记本	A4	本	20	¥ 3.50	¥ 70.00	已缺
17	行政部	档案盒	普通	个	100	¥ 1.45	¥ 145.00	已缺
18	市场部	晨光签字笔	15-0350	盒	10	¥ 17.80	¥ 178.00	已缺
19	市场部	档案袋	A4牛皮纸	个	200	¥ 0.50	¥ 100.00	已缺

图4-47　预览打印效果

4.3.2　设置打印标题

当表格数据内容较多时，默认的第1张打印页面将显示标题和表头，后面的其他表格页面则只显示数据内容，为了保持表格的完整性，可为每张打印页面添加标题和表头。下面在“采购申请表.xlsx”工作簿中设置打印标题，具体操作如下。

（1）单击【页面布局】/【页面设置】组中的“打印标题”按钮，如图4-48所示。

（2）打开“页面设置”对话框，单击“工作表”选项卡，将文本插入点定位到“打印标题”栏的“顶端标题行”文本框中，然后在表格中选择标题区域“$2:$2”，单击打印预览(W)按钮，如图4-49所示。

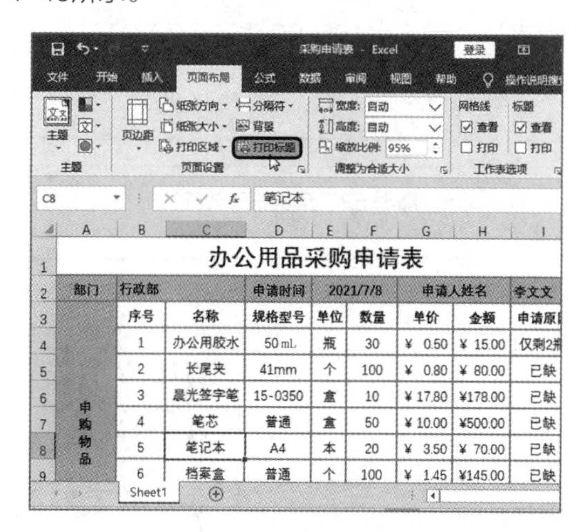

图4-48　单击“打印标题”按钮

图4-49　设置“工作表”

（3）在“打印”界面右侧可预览打印效果，单击“下一页”按钮▸切换到第2页，可看到第2页的打印区域包括了标题和表头，如图4-50所示。

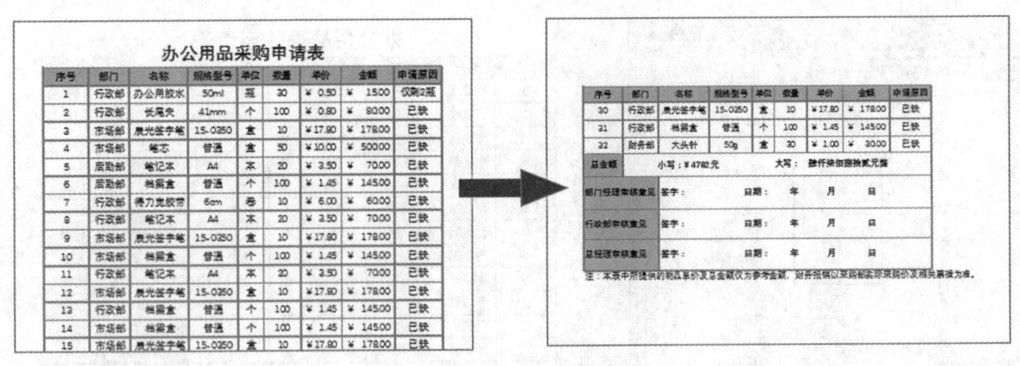

办公用品采购申请表

序号	部门	名称	规格型号	单位	数量	单价	金额	申请原因
1	行政部	办公用胶水	50ml	瓶	30	¥ 0.50	¥ 15.00	仅剩2瓶
2	行政部	长尾夹	41mm	个	100	¥ 0.80	¥ 80.00	已缺
3	市场部	晨光签字笔	15-0350	盒	10	¥ 17.80	¥ 178.00	已缺
4	市场部	笔芯	普通	盒	50	¥ 10.00	¥ 500.00	已缺
5	后勤部	笔记本	A4	本	20	¥ 3.50	¥ 70.00	已缺
6	后勤部	档案盒	普通	个	100	¥ 1.45	¥ 145.00	已缺
7	行政部	得力宽胶带	6cm	卷	10	¥ 6.00	¥ 60.00	已缺
8	行政部	笔记本	A4	本	20	¥ 3.50	¥ 70.00	已缺
9	市场部	晨光签字笔	15-0250	盒	10	¥ 17.80	¥ 178.00	已缺
10	市场部	档案盒	普通	个	100	¥ 1.45	¥ 145.00	已缺
11	行政部	笔记本	A4	本	20	¥ 3.50	¥ 70.00	已缺
12	市场部	晨光签字笔	15-0350	盒	10	¥ 17.80	¥ 178.00	已缺
13	行政部	档案盒	普通	个	100	¥ 1.45	¥ 145.00	已缺
14	市场部	档案盒	普通	个	100	¥ 1.45	¥ 145.00	已缺
15	市场部	晨光签字笔	15-0250	盒	10	¥ 17.80	¥ 178.00	已缺

序号	部门	名称	规格型号	单位	数量	单价	金额	申请原因
30	行政部	晨光签字笔	15-0350	盒	10	¥ 17.80	¥ 178.00	已缺
31	行政部	档案盒	普通	个	100	¥ 1.45	¥ 145.00	已缺
32	财务部	大头针	50g	盒	30	¥ 1.00	¥ 30.00	已缺
总金额	小写：¥4782元				大写：肆仟柒佰捌拾贰元整			
部门经理审核意见		签字：			日期：	年	月	日
行政部审核意见		签字：			日期：	年	月	日
总经理审核意见		签字：			日期：	年	月	日

注：本表中所提供的物品单价及总金额仅为参考金额，财务报销以采购部实际采购价及相关票据为准。

图4-50　打印标题效果预览

4.3.3　设置打印区域

工作簿中涉及的信息比较多，如果只需要展示其中的部分信息，那么打印整个工作簿就会浪费资源。所以，在实际打印中可根据需要设置打印范围。下面将“办公用品采购申请表”表格中的A1:I12单元格区域设置为打印区域，具体操作如下。

（1）在工作表中选择要打印的A1:I12单元格区域，单击【页面布局】/【页面设置】组中的“打印区域”按钮，在弹出的下拉列表中选择“设置打印区域”选项，如图4-51所示。

（2）选择【文件】/【打印】命令，预览打印效果，如图4-52所示。

图4-51　设置打印区域

办公用品采购申请表

序号	部门	名称	规格型号	单位	数量	单价	金额	申请原因
1	行政部	办公用胶水	50ml	瓶	30	¥ 0.50	¥ 15.00	仅剩2瓶
2	行政部	长尾夹	41mm	个	100	¥ 0.80	¥ 80.00	已缺
3	市场部	晨光签字笔	15-0350	盒	10	¥ 17.80	¥178.00	
4	市场部	笔芯	普通	盒	50	¥ 10.00	¥500.00	
5	后勤部	笔记本	A4	本	20	¥ 3.50	¥ 70.00	
6	后勤部	档案盒	普通	个	100	¥ 1.45	¥145.00	
7	行政部	得力宽胶带	6cm	卷	10	¥ 6.00	¥ 60.00	
8	行政部	笔记本	A4	本	20	¥ 3.50	¥ 70.00	
9	市场部	晨光签字笔	15-0350	盒	10	¥ 17.80	¥178.00	
10	市场部	档案盒	普通	个	100	¥ 1.45	¥145.00	

图4-52　预览打印效果

4.3.4　设置打印机属性

完成了表格的打印设置后，就可以使用打印机将其打印出来。在开始打印前，用户还需要选择打印机、打印的份数等。下面将“办公用品采购申请表”表格打印2份，具体操作如下。

（1）选择【文件】/【打印】命令，打开“打印”界面，在“份数”数值框中输入“2”，在“打印机”下拉列表中选择与计算机连接的打印机，然后单击其下方的“打印机属性”超链接，如图4-53所示。

（2）打开打印机的属性对话框，单击“布局”选项卡，在“方向”下拉列表中选择“纵向”选项，单击确定按钮，如图4-54所示。

（3）返回“打印”界面，单击“打印”按钮，使表格按照设置的打印机属性打印输出。

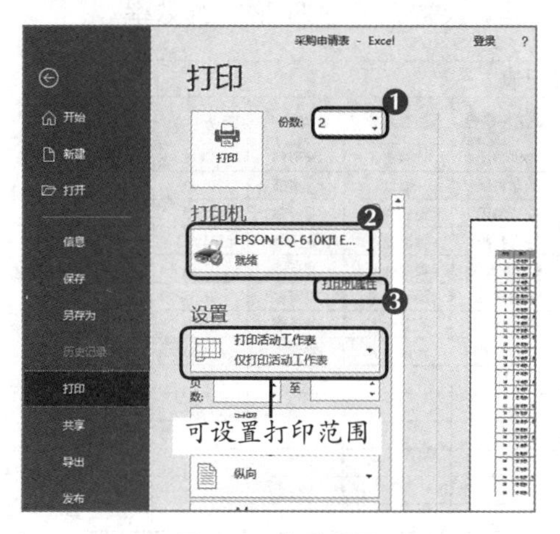

图4-53　打印设置

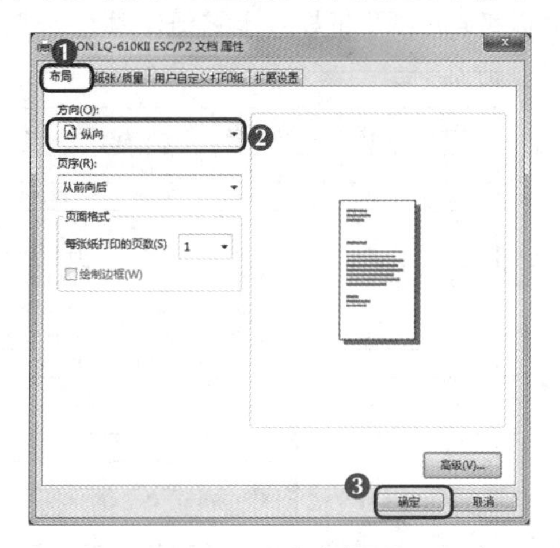

图4-54　打印方向设置

多学一招　**设置打印页数范围**

打开“打印”界面，在“设置”下拉列表中可选择打印的区域，在“页数”和“至”数值框中可设置打印起始和结束的页码，如打印第1页～第3页，则在“页数”数值框中输入“1”，在“至”数值框中输入“3”。

4.4　项目实训

本章通过制作“员工通讯录”表格、美化“客户档案管理表”表格和打印“办公用品采购申请表”表格3个课堂案例，讲解了制作与编辑表格的基本操作，如输入数据、编辑数据、设置字体格式、设置数据类型、添加边框和底纹、设置打印页面、设置打印标题、设置打印区域等，这些都是日常办公中经常使用的知识点，大家应重点学习和把握。下面通过两个项目实训帮助大家灵活运用本章讲解的知识。

4.4.1　制作“来访人员登记表”表格

1. 实训目标

本实训的目标是制作“来访人员登记表”表格，由于登记需要记录日期、来访时间和来访人身份证号码等数据，因此需要对填写的数据类型进行设置，以方便数据的快速记录。“来访人员登记表”表格的最终效果如图4-55所示。

效果所在位置　效果文件\第4章\项目实训\来访人员登记表.xlsx

2. 专业背景

来访人员登记表是记录公司来访人员的表格，主要记录了日期、来访时间、来访人姓名、来访人身份证号、来访人单位、来访事由、被访部门和离开时间等内容。公司应执行严格的进出登记制度，以此维护公司的秩序，这样既保障了公司的办公安全，又提高了各部门的工作效率。

来访人员登记表									
序号	日期	来访时间	来访人姓名	来访人身份证号	来访人单位	来访事由	被访部门	离开时间	备注
1	2021/3/4	9:00	汪小丽	51112919891025****	裕洲科技	洽谈业务	物资部	10:45	
2	2021/3/4	10:00	陈国华	51113019820215****	美华科技	面试	人事部	10:30	
3	2021/3/6	9:30	胡一辉	51010319951013****	东威集团	商业会面	商务部	11:35	
4	2021/3/6	10:40	刘凯	51011119761123****	东升科技	洽谈业务	物资部	11:50	
5	2021/3/8	11:15	张晓红	51082319851024****	麦天业公司	商业会面	商务部	12:10	
6	2021/3/8	14:28	姚琴	51012419860311****	安居置业	洽谈业务	物资部	16:35	
7	2021/3/9	16:10	张天驰	51012619970624****	东方集团	商业会面	商务部	17:35	
8	2021/3/11	9:52	兰建忠	51062519780411****	创新科技	洽谈业务	物资部	11:20	
9									
10									
11									
12									
13									
14									

图4-55　“来访人员登记表”表格最终效果

3. 操作思路

首先要新建、重命名并保存工作表，然后输入和编辑表格数据，最后为表格添加边框和底纹，其操作思路如图4-56所示。

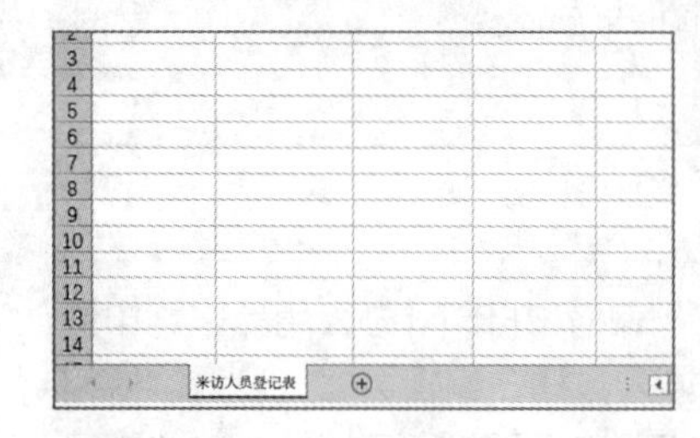

①新建、重命名并保存工作表

	A	B	C	D
1	来访人员登记表			
2	序号	日期	来访时间	来访人姓名
3	1	2021年3月4日	9:00:00	汪小丽
4	2	2021年3月4日	10:00:00	陈国华
5	3	2021年3月6日	9:30:00	胡一辉
6	4	2021年3月6日	10:40:00	刘凯
7	5	2021年3月8日	11:15:00	张晓红
8	6	2021年3月8日	14:28:00	姚琴
9	7	2021年3月9日	16:10:00	张天驰
10	8	2021年3月11日	9:52:00	兰建忠

②输入数据

C	D	E	F
		来访人员登记表	
来访时间	来访人姓名	来访人身份证号	来访人单
9:00	汪小丽	51112919891025****	裕洲科技
10:00	陈国华	51113019820215****	美华科技
9:30	胡一辉	51010319951013****	东威集团
10:40	刘凯	51011119761123****	东升科技
11:15	张晓红	51082319851024****	麦天业公司
14:28	姚琴	51012419860311****	安居置业
16:10	张天驰	51012619970624****	东方集团

③美化表格

图4-56　“来访人员登记表”表格的操作思路

【步骤提示】

（1）新建并保存“来访人员登记表.xlsx”工作簿，双击“Sheet1”工作表标签，将其重命名为“来访人员登记表”。

（2）在工作表中分别输入标题、表头及对应的数据。

（3）为工作表中的日期、来访时间、来访人身份证号等数据设置对应的数据类型，将标题单元格合并后居中，设置其字体格式为“黑体”“18”，然后设置表头的字体格式为“仿宋”“12”“加粗”，再将数据全部居中对齐。

（4）调整第1行和第2行单元格区域的行高，并为A2:J22单元格区域添加边框，然后为A2:J2单元格区域设置颜色为“蓝-灰，文字2，淡色80%”的底纹。

微课视频

编辑并打印“入职登记表”表格

4.4.2 编辑并打印“入职登记表”表格

1. 实训目标

本实训的目标是编辑并打印“入职登记表”表格。打开表格后，首先要查看数据是否正确、数据是否显示完整等，然后明确美化方向，最后进行相应的操作。本实训将对“入职登记表”表格进行美化，然后将其打印输出。“入职登记表”表格的预览效果如图4-57所示。

素材所在位置 素材文件\第4章\项目实训\入职登记表.xlsx

效果所在位置 效果文件\第4章\项目实训\入职登记表.xlsx

新员工入职登记表

员工编号：

姓　名		性　别		出生日期	年　月　日	1寸近照
曾用名		体　重		身　高	cm	
民　族		籍　贯		婚姻状况		
政治面貌		健康状况		血　型		
身份证号码						
户口类型	城镇 □	非城镇 □	户口所在：　（省）　（市）　（区）派出所			
学　历		学　位		第二学位		
专　业				第二专业/辅修专业		
毕业学校				毕业时间		
外语水平	语种：		级别：		口语水平：	
计算机水平						
E-mail						
家庭住址		省（区、市）		市（区）	县	
电话（家庭）				手机		
家庭主要成员	称谓	姓名	年龄	单位/职业/职务		

紧急情况联系人		联系电话	
学习简历（按学习经历倒序填写）	起止年月	就读学校、专业	毕（结、肄）业
在校任职/社会实践/工作经历（填写主要经历）	起止年月	主要经历（如担任职务、工作内容等）	
在校期间获奖情况：			

图4-57　“入职登记表”表格预览效果

2. 专业背景

入职登记表是新员工在入职时填写的、以员工个人信息为内容的登记表格，其主要作用在于以员工亲笔书写的方式来明确员工的信息，且公司有权将其作为证据用以追究员工提供虚假信息的责任。

入职登记表的内容与员工入职前提供的简历内容基本一致，通常包括与公司录用有关的所有信息，如学历、工作履历、从业资格、培训经历、健康状况等内容。

3. 操作思路

首先应设置表格的字体格式、对齐方式，为表格添加边框和底纹等，然后设置打印页面、打印机属性等，最后预览打印效果，并将其打印出来。

【步骤提示】

（1）打开“入职登记表.xlsx”工作簿，选择标题单元格，将其合并后居中，设置其字体格式为“黑体”“18”。

（2）对其他单元格区域进行合并后居中设置，并调整单元格的行高和列宽。

（3）为表格设置内边框和外边框。

（4）设置工作表的打印区域、纸张大小，然后对其进行打印操作。

4.5 课后练习

本章主要介绍了制作并编辑Excel表格的操作方法。下面通过两个练习，帮助大家熟悉各知识点的应用方法及相关操作。

练习1：制作“库存清单表”表格

下面将制作“库存清单表”表格，主要包括输入数据、编辑数据、美化表格等操作。“库存清单表”表格的最终效果如图4-58所示。

效果所在位置 效果文件\第4章\课后练习\库存清单表.xlsx

库存清单表

库存编号	产品名称	单价	在库数量	库存价值	续订水平	续订时间(天)	续订数量
IN0001	产品A	¥51.00	25	¥1,275.00	29	13	50
IN0002	产品B	¥93.00	132	¥12,276.00	231	4	50
IN0003	产品C	¥57.00	151	¥8,607.00	114	11	150
IN0004	产品D	¥19.00	186	¥3,534.00	158	6	50
IN0005	产品E	¥75.00	62	¥4,650.00	39	12	80
IN0006	产品F	¥56.00	58	¥3,248.00	109	7	100
IN0007	产品G	¥59.00	122	¥7,198.00	82	3	150
IN0008	产品H	¥59.00	176	¥10,384.00	229	1	100

图4-58　“库存清单表”表格最终效果

操作要求如下。

- 新建空白工作簿，在工作表中输入库存清单数据，根据需要分别设置单元格中数据的字体格式、对齐方式和数据类型。
- 为单元格添加边框和底纹。

练习2：编辑并打印“报销申请单”表格

下面将编辑并打印“报销申请单”表格，大家应先对表格进行设置，然后打印表格。“报销申请单”表格的预览效果如图4-59所示。

素材所在位置 素材文件\第4章\课后练习\报销申请单.xlsx

效果所在位置 效果文件\第4章\课后练习\报销申请单.xlsx

报销申请单

部门：	申请人：	申请日期：　年　月　日									
报销事由：		报销金额：□现金　□转账　□其他									
报销明细		千	百	十	万	千	百	十	元	角	分
1											
2											
3											
4											
5											
6											
7											
8											
9											
10											
合计（大写）：__仟__佰__拾__万__仟__佰__拾__元__角__分¥______											
总经理审批： 年　月　日	部门经理审批： 年　月　日	会计主管： 年　月　日	出纳： 年　月　日	领款人： 年　月　日							

图4-59　“报销申请单”表格预览效果

操作要求如下。

- 打开“报销申请单.xlsx”工作簿，设置标题的字体、字号，然后对标题所在单元格进行合并后居中设置，并调整标题行的行高。

- 对表格中的其他单元格进行合并设置，并对单元格中文本的加粗效果和对齐方式进行设置。
- 根据需求对表格的行高和列宽进行设置，然后为表格添加需要的内置边框样式。
- 设置打印区域、打印方向和打印份数，然后将其打印输出。

4.6 技巧提升

1. 设置默认工作表数量

默认情况下，新建工作簿中只有一张工作表，但在实际办公中，经常需要在同一个工作簿中制作大量工作表，所以，用户除了在工作簿中插入所需的工作表外，还可修改新工作簿内的工作表数量，使每次启动的Excel 2016新建的工作簿中都包含多张工作表。设置工作表数量的具体操作如下：启动Excel 2016，选择【文件】/【选项】命令，打开“Excel选项”对话框，单击“常规”选项卡，在“包含的工作表数”数值框中输入数值“6”，然后单击 确定 按钮，关闭当前工作簿；再次启动Excel 2016，工作簿中将包含所设置数量的工作表，如图4-60所示。

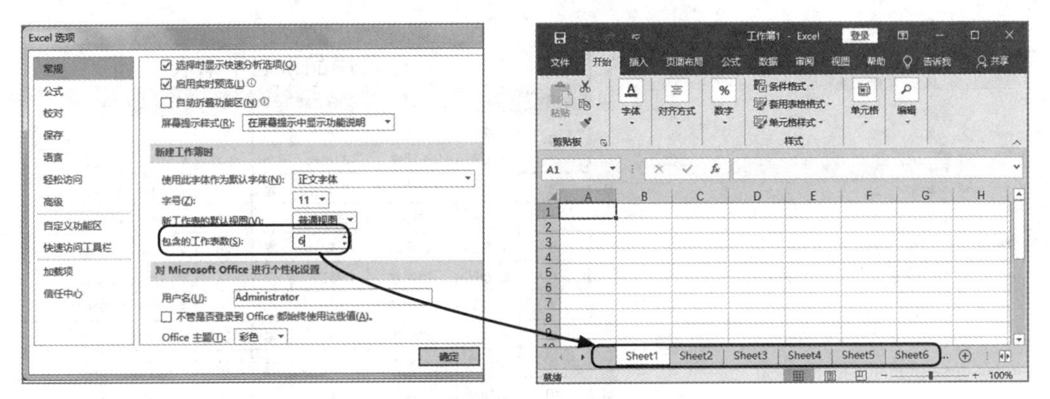

图4-60 设置工作表数量

2. 在多个单元格中输入同一数据

当有多个单元格需要输入同一数据时，如果依次直接输入数据，则较为耗时费力。此时可进行批量输入，具体操作方法如下：选择需要输入数据的单元格或单元格区域（如果需要输入数据的单元格中有不相邻的，则可按住【Ctrl】键逐一进行选择），然后在编辑栏中输入数据，输入完成后按【Ctrl+Enter】组合键，数据就会被填充到所有选择的单元格中。

3. 输入11位以上的数字

在Excel表格中输入11位以上的数字时，单元格中的数字将会显示为“1.23457E+11”。因此，为了使11位以上的数字（如身份证号码等）显示完整，除了可在“设置单元格格式”对话框中将数据类型设置为“文本”外，还可直接在数字前面先输入一个英文符号“'”，然后再输入11位以上的数字。图4-61所示为直接输入并完整显示身份证号码（18位数字）。

来访人员登记表

序号	日期	来访时间	来访人姓名	来访人身份证号	来访人单位	来访事由
1	2021/3/4	9:00		'5111291989*******		洽谈业务
2	2021/3/4	10:00	陈国华		美华科技	面试
3	2021/3/6	9:30	胡一辉		东威集团	商业会面
4	2021/3/6	10:40	刘凯		东升科技	洽谈业务
5	2021/3/8	11:15	张晓红		麦天业公司	商业会面
6	2021/3/8	14:28	姚琴		安居置业	洽谈业务

图4-61 直接输入并完整显示身份证号码

4. 在多张工作表中查找或替换数据

在多张工作表中查找或替换数据的方法是，按住【Shift】键或【Ctrl】键选择工作簿中多张相邻或不相邻的工作表，然后打开“查找或替换”对话框，在其中进行查找或替换数据的操作。

5. 自定义数据类型

利用自定义数据类型功能能够快速输入一些较长且常用的数据，这对于制作一些常用表格来说非常实用。如某公司的办公用品采购申请表中，有一列要求输入文本“已缺”，若利用自定义数据类型功能来完成，则只需输入任意一个阿拉伯数字即可，具体操作如下。

（1）选择需要输入数据的单元格或单元格区域，右击，在弹出的快捷菜单中选择“设置单元格格式”命令。

（2）打开“设置单元格格式”对话框，单击“数字”选项卡，在“分类”列表框中选择“自定义”选项。在对话框右侧的“类型”文本框中输入“已缺”，然后单击确定按钮。在选择的单元格区域中输入任意一个阿拉伯数字并按【Enter】键，该单元格中都将显示“已缺”，如图4-62所示。

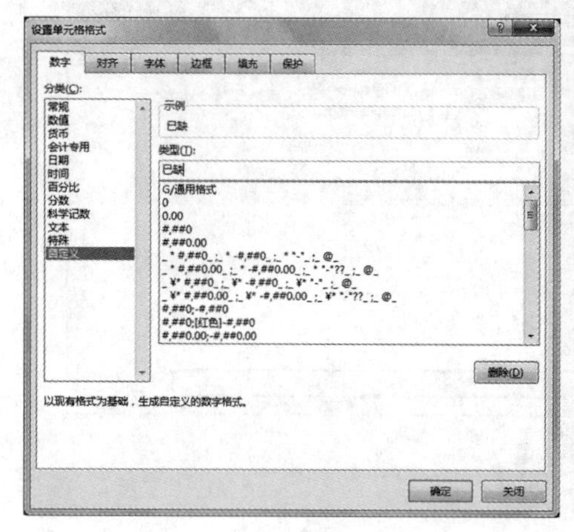

办公用品采购申请表

序号	部门	名称	规格型号	单位	数量	单价	金额	申请原因
1	行政部	办公用胶水	50mL	瓶	30	¥ 0.50	¥ 15.00	仅剩2瓶
2	行政部	长尾夹	41mm	个	100	¥ 0.80	¥ 80.00	已缺
3	市场部	晨光签字笔	15-0350	盒	10	¥ 17.80	¥178.00	
4	市场部	笔芯	普通	盒	50	¥ 10.00	¥500.00	
5	后勤部	笔记本	A4	本	20	¥ 3.50	¥ 70.00	
6	后勤部	档案盒	普通	个	100	¥ 1.45	¥145.00	
7	行政部	得力宽胶带	6cm	卷	10	¥ 6.00	¥ 60.00	
8	行政部	笔记本	A4	本	20	¥ 3.50	¥ 70.00	
9	市场部	晨光签字笔	15-0350	盒	10	¥ 17.80	¥178.00	
10	市场部	档案盒	普通	个	100	¥ 1.45	¥145.00	
11	行政部	笔记本	A4	本	20	¥ 3.50	¥ 70.00	
12	市场部	晨光签字笔	15-0350	盒	10	¥ 17.80	¥178.00	

图4-62 自定义数据类型

6. 打印时显示网格线

默认情况下，打印输出的表格均不显示网格线。所以为了省去设置边框的操作，可通过页面设置来使打印输出的表格显示网格线，其作用与边框类似。具体操作方法如下：单击【页面布局】/【页面设置】组右下角的“对话框启动器”按钮，打开“页面设置”对话框，单击“工作表”选项卡，在“打印”栏中选中“网格线”复选框，然后单击确定按钮。

7. 打印不连续的行或列区域

如果要将一张工作表中部分不连续的行或列打印出来，则可在表格中按住【Ctrl】键的同时单击行（列）标，以此选择不需要打印出来的多个不连续的行（列），然后右击，在弹出的快捷菜单中选择“隐藏”命令，将选择的行（列）隐藏起来，最后执行打印操作。

第5章

Excel表格数据的计算与分析

情景导入

月终会议结束后，老洪要求米拉制作一张工资表来计算员工工资，然后拿给他过目。以往都是老洪自己制作工资表，而这次老洪将这项任务交给了米拉，米拉不敢怠慢，她回到办公桌前开始查阅相关资料。

学习目标

- 掌握计算表格数据的操作方法。

如使用公式计算数据、引用单元格、使用函数计算数据等。

- 掌握统计表格数据的操作方法。

如数据排序、数据筛选、数据分类汇总等。

- 掌握通过图表来分析表格数据的操作方法。

如创建图表、编辑并美化图表等。

素质目标

能够从数据中获取有价值的信息，提高分析与决策能力。

案例展示

员工销售业绩表

地区	姓名	职务	第1季度	第2季度	第3季度
北京	蒋晓明	经理	34354.00	34745.50	34308.50
北京	李英珠	业务员	22289.50	22459.50	23500.00
北京	陈萧	业务员	24683.00	23700.00	21407.00
北京	杜天宇	业务员	25404.50	23408.00	27107.00
北京 汇总					
成都	李鹏飞	经理	36134.50	38798.00	33840.00
成都	陈栋	业务员	18401.00	19540.50	22430.00
成都	关小熙	业务员	24087.00	17024.50	21975.00
成都	刘亚东	业务员	22735.00	25007.00	24837.00
成都 汇总					
广州	刘建军	经理	37580.50	34370.00	32789.00
广州	李艳	业务员	22289.50	22459.50	23500.00
广州	邓波	业务员	24683.00	23700.00	21407.00
广州	刘春梅	业务员	25404.50	23408.00	27107.00
广州 汇总					
上海	洪月	经理	30789.00	34107.50	35148.50
上海	高原	业务员	14782.00	13708.00	14371.50
上海	李蓉	业务员	15671.00	19138.50	15271.50
上海	刘磊娜	业务员	19207.00	20120.00	19010.00
上海 汇总					
深圳	李碧桦	经理	30789.00	34107.50	35148.50
深圳	张涛	业务员	24207.00	20120.00	19010.00

▲“员工销售业绩表”表格数据统计效果

近几年各区域产品销量统计表

单位：元

区域	2017年	2018年	2019年	2020年	2021年
东北地区	344375	132540	269728	303930	328953
华北地区	645318	376328	308022	421250	491804
华东地区	422349	502817	723036	586620	421445
西北地区	321219	523543	461587	538378	576437
西南地区	699988	359660	739556	673452	793465
中南地区	612935	481185	665057	504148	594436
合计	3046184	2376073	3166986	3027778	3206540

▲“产品销售统计表”表格数据图表分析效果

5.1 课堂案例：计算“员工工资表”表格数据

米拉打开计算机后，便开始查阅工资的构成及相关知识，然后查看以前的员工工资表的组成。她将员工工资表的基本信息录入后，便开始了相关工资数据的计算。本案例的重点在于使用公式和函数来计算工资的社保、公积金以及代扣个人所得税的金额，最终效果如图5-1所示。

素材所在位置 素材文件\第5章\课堂案例\员工工资表.xlsx

效果所在位置 效果文件\第5章\课堂案例\员工工资表.xlsx

员工工资表

工资结算日期：2021年6月

员工编号	姓名	性别	部门	职务	应发工资												
					基本工资	岗位工资	住房补贴	奖金	应发合计	迟到扣款	事假扣款	病假扣款	社保公积金	应扣合计	应发工资	代扣税	实发工资
DX001	张红林	男	管理部	管理人员	¥8,000.00	¥1,000.00	¥350.00	¥500.00	¥9,850.00	¥0.00	¥0.00	¥0.00					
DX002	梁丽	女	管理部	管理人员	¥6,000.00	¥1,000.00	¥350.00	¥500.00	¥7,850.00	¥0.00	¥0.00	¥500.00					
DX003	陈建祥	男	管理部	管理人员	¥6,000.00	¥1,000.00	¥350.00	¥500.00	¥7,850.00	¥0.00	¥0.00	¥0.00					
DX004	鲜欣	女	运输部	运输管理	¥6,000.00	¥1,000.00	¥350.00	¥300.00	¥7,650.00	¥0.00	¥0.00	¥0.00					
DX005	母銮志	男	运输部	运输人员	¥6,000.00	¥1,000.00	¥350.00	¥300.00	¥7,650.00	¥480.00	¥0.00	¥0.00					
DX006	徐清	男	运输部	运输人员	¥6,000.00	¥1,000.00	¥350.00	¥300.00	¥7,650.00	¥0.00	¥0.00	¥500.00					
DX007	王斌	男	生产部	生产管理	¥6,000.00	¥1,000.00	¥350.00	¥1,200.00	¥8,550.00	¥0.00	¥0.00	¥0.00					
DX008	孙雪梅	女	生产部	生产工人	¥6,000.00	¥500.00	¥200.00	¥670.00	¥7,370.00	¥0.00	¥0.00	¥300.00					
DX009	刘贵珍	女	生产部	生产工人	¥5,800.00	¥500.00	¥200.00	¥980.00	¥7,480.00	¥0.00	¥984.00	¥0.00					
DX010	高鑫	男	生产部	生产工人	¥5,800.00	¥500.00	¥200.00	¥1,050.00	¥7,550.00	¥0.00	¥0.00	¥0.00					
DX011	吴光阳	男	生产部	生产工人	¥5,800.00	¥500.00	¥200.00	¥860.00	¥7,360.00	¥400.00	¥0.00	¥0.00					
DX012	郑珊珊	女	生产部	生产工人	¥5,800.00	¥500.00	¥200.00	¥1,120.00	¥7,620.00	¥0.00	¥0.00	¥0.00					
DX013	许小源	女	销售部	销售管理	¥4,500.00	¥1,000.00	¥350.00	¥1,000.00	¥6,850.00	¥0.00	¥0.00	¥0.00					
DX014	杜鹏成	男	销售部	销售人员	¥4,500.00	¥800.00	¥280.00	¥6,000.00	¥11,580.00	¥80.00	¥0.00	¥0.00					
DX015	张利娟	女	销售部	销售人员	¥4,500.00	¥800.00	¥280.00	¥0.00	¥5,580.00	¥0.00	¥0.00	¥0.00					
DX016	杨强	男	销售部	销售人员	¥4,500.00	¥800.00	¥280.00	¥4,100.00	¥9,680.00	¥0.00	¥1,320.00	¥0.00					
DX017	柳佳艳	女	销售部	销售人员	¥3,000.00	¥800.00	¥280.00	¥0.00	¥4,080.00	¥0.00	¥0.00	¥800.00					
DX018	何树坤	男	销售部	销售人员	¥3,000.00	¥800.00	¥280.00	¥2,700.00	¥6,780.00	¥240.00	¥0.00	¥0.00					

图5-1 “员工工资表”表格最终效果

职业素养 **社保、公积金及个人所得税的计算**

员工工资通常分为固定工资、浮动工资和福利3部分。其中，固定工资是不变的，而浮动工资和福利会随着时间或员工的表现而改变。不同的企业制定的员工工资管理制度不同，员工工资项目也有所不同，因此，相关人员应结合实际情况来计算员工工资。

为了保障员工的利益，按照相关规定，企业和员工都需要购买社保和公积金。常说的“五险一金”包括养老保险、医疗保险、失业保险、工伤保险、生育保险及公积金。养老保险、医疗保险、失业保险由企业和员工共同承担，各自分摊一定比例的费用；生育保险、工伤保险由企业全额缴纳。表5-1所示为某公司各项缴费金额占缴费工资的百分比。

按照国家规定，个人月收入超出规定的金额后，应依法缴纳一定数量的个人所得税。个人所得税计算公式为：应纳税所得额=工资收入金额－各项社会保险费－起征点（5000元）；应纳税额=应纳税所得额×税率－速算扣除数。不同的城市根据人均收入水平的不同，缴纳的个人所得税也有所不同。本例以5000元作为个人所得税的起征点，超过5000元的部分则按表5-2所示的7级超额累进税率进行计算。

表 5-1 社保与公积金缴费比例

项目	养老保险	医疗保险	生育保险	失业保险	工伤保险	公积金
单位缴费比例	20%	8%	0.7%	2%	0.5%、1% 或 2%	5% ~ 12%
个人缴费比例	8%	2%		1%		5% ~ 12%
合计	28%	10%	0.7%	3%	0.5%、1% 或 2%	个人与单位所缴比例相同

其中，各项目的月缴费基数如下。

- 养老保险应以上一年该省社会月平均工资为标准进行缴纳。
- 医疗保险、失业保险和工伤保险应以上一年本市社会月平均工资为标准进行缴纳。
- 计算社保和公积金月缴费的工资一般位于社会月平均工资的60%~300%。

表 5-2 7 级超额累进税率表

级数	全年应纳税所得额	税率	速算扣除数 / 元
1	全月应纳税额不超过 3000 元的部分	3%	0
2	全月应纳税额超过 3000 元，不超过 12000 元的部分	10%	210
3	全月应纳税额超过 12000 元，不超过 25000 元的部分	20%	1410
4	全月应纳税额超过 25000 元，不超过 35000 元的部分	25%	2660
5	全月应纳税额超过 35000 元，不超过 55000 元的部分	30%	4410
6	全月应纳税额超过 55000 元，不超过 80000 元的部分	35%	7160
7	全月应纳税额超过 80000 元的部分	45%	15160

5.1.1 认识公式和函数

公式和函数是使用Excel 2016进行计算的基础，其中，公式是使用Excel 2016进行计算的表达式，而函数则是系统预定义的一些公式。通过使用公式和函数，用户可对日期、时间、数据等进行分析与计算，以实现数据的自动化处理。另外，公式和函数具备一般数据的添加、修改和删除等属性，同时也具有其特殊格式。表5-3所示详细介绍了公式与函数的结构。

表 5-3 公式与函数的结构

项目	公式	函数
书写格式	=B2+6*B3-A1	=SUM(A1:A6)
结构	由等号、运算符和参数构成	由等号、函数名、括号和括号里的参数构成
参数范围	常量数值、单元格、引用的单元格区域、名称或工作表函数	常量数值、单元格、引用的单元格区域、名称或工作表函数

1. 认识公式

Excel 2016中的公式是对工作表中的数据进行计算的等式，如“加减乘除”等。它以等号“=”开始，其后是公式的表达式，其包含的各项目如下。

- **单元格引用：**是指需要引用数据的单元格所在的位置，如公式“=B1+D9”中的“B1”表示引用B列第1个单元格中的数据。

- **单元格区域引用：**是指需要引用数据的单元格区域所在的位置。
- **运算符：**是Excel 2016公式中的基本元素，可对公式中的元素进行特定类型的运算。不同的运算符可进行不同的运算，如“+”（加号）、“=”（等号）、“&”（文本连接符）和“,”（逗号）等。
- **函数：**是指通过使用一些称为参数的特定数值来按特定的顺序或结构执行计算的公式。其中的参数可以是常量数值、单元格引用和单元格区域引用等。
- **常量数值：**包括数字或文本等各类数据，如“0.5647”“客户信息”“Tom Vision”“A001”等。

2. 认识函数

Excel 2016将一组特定功能的公式组合在一起，形成函数。利用公式可以计算一些简单的数据，而利用函数则可以轻松完成各种复杂数据的处理。

函数是一种在需要时可以直接调用的表达式，它的格式为“=函数名(参数1,参数2,…)”，其中各部分的含义介绍如下。

- **函数名：**是指函数的名称，每个函数都有唯一的函数名，如PMT和SUMIF等。
- **参数：**是指函数中用来执行操作或计算的值，参数的类型与函数有关。

5.1.2 使用公式计算数据

在Excel 2016中使用公式，只需在要放入公式的单元格中输入引用数据所在的单元格地址和运算符即可。下面详细介绍使用公式计算数据的方法。

1. 输入公式

公式用于简单数据的计算，通常通过在单元格中输入公式来实现其计算功能。下面在“员工工资表.xlsx”工作簿中的“社保和公积金”工作表中计算代扣社保和公积金的金额，然后以这两个数据为标准来计算员工应缴纳的社保和公积金金额。

（1）打开“员工工资表.xlsx”工作簿，选择“社保和公积金”工作表，选择E3单元格，先输入等号“=”，然后输入公式的其他部分“(C3+D3)*0.08”，所涉及的单元格将以不同颜色来显示被选择状态。

（2）按【Ctrl+Enter】组合键计算出结果，同时，编辑栏中将显示公式的表达式，如图5-2所示。

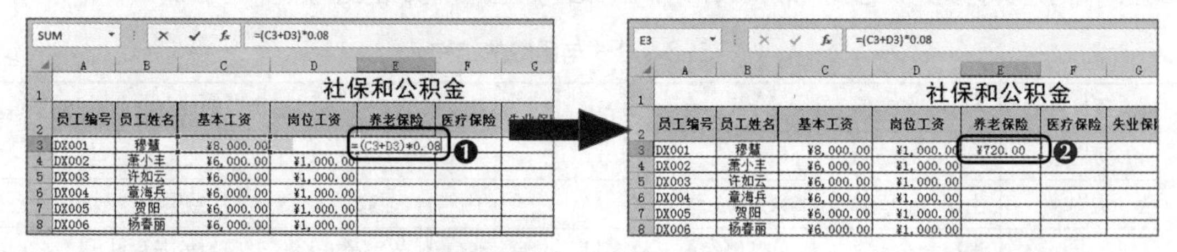

图5-2 输入公式并计算出结果

2. 复制与填充公式

复制与填充公式是快速计算同类数据的最佳方法之一。在复制与填充公式的过程中，Excel 2016会自动改变引用单元格的地址，这样可避免手动输入公式带来的麻烦，以提高工作效率。下面在“社保和公积金”工作表中复制与填充相应的公式，具体操作如下。

（1）选择E3单元格，单击【开始】/【剪贴板】组中的“复制”按钮，选择E4单元格，单击【开始】/【剪贴板】组中“粘贴”按钮下方的下拉按钮，在弹出的下拉列表中选择“公式和数字格式”选项，在E4单元格中，将得出计算结果，如图5-3所示。

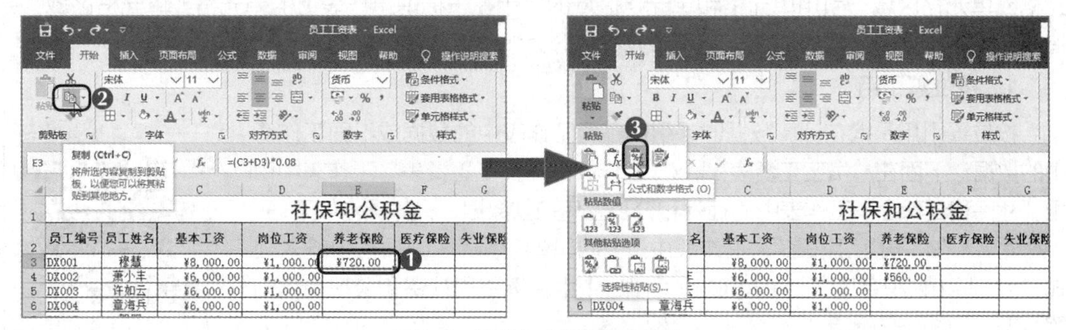

图5-3 复制公式并计算出结果

（2）选择E4单元格，将鼠标指针移动到该单元格的右下角，当其变成+形状时，向下拖曳到E20单元格，释放鼠标左键，E5:E20单元格区域中将得出计算结果，如图5-4所示。

社保和公积金

员工编号	员工姓名	基本工资	岗位工资	养老保险	医疗保险	失业保险
DX001	穆慧	¥8,000.00	¥1,000.00	¥720.00		
DX002	萧小丰	¥6,000.00	¥1,000.00	¥560.00		
DX003	许如云	¥6,000.00	¥1,000.00	¥560.00		
DX004	章海兵	¥6,000.00	¥1,000.00	¥560.00		
DX005	贺阳	¥6,000.00	¥1,000.00	¥560.00		
DX006	杨春丽	¥6,000.00	¥1,000.00	¥560.00		
DX007	石坚	¥6,000.00	¥1,000.00	¥560.00		
DX008	李满堂	¥6,000.00	¥500.00	¥520.00		
DX009	江颖	¥5,800.00	¥500.00	¥504.00		
DX010	孙晟成	¥5,800.00	¥500.00	¥504.00		
DX011	王开	¥5,800.00	¥500.00	¥504.00		
DX012	陈一名	¥5,800.00	¥500.00	¥504.00		
DX013	邢剑	¥4,500.00	¥1,000.00	¥440.00		
DX014	李虎	¥4,500.00	¥800.00	¥424.00		
DX015	张宽之	¥4,500.00	¥800.00	¥424.00		
DX016	袁远	¥4,500.00	¥800.00	¥424.00		
DX017	柳佳艳	¥3,000.00	¥800.00	¥304.00		
DX018	何树坤	¥3,000.00	¥800.00	¥304.00		

图5-4 通过拖曳来填充公式

（3）使用相同的方法在F3单元格中输入公式“=（C3+D3）*0.02”、在G3单元格中输入公式“=（C3+D3）*0.01”、在H3单元格中输入公式“=（C3+D3）*0.12”，然后向下拖曳填充，分别计算“医疗保险”“失业保险”“住房公积金”的金额，如图5-5所示。

（4）选择I3:I20单元格区域，在编辑栏中输入公式“=E3+F3+G3+H3”，按【Ctrl+Enter】组合键计算出“代扣款”的金额，如图5-6所示。

社保和公积金

员工姓名	基本工资	岗位工资	养老保险	医疗保险	失业保险	住房公积金
穆慧	¥8,000.00	¥1,000.00	¥720.00	¥180.00	¥90.00	¥1,080.00
萧小丰	¥6,000.00	¥1,000.00	¥560.00	¥140.00	¥70.00	¥840.00
许如云	¥6,000.00	¥1,000.00	¥560.00	¥140.00	¥70.00	¥840.00
章海兵	¥6,000.00	¥1,000.00	¥560.00	¥140.00	¥70.00	¥840.00
贺阳	¥6,000.00	¥1,000.00	¥560.00	¥140.00	¥70.00	¥840.00
杨春丽	¥6,000.00	¥1,000.00	¥560.00	¥140.00	¥70.00	¥840.00
石坚	¥6,000.00	¥1,000.00	¥560.00	¥140.00	¥70.00	¥840.00
李满堂	¥6,000.00	¥500.00	¥520.00	¥130.00	¥65.00	¥780.00
江颖	¥5,800.00	¥500.00	¥504.00	¥126.00	¥63.00	¥756.00
孙晟成	¥5,800.00	¥500.00	¥504.00	¥126.00	¥63.00	¥756.00
王开	¥5,800.00	¥500.00	¥504.00	¥126.00	¥63.00	¥756.00
陈一名	¥5,800.00	¥500.00	¥504.00	¥126.00	¥63.00	¥756.00
邢剑	¥4,500.00	¥1,000.00	¥440.00	¥110.00	¥55.00	¥660.00
李虎	¥4,500.00	¥800.00	¥424.00	¥106.00	¥53.00	¥636.00
张宽之	¥4,500.00	¥800.00	¥424.00	¥106.00	¥53.00	¥636.00
袁远	¥4,500.00	¥800.00	¥424.00	¥106.00	¥53.00	¥636.00
柳佳艳	¥3,000.00	¥800.00	¥304.00	¥76.00	¥38.00	¥456.00
何树坤	¥3,000.00	¥800.00	¥304.00	¥76.00	¥38.00	¥456.00

图5-5 计算“医疗保险”“失业保险”“住房公积金”

=E3+F3+G3+H3

社保和公积金

基本工资	岗位工资	养老保险	医疗保险	失业保险	住房公积金	代扣款
¥8,000.00	¥1,000.00	¥720.00	¥180.00	¥90.00	¥1,080.00	¥2,070.00
¥6,000.00	¥1,000.00	¥560.00	¥140.00	¥70.00	¥840.00	¥1,610.00
¥6,000.00	¥1,000.00	¥560.00	¥140.00	¥70.00	¥840.00	¥1,610.00
¥6,000.00	¥1,000.00	¥560.00	¥140.00	¥70.00	¥840.00	¥1,610.00
¥6,000.00	¥1,000.00	¥560.00	¥140.00	¥70.00	¥840.00	¥1,610.00
¥6,000.00	¥1,000.00	¥560.00	¥140.00	¥70.00	¥840.00	¥1,610.00
¥6,000.00	¥1,000.00	¥560.00	¥140.00	¥70.00	¥840.00	¥1,610.00
¥6,000.00	¥500.00	¥520.00	¥130.00	¥65.00	¥780.00	¥1,495.00
¥5,800.00	¥500.00	¥504.00	¥126.00	¥63.00	¥756.00	¥1,449.00
¥5,800.00	¥500.00	¥504.00	¥126.00	¥63.00	¥756.00	¥1,449.00
¥5,800.00	¥500.00	¥504.00	¥126.00	¥63.00	¥756.00	¥1,449.00
¥5,800.00	¥500.00	¥504.00	¥126.00	¥63.00	¥756.00	¥1,449.00
¥4,500.00	¥1,000.00	¥440.00	¥110.00	¥55.00	¥660.00	¥1,265.00
¥4,500.00	¥800.00	¥424.00	¥106.00	¥53.00	¥636.00	¥1,219.00
¥4,500.00	¥800.00	¥424.00	¥106.00	¥53.00	¥636.00	¥1,219.00
¥4,500.00	¥800.00	¥424.00	¥106.00	¥53.00	¥636.00	¥1,219.00
¥3,000.00	¥800.00	¥304.00	¥76.00	¥38.00	¥456.00	¥874.00
¥3,000.00	¥800.00	¥304.00	¥76.00	¥38.00	¥456.00	¥874.00

图5-6 计算“代扣款”

5.1.3 引用单元格

在编辑公式时经常需要对单元格的地址进行引用，一个引用地址代表工作表中的一个或多个单元格或单元格区域。引用单元格和单元格区域的作用在于标识工作表上的单元格或单元格区域，并指明公式中所使用的数据地址。引用单元格可分为按位置引用和按方式引用。

1. 按位置引用

按位置引用是指在计算数据时，引用不同工作表中的数据或不同工作簿中的数据。下面在“员工工资表.xlsx”工作簿的“员工工资表”工作表中引用“社保和公积金”工作表中的社保和公积金代扣款数据，具体操作如下。

（1）在“员工工资表”工作表中选择N5单元格，在编辑栏中输入公式“=社保和公积金!I3”，按【Ctrl+Enter】组合键引用社保和公积金代扣款数据，如图5-7所示。

=社保和公积金!I3 ❶

员工工资表

住房补贴	奖金	应发合计	迟到扣款	事假扣款	病假扣款	社保公积金	应扣合计
¥350.00	¥500.00	¥9,850.00	¥0.00	¥0.00	¥0.00	=社保和公积金!I3	
¥350.00	¥500.00	¥7,850.00	¥0.00	¥0.00	¥500.00		
¥350.00	¥500.00	¥7,850.00	¥0.00	¥0.00	¥0.00		
¥350.00	¥300.00	¥7,650.00	¥0.00	¥0.00	¥0.00		
¥350.00	¥300.00	¥7,650.00	¥480.00	¥0.00	¥0.00		

员工工资表

住房补贴	奖金	应发合计	迟到扣款	事假扣款	病假扣款	社保公积金
¥350.00	¥500.00	¥9,850.00	¥0.00	¥0.00	¥0.00	¥2,070.00 ❷
¥350.00	¥500.00	¥7,850.00	¥0.00	¥0.00	¥500.00	
¥350.00	¥500.00	¥7,850.00	¥0.00	¥0.00	¥0.00	
¥350.00	¥300.00	¥7,650.00	¥0.00	¥0.00	¥0.00	
¥350.00	¥300.00	¥7,650.00	¥480.00	¥0.00	¥0.00	

图5-7 引用不同工作表中的单元格数据

（2）填充公式至I22单元格，以引用“社保和公积金”表中其他单元格的数据。

多学一招 **引用不同工作簿中的单元格数据**

从上述案例可知，引用不同工作表中的单元格数据的方法是输入“工作表名称!单元格地址”，若要对不同工作簿中的单元格数据进行引用，则可输入“‘工作簿存储地址[工作簿名称]工作表名称’!单元格地址”。例如，“=SUM(‘E:\My works\[员工工资表.xlsx]员工工资表:社保和公积金’!E5)”表示计算E盘中“My works”文件夹中“员工工资表.xlsx”工作簿中“员工工资表”和“社保和公积金”工作表中所有E5单元格数值的总和。

2. 按方式引用

按方式引用单元格可分为相对引用、绝对引用和混合引用，其应用方法分别如下。

- **相对引用：**在公式中选择单元格区域参与运算时，默认的引用方式就是相对引用，当公式所在的单元格的位置发生改变时，引用的单元格也会随之改变。
- **绝对引用：**是指把公式复制或移动到新位置后，公式中的单元格地址保持不变。利用绝对引用时，引用单元格的列标和行号之前需分别加上“$”符号。如果在复制公式时不希望引用的地址发生改变，则应使用绝对引用。例如，将上述案例中的“社保和公积金”工作表中的相对引用换为绝对引用，在J3单元格中输入养老比例“8%”，计算养老保险的公式为“=(D3+C3)*J3”，在E列单元格中引用单元格时需要将J3单元格绝对引用，则应以公式“=(D3+C3)*$J$3”（见图5-8）来计算，计算结果如图5-9所示。
- **混合引用：**是指一个单元格地址引用中既有绝对引用，又有相对引用。如果公式所在单元格的位置发生改变，则绝对引用不变，相对引用改变。

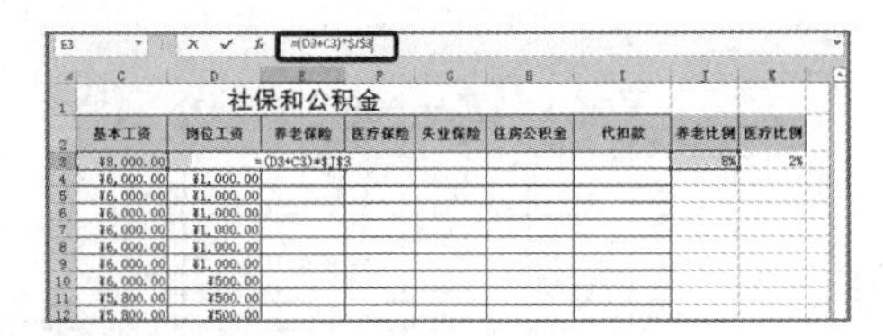
图5-8 输入绝对引用公式

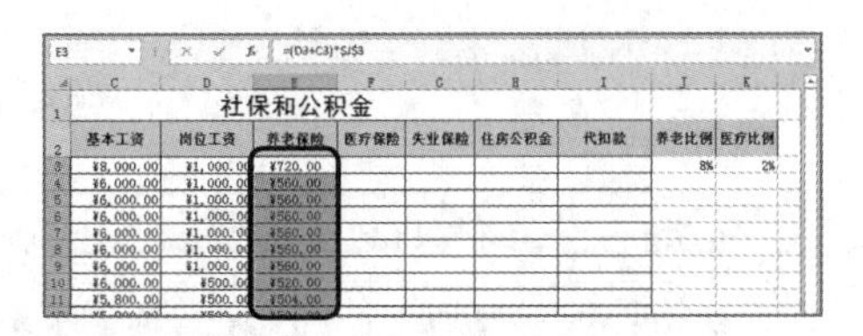
图5-9 利用绝对引用公式计算结果

多学一招 **使用快捷键转换引用格式**

在引用的单元格地址前后按【F4】键可以在相对引用与绝对引用之间进行切换，如将文本插入点定位到公式“=A1+A2”中的A1元素前，然后第1次按【F4】键，该公式将变为“$A $1”；第2次按【F4】键，该公式将变为“A $1”；第3次按【F4】键，该公式将变为“$A1”；第4次按【F4】键，该公式将变为“A1”。

5.1.4 使用函数计算数据

函数是Excel 2016预定义的特殊公式，是一种在需要时可以直接调用的表达式，通过使用一些称为参数的特定数值来按特定的顺序或结构进行计算。

1. 输入函数

当用户对所使用的函数和参数类型都很熟悉时，可直接输入函数；当需要了解所需函数和参数的详细信息时，则可通过“插入函数”对话框选择并插入所需函数。下面在“员工工资表”工作表中通过“插入函数”对话框插入SUM函数来计算“应扣合计”，然后计算“应发工资”，具体操作如下。

（1）在“员工工资表”工作表中选择O5单元格，在编辑栏中单击“插入函数”按钮f_x，打开“插入函数”对话框，在“或选择类别”下拉列表中选择“常用函数”选项，在“选择函数”列表框中选择“SUM”选项，单击 确定 按钮，如图5-10所示。

（2）打开“函数参数”对话框，单击“Number1”参数框右侧的“折叠”按钮，如图5-11所示。

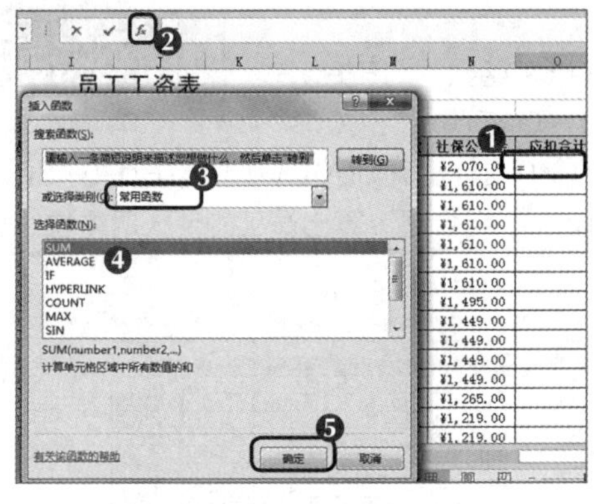
图5-10 选择函数

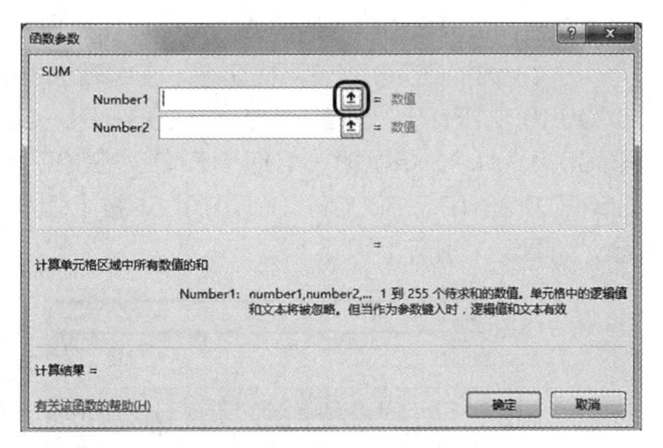

图5-11 单击“折叠”按钮

（3）对话框将呈收缩状态，然后在工作表中选择K5:N5单元格区域，单击对话框右侧的“展开”按钮展开该对话框，如图5-12所示，单击 确定 按钮计算出应扣合计。

（4）将鼠标指针移动到O5单元格的右下角，当其变成+形状时，向下拖曳到O22单元格，以填充函数，计算出“应扣合计”其他单元格的值，效果如图5-13所示。

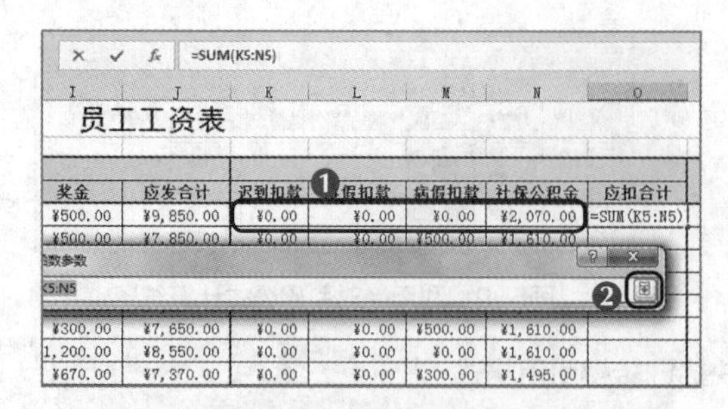

图5-12　选择求和数据并单击“展开”按钮

奖金	应发合计	迟到扣款	事假扣款	病假扣款	社保公积金	应扣合计
¥500.00	¥9,850.00	¥0.00	¥0.00	¥0.00	¥2,070.00	¥2,070.00
¥500.00	¥7,850.00	¥0.00	¥0.00	¥500.00	¥1,610.00	¥2,110.00
¥500.00	¥7,850.00	¥0.00	¥0.00	¥0.00	¥1,610.00	¥1,610.00
¥300.00	¥7,650.00	¥0.00	¥0.00	¥0.00	¥1,610.00	¥1,610.00
¥300.00	¥7,650.00	¥480.00	¥0.00	¥0.00	¥1,610.00	¥2,090.00
¥300.00	¥7,650.00	¥0.00	¥0.00	¥500.00	¥1,610.00	¥2,110.00
,200.00	¥8,550.00	¥0.00	¥0.00	¥0.00	¥1,610.00	¥1,610.00
¥670.00	¥7,370.00	¥0.00	¥0.00	¥300.00	¥1,495.00	¥1,795.00
¥980.00	¥7,480.00	¥0.00	¥984.00	¥0.00	¥1,449.00	¥2,433.00
,050.00	¥7,550.00	¥0.00	¥0.00	¥0.00	¥1,449.00	¥1,449.00
¥860.00	¥7,360.00	¥400.00	¥0.00	¥0.00	¥1,449.00	¥1,849.00
,120.00	¥7,620.00	¥0.00	¥0.00	¥0.00	¥1,449.00	¥1,449.00
,000.00	¥6,850.00	¥0.00	¥0.00	¥0.00	¥1,265.00	¥1,265.00

图5-13　填充函数并计算结果

（5）选择P5单元格，输入公式“=J5-O5”，按【Enter】键计算出第一个员工的应发工资，然后使用复制公式的方法计算其他员工的应发工资，如图5-14所示。

=J5-O5

到扣款	事假扣款	病假扣款	社保公积金	应扣合计	应发工资
¥0.00	¥0.00	¥0.00	¥2,070.00	¥2,070.00	=J5-O5
¥0.00	¥0.00	¥500.00	¥1,610.00	¥2,110.00	
¥0.00	¥0.00	¥0.00	¥1,610.00	¥1,610.00	
¥0.00	¥0.00	¥0.00	¥1,610.00	¥1,610.00	
480.00	¥0.00	¥0.00	¥1,610.00	¥2,090.00	

=J5-O5

计	迟到扣款	事假扣款	病假扣款	社保公积金	应扣合计	应发工资
00	¥0.00	¥0.00	¥0.00	¥2,070.00	¥2,070.00	¥7,780.00
00	¥0.00	¥0.00	¥500.00	¥1,610.00	¥2,110.00	¥5,740.00
00	¥0.00	¥0.00	¥0.00	¥1,610.00	¥1,610.00	¥6,240.00
	¥0.00	¥0.00	¥0.00	¥1,610.00	¥1,610.00	¥6,040.00
	¥480.00	¥0.00	¥0.00	¥1,610.00	¥2,090.00	¥5,560.00
00	¥0.00	¥0.00	¥500.00	¥1,610.00	¥2,110.00	¥5,540.00
00	¥0.00	¥0.00	¥0.00	¥1,610.00	¥1,610.00	¥6,940.00

图5-14　计算“应发工资”

知识提示　　**SUM函数的使用**

SUM函数是Excel 2016中较为基本和使用较频繁的函数。在上述案例中，计算“应扣合计”时输入“=SUM(K5:N5)”，表示计算K5:N5单元格区域中数值之和，即在SUM函数后输入单元格区域即可计算该单元格区域中数值的和。

2. 嵌套函数

微课视频

嵌套函数

除了使用单个函数进行简单计算外，在Excel 2016中还可嵌套函数以进行复杂的数据运算。嵌套函数是将某个函数或公式作为另一个函数的参数来使用的一种方法。下面在“员工工资表”工作表中使用IF函数并结合嵌套函数计算“代扣税”的数值，具体操作如下。

（1）选择Q5:Q22单元格区域，在编辑栏中输入嵌套函数“=IF(P5-5000<0,0,IF(P5-5000<5000,0.03*(P5-5000)-0,IF(P5-5000<4500,0.1*(P5-5000)-105, IF(P5-5000<9000,0.2*(P5-5000)-555,IF(P5-5000<35000,0.25*(P5-5000)-1005)))))”，按【Ctrl+Enter】组合键计算出员工的个人所得税代扣金额，如图5-15所示。

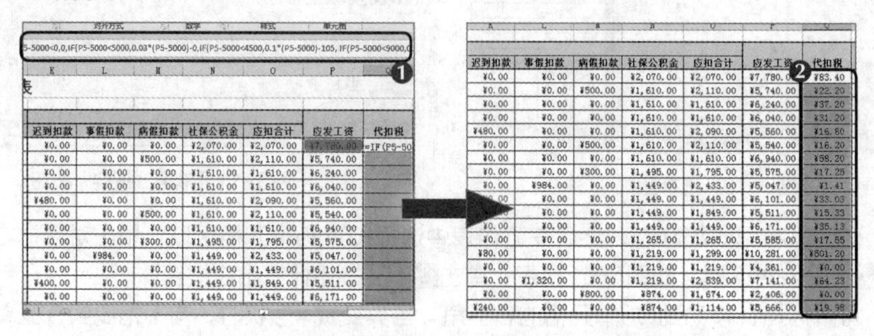

图5-15　使用IF函数并结合嵌套函数计算“代扣税”

知识提示　　IF 函数的使用

IF函数的语法结构为“IF（logical_test,value_if_true,value_if_false）”，可理解为“IF（条件，真值，假值）”，表示当“条件”成立时，返回“真值”，否则返回“假值”。上述案例中，嵌套函数“=IF(P5-5000<0,0,IF(P5-5000<5000,0.03*(P5-5000)-0,IF(P5-5000<4500,0.1*(P5-5000)-105, IF(P5-5000<9000,0.2*(P5-5000)-555,IF(P5-5000<35000,0.25*(P5-5000)-1005)))))”看似复杂，但其实很容易理解，其与7级超额累进税率表相结合可计算个人所得税，即Q5:Q22单元格区域中的数值等于“全月应纳所得税额×税率-速算扣除数”，即用Q5:Q22单元格区域的实发工资数值减去税收起征点5000得到全月应纳所得税额，判断其属于哪个纳税等级，然后乘以对应的税率，再减去速算扣除数，将得到的个人所得税数值返回Q5:Q22单元格区域。

（2）选择R5:R22单元格区域，在编辑栏中输入公式“=P5-Q5”（应发工资-代扣税），按【Ctrl+Enter】组合键计算出“实发工资”，如图5-16所示。

款	病假扣款	社保公积金	应扣合计	应发工资	代扣税	实发工资
.00	¥0.00	¥2,070.00	¥2,070.00	¥7,780.00	¥83.40	¥7,696.60
.00	¥500.00	¥1,610.00	¥2,110.00	¥5,740.00	¥22.20	¥5,717.80
.00	¥0.00	¥1,610.00	¥1,610.00	¥6,240.00	¥37.20	¥6,202.80
.00	¥0.00	¥1,610.00	¥1,610.00	¥6,040.00	¥31.20	¥6,008.80
.00	¥0.00	¥1,610.00	¥2,090.00	¥5,560.00	¥16.80	¥5,543.20
.00	¥500.00	¥1,610.00	¥2,110.00	¥5,540.00	¥16.20	¥5,523.80
.00	¥0.00	¥1,610.00	¥1,610.00	¥6,940.00	¥58.20	¥6,881.80
.00	¥300.00	¥1,495.00	¥1,795.00	¥5,575.00	¥17.25	¥5,557.75
.00	¥0.00	¥1,449.00	¥2,433.00	¥5,047.00	¥1.41	¥5,045.59
.00	¥0.00	¥1,449.00	¥1,449.00	¥6,101.00	¥33.03	¥6,067.97
.00	¥0.00	¥1,449.00	¥1,849.00	¥5,511.00	¥15.33	¥5,495.67
.00	¥0.00	¥1,449.00	¥1,449.00	¥6,171.00	¥35.13	¥6,135.87
.00	¥0.00	¥1,265.00	¥1,265.00	¥5,585.00	¥17.55	¥5,567.45
.00	¥0.00	¥1,219.00	¥1,299.00	¥10,281.00	¥501.20	¥9,779.80
.00	¥0.00	¥1,219.00	¥1,219.00	¥4,361.00	¥0.00	¥4,361.00
.00	¥0.00	¥1,219.00	¥2,539.00	¥7,141.00	¥64.23	¥7,076.77
.00	¥800.00	¥874.00	¥1,674.00	¥2,406.00	¥0.00	¥2,406.00
.00	¥0.00	¥874.00	¥1,114.00	¥5,666.00	¥19.98	¥5,646.02

图5-16　计算税后工资

知识提示　　公式数据更新

在计算“实发工资”时，我们输入的是公式，并对公式进行了填充，当引用的单元格中没有输入数据时，公式所在单元格中只显示公式而不显示结果，输入每个员工的应发工资和代扣税数据后，实发工资结果将会自动更新。

3. 其他常用办公函数介绍

除了上面介绍的SUM函数和IF函数外，在日常办公中会经常使用的函数包括MAX函数、MIN函数、AVERAGE函数、COUNTIF函数等。下面在“员工工资表.xlsx”工作簿的“员工工资表”工作表中使用这些常用函数来计算相应的数据，具体操作如下。

（1）选择U4单元格，输入函数“=MIN(R5:R22)”，按【Ctrl+Enter】组合键计算出最低工资，如图5-17所示。

（2）选择U5单元格，输入函数“=MAX(R5:R22)”，按【Ctrl+Enter】组合键计算出最高工资，如图5-18所示。

=MIN(R5:R22)

P	Q	R	S	T	U
应发工资	代扣税	实发工资		最低工资	¥2,406.00
¥7,780.00	¥83.40	¥7,696.60		最高工资	
¥5,740.00	¥22.20	¥5,717.80		平均工资	
¥6,240.00	¥37.20	¥6,202.80		大于6000的人数	
¥6,040.00	¥31.20	¥6,008.80			
¥5,560.00	¥16.80	¥5,543.20			
¥5,540.00	¥16.20	¥5,523.80			
¥6,940.00	¥58.20	¥6,881.80			
¥5,575.00	¥17.25	¥5,557.75			

图5-17　计算最低工资

=MAX(R5:R22)

P	Q	R	S	T	U
应发工资	代扣税	实发工资		最低工资	¥2,406.00
¥7,780.00	¥83.40	¥7,696.60		最高工资	¥9,779.80
¥5,740.00	¥22.20	¥5,717.80		平均工资	
¥6,240.00	¥37.20	¥6,202.80		大于6000的人数	
¥6,040.00	¥31.20	¥6,008.80			
¥5,560.00	¥16.80	¥5,543.20			
¥5,540.00	¥16.20	¥5,523.80			
¥6,940.00	¥58.20	¥6,881.80			
¥5,575.00	¥17.25	¥5,557.75			

图5-18　计算最高工资

（3）选择U6单元格，输入函数“=AVERAGE(R5:R22)”，按【Ctrl+Enter】组合键计算出平均工资，如图5-19所示。

（4）选择U7单元格，输入函数“=COUNTIF(R5:R22,">6000")”，按【Ctrl+Enter】组合键计算出工资大于6000元的员工人数，如图5-20所示。

=AVERAGE(R5:R22)

应发工资	代扣税	实发工资		
¥7,780.00	¥83.40	¥7,696.60	最低工资	¥2,406.00
¥5,740.00	¥22.20	¥5,717.80	最高工资	¥9,779.80
¥6,240.00	¥37.20	¥6,202.80	平均工资	¥5,928.59
¥6,040.00	¥31.20	¥6,008.80	大于6000的人数	
¥5,560.00	¥16.80	¥5,543.20		
¥5,540.00	¥16.20	¥5,523.80		
¥6,940.00	¥58.20	¥6,881.80		

图5-19　计算平均工资

=COUNTIF(R5:R22,">6000")

应发工资	代扣税	实发工资		
¥7,780.00	¥83.40	¥7,696.60	最低工资	¥2,406.00
¥5,740.00	¥22.20	¥5,717.80	最高工资	¥9,779.80
¥6,240.00	¥37.20	¥6,202.80	平均工资	¥5,928.59
¥6,040.00	¥31.20	¥6,008.80	大于6000的人数	8
¥5,560.00	¥16.80	¥5,543.20		
¥5,540.00	¥16.20	¥5,523.80		
¥6,940.00	¥58.20	¥6,881.80		
¥5,575.00	¥17.25	¥5,557.75		

图5-20　计算工资大于6000元的员工人数

知识提示　**MAX、MIN、AVERAGE、COUNTIF 函数的使用**

MAX函数、MIN函数、AVERAGE函数的使用方法较为简单，与SUM函数类似，可分别计算出单元格区域中的最大值、最小值和平均值，而COUNTIF函数用于计算单元格区域中满足给定条件的单元格个数，其语法结构为“COUNTIF(range，criteria)”。上述案例中，“=COUNTIF(R5:R22,">6000")”表示R5:R22单元格区域中数值大于6000的单元格个数。

5.2 课堂案例：统计“员工销售业绩表”表格数据

由于公司业务蒸蒸日上，且米拉表现得非常出色，于是公司决定让米拉统计公司各个区域的员工销售业绩，公司希望米拉录入数据后，可以对数据进行分析，统计出各个区域的员工销售情况，随后做出报告。于是，米拉在请教了老洪并查阅了资料后，成功完成了这项工作，最终效果如图5-21所示。

素材所在位置　素材文件\第5章\课堂案例\员工销售业绩表.xlsx

效果所在位置　效果文件\第5章\课堂案例\员工销售业绩表.xlsx

员工销售业绩表

地区	姓名	职务	第1季度	第2季度	第3季度	第4季度	总计
北京	蒋晓明	经理	¥34,354.00	¥34,745.50	¥34,308.50	¥33,804.00	¥137,212.00
北京	李英珠	业务员	¥22,289.50	¥22,459.50	¥23,500.00	¥24,092.00	¥92,341.00
北京	陈萧	业务员	¥24,683.00	¥23,700.00	¥21,407.00	¥23,273.50	¥93,063.50
北京	杜天宇	业务员	¥25,404.50	¥23,408.00	¥27,107.00	¥24,140.50	¥100,060.00
北京 汇总							¥422,676.50
成都	李鹏飞	经理	¥36,134.50	¥38,798.00	¥33,840.00	¥37,870.00	¥146,642.50
成都	陈栋	业务员	¥18,401.00	¥19,540.50	¥22,430.00	¥16,044.00	¥76,415.50
成都	关小熙	业务员	¥24,087.00	¥17,024.50	¥21,975.00	¥16,871.00	¥79,957.50
成都	刘亚东	业务员	¥22,735.00	¥25,007.00	¥24,837.00	¥24,725.50	¥97,304.50
成都 汇总							¥400,320.00
广州	刘建军	经理	¥37,580.50	¥34,370.00	¥32,789.00	¥34,371.00	¥139,110.50
广州	李艳	业务员	¥22,289.50	¥22,459.50	¥23,500.00	¥24,092.00	¥92,341.00
广州	邓波	业务员	¥24,683.00	¥23,700.00	¥21,407.00	¥23,273.50	¥93,063.50
广州	刘春梅	业务员	¥25,404.50	¥23,408.00	¥27,107.00	¥24,140.50	¥100,060.00
广州 汇总							¥424,575.00
上海	洪月	经理	¥30,789.00	¥34,107.50	¥35,148.50	¥33,674.50	¥133,719.50
上海	高原	业务员	¥14,782.00	¥13,708.00	¥14,371.50	¥18,875.50	¥61,737.00
上海	李蓉	业务员	¥15,671.00	¥19,138.50	¥15,271.50	¥20,049.00	¥70,130.00
上海	刘荔娜	业务员	¥19,207.00	¥20,120.00	¥19,010.00	¥22,452.50	¥80,789.50
上海 汇总							¥346,376.00
深圳	李碧桦	经理	¥30,789.00	¥34,107.50	¥35,148.50	¥33,674.50	¥133,719.50
深圳	张涛	业务员	¥24,207.00	¥20,120.00	¥19,010.00	¥22,452.50	¥85,789.50
深圳	何欢	业务员	¥25,671.00	¥19,138.50	¥25,271.50	¥20,049.00	¥90,130.00
深圳	邓蓓	业务员	¥24,782.00	¥23,708.00	¥24,371.50	¥28,875.50	¥101,737.00
深圳 汇总							¥411,376.00
总计							¥2,005,323.50

图5-21　“员工销售业绩表”表格的最终效果

职业素养　　**销售业绩统计的含义**

销售是企业获取利润的重要渠道，是企业管理中的重中之重，也是确保企业获取发展的不竭动力的关键。所以，如何将科学化、精细化的管理方法融入销售环节，是企业增强业务能力的关键。销售业绩统计是从客观的表象出发，利用各种统计分析的方法和指标，深入分析与销售有关的一系列统计资料，以进一步预测企业前景的定量方法。这一方法能够直观、具体、明确地反映企业销售现状，乃至企业整体的运营情况，为企业决策提供重要依据。

5.2.1 数据排序

数据排序常用于统计工作，是指根据存储在表格中的数据种类，将其按一定的方式进行重新排列的一种排序方法。数据排序有助于快速且直观地显示数据，帮助用户更好地理解数据、组织并查找所需数据。数据排序的常用方法有自动排序和按关键字排序两种。

微课视频
自动排序

1. 自动排序

自动排序是数据排序管理中较为基本的一种排序方法。选择自动排序时，系统将自动对数据进行识别并排序。下面在“员工销售业绩表.xlsx”工作簿中以“总计”列为依据进行自动排序，具体操作如下。

（1）打开“员工销售业绩表.xlsx”工作簿，在“员工销售业绩表”工作表中选择H3单元格，然后单击【数据】/【排序和筛选】组中的“升序”按钮。

（2）H3:H22单元格区域中的数据将按从小到大的顺序进行排列，且其他与之对应的数据将自动进行排列，如图5-22所示。

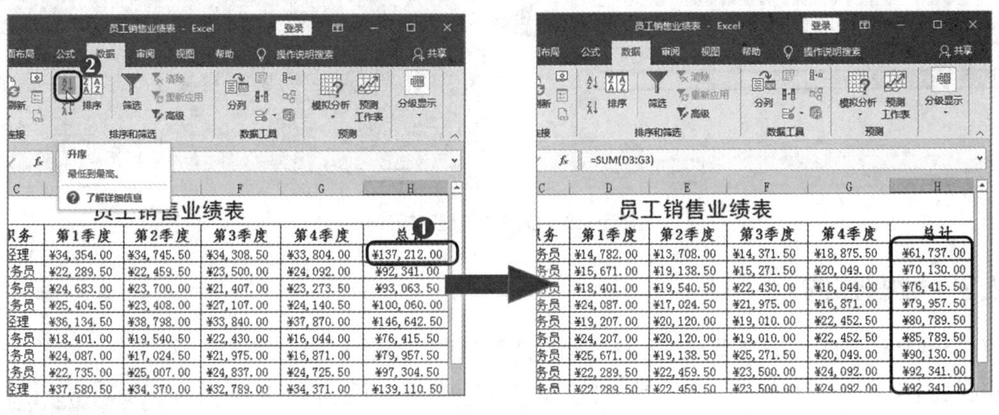

图5-22　自动排序

多学一招　　**汉字排列**

在Excel 2016中对中文姓名进行排序时，系统将照姓的首写字母在26个英文字母中的顺序进行排列。对于相同的姓而言，系统会按照姓名中的第2、3个字的首字母顺序来排列。如果要按照笔画顺序排列，则可单击【数据】/【排序和筛选】组中的“排序”按钮，在打开的“排序”对话框中单击“选项(O)...”按钮，打开“排序选项”对话框，在其中选中“笔画排序”单选项，然后单击“确定”按钮，排序规则将发生改变，即排序主要依据笔画多少，相同笔画则按起笔顺序（横、竖、撇、捺、折）排列。

2. 按关键字排序

按关键字排序是指根据指定的关键字来对某个字段或多个字段的内容进行排序。通常该方式可分为按单个关键字排序和按多个关键字排序两种。按单个关键字排序可以理解为对某个字段（单列内容）进行排序，与自动排序方式较为相似；如需同时对多列内容进行排序，则可按多个关键字进行排序，此时若第一个关键字的数据相同，则按第二个关键字的数据进行排序。下面在“员工销售业绩表.xlsx”工作簿中按“职务”与“总计”两个关键字进行升序排列，具体操作如下。

（1）选择需要排序的A3:H22单元格区域，然后单击【数据】/【排序和筛选】组中的“排序”按钮。

（2）打开“排序”对话框，在“主要关键字”下拉列表中选择“职务”选项，“排序依据”下拉列表保持默认设置，在“次序”下拉列表中选择“升序”选项，然后单击添加条件(A)按钮，在“次要关键字”下拉列表中选择“总计”选项，“排序依据”下拉列表保持默认设置，在“次序”下拉列表中选择“升序”选项，完成后单击确定按钮，返回工作表后，可看到“职务”列的数据按升序方式进行排列，当职务相同时，再按“总计”数据进行升序排列，如图5-23所示。

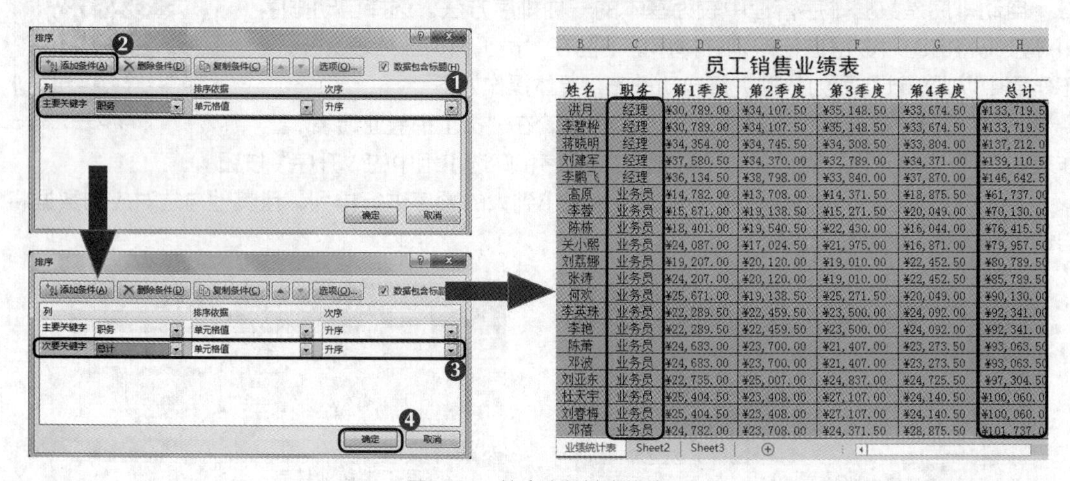

图5-23　按多个关键字排序

5.2.2 数据筛选

在数据量较多的表格中查看具有特定条件的数据时，如只需显示金额在5000元以上的产品名称等，单个查找筛选将会十分麻烦，此时就可使用数据筛选功能来快速将符合条件的数据显示出来，并隐藏表格中的其他数据。数据筛选的方法有3种，即自动筛选、自定义筛选、高级筛选。

1. 自动筛选

自动筛选是指系统根据用户设定的筛选条件，自动将表格中符合条件的数据显示出来，并将表格中其他数据隐藏起来的一种方法。下面在“员工销售业绩表.xlsx”工作簿中自动筛选“上海”地区的数据，具体操作如下。

（1）在“员工销售业绩表”工作表中选择D3单元格，然后单击【数据】/【排序和筛选】组中的“筛选”按钮，每个表头数据对应的单元格右侧将出现一个下拉按钮，在“地区”字段名右侧单击该按钮，在弹出的下拉列表中选中“上海”复选框，取消选中其他复选框，完成后单击确定按钮，如图5-24所示。

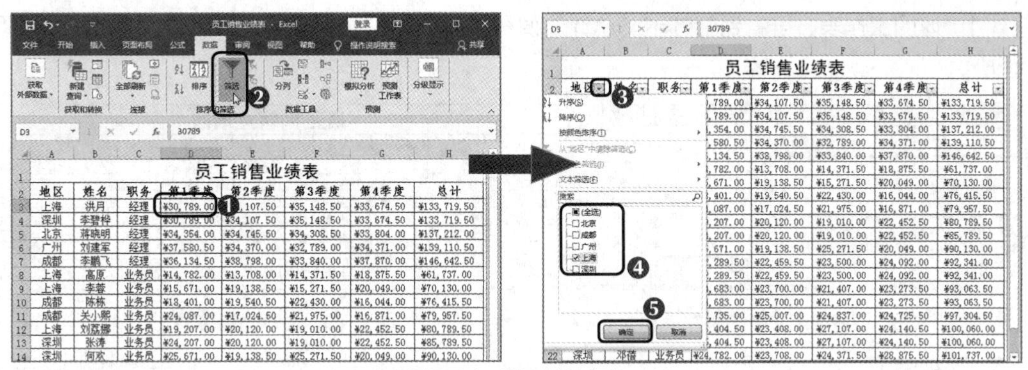

图5-24　设置筛选条件

（2）返回工作表，可看到只显示“上海”地区的相关数据，如图5-25所示。

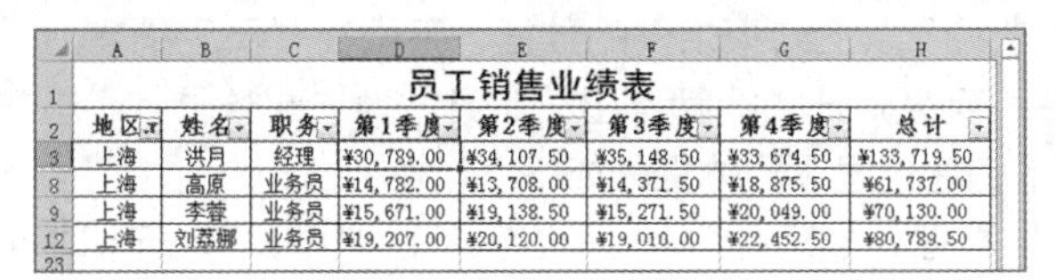

员工销售业绩表

地区	姓名	职务	第1季度	第2季度	第3季度	第4季度	总计
上海	洪月	经理	¥30,789.00	¥34,107.50	¥35,148.50	¥33,674.50	¥133,719.50
上海	高原	业务员	¥14,782.00	¥13,708.00	¥14,371.50	¥18,875.50	¥61,737.00
上海	李蓉	业务员	¥15,671.00	¥19,138.50	¥15,271.50	¥20,049.00	¥70,130.00
上海	刘蕊娜	业务员	¥19,207.00	¥20,120.00	¥19,010.00	¥22,452.50	¥80,789.50

图5-25　显示筛选结果

2. 自定义筛选

自定义筛选即在自动筛选后，在需要自定义筛选的字段名右侧单击下拉按钮，在弹出的下拉列表中选择相应的选项，确定筛选条件后再打开“自定义自动筛选方式”对话框，然后在其中进行相应设置的一种方法。下面在“员工销售业绩表.xlsx”工作簿中清除筛选的“地区”数据，然后重新自定义筛选“总计”数值在“100000”与“140000”之间的数据，具体操作如下。

（1）在“地区”字段名右侧单击下拉按钮，在弹出的下拉列表中选择“从‘地区’中清除筛选”选项，清除筛选的数据，如图5-26所示。

（2）在“总计”字段名右侧单击下拉按钮，在弹出的下拉列表中选择“数字筛选”选项，在弹出的子列表中选择“自定义筛选”选项，如图5-27所示。

图5-26　清除筛选结果

图5-27　选择“自定义筛选”选项

（3）打开“自定义自动筛选方式”对话框，在“总计”栏的第一个下拉列表中选择“大于”选项，在其右侧的数值框中输入“100000”，在“大于”选项下方的下拉列表中选择“小于”选项，在其右侧的数值框中输入“140000”，单击确定按钮，如图5-28所示。

（4）返回工作表，可看到筛选出“总计”值在“100000”与“140000”之间的数据，如图5-29所示。

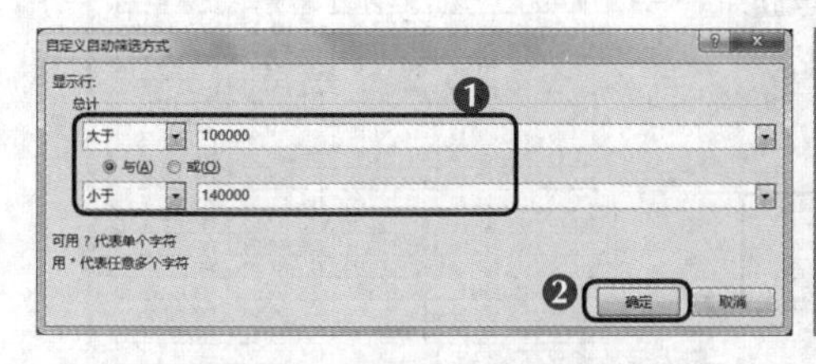

图5-28　设置自定义筛选条件

地区	姓名	职务	第1季度	第2季度	第3季度	第4季度	总计
上海	洪月	经理	¥30,789.00	¥34,107.50	¥35,148.50	¥33,674.50	¥133,719.50
深圳	李碧桦	经理	¥30,789.00	¥34,107.50	¥35,148.50	¥33,674.50	¥133,719.50
北京	蒋晓明	经理	¥34,354.00	¥34,745.50	¥34,308.50	¥33,804.00	¥137,212.00
广州	刘建军	经理	¥37,580.50	¥34,370.00	¥32,789.00	¥34,371.00	¥139,110.50
北京	杜天宇	业务员	¥25,404.50	¥23,408.00	¥27,107.00	¥24,140.50	¥100,060.00
广州	刘春梅	业务员	¥25,404.50	¥23,408.00	¥27,107.00	¥24,140.50	¥100,060.00
深圳	邓蓓	业务员	¥24,782.00	¥23,708.00	¥24,371.50	¥28,875.50	¥101,737.00

图5-29　显示筛选结果

3. 高级筛选

自动筛选是根据Excel 2016提供的条件来筛选数据，若要根据自己设置的筛选条件来对数据进行筛选，则需要使用高级筛选功能。高级筛选可以筛选出同时满足两个或两个以上约束条件的数据。下面在“员工销售业绩表.xlsx”工作簿中使用高级筛选功能筛选出“职务”为“业务员”“总计”值大于“80000”的销售记录，具体操作如下。

清除筛选的“总计”数据，然后在G24、G25、H24、H25单元格中分别输入“职务”“业务员”“总计”“>80000”；选择任意一个有数据的单元格，单击【数据】/【排序和筛选】组中的“高级”按钮；打开“高级筛选”对话框，“列表区域”参数框中将自动选择参与筛选的单元格区域，然后将文本插入点定位到“条件区域”参数框中，并在工作表中选择G24:H25单元格区域，完成后单击 确定 按钮，返回工作表中即可查看筛选结果，如图5-30所示。

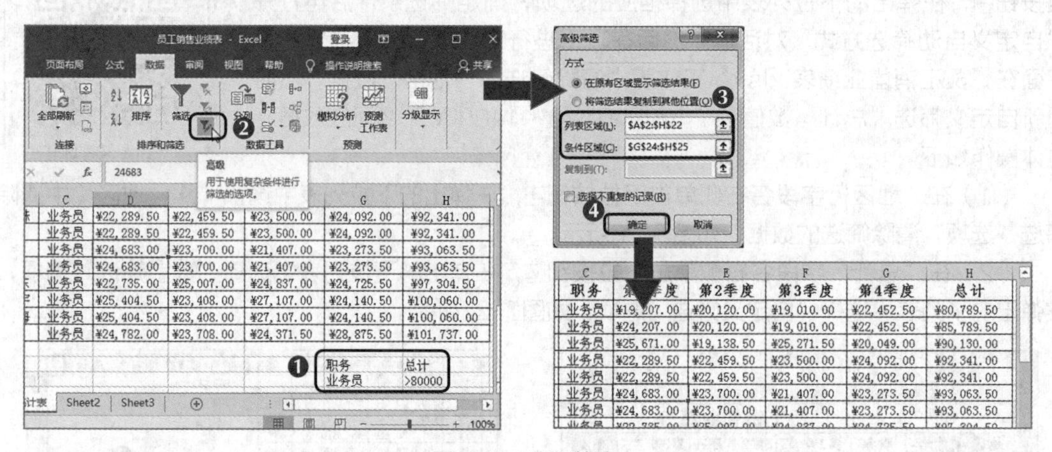

图5-30　高级筛选

5.2.3　数据分类汇总

Excel 2016的数据分类汇总功能可以将性质相同的数据汇总到一起，使表格结构更清晰，同时使用户能更好地掌握表格中的重要信息。下面在“员工销售业绩表.xlsx”工作簿中根据“地区”数据进行分类汇总，具体操作如下。

（1）在“员工销售业绩表”工作表中单击“筛选”按钮以撤销高级筛选，然后选择A3:H22单元格区域，打开“排序”对话框，对数据按照“地区”进行升序排序。

（2）选择任意一个有数据的单元格，单击【数据】/【分级显示】组中的“分类汇总”按钮；打开“分类汇总”对话框，在“分类字段”下拉列表中选择“地区”选项，在“汇总方式”下拉列表中选择“求和”选项，在“选定汇总项”列表框中选中“总计”复选框，然后单击 确定 按钮；返回工作表，可看到分类汇总后，相同“地区”列的数据“总计”结果，且其结果显示在相应类别数据的下方，如图5-31所示。

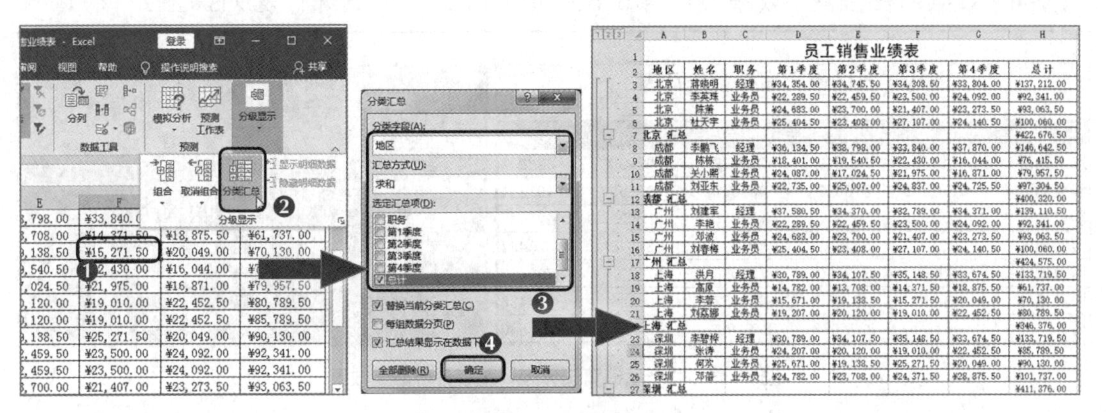

图5-31 分类汇总

多学一招

设置多重汇总与汇总方式

在上述案例中，如果要设置多重汇总，则可在“选定汇总项”列表框中选中“姓名”复选框，再选中“职务”复选框，可对姓名和职务进行统计。在“汇总方式”下拉列表中可选择“最大值”“最小值”“平均值”等选项，以更改数据的汇总方式。

（3）在分类汇总后的工作表编辑区左上角单击1按钮，工作表中的所有分类数据将被隐藏，且只显示分类汇总后的总计数据；单击2按钮，工作表中将显示分类汇总后各项目的汇总项，如图5-32所示。

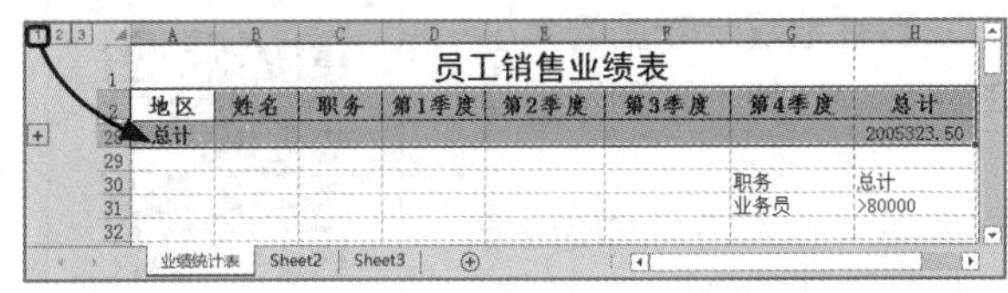

图5-32 分级显示分类汇总数据

知识提示

分类汇总显示明细

在工作表编辑区的左侧单击+或-按钮可以显示或隐藏单个分类汇总的明细行。若需再次显示所有分类汇总项目，可在工作表编辑区的左上角单击3按钮。

5.3 课堂案例：分析“产品销量统计表”表格数据

米拉完成了员工工资表的计算工作和员工销售业绩表的统计工作后，老洪又给她安排了其他工作，让她利用图表分析公司最近几年的产品销量走向。她在询问和摸索中完成了图表的制作，最终效果如图5-33所示。

素材所在位置 素材文件\第5章\课堂案例\产品销量统计表.xlsx

效果所在位置 效果文件\第5章\课堂案例\产品销量统计表.xlsx

近几年各区域产品销量统计表					
					单位：元
区域	2017年	2018年	2019年	2020年	2021年
东北地区	344375	132540	269728	303930	328953
华北地区	645318	376328	308022	421250	491804
华东地区	422349	502817	723036	586620	421445
西北地区	321219	523543	461587	538378	576437
西南地区	699988	359660	739556	673452	793465
中南地区	612935	481185	665057	504148	594436
合计	3046184	2376073	3166986	3027778	3206540

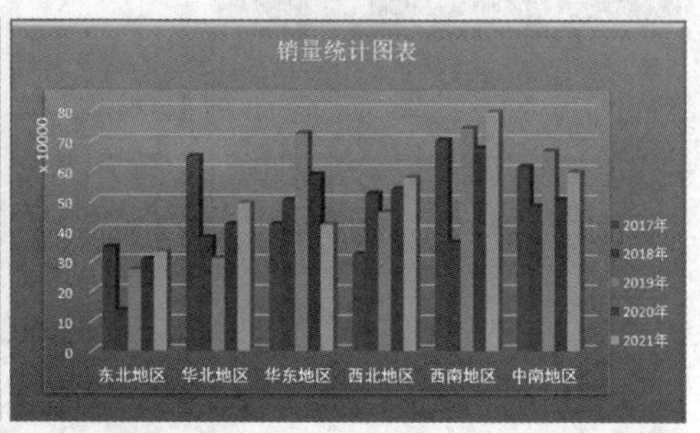

图5-33 “产品销量统计表”图表分析最终效果

职业素养 **使用图表分析销量的意义**

产品销量统计表主要用于统计公司产品的销售情况，如统计各地区、各年度或各月份的销量等。使用图表分析产品销售情况，可以使企业直观地查看最近几年、最近几个月的产品销售趋势，以及快速获知哪个店或哪个地区的销量最高。根据分析结果，企业可以对未来的产品销售重点做出安排，如是否扩大生产规模，可以在哪里进行更多的产品销售等。

5.3.1 创建图表

为使表格中的数据看起来更加直观，可以将数据以图表的形式显示出来，这也是图表较为明显的优势。使用图表可以清楚地显示数据的大小和变化情况，以帮助用户分析数据，查看数据的差异、走势，预测发展趋势等。

Excel 2016提供了多种图表类型，且不同的图表类型有不同的使用场合，如柱形图常用于进行多个项目之间的数据对比，折线图常用于显示在一定时间内数据的变化趋势等，用户应根据实际需要选择合适的图表类型来创建需要的图表。下面在“产品销量统计表.xlsx”工作簿中根据相应的数据创建柱形图，具体操作如下。

打开“产品销量统计表.xlsx”工作簿，选择A3:F9单元格区域，单击【插入】/【图表】组中的“柱形图”按钮，在弹出的下拉列表中选择“三维簇状柱形图”选项，返回工作表，可看到根据所选数据创建的柱形图，且图表工具的“设计”和“格式”选项卡已被激活，如图5-34所示。

多学一招 **通过“插入图表”对话框创建图表**

单击【插入】/【图表】组中右下角的“对话框启动器”按钮，打开“插入图表”对话框，在其中可选择更多的图表类型和图表样式进行创建。

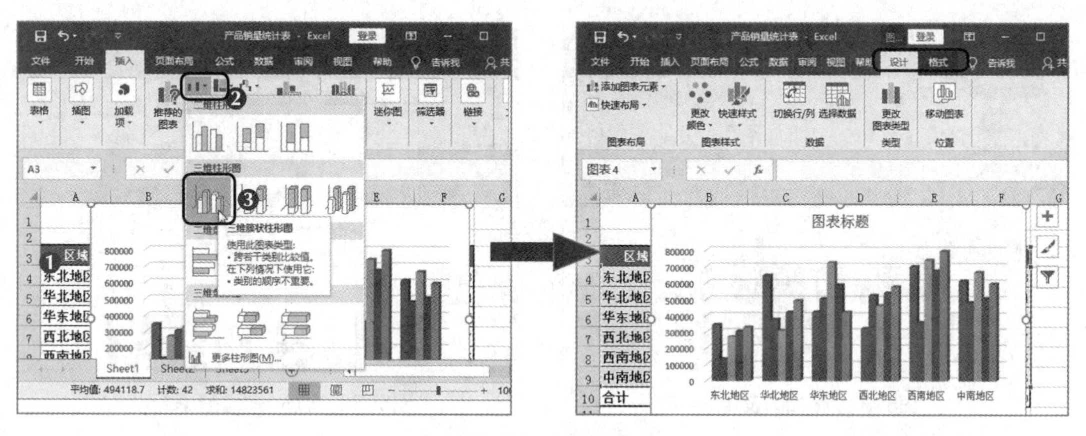

图5-34　创建图表

5.3.2　编辑并美化图表

微课视频

编辑并美化图表

为了在工作表中创建出满意的图表，可对图表的位置、大小、类型及图表中的数据进行编辑与美化。下面在“产品销量统计表.xlsx”工作簿中编辑并美化创建的柱形图，具体操作如下。

（1）将鼠标指针移动到图表区上，当其变成✣形状时，如图5-35所示，拖曳图表到数据区域下方的合适位置后释放鼠标左键。

（2）将鼠标指针移动到图表区右下角的控制点上，当其变成↘形状时向下拖曳，此时鼠标指针将变成+形状，到适当位置后释放鼠标左键，以此来调整图表大小，如图5-36所示。

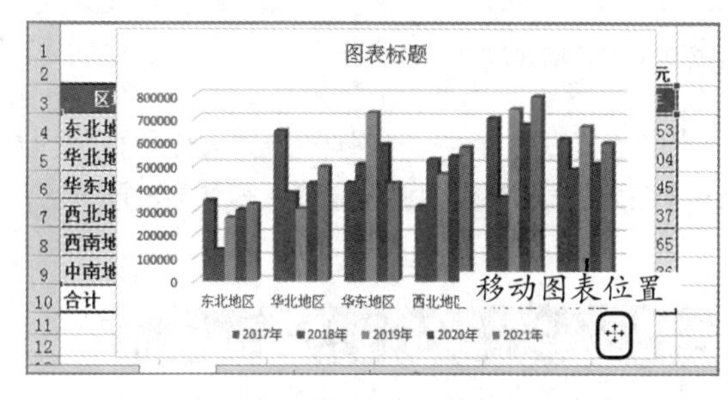

图5-35　移动图表位置

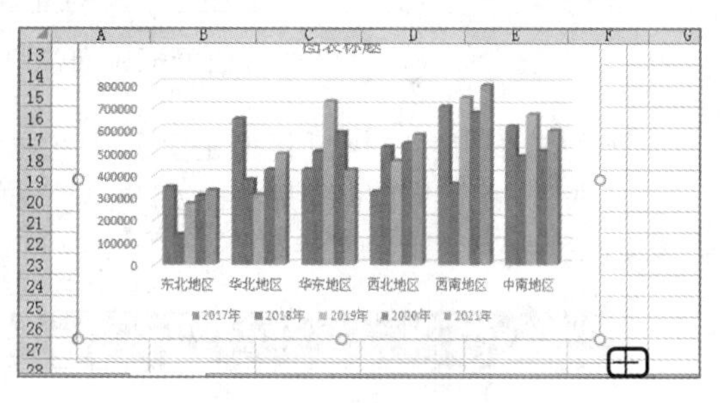

图5-36　调整图表大小

（3）保持图表的选择状态，单击【设计】/【图表布局】组中的“添加图表元素”按钮，在弹出的下拉列表中选择“图例”选项，在弹出的子列表中选择“右侧”选项，如图5-37所示。

（4）选择图表上方的“图表标题”文本框，在其中输入“销量统计图表”，然后在【开始】/【字体】组中将字体格式设置为“黑体”“16”，如图5-38所示。

多学一招　　**添加或隐藏图表元素**

在“图表布局”组中除了能设置图例外，还能通过单击其他相应的按钮来添加或隐藏坐标轴标题、数据标签等图表元素，并设置其显示位置。

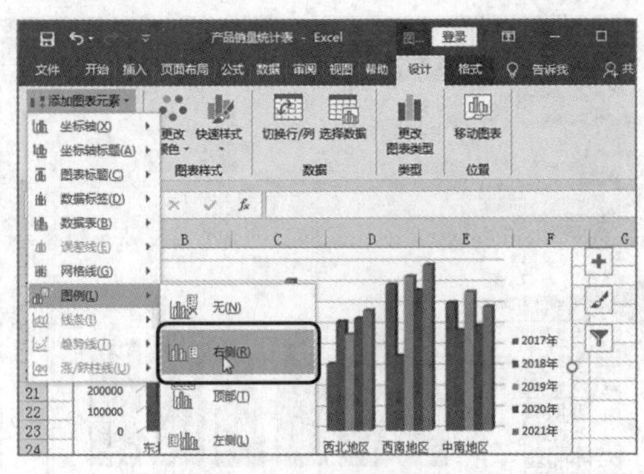
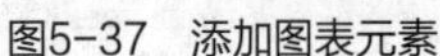

图5-37　添加图表元素

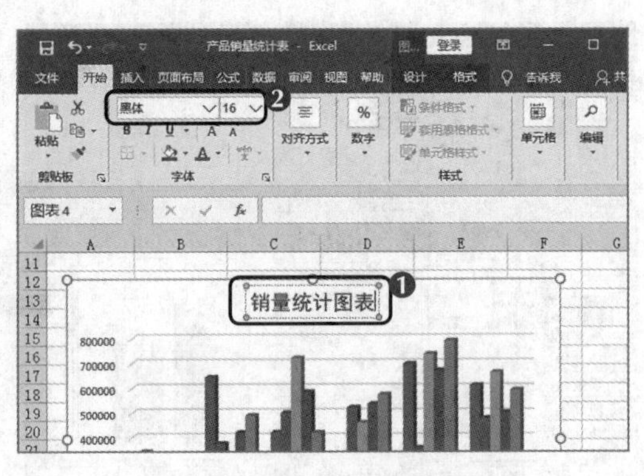

图5-38　输入并设置图表标题

（5）在纵坐标轴上右击，在弹出的快捷菜单中选择“设置坐标轴格式”命令，界面右侧会打开“设置坐标轴格式”任务窗格，然后在“显示单位”下拉列表中选择“10000”选项，选中“在图表上显示单位标签”单选项，再关闭该任务窗格，完成纵坐标轴显示格式的设置，如图5-39所示。

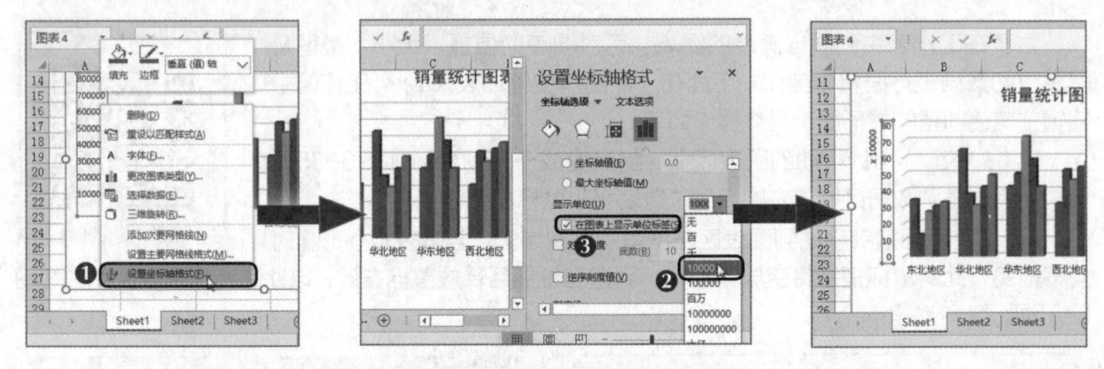

图5-39　设置纵坐标轴的显示格式

（6）选择图表，选择【图表工具】/【格式】/【形状样式】组中的“强烈效果-水绿色，强调颜色5”选项，为图表区设置形状样式。使用同样的方法为图表的绘图区设置“中等效果-橄榄色，强调颜色3”的样式，如图5-40所示。

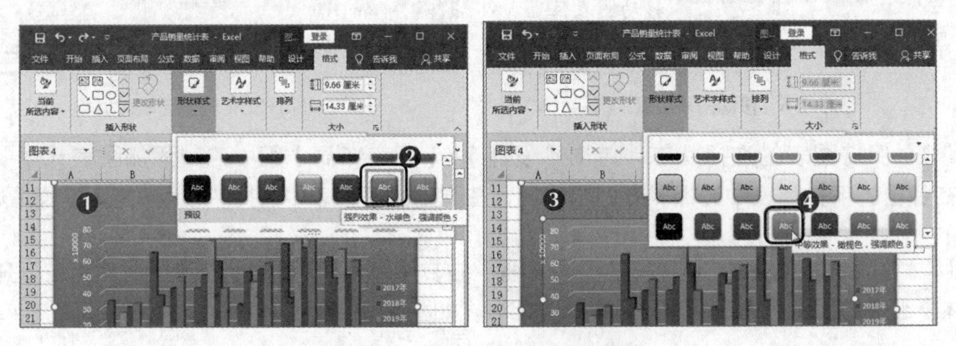

图5-40　设置图表区和绘图区样式

（7）在横坐标轴上右击，在弹出的快捷菜单中选择“字体”命令。打开“字体”对话框，单击“字体”选项卡，在“中文字体”下拉列表中选择“黑体”选项，在“大小”数值框中输入数值“10”，然后单击 确定 按钮关闭该对话框，接着使用相同的方法设置纵坐标轴的字体，如图5-41所示。

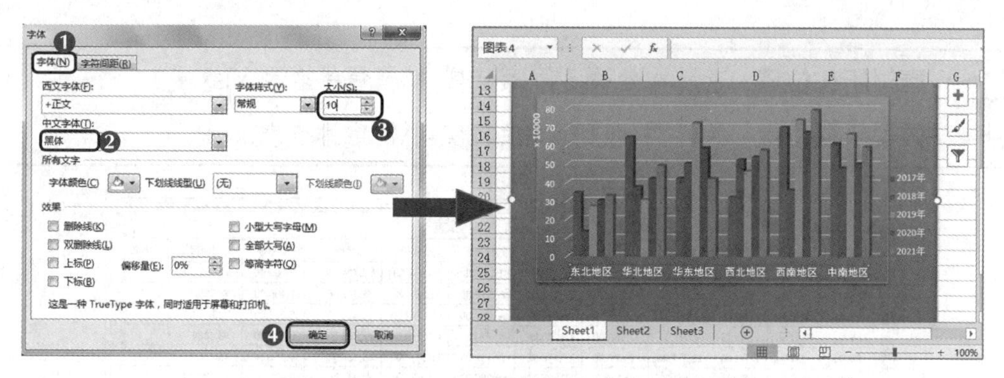

图5-41　设置坐标轴的字体格式

（8）选择数据系列中最右侧的一列，单击【图表工具】/【格式】/【形状样式】组中的“形状填充”按钮，在弹出的“主题颜色”面板中选择“水绿色，个性色5，淡色40”选项，为数据系列设置颜色，如图5-42所示。

图5-42　设置数据系列颜色

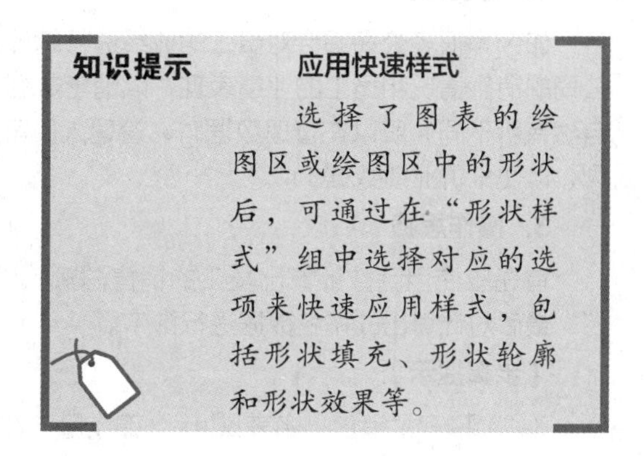

5.4 项目实训

本章通过计算“员工工资表”表格数据、统计“员工销售业绩表”表格数据、分析“产品销量统计表”表格数据3个课堂案例，讲解了Excel表格数据的计算、统计和分析知识，如公式的使用、单元格的引用、函数的使用、数据筛选、数据分类汇总、创建图表、编辑并美化图表等，这些都是日常办公中经常使用的知识点，大家应重点学习和把握。下面通过两个项目实训帮助大家灵活运用本章讲解的知识。

5.4.1 计算“销售排名表”表格数据

1. 实训目标

本实训的目标是处理“销售排名表”表格数据。本实训包括两部分内容，一是计算数据，二是数据排序。首先对1～6月的销售总额进行计算，然后再计算每月平均的销售额，最后按照销售总额的数据进行排序。“销售排名表”表格的最终效果如图5-43所示。

素材所在位置 素材文件\第5章\项目实训\销售排名表.xlsx

效果所在位置 效果文件\第5章\项目实训\销售排名表.xlsx

员工销售排名表											
工号	姓名	部门	1月份	2月份	3月份	4月份	5月份	6月份	销售总额	每月平均	排名
FY013	李雪莹	销售3部	¥8,667.00	¥8,239.00	¥9,416.00	¥10,272.00	¥8,667.00	¥7,704.00	¥52,965.00	¥8,827.50	1
FY018	宋健	销售1部	¥7,597.00	¥8,774.00	¥9,416.00	¥7,918.00	¥9,202.00	¥9,523.00	¥52,430.00	¥8,738.33	2
FY016	王彤彤	销售3部	¥7,062.00	¥10,165.00	¥9,844.00	¥8,667.00	¥10,379.00	¥5,885.00	¥52,002.00	¥8,667.00	3
FY003	黄晓霞	销售1部	¥7,597.00	¥7,169.00	¥9,630.00	¥8,774.00	¥10,379.00	¥7,383.00	¥50,932.00	¥8,488.67	4
FY015	汪洋	销售1部	¥10,272.00	¥7,490.00	¥6,848.00	¥8,132.00	¥10,058.00	¥8,132.00	¥50,932.00	¥8,488.67	4
FY009	陈子豪	销售3部	¥9,309.00	¥10,165.00	¥5,885.00	¥9,095.00	¥7,490.00	¥8,881.00	¥50,825.00	¥8,470.83	6
FY007	孙莉	销售1部	¥7,169.00	¥8,346.00	¥10,165.00	¥8,132.00	¥9,844.00	¥6,955.00	¥50,611.00	¥8,435.17	7
FY011	万涛	销售1部	¥6,527.00	¥10,379.00	¥8,239.00	¥10,165.00	¥8,774.00	¥6,527.00	¥50,611.00	¥8,435.17	7
FY017	刘明亮	销售2部	¥6,313.00	¥6,741.00	¥9,523.00	¥9,630.00	¥9,095.00	¥9,309.00	¥50,611.00	¥8,435.17	7
FY001	张敏	销售1部	¥7,704.00	¥6,099.00	¥9,844.00	¥10,379.00	¥10,058.00	¥5,457.00	¥49,541.00	¥8,256.83	10
FY010	蒋科	销售2部	¥9,951.00	¥6,420.00	¥8,988.00	¥9,202.00	¥6,206.00	¥8,239.00	¥49,006.00	¥8,167.67	11
FY004	刘佳	销售3部	¥8,774.00	¥6,848.00	¥8,132.00	¥6,848.00	¥9,630.00	¥8,453.00	¥48,685.00	¥8,114.17	12

图5-43 “销售排名表”最终效果

2. 专业背景

如今，很多公司都会对员工的业绩进行统计，如员工的销售总额、月平均销售额等，从而分析公司的销售情况和员工的业绩表现，以销售数据来对员工进行奖励。因为员工的能力不同，其业绩自然有所不同，所以在管理数据时，管理人员可通过Excel 2016的数据排序功能来对数据进行排列，以便分析业绩数据。

3. 操作思路

首先应使用函数计算出员工的销售总额，然后使用函数计算出员工的月平均销售额和销售排名，最后对计算出的排名数据进行排序。

【步骤提示】

（1）打开“销售排名表.xlsx”工作簿，在J3单元格中输入公式“=SUM(D3:I3)”，计算销售总额，然后使用同样的方法计算出其他员工的销售总额。

（2）在K3单元格中输入公式“=AVERAGE(D3:I3)”，在L3单元格中输入公式“=RANK(J3,$J$3:$J$22)”，计算月平均销售额和销售排名，然后使用同样的方法计算其他员工的月平均销售额和销售排名。

（3）选择“排名”列单元格区域中的单元格数据，将其按升序方式排列。

5.4.2 分析“公司人员统计表”表格数据

1. 实训目标

本实训的目标是分析“公司人员统计表”表格数据，先对部门进行计数和分类汇总，然后通过图表来查看各部门人员的所占比例。本实训主要针对数据排序、数据汇总和使用图表分析数据等知识点，“公司人员统计表”表格的最终效果如图5-44所示。

素材所在位置 素材文件\第5章\项目实训\公司人员统计表.xlsx

效果所在位置 效果文件\第5章\项目实训\公司人员统计表.xlsx

员工编号	姓名	部门	岗位	性别	身份证号码
HTO-0002	廖玉万	财务部	总账会计	男	10*****199204282319
HTO-0007	陈丽华	财务部	成本会计	女	10*****198302185160
HTO-0034	穆奇	财务部	往来会计	男	10*****199211250093
HTO-0036	李佳玉	财务部	出纳	女	10*****199403228000
HTO-0053	李凯启	财务部	财务经理	男	10*****197708275130
	财务部 计数	5			
HTO-0013	吴芳娜	仓储部	理货专员	女	10*****198807175140
HTO-0014	杨辰	仓储部	调度员	男	10*****198807069374
HTO-0022	李欣	仓储部	检验专员	女	10*****198012025701
HTO-0027	郭凯	仓储部	仓储部经理	男	10*****198401249354
HTO-0033	王睿	仓储部	仓库管理员	男	10*****198511250093
HTO-0062	赵子俊	仓储部	检验专员	男	10*****198712301673
	仓储部 计数	6			
HTO-0004	刘凡金	行政部	保安	男	10*****198607240115

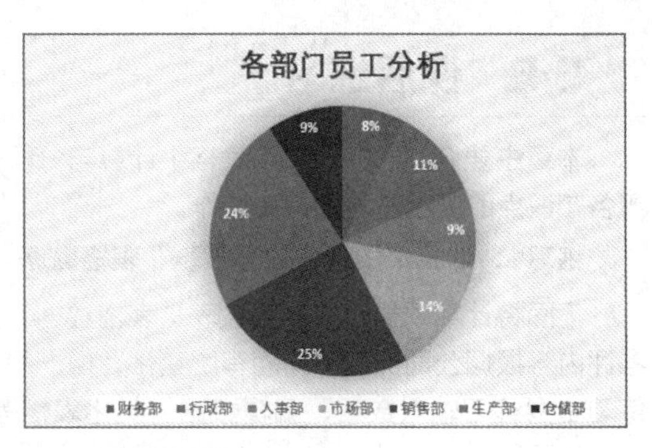

图5-44 “公司人员统计表”图表分析效果

2. 专业背景

统计表是表现统计资料的常见方式。使用统计表能将大量统计数据资料加以综合组织安排，使资料更加系统化、标准化，更加紧凑、简明、醒目和有条理，便于人们阅读、对照比较和发现问题，从而更加容易发现现象之间的规律。同时，使用统计表还便于资料的汇总和审查，便于数据的计算和分析。

3. 操作思路

首先应按部门进行升序排列，然后对部门进行计数并分类汇总，最后创建图表并进行相应的设置，其操作思路如图5-45所示。

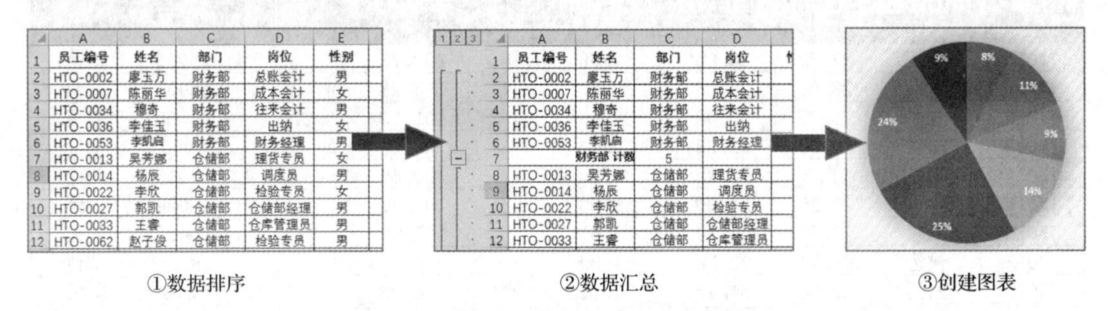

图5-45 “公司人员统计表”图表操作思路

【步骤提示】

（1）打开“公司人员统计表.xls”工作簿，在“人员信息表”工作表中对C2:C65单元格区域进行升序排序。

（2）以“部门”为分类字段、“计数”为汇总方式、“部门”为汇总项对A2:K65单元格区域进行分类汇总。

（3）在“人员结构统计表”工作表中选择A4:A10和B4:B10单元格区域，创建饼图，然后为图表添加数据标签，且位于数据内部。

（4）在绘图区的数据标签上右击，在弹出的快捷菜单中选择“设置数据标签格式”命令，在打开的任务窗格中的“标签选项”栏中选中“百分比”复选框，绘图区中将以“百分比”形式显示数据。

（5）移动图表位置，然后添加图表标题并将其字体格式设置为“等线”“18”。

5.5 课后练习

本章主要介绍了在Excel表格中计算与分析数据的操作方法。下面通过两个练习来帮助大家熟悉各知识点的应用方法及相关操作。

练习1：计算“员工绩效考核表”表格数据

下面将计算“员工绩效考核表”表格数据，然后根据绩效考核情况确定为各员工发放的奖金。考评内容根据公司类型不同而有所变化，但一般应包括假勤情况、工作表现和工作能力等方面。本练习主要练习输入数据、编辑数据、美化表格等操作。“员工绩效考核表”表格的最终效果如图5-46所示。

素材所在位置 素材文件\第5章\课后练习\员工绩效考核表.xlsx
效果所在位置 效果文件\第5章\课后练习\员工绩效考核表.xlsx

员工绩效考核表

	嘉奖	晋级	记大功	记功	无	记过	记大过	降级
分值：	9	8	7	6	5	-3	-4	-5

员工编号	员工姓名	假勤情况	工作表现	工作能力	奖惩记录	绩效总分	优良评定	年终奖金/元	考核人
JM010	刘宇	29.32	33.88	32.56	8	103.76	A	15000	刘伟
JM011	王丹	28.98	35.68	33.60	7	105.26	A	15000	刘伟
JM012	刘丽	29.35	32.30	33.48	6	101.13	B	10000	刘伟
JM013	肖燕	26.36	32.88	35.40	4	98.64	C	5000	刘伟
JM014	杨慧	25.1	33.75	34.80	7	100.65	B	10000	刘伟
JM015	佟玲	29.25	34.90	33.83	8	105.98	A	15000	刘伟
JM016	向兰	28.69	34.30	33.60	6	102.59	A	15000	刘伟
JM017	侯佳	28.74	32.56	34.85	-3	93.15	C	5000	刘伟
JM018	赵铭	29.63	34.45	33.75	-3	94.83	C	5000	刘伟

图5-46 “员工绩效考核表”表格最终效果

操作要求如下。

- 打开“员工绩效考核表.xlsx”工作簿，使用函数“=SUM(C6:F6)”来计算绩效总分。
- 使用函数“=IF(G6>=102,"A",IF(G6>=100,"B","C"))”来计算考核的优良评定。
- 使用函数“=IF(H6="A",15000,IF(H6="B",10000,5000))”来根据优良评定计算年终奖金。

练习2：分析“楼盘销售记录表”表格数据

下面将分析“楼盘销售记录表”表格数据。大家首先应对数据进行排序，然后汇总数据，最后根据数据汇总结果创建图表。“楼盘销售记录表”表格的最终效果如图5-47所示。

素材所在位置 素材文件\第5章\课后练习\楼盘销售记录表.xlsx
效果所在位置 效果文件\第5章\课后练习\楼盘销售记录表.xlsx

楼盘销售记录表							
楼盘名称	房源类型	开发公司	楼盘位置	开盘均价	总套数	已售	开盘时间
金色年华庭院一期	预售商品房	安宁地产	晋阳路452号	¥7,800	200	50	2021/2/20
金色年华庭院二期	预售商品房	安宁地产	晋阳路453号	¥7,800	100	48	2020/9/13
万福香格里花园	预售商品房	安宁地产	华新街10号	¥7,800	120	22	2020/9/15
金色年华庭院三期	预售商品房	安宁地产	晋阳路454号	¥5,000	100	70	2021/3/5
橄榄雅居三期	预售商品房	安宁地产	武青路2号	¥8,800	200	0	2021/3/20
	安宁地产 汇总					190	
都新家园一期	预售商品房	都新房产	锦城街5号	¥6,980	68	20	2021/1/1
都新家园二期	预售商品房	都新房产	黄门大道15号	¥7,800	120	30	2020/3/1
都新家园三期	预售商品房	都新房产	黄门大道16号	¥7,200	100	10	2020/6/1
世纪花园	预售商品房	都新房产	锦城街8号	¥6,800	80	18	2020/9/1
	都新房产 汇总					78	
典居房一期	预售商品房	宏远地产	金沙路10号	¥5,800	100	32	2020/1/10
都市森林一期	预售商品房	宏远地产	荣华道12号	¥7,800	120	60	2020/3/22
都市森林二期	预售商品房	宏远地产	荣华道13号	¥8,000	100	55	2020/9/3
典居房二期	预售商品房	宏远地产	金沙路11号	¥6,200	150	36	2020/9/5
典居房三期	预售商品房	宏远地产	金沙路12号	¥9,800	100	3	2020/12/3
	宏远地产 汇总					186	
碧海花园一期	预售商品房	佳乐地产	西华街12号	¥8,000	120	35	2020/1/10
云天听海佳园一期	预售商品房	佳乐地产	檬巷大道354号	¥8,000	90	45	2020/3/5
云天听海佳园二期	预售商品房	佳乐地产	檬巷大道355号	¥7,800	80	68	2020/9/8
碧海花园二期	预售商品房	佳乐地产	西华街13号	¥9,000	100	23	2020/9/10
	佳乐地产 汇总					171	
	总计					625	

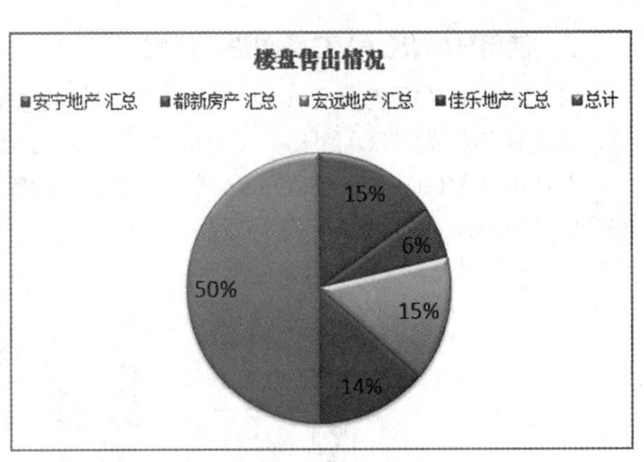

图5-47 “楼盘销售记录表”图表分析效果

操作要求如下。

- 打开“楼盘销售记录表.xlsx”工作簿，对“开发公司”列数据进行升序排列，然后以“开发公司”为分类字段、“求和”为汇总方式、“已售”为汇总项来对A3:H20单元格区域进行分类汇总。
- 显示2级汇总等级，然后选择C2:C25和G2:G25单元格区域来创建饼图，并设置图表样式为“样式26”，显示“百分比”形式的数据标签。
- 将图例字号设置为“12”，数据标签字号设置为“18”，然后输入图表标题，将其字体格式设置为“方正大标宋简体”“16”。

5.6 技巧提升

1. 使用COUNTIFS函数进行统计

COUNTIFS函数用于计算区域中满足多个条件的单元格数目，其语法结构为“COUNTIFS(range1,criteria1,range2,criteria2……)”。其中，“range1,range2……”是计算关联条件的1~127个区域，每个区域中的单元格必须是数字或包含数字的名称、数组或引用，空值和文本值将会被忽略；“criteria1, criteria2……”是数字、表达式、单元格引用或文本形式的1~127个条件，用于定义系统要对哪些单元格进行计算。

图5-48所示为使用COUNTIFS函数统计每个班级参赛选手分数大于等于8.5分、小于10分的人数，具体操作方法如下：选择H3单元格，输入函数“=COUNTIFS(B3:G3,">=8.5",B3:G3,"<10")”，按【Enter】键便可求出分数大于等于8.5分、小于10分的人数，然后将该函数填充至H4:H12单元格区域。

H3 =COUNTIFS(B3:G3,">=8.5",B3:G3,"<10")

某艺校跳远比赛得分情况							
	A组	B组	C组	D组	E组	F组	大于等于8.5分，小于10分
一班	8.75	7.75	9.25	6.75	7.50	8.00	2
二班	9.50	8.75	9.25	7.50	8.50	7.50	4
三班	7.50	9.75	8.25	8.55	9.50	7.00	3
四班	8.25	8.25	8.75	7.00	8.55	9.25	3
五班	7.95	8.75	7.95	9.55	9.75	6.50	3
六班	9.50	7.85	7.75	8.55	7.25	9.55	3
七班	8.50	7.55	8.55	7.95	6.25	8.00	2
八班	9.50	9.25	6.50	6.00	6.55	9.25	3
九班	9.75	9.00	8.55	9.50	8.50	9.00	6
十班	8.50	8.75	6.50	8.55	9.25	[illegible]	4

Sheet1

图5-48 使用COUNTIFS函数进行统计

2. 使用RANK.AVG函数进行排名

RANK.AVG函数用于返回一个数字在数字列表中的排位，如果多个值相同，则返回平均值排位，其语法结构为“RANK.AVG(number,ref,order)”。使用RANK.AVG函数进行排名，函数“=RANK.AVG(H2,$H$2:$H$10,0)”表示H2单元格数值在$H$2:$H$10数据中的排列名次，如图5-49所示。

I2 =RANK.AVG(H2,$H$2:$H$10,0)

	G	H	I	J	K	L
1	绩效平均分	绩效总分	绩效排名	优良评定	年终奖金（元）	考核人
2	25.94	103.76	3	A	15000	刘伟
3	26.31	105.26	2	A	15000	刘伟
4	25.28	101.13	5	B	10000	刘伟
5	24.66	98.64	7	C	5000	刘伟
6	25.16	100.65	6	B	10000	刘伟
7	26.49	105.98	1	A	15000	刘伟
8	25.65	102.59	4	A	15000	刘伟
9	23.29	93.15	9	C	5000	刘伟
10	23.71	94.83	8	C	5000	刘伟

年度员工绩效考核表

图5-49 使用RANK.AVG函数进行排名

3. 使用合并计算功能汇总数据

在Excel 2016中，除了可以使用数学和统计函数汇总数据外，还可以使用合并计算功能来快速使多个相似格式的工作表或数据区域按照项进行匹配，然后对同类数据进行汇总。数据汇总的方式包括求和、计数、平均值、最大值、最小值等，具体操作方法如下：选择存放计算结果的单元格，单击【数据】/【数据工具】组中的“合并计算”按钮，打开“合并计算”对话框，在其中设置计算函数，添加引用位置（引用位置就是参与计算的单元格区域），设置标签位置，最后单击 确定 按钮。

第6章

制作并编辑PowerPoint演示文稿

情景导入

为了配合公司近期的招聘工作与新员工的培训工作，行政部接到一项制作相关培训和宣传演示文稿的任务。于是老洪安排米拉制作入职培训和公司宣传手册演示文稿，并告诉米拉，在制作演示文稿前需要先准备好相应的文字、图片、音频、视频等素材，然后进行制作与编辑，这样才会事半功倍。

学习目标

- 掌握演示文稿的制作流程和基本操作。

如搭建演示文稿的结构、幻灯片的基本操作、输入并设置文本、插入并编辑图片、插入并编辑 SmartArt 图形、绘制并编辑形状等。

- 掌握演示文稿的设置方法。

如使用母版设置幻灯片、设置幻灯片的切换效果、设置对象的动画效果等。

素质目标

提高文案组织与策划能力，具备图像化思维，能够更准确、清晰地向受众传达信息。

案例展示

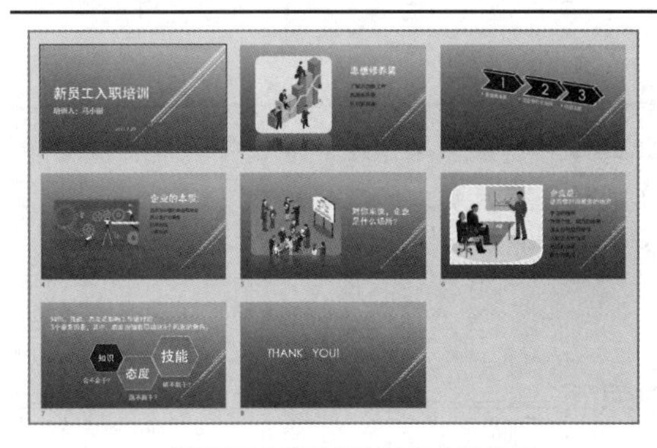

▲“新员工入职培训”演示文稿效果

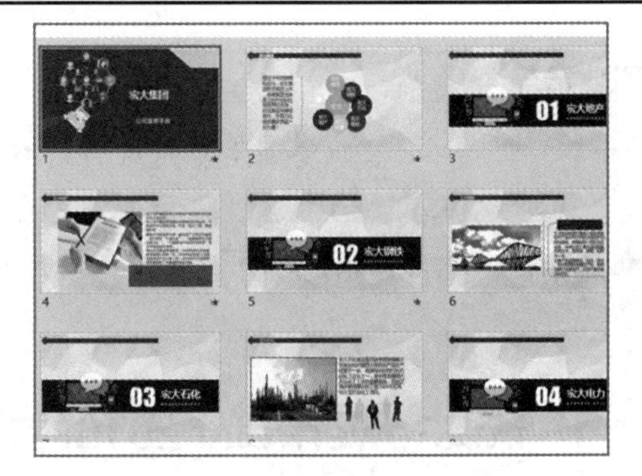

▲“公司宣传手册”演示文稿效果

6.1 课堂案例：制作“新员工入职培训”演示文稿

米拉在知晓老洪安排的工作后，首先询问了老洪演示文稿包含的主要内容和表达意图，然后根据老洪提供的制作思路和流程开始制作“新员工入职培训”演示文稿。她首先搜集了演示文稿所需的图片等资料，然后搭建了演示文稿的整体框架，最后依次录入演示文稿所需内容，最终效果如图6-1所示。

素材所在位置 素材文件\第6章\课堂案例\新员工入职培训

效果所在位置 效果文件\第6章\课堂案例\新员工入职培训.pptx

图6-1 “新员工入职培训”演示文稿最终效果

职业素养

入职培训的内容

入职培训主要是对公司新员工的工作态度、思想修养等进行培训，以端正员工的工作思想和工作态度。不同的公司对员工所做的入职培训的重点和内容都有所不同，其目的自然也会有所区别。

6.1.1 认识PowerPoint 2016的工作界面

启动PowerPoint 2016后，可看到PowerPoint 2016的工作界面，其主要由快速访问工具栏、标题栏、“文件”选项卡、功能区选项卡、功能区、“幻灯片”窗格、幻灯片编辑区和备注区等部分组成，其中的多个组成部分与Word 2016和Excel 2016的工作界面的相应部分作用相同，下面仅介绍PowerPoint 2016特有的组成部分，如图6-2所示。

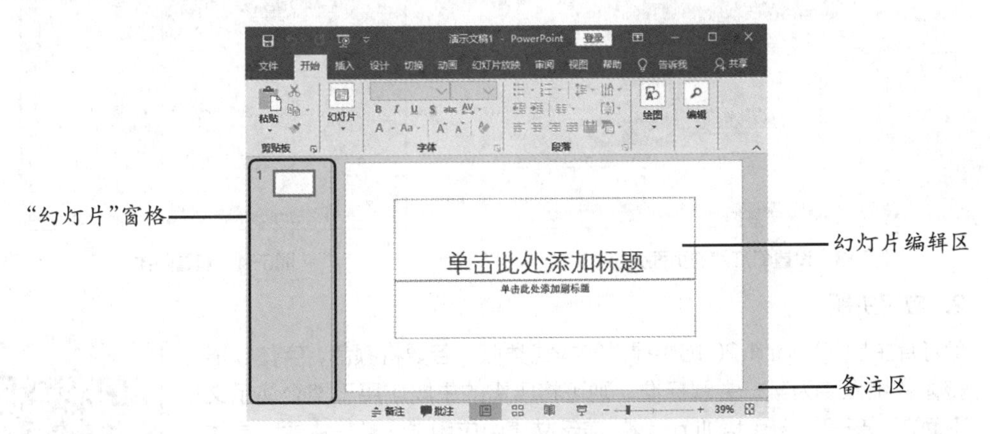

图6-2　PowerPoint 2016的工作界面

- **"幻灯片"窗格：**列出了组成当前演示文稿的所有幻灯片的缩略图，在其中可对幻灯片进行选择、移动和复制等操作，但不能对文本进行编辑。
- **幻灯片编辑区：**是演示文稿的核心部分，可将幻灯片的整体效果形象地呈现出来，在其中可对幻灯片进行文本编辑，插入图片、声音、视频和图表等。
- **备注区：**位于PowerPoint 2016的工作界面的底部，其功能是显示幻灯片的相关信息，以及在播放演示文稿时对幻灯片添加说明和注释，一般不使用该区域。

知识提示　　**演示文稿的新建、打开、保存和关闭**

演示文稿的新建、打开、保存和关闭等基本操作与Word文档、Excel表格的新建、打开、保存和关闭的操作方法相同，这里不再赘述。

6.1.2　搭建演示文稿的结构

在制作演示文稿时，用户可先根据制作的内容来确定演示文稿的结构，然后对幻灯片进行内容输入和编辑，以此搭建演示文稿的结构，下面分别进行详细介绍。

1. 设置页面大小

设置页面大小是指设置幻灯片的页面大小。默认状态下，PowerPoint 2016幻灯片的页面大小为"全屏显示(4:3)"，而如今制作的演示文稿的幻灯片的页面大小一般为"全屏显示(16:9)"，因为这样看起来更加美观和大气。下面将新建"新员工入职培训.pptx"演示文稿，并将幻灯片的页面大小设置为"全屏显示(16:9)"，具体操作如下。

（1）启动PowerPoint 2016，在"演示文稿1"中选择【文件】/【保存】命令，将演示文稿保存为"新员工入职培训.pptx"。

（2）单击"设计"选项卡，在"自定义"组中单击"幻灯片大小"按钮，在弹出的下拉菜单中选择"宽屏（16:9）"选项，如图6-3所示。

（3）返回幻灯片，可看到其页面大小已经发生改变，如图6-4所示。此时，页面大小的改变会使幻灯片中的内容的位置等发生变化，所以应对这些内容等进行适当调整。

图6-3　设置幻灯片的页面大小

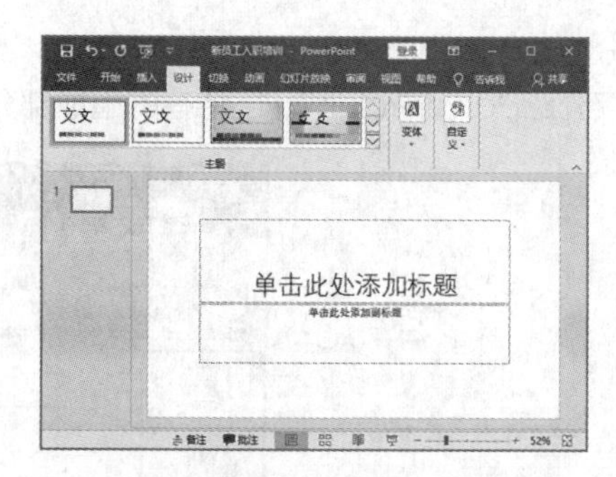
图6-4　查看效果

2. 应用主题

幻灯片主题和Word 2016中提供的样式类似，若要将颜色、字体、格式、整体效果保持为某一主题标准，则可将所需的主题应用于整个演示文稿。下面在“新员工入职培训.pptx”演示文稿中应用“切片”主题，具体操作如下。

（1）在【设计】/【主题】组中选择“切片”选项。

（2）返回演示文稿，可看到演示文稿的整体效果发生了变化，如图6-5所示。

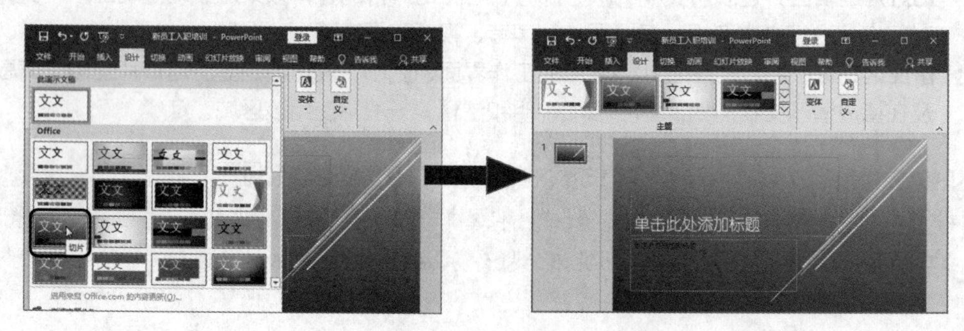
图6-5　应用主题

多学一招　　**修改主题效果**

与Word 2016的操作相似，单击【设计】/【变体】组中的“其他”按钮，在弹出的下拉列表中可选择“颜色”“字体”“效果”等选项，系统就会根据选择的内容更改当前主题的颜色、字体和效果。

6.1.3 幻灯片的基本操作

演示文稿和幻灯片是一种包含与被包含的关系，单独的一个个页面就是幻灯片，它们的集合就是一个完整的演示文稿。要完成演示文稿的制作，就必须先掌握幻灯片的各项基本操作。

1. 新建幻灯片

演示文稿通常由多张幻灯片组成，而新建的空白演示文稿只有一张幻灯片，因此在制作演示文稿时，需要新建多张幻灯片。新建幻灯片的方法如下。

- **新建普通幻灯片：**在第1张幻灯片上右击，在弹出的快捷菜单中选择“新建幻灯片”命令，或按【Enter】键可新建默认的“标题和内容”幻灯片，如图6-6所示。

- **新建版式幻灯片：** 单击【开始】/【幻灯片】组中“新建幻灯片”按钮右下方的下拉按钮，在弹出的下拉列表中选择任意一种幻灯片版式后，即可新建应用版式的幻灯片，如图6-7所示。

图6-6 新建普通幻灯片

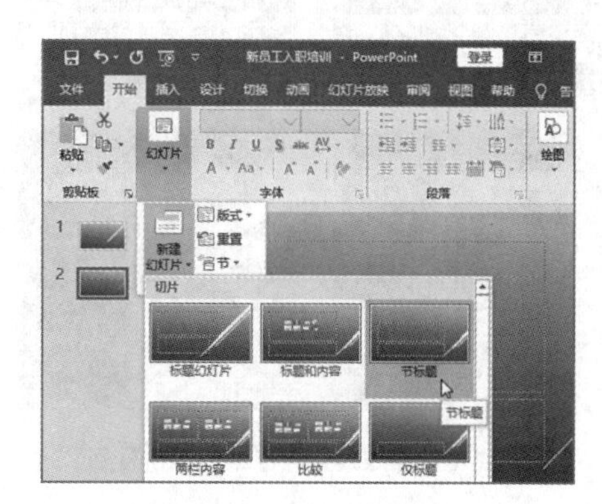

图6-7 新建版式幻灯片

2. 移动幻灯片

在制作幻灯片的过程中，若发现某张幻灯片的安排不合理，则可将幻灯片移动至恰当的位置。下面介绍移动幻灯片的3种方法。

- **通过快捷菜单移动：** 在“幻灯片”窗格中选择需要移动的幻灯片，右击，在弹出的快捷菜单中选择“剪切”命令，如图6-8所示；然后选择某张幻灯片，右击，在弹出的快捷菜单中选择“粘贴”命令，即可将剪切的幻灯片粘贴至当前选择的幻灯片前。
- **通过功能区移动：** 在“幻灯片”窗格中选择需要移动的幻灯片，单击【开始】/【剪贴板】组中的“剪切”按钮，然后选择与要移动至的位置相邻的某张幻灯片，单击【开始】/【剪贴板】组中的“粘贴”按钮，即可将剪切的幻灯片移动至当前选择的幻灯片后。
- **通过拖曳方式移动：** 在“幻灯片”窗格中选择需要移动的幻灯片，将其拖曳至目标位置，然后释放鼠标左键。在拖曳过程中，鼠标指针将变为形状，如图6-9所示。

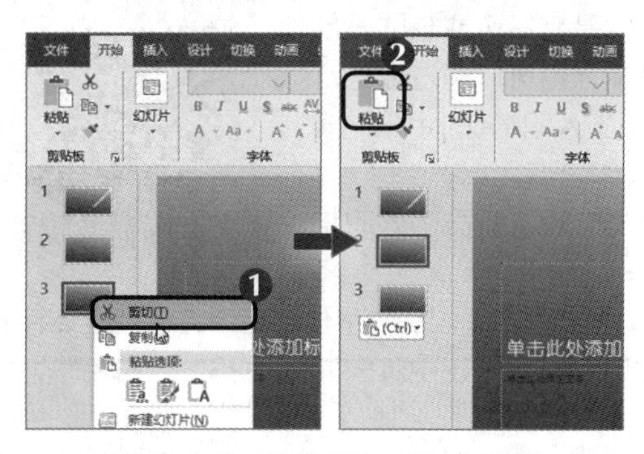

图6-8 使用快捷菜单和功能区移动

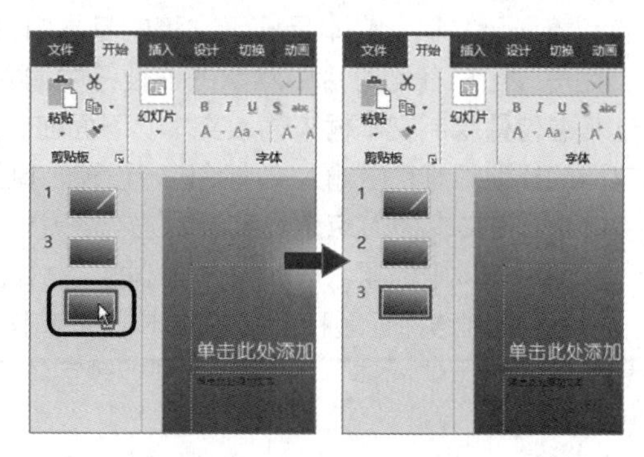

图6-9 使用鼠标拖曳移动

3. 复制幻灯片

复制幻灯片的方法与移动幻灯片的方法类似，需要注意的是，在移动幻灯片时要选择“剪切”选项，而在复制幻灯片时应选择“复制”选项。另外，也可通过拖曳的方法来复制幻灯片，即将幻灯片拖曳至目标位置后按【Ctrl】键，当鼠标指针变为形状时释放鼠标左键，如图6-10所示。除了可使用与前面讲解的移动幻灯片类似的方法复制幻灯片外，还可选择需要复制的幻灯片，右击，在弹出的快捷菜单中选择“复制幻灯片”命令，或按【Ctrl+D】组合键，即可在当前选择的幻灯片后复制出相同的幻灯片，如图6-11所示。

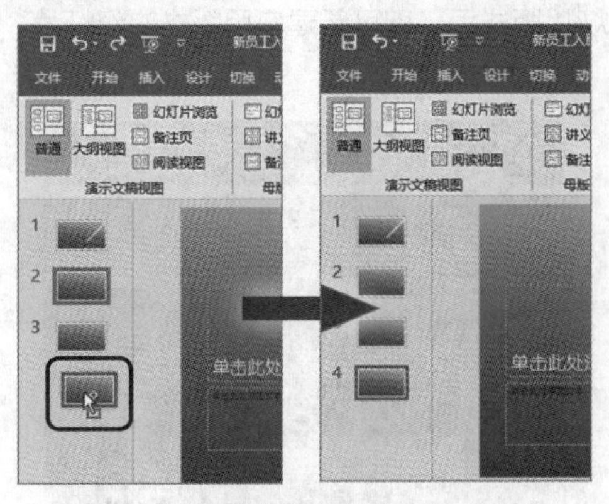

图6-10　通过拖曳的方式复制幻灯片

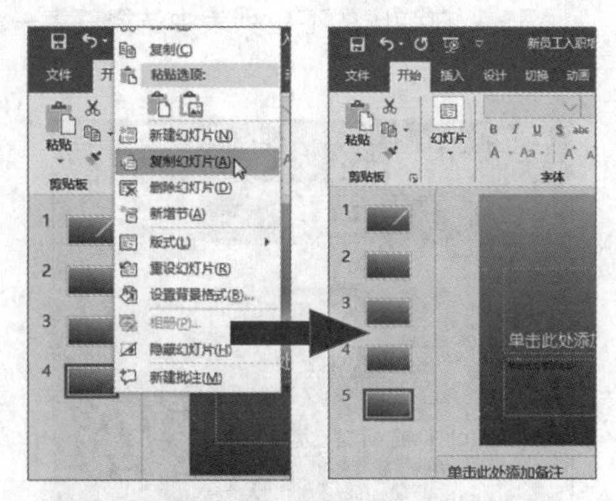

图6-11　通过“复制幻灯片”选项复制幻灯片

4. 删除幻灯片

当演示文稿中有多余的幻灯片时，可将其删除。下面介绍删除幻灯片的3种方法。

- **删除某张幻灯片：** 在“幻灯片”窗格中选择需要删除的幻灯片，按【Delete】键，或右击，在弹出的快捷菜单中选择“删除幻灯片”命令，即可删除该幻灯片。
- **删除多张幻灯片：** 在“幻灯片”窗格中选择第一张幻灯片，按住【Shift】键选择另一张幻灯片，按【Delete】可同时删除这两张幻灯片之间的所有幻灯片。如果需要删除不连续的幻灯片，则可以按住【Ctrl+1】组合键选择不同的幻灯片，同时进行删除。
- **删除全部幻灯片：** 在“幻灯片”窗格中按住【Ctrl+A】组合键可选择全部幻灯片，按【Delete】键即可删除全部幻灯片。

6.1.4　输入并设置文本

搭建了演示文稿的框架后，还需要通过输入与设置文本等内容来进一步完善演示文稿。文本是演示文稿的基本内容，也是其不可或缺的一部分，用户既可以在幻灯片中默认的占位符中输入文本，也可以通过在幻灯片的任意位置绘制文本框来输入文本。下面在“新员工入职培训.pptx”演示文稿的标题幻灯片中输入文本并进行设置，具体操作如下。

微课视频

输入并设置文本

（1）将文本插入点定位到标题占位符中，输入标题“新员工入职培训”，然后输入副标题“培训人：马小丽”，如图6-12所示。

（2）分别选择标题和副标题文本框，单击“开始”选项卡，在“字体”组中将标题字体格式设置为“方正黑体简体”“54”，副标题字体格式设置为“方正中雅宋简”“28”“白色”，如图6-13所示。

（3）单击【插入】/【文本】组中“文本框”按钮下方的下拉按钮，在弹出的下拉列表中选择“绘制横排文本框”选项，然后在幻灯片中绘制文本框，并输入演示文稿的制作时间，如图6-14所示。

多学一招　**插入艺术字**

在PowerPoint 2016中插入艺术字的方法与在Word 2016中插入艺术字的方法相同，即单击【插入】/【文本】组中的“艺术字”按钮，在弹出的下拉列表中选择艺术字样式，再进行文本输入和样式设置等。

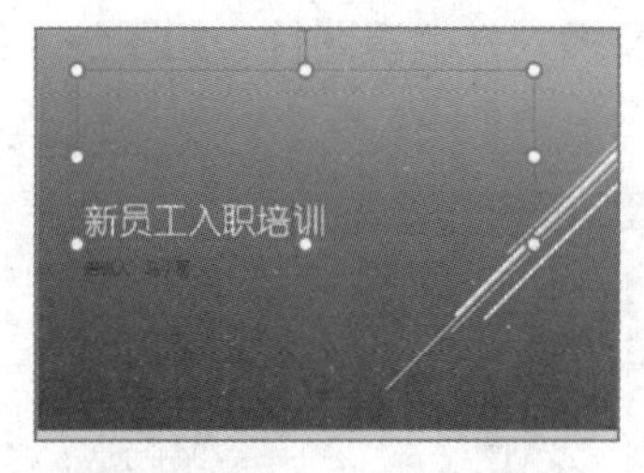

图6-12　输入标题和副标题

图6-13　设置文本格式

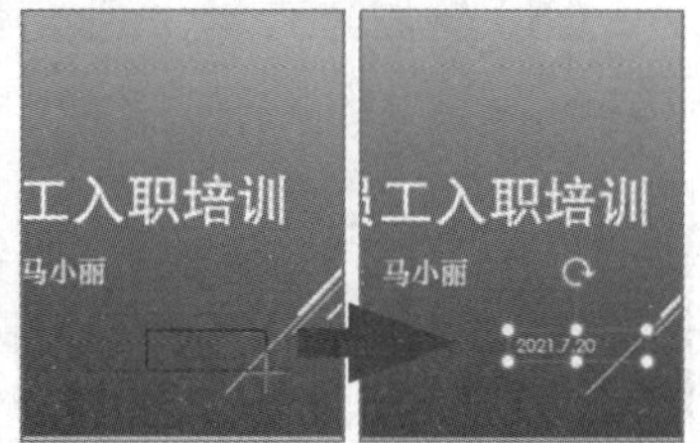

图6-14　绘制文本框并输入文本

6.1.5　插入并编辑图片

为了使幻灯片内容更加丰富，通常需要在幻灯片中插入相应的图片。下面在“新员工入职培训.pptx”演示文稿中插入并编辑图片，具体操作如下。

（1）新建“两栏内容”版式幻灯片，在标题占位符中输入标题，在正文文本占位符中输入内容，在左侧的占位符中单击“图片”按钮，如图6-15所示，或单击【插入】/【图像】组中的“图片”按钮。

（2）打开“插入图片”对话框，在地址栏中选择图片的保存位置，在其下方的列表中选择需要插入的“1”图片，然后单击插入(S)按钮，如图6-16所示。

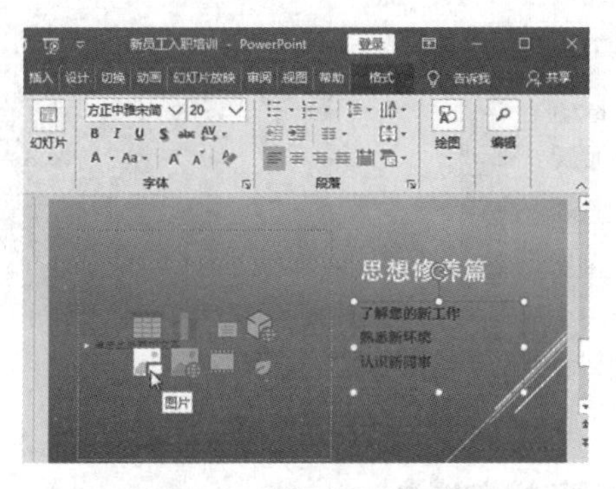

图6-15　单击“图片”按钮

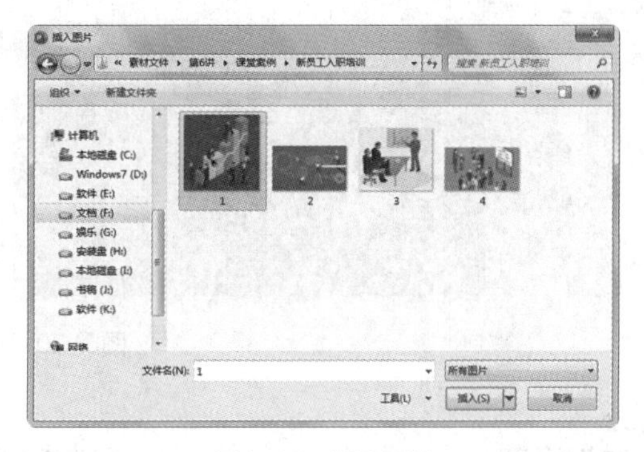

图6-16　插入图片

（3）插入图片的四周有8个控制点，将鼠标指针移动到图片右下角的控制点上，向右下角拖曳，以调整图片大小，如图6-17所示。

（4）选择图片，单击【格式】/【图片样式】组中的“快速样式”按钮，在弹出的下拉列表中选择“映像圆角矩形”选项，如图6-18所示。

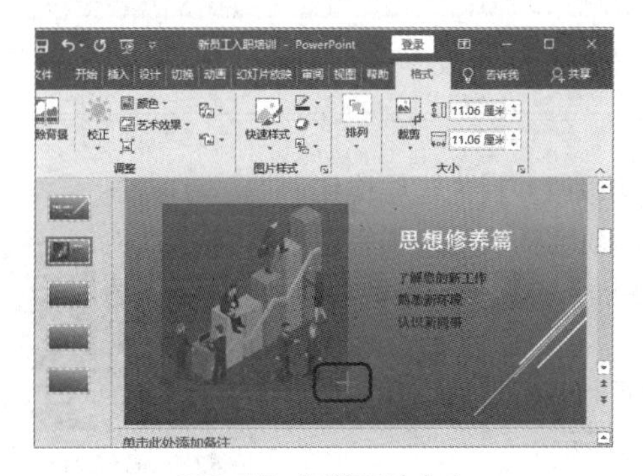

图6-17　调整图片大小

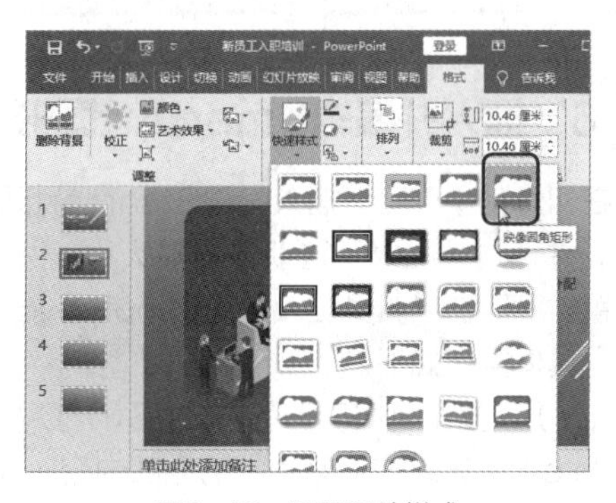

图6-18　设置图片样式

（5）制作第3、4、5张幻灯片，为其添加并设置文本，以及插入并编辑图片，如图6-19所示。

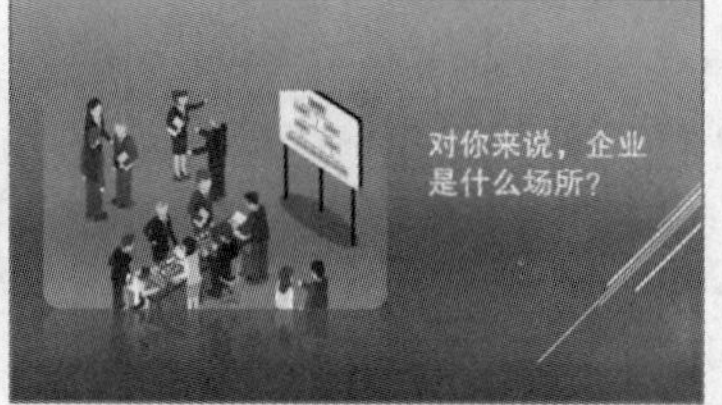

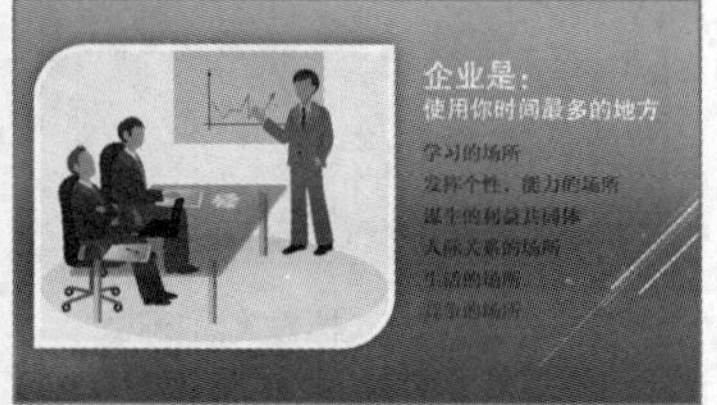

图6-19　制作第3、4、5张幻灯片

（6）选择第2张幻灯片中的图片，单击【格式】/【调整】组中的“删除背景”按钮，进入“删除背景”编辑状态，在其中调整图片选框的大小，保留需要的图片内容，然后在【背景消除】/【关闭】组中单击“保留更改”按钮，返回幻灯片，图片原来的底纹背景被清除，留下白色背景，效果如图6-20所示。

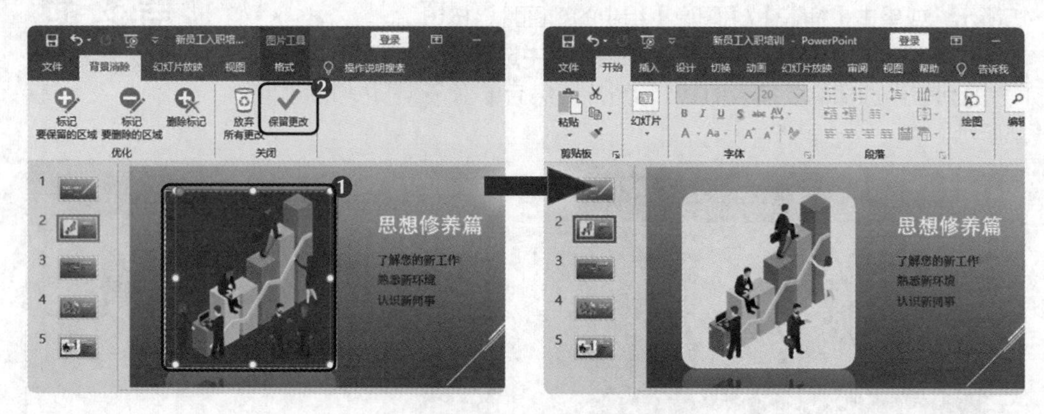

图6-20　删除图片背景

知识提示　　**对文本框和图片等对象的操作**

通过上述案例可发现，在PowerPoint 2016中插入与编辑文本框、图片等对象的方法与在Word 2016中插入与编辑文本框、图片等对象的方法相似。同样，在PowerPoint 2016中也可以插入表格和图表等对象，其方法与在Word 2016中插入表格和图表的方法相似。

6.1.6　插入并编辑SmartArt图形

在幻灯片中既可以插入各种SmartArt图形，又可以改变其内容结构和流程，并通过“格式”选项卡对其大小、线条样式、颜色及填充效果等进行设置。下面在“新员工入职培训.pptx”演示文稿中插入并编辑SmartArt图形，具体操作如下。

（1）选择第2张幻灯片，按【Ctrl+D】组合键复制该幻灯片，然后按【Delete】键删除该幻灯片中的全部内容，如图6-21所示。

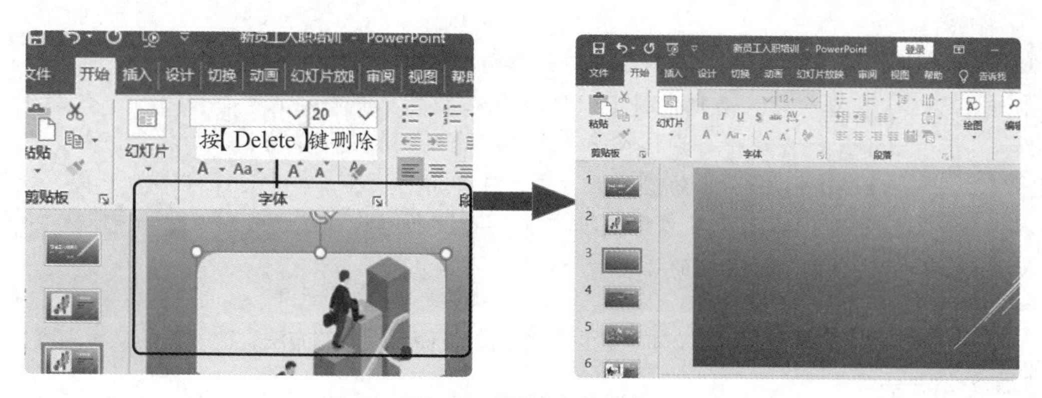

图6-21　清除幻灯片内容

（2）单击【插入】/【插图】组中的“SmartArt”按钮，打开“选择SmartArt图形”对话框，单击“流程”选项卡，在中间的列表框中选择“基本V形流程”选项，然后单击 确定 按钮，如图6-22所示。

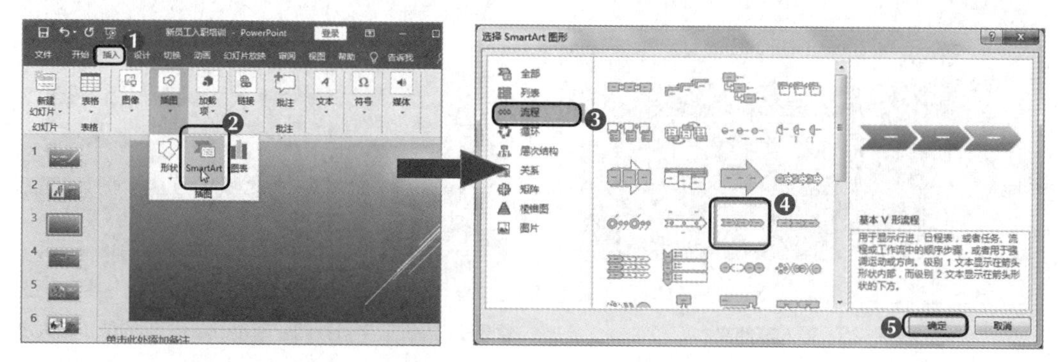

图6-22　插入SmartArt图形

（3）在幻灯片中插入一个流程图形，在左边第一个文本框中输入“1”，然后选择该文本框，单击【设计】/【创建图形】组中“添加形状”按钮右侧的下拉按钮，在弹出的下拉列表中选择“在后面添加形状”选项，如图6-23所示。

（4）在文本框右侧添加一个新的文本框，选择该文本框，在【设计】/【创建图形】组中单击 → 降级 按钮，如图6-24所示。

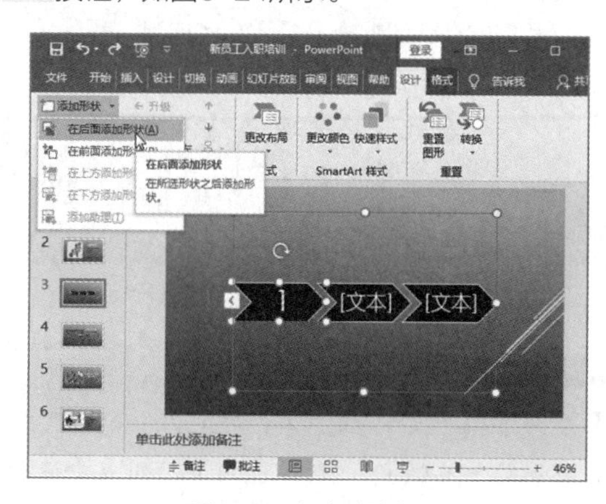

图6-23　添加文本框

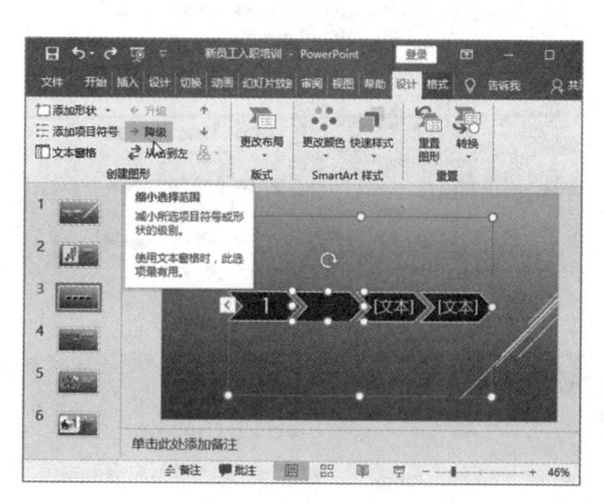

图6-24　降级文本框

知识提示　　**添加形状**

在一级文本框中按【Enter】键后，系统在新建文本框的同时，也会在SmartArt图形中自动插入一个形状，降级文本框将取消插入形状。另外，也可在SmartArt图形的形状上右击，在弹出的快捷菜单中选择“添加形状”命令，在弹出的子菜单中选择“在后面添加形状”或“在前面添加形状”命令，同样可在相应的位置添加形状。

（5）在降级的文本框中输入文本“企业的本质”，使用相同的方法，输入其他文字内容，效果如图6-25所示。

（6）选择SmartArt图形中形状下方的文字内容，将字号设置为“20”，然后将鼠标指针移动到SmartArt图形边框上，以调整其位置和大小，效果如图6-26所示。

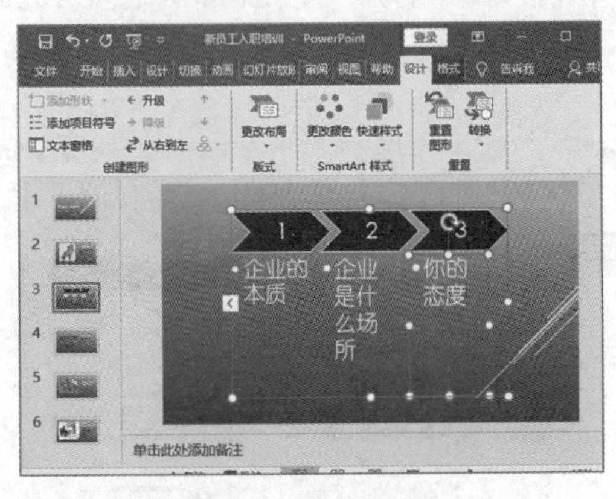

图6-25　输入其他文本

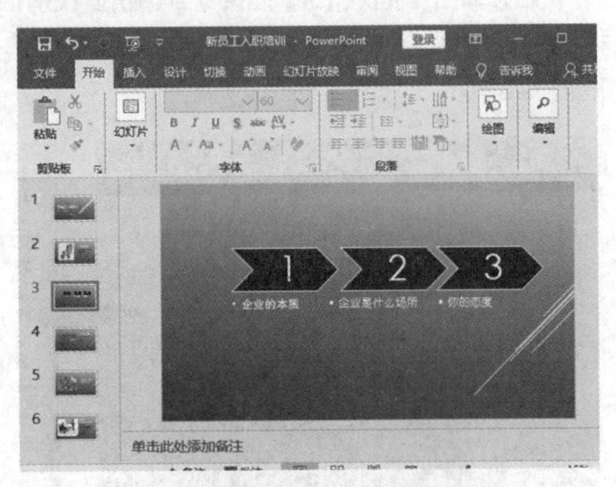

图6-26　设置字号并调整SmartArt图形的位置和大小

（7）单击【设计】/【SmartArt样式】组中的“快速样式”按钮，在弹出的下拉列表中选择“砖块场景”选项，如图6-27所示。

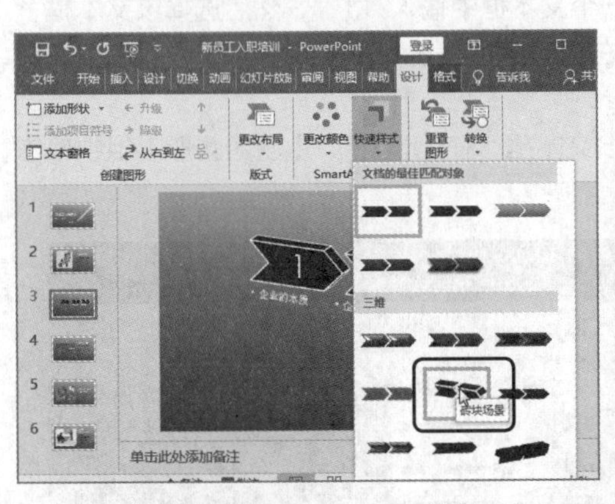

图6-27　设置SmartArt图形样式

多学一招　　**更改布局**

选择SmartArt图形，在【SmartArt工具设计】/【版式】组中可重新选择更改布局SmartArt图形的类型，其布局结构会发生改变，但仍保留原来的文字内容和格式设置。

多学一招　　**重设图形**

与Word 2016的操作相同，在【设计】/【主题】组中单击“主题颜色”按钮、“主题字体”按钮、“主题效果”按钮，在弹出的下拉列表中选择所需的选项，可相应更改当前主题的颜色、字体和效果。

6.1.7 绘制并编辑形状

使用PowerPoint 2016中的形状来配合幻灯片的演示内容，既能突出重点内容，又能美化幻灯片。下面在“新员工入职培训.pptx”演示文稿中绘制并编辑形状，具体操作如下。

（1）新建“仅标题”幻灯片，在其中输入相应的文本，然后单击【插入】/【插图】组中的“形状”按钮，在弹出的下拉列表中选择“基本形状”栏中的“六边形”形状，如图6-28所示。

（2）按住【Shift】键，在幻灯片的右下角绘制一个正六边形，如图6-29所示。

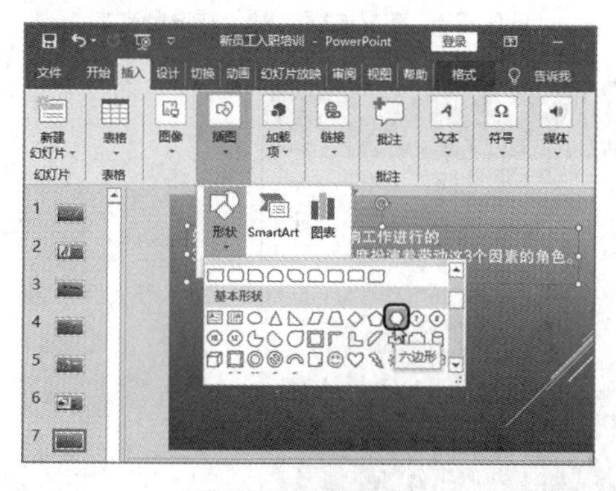

图6-28　选择形状

图6-29　绘制形状

（3）在【格式】/【形状样式】组中的列表框中选择“浅色1轮廓，彩色填充-橙色，强调颜色”选项，如图6-30所示。

（4）在正六边形上单击鼠标右键，在弹出的快捷菜单中选择“编辑文字”命令，然后在其中输入“技能”，并将其字体格式设置为“方正黑体简体”“54”，效果如图6-31所示。

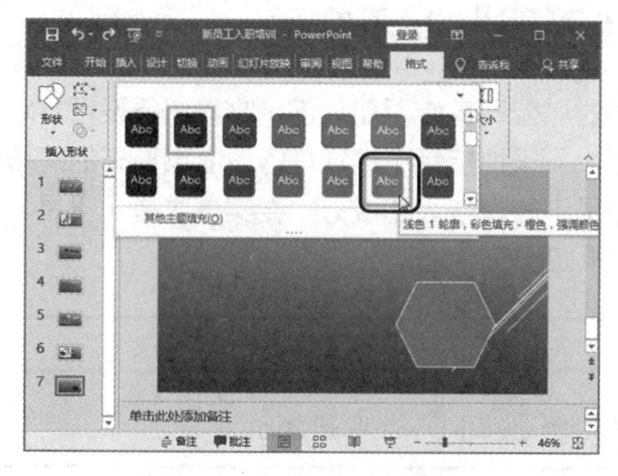

图6-30　设置形状的填充颜色

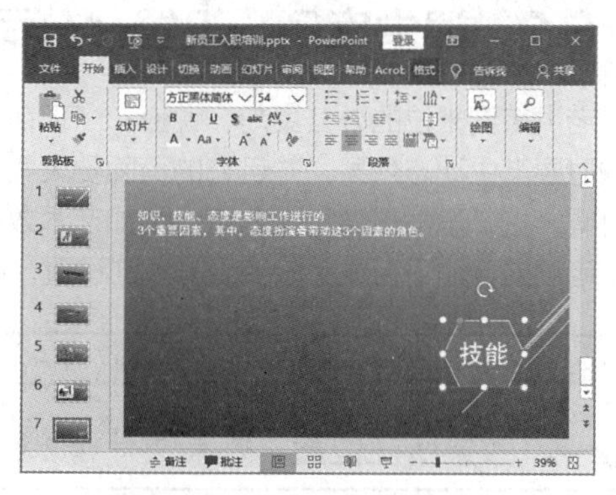

图6-31　在形状中输入并设置文本

（5）使用同样的方法再绘制两个正六边形，并调整其大小和位置，设置其形状样式，然后分别在其中输入“知识”“态度”，再设置其字体格式，效果如图6-32所示。

（6）分别在3个正六边形下方绘制一个文本框，在其中分别输入相应的文本，并设置其字体格式为“方正黑体简体”“24”“白色”，如图6-33所示。

（7）新建第8张幻灯片，在其中绘制一个文本框，输入“THANK YOU！”，并设置其字体格式，效果如图6-34所示。

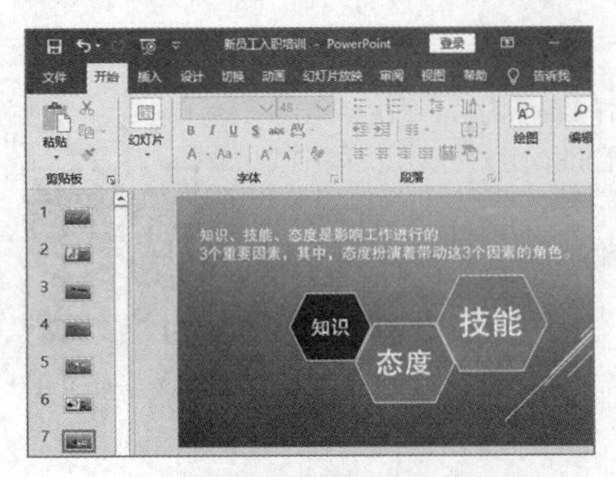

图6-32　绘制并设置其他两个六边形

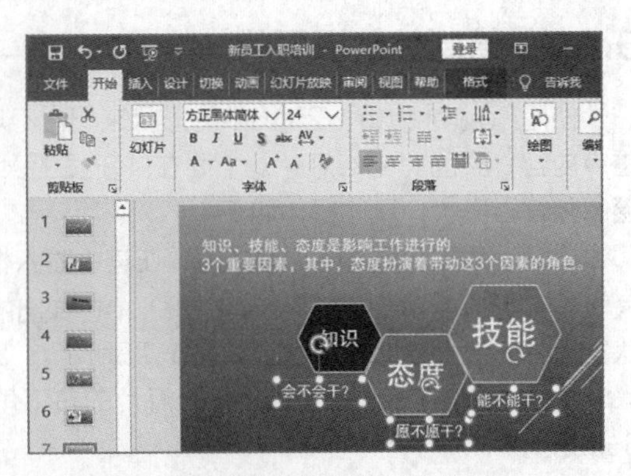

图6-33　在文本框中输入并设置文本

图6-34　绘制文本框并输入文本

6.2　课堂案例：设置“公司宣传手册”演示文稿

老洪来到米拉的办公桌前，说道：“现在你需要对‘公司宣传手册’演示文稿进行设置，它在放映时要产生动态效果，并且它的页面要大气、美观。”米拉接受了这项任务。老洪离开的时候特地叮嘱米拉，虽然该演示文稿可以增加艺术效果，但是不能有夸大的成分，要实事求是。于是，米拉在老洪的帮助下完成了该演示文稿的设置，最终效果如图6-35所示。

素材所在位置　素材文件\第6章\课堂案例\公司宣传手册

效果所在位置　效果文件\第6章\课堂案例\公司宣传手册.pptx

职业素养　**“公司宣传手册”演示文稿的概念和注意事项**

“公司宣传手册”演示文稿是对公司概况、公司发展、公司文化、公司业绩等进行宣传的一种演示文稿，主要用于宣传公司形象。“公司宣传手册”演示文稿涉及公司形象的展示，所以要真实可靠，切忌使用虚假夸大的信息，否则容易对公司形象造成负面影响。

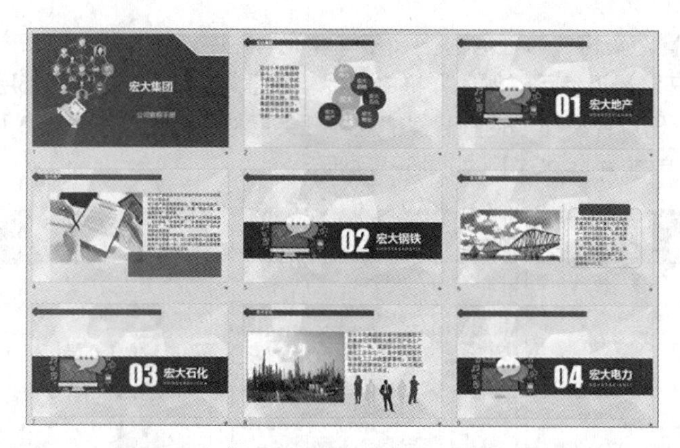

图6-35　“公司宣传手册”演示文稿最终效果

6.2.1　使用母版设置幻灯片

幻灯片母版用于统一设置幻灯片的模板信息，包括占位符的格式和位置、背景和配色方案等，方便用户设置具有统一格式的演示文稿，从而减少重复输入，提高工作效率。通常情况下，如果要将同一背景、同一标志、同一标题及主要文本格式应用到整个演示文稿的每张幻灯片中，就可以使用PowerPoint 2016的幻灯片母版功能。下面在“公司宣传手册.pptx”演示文稿中设置幻灯片母版，具体操作如下。

（1）打开“公司宣传手册.pptx”演示文稿，单击【视图】/【母版视图】组中的“幻灯片母版”按钮，如图6-36所示。

（2）进入幻灯片母版编辑状态，选择第1张幻灯片，单击【幻灯片母版】/【背景】组中的“背景样式”按钮，在弹出的下拉列表中选择“设置背景格式”选项，如图6-37所示。

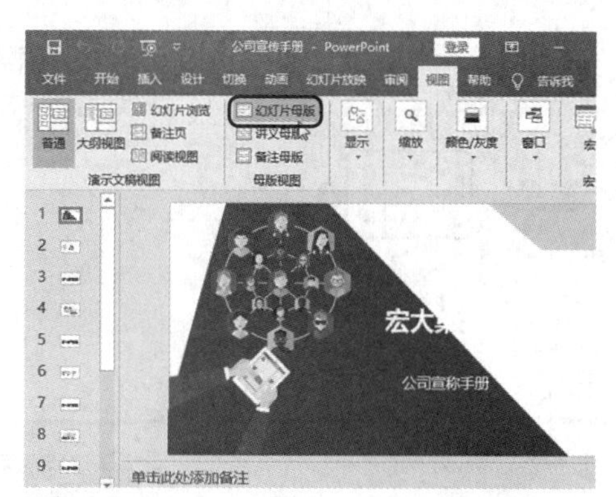

图6-36　单击“幻灯片母版”按钮

图6-37　选择“设置背景格式”选项

多学一招　　**设置占位符**

在PowerPoint 2016中，选择占位符后，可设置其字体、字号和颜色，再将其应用到幻灯片中。需要注意的是，幻灯片的标题要应用母版中的设置，即用户需要在幻灯片中通过占位符来输入标题，而不是通过文本框来输入标题，否则在母版中设置标题格式后，幻灯片中的文本将不会更改。

（3）打开“设置背景格式”任务窗格，在“填充”栏中选中“纯色填充”单选项，然后单击“颜色”按钮，在“最近使用的颜色”栏中选择“深蓝”选项，如图6-38所示。

（4）选择第3张幻灯片，在“设置背景格式”任务窗格中选中“图片或纹理填充”单选项，然后在“图片源”下方单击插入(R)...按钮，如图6-39所示。

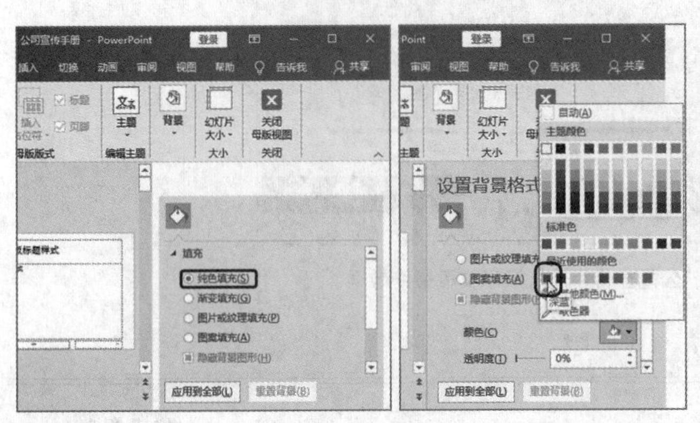

图6-38 纯色填充

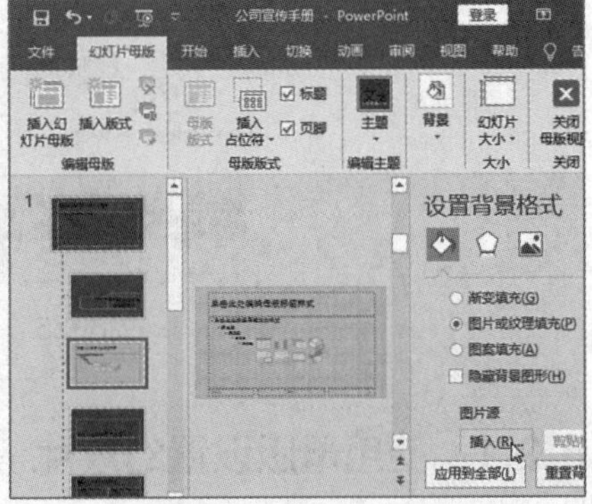

图6-39 图片或纹理填充

知识提示 **自定义颜色**

PowerPoint 2016中的颜色由“红色（R）”“绿色（G）”“蓝色（B）”3种颜色混合而成，设置不同的RGB数值将调和出不同的颜色。在实际操作时，用户可在右下角预览颜色效果，然后调整数值，得到理想的颜色。

（5）在打开的“插入图片”界面中单击“从文件”链接，如图6-40所示。

（6）在打开的“插入图片”对话框中选择“背景图片”，然后单击插入(S)按钮，如图6-41所示。

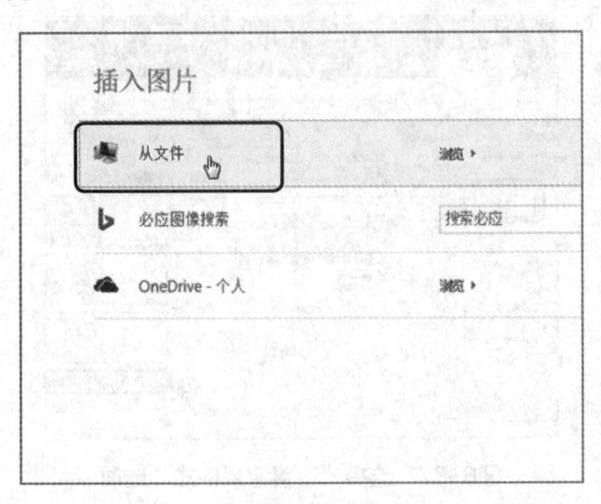

图6-40 插入图片

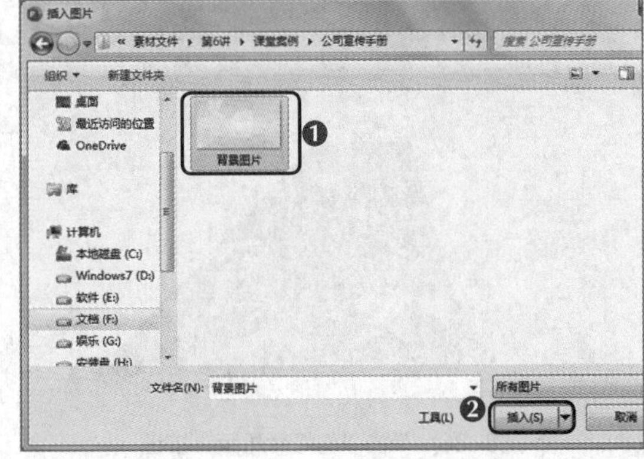

图6-41 选择背景图片

（7）在插入图片后，在幻灯片左上角绘制一个由菱形和矩形组成的图形，并调整其大小和位置，如图6-42所示。

（8）设置完成后，单击【幻灯片母版】/【关闭】组中的“关闭母版视图”按钮，退出幻灯片母版编辑状态，返回普通视图，如图6-43所示。

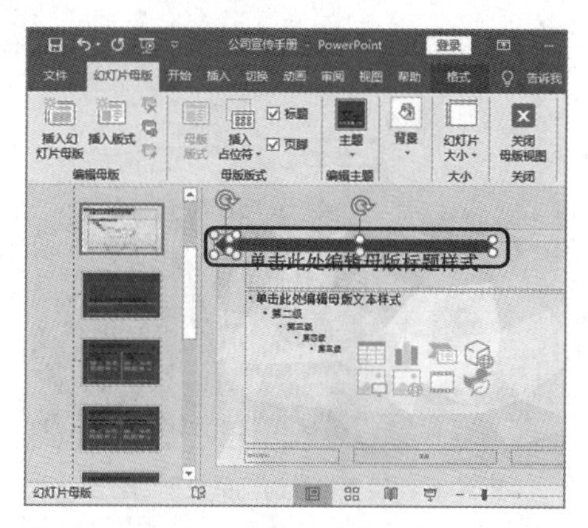

图6-42　绘制形状

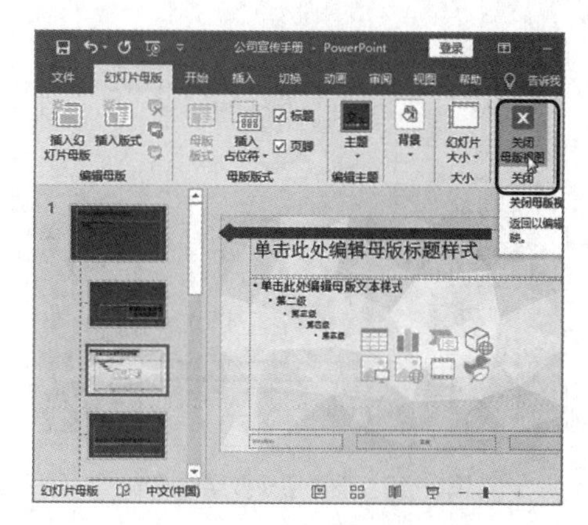

图6-43　退出幻灯片母版编辑状态

6.2.2　设置幻灯片的切换效果

幻灯片切换效果是PowerPoint 2016提供的将幻灯片从一张切换到另一张时的动态视觉显示方式，它可以使幻灯片在放映时更加生动。下面在“公司宣传手册.pptx”演示文稿中设置幻灯片的切换效果，具体操作如下。

（1）选择第1张幻灯片，单击【切换】/【切换到此幻灯片】组中的“切换效果”按钮，在弹出的下拉列表中选择“华丽”栏中的“页面卷曲”选项，如图6-44所示。

（2）在“切换到此幻灯片”组中单击“效果选项”按钮，在弹出的下拉列表中选择“双右”选项，为幻灯片设置切换效果的方式，如图6-45所示。

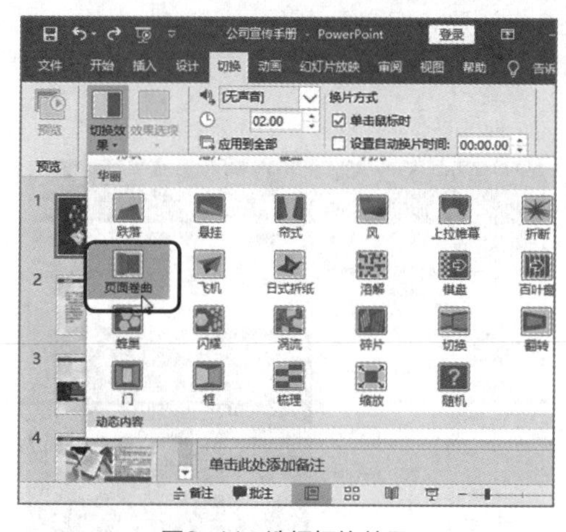

图6-44　选择切换效果

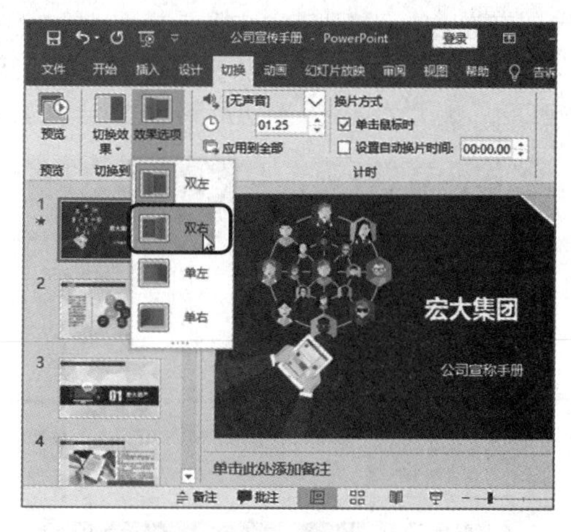

图6-45　设置切换效果的方式

（3）在【切换】/【计时】组中“声音”的下拉列表中选择“疾驰”选项，为幻灯片设置切换时的声音，如图6-46所示。

（4）在“计时”组中的“持续时间”数值框中输入“02.30”，单击“应用到全部”按钮，为所有幻灯片应用相同的切换效果，如图6-47所示。单击【切换】/【预览】组中的“预览”按钮可预览放映时的切换效果。

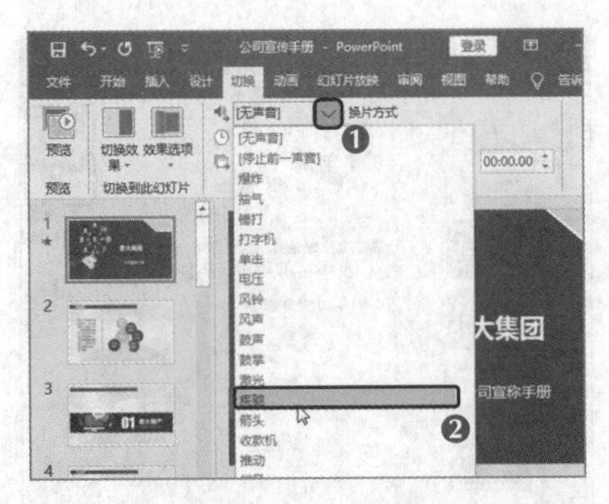

图6-46　设置切换效果的声音

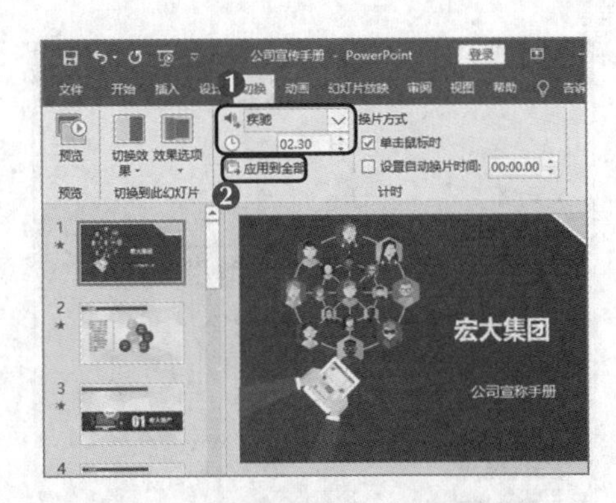

图6-47　设置持续时间并应用到全部

6.2.3　设置对象的动画效果

为了使演示文稿中某些需要强调的文字或图片能在放映过程中生动地展示在观众面前，用户可以为这些对象添加合适的动画效果，使幻灯片内容更加生动、活泼。下面主要介绍设置幻灯片中对象的动画效果及编辑动画的操作。

微课视频

添加动画效果

1. 添加动画效果

为了使制作出来的演示文稿更加生动，用户可为幻灯片中的不同对象设置不同的动画效果，使幻灯片中的对象以不同的方式出现在幻灯片中。PowerPoint 2016提供了丰富的内置动画样式，用户可以根据需要自行添加。下面在“公司宣传手册.pptx”演示文稿中通过“动画”组和“动画”对话框来为幻灯片中的对象添加动画效果，具体操作如下。

（1）选择第1张幻灯片中左下角的图片，单击【动画】/【动画】组中的“动画样式”按钮★，在弹出的下拉列表中选择“进入”栏中的“飞入”选项，如图6-48所示。

（2）在“动画”组中单击“效果选项”按钮↑，在弹出的下拉列表中选择“方向”栏中的“自底部”选项，如图6-49所示，并预览动画效果。

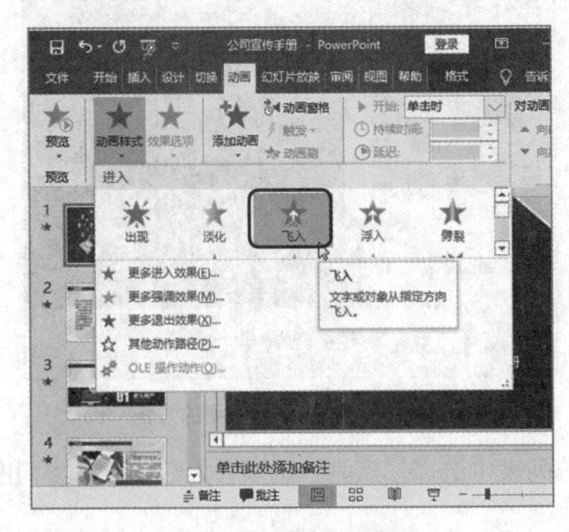

图6-48　设置动画样式

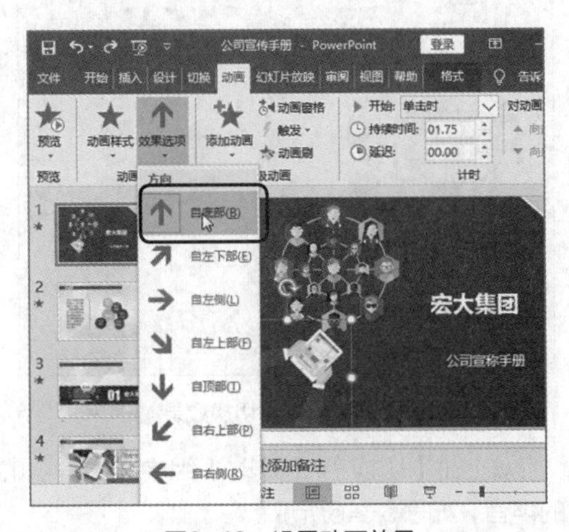

图6-49　设置动画效果

（3）添加动画后，在【动画】/【计时】组中的“开始”下拉列表中选择“上一动画之后”选项，在“持续时间”数值框中输入“02.00”，这表示动画持续时间为2秒，设置了动画后的对象的左上角会显示编号，如图6-50所示。

（4）使用相同的方法为幻灯片中的其他图片、标题和副标题设置动画样式，并为其设置动画效果，如图6-51所示。

图6-50　设置动画播放顺序和动画持续时间

图6-51　为其他幻灯片对象设置动画样式和动画效果

2. 更改动画播放顺序

为对象添加动画样式后，其动画效果是默认的，用户可根据需要自行修改，如更改进入方向等，而动画播放顺序为用户设置动画的先后顺序，用户设置完成后，同样可对动画播放顺序进行更改。下面在“公司宣传手册.pptx”演示文稿中更改动画播放顺序，具体操作如下。

（1）选择第1张幻灯片，单击【动画】/【高级动画】组中的“动画窗格”按钮，如图6-52所示。

（2）打开“动画窗格”任务窗格，将鼠标指针移动到与标题对应的动画选项上，向下拖曳，即可更改动画播放顺序，如图6-53所示。

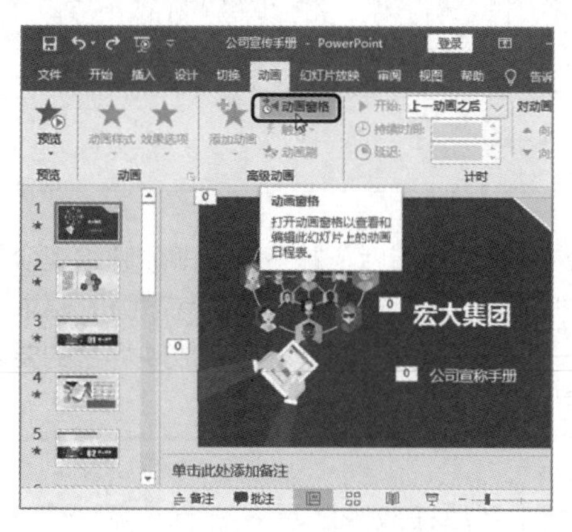

图6-52　单击“动画窗格”按钮

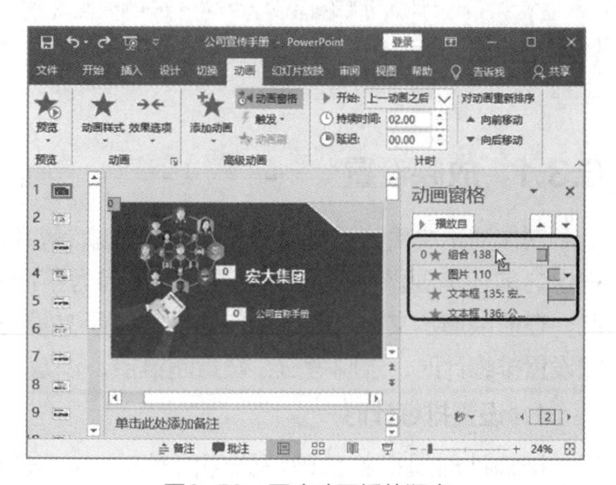

图6-53　更改动画播放顺序

6.3 课堂案例：放映“产品营销推广”演示文稿

以往老洪在讲解演示文稿时，米拉每次都会认真做笔记，记录放映的过程，同时仔细观察老洪的放映操作。为了进一步掌握演示文稿的放映方法，她努力学习了演示文稿的放映设置等知识和操作，最终圆满完成了为客户放映“产品营销推广”演示文稿的讲解任务，放映效果如图6-54所示。

素材所在位置 素材文件\第6章\课堂案例\产品营销推广.pptx

效果所在位置 效果文件\第6章\课堂案例\产品营销推广.pptx

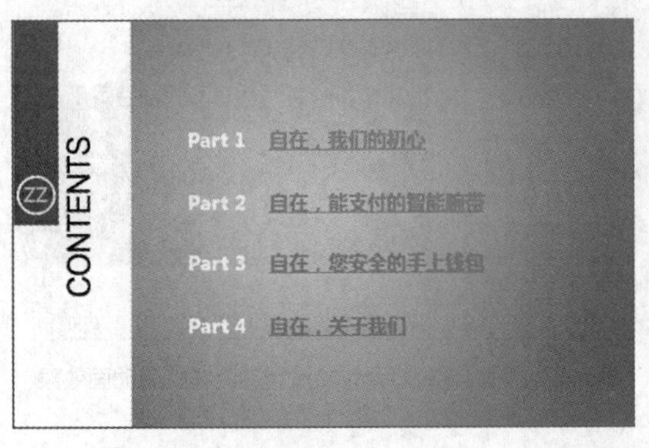

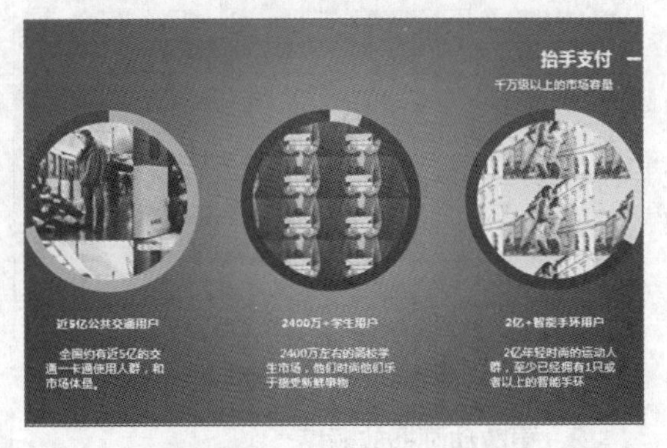

图6-54 “产品营销推广”演示文稿放映效果

职业素养 **“产品营销推广”演示文稿的作用和内容框架**

“产品营销推广”演示文稿是公司常用的一种演示文稿类型。通常，公司在研发出一款新产品时，会在市场中大力推广，利用“产品营销推广”演示文稿进行展示，能使产品信息迅速传播，达到营销宣传的最终目的。“产品营销推广”演示文稿一般包含产品介绍信息、产品实现的功能、产品的特色等内容。这类演示文稿包含多个部分，前面部分常设有目录，用于展示演示文稿的重点内容。

6.3.1 放映设置

制作演示文稿的最终目的是放映给观众看，但制作好演示文稿后，并不能立即放映给观众看，在这之前还需要做一些放映准备，这是因为不同的放映场合对演示文稿的放映有不同的要求。因此，在放映演示文稿之前，用户需要对演示文稿进行一些放映设置，使其更符合放映场合的要求，如设置排练计时、录制旁白、设置超链接、设置放映方式等。

1. 设置排练计时

排练计时是指将放映每张幻灯片的时间进行记录，然后在放映演示文稿时，就可按排练的时间和顺序进行放映，从而实现演示文稿的自动放映，使演讲者可以专心地进行演讲而不用控制幻灯片的切换。下面在“产品营销推广.pptx”演示文稿中设置排练时间，具体操作如下。

（1）单击【幻灯片放映】/【设置】组中的“排练计时”按钮，进入放映排练状态，系统将打开“录制”工具栏并自动为该幻灯片计时，如图6-55所示。

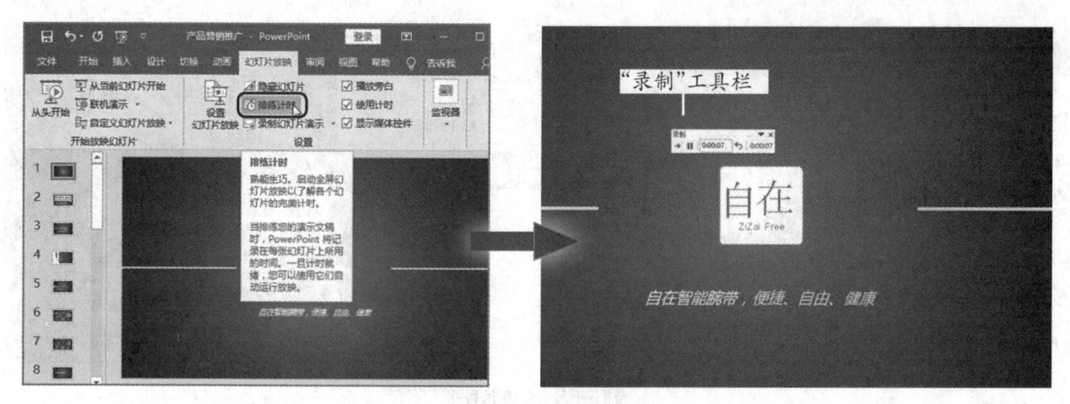

图6-55　设置排练计时

（2）该张幻灯片讲解完成后，在“录制”工具栏中单击“下一项”按钮➔或直接单击切换到下一张幻灯片，“录制”工具栏中的时间将从头开始为下一张幻灯片的放映进行计时，如图6-56所示。

（3）使用相同的方法对其他幻灯片的放映进行计时，当所有幻灯片放映结束后，屏幕上将弹出提示对话框，询问是否保留新的幻灯片计时，单击 是(Y) 按钮进行保存，如图6-57所示。

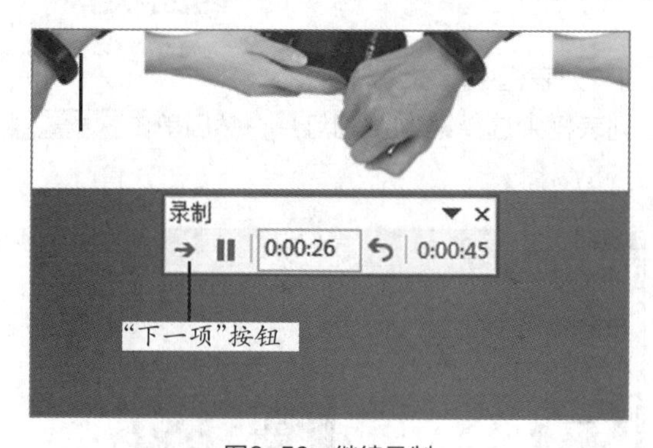

图6-56　继续录制

图6-57　保存排练计时

2. 录制旁白

在放映演示文稿时，用户可以通过录制旁白的方法事先录制好演讲者的演说词，这样播放时系统就会自动播放录制好的演说词。需要注意的是，在录制旁白前，用户需要保证计算机中已安装了声卡和麦克风，且两者处于工作状态，否则将不能进行录制或录制的旁白无声音。下面在“产品营销推广.pptx”演示文稿中录制旁白，具体操作如下。

（1）选择第6张幻灯片，单击【幻灯片放映】/【设置】组中“录制幻灯片演示”按钮右侧的下拉按钮，在弹出的下拉列表中选择“从当前幻灯片开始录制”选项，在打开的“录制幻灯片演示”对话框中单击 开始录制(R) 按钮，此时将进入幻灯片录制状态，系统将打开“录制”工具栏并开始对旁白的录制进行计时，此时开始录入准备好的演说词，如图6-58所示。

（2）录制完成后按【Esc】键退出幻灯片录制状态，返回幻灯片的普通视图，此时录制旁白的幻灯片中将会出现声音文件图标，通过单击控制栏中的▶图标可试听旁白效果。

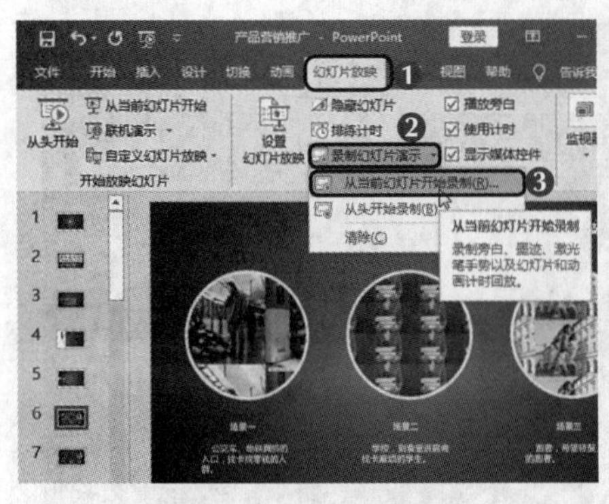

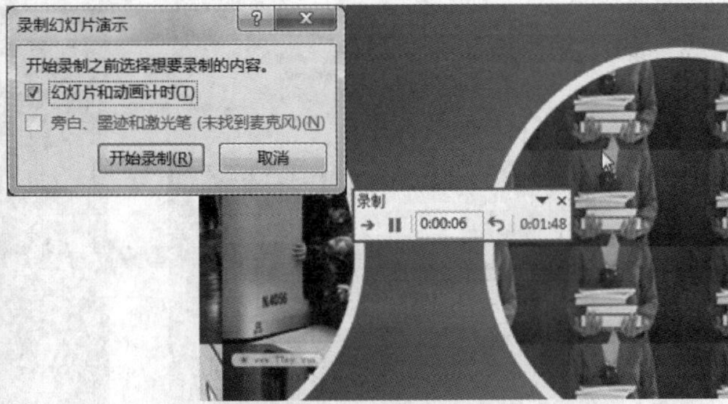

图6-58　录制旁白

3. 设置超链接

一些大型演示文稿的内容较多，信息量很大，通常存在一个目录页，用户可对目录页的内容设置超链接，以快速跳转到具体的幻灯片页面。下面在“产品营销推广.pptx”演示文稿中的第4张目录幻灯片中设置超链接，具体操作如下。

微课视频

设置超链接

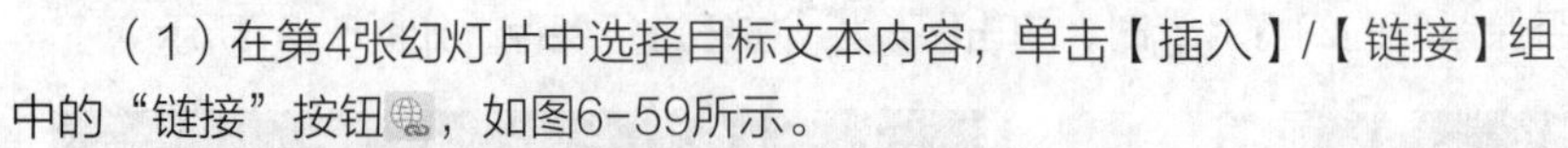

（1）在第4张幻灯片中选择目标文本内容，单击【插入】/【链接】组中的“链接”按钮，如图6-59所示。

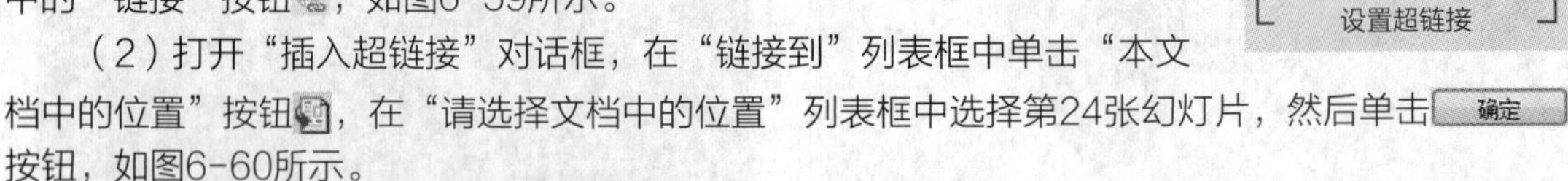

（2）打开“插入超链接”对话框，在“链接到”列表框中单击“本文档中的位置”按钮，在“请选择文档中的位置”列表框中选择第24张幻灯片，然后单击 确定 按钮，如图6-60所示。

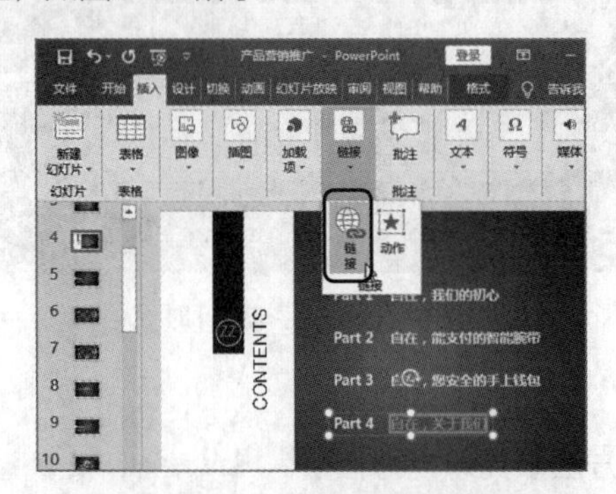

图6-59　选择设置超链接的文本内容

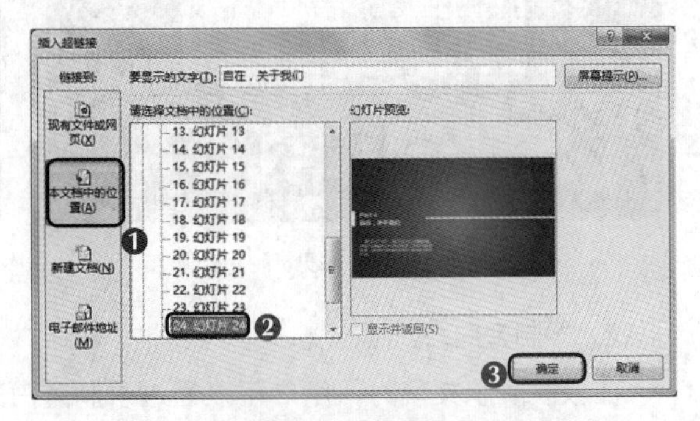

图6-60　设置链接目标

（3）返回幻灯片，可看到选择的“自在，关于我们”文字内容添加了超链接后的效果，即文本颜色发生改变，为默认的蓝色，且添加了下画线，如图6-61所示。

（4）使用相同的方法分别将“Part 1”“Part 2”“Part 3”后的文字内容链接到第5张、第9张、第19张幻灯片，效果如图6-62所示。

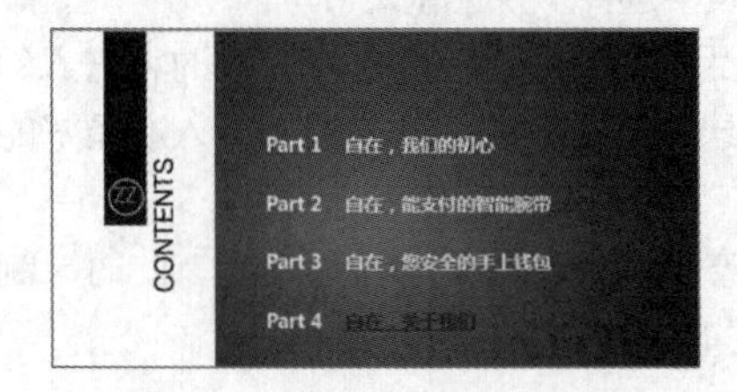

图6-61　查看文字超链接的效果

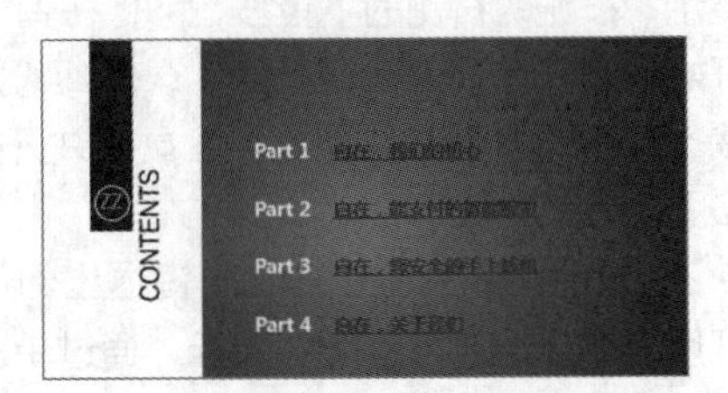

图6-62　添加其他超链接

（5）放映幻灯片时，将鼠标指针移到“Part 1”后的文字内容上，鼠标指针变为形状时，单击即可跳转到第5张幻灯片，单击“Part 2”后的文字内容将跳转到第9张幻灯片。

4. 设置放映方式

根据放映的目的和场合不同，演示文稿的放映方式也会有所不同。设置放映方式包括设置幻灯片的放映类型、放映选项、放映幻灯片的范围及换片方式和性能等，这些都可在“设置放映方式”对话框中进行设置。下面在“产品营销推广.pptx”演示文稿中设置幻灯片的放映方式，具体操作如下。

（1）单击【幻灯片放映】/【设置】组中的“设置幻灯片放映”按钮。

（2）打开“设置放映方式”对话框，在“放映类型”栏中选中“演讲者放映（全屏幕）”单选项，在“放映选项”栏中选中“循环放映，按ESC键终止”复选框，在“放映幻灯片”栏中选中“全部”单选项，在“推进幻灯片”栏中选中“如果出现计时，则使用它”单选项，然后单击 确定 按钮，此时演示文稿将以“演讲者放映（全屏幕）”进行放映，如图6-63所示。

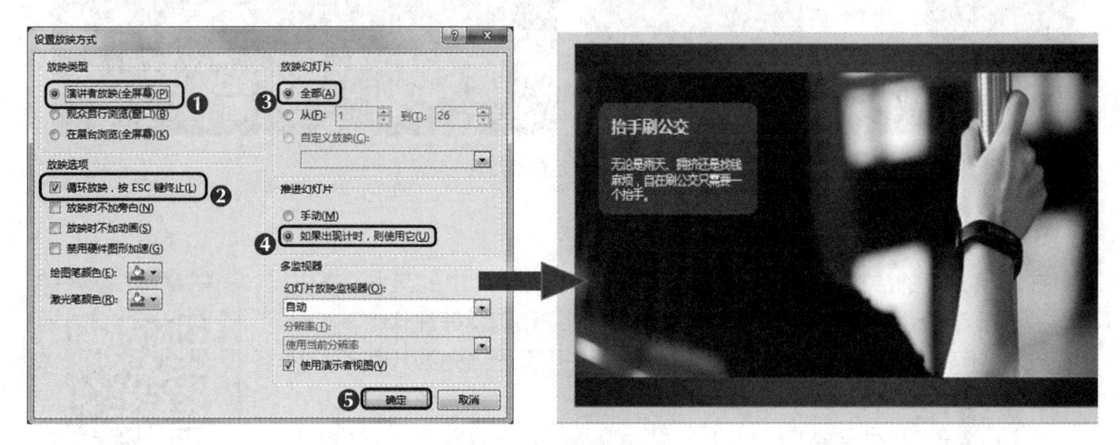

图6-63 设置放映方式

6.3.2 放映控制

放映的准备工作完成之后，演讲者即可进行演讲。在放映演示文稿时，演讲者根据实际情况对放映情况进行控制，如放映的方式、放映时幻灯片的定位切换、放映时对重点内容的注释等。

1. 放映的方式

按照设置的效果进行顺序放映被称为一般放映，这是演示文稿的常用放映方式。PowerPoint 2016提供了从头开始放映和从当前幻灯片开始放映两种放映方式。

- **从头开始放映：** 单击【幻灯片放映】/【开始放映幻灯片】组中的“从头开始”按钮，或直接按【F5】键，可从演示文稿的首页开始放映。
- **从当前幻灯片开始放映：** 单击【幻灯片放映】/【开始放映幻灯片】组中的“从当前幻灯片开始”按钮，或直接按【Shift+F5】组合键，可从演示文稿的当前幻灯片开始放映。

2. 定位幻灯片

默认状态下，演示文稿按幻灯片顺序进行放映，实际放映中演讲者通常会使用快速定位功能实现幻灯片的定位。快捷定位功能可以实现任意幻灯片的切换，如从第1张幻灯片切换到第5张幻灯片等。下面在“产品营销推广.pptx”演示文稿中展示快速定位幻灯片的方法，具体操作如下。

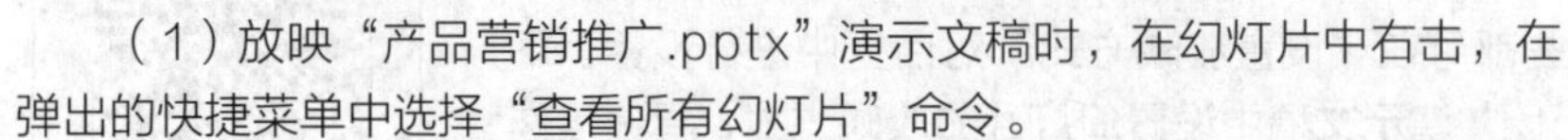

（1）放映“产品营销推广.pptx”演示文稿时，在幻灯片中右击，在弹出的快捷菜单中选择“查看所有幻灯片”命令。

（2）在打开的界面中显示了所有幻灯片对应的缩略图，然后选择第9张幻灯片，即可快速定位到第9张幻灯片，如图6-64所示。

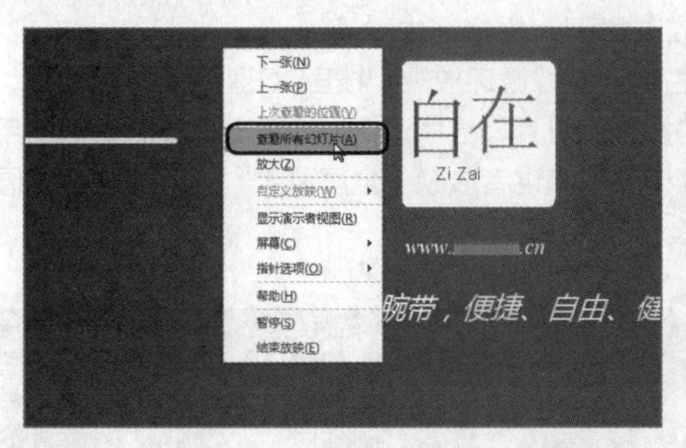

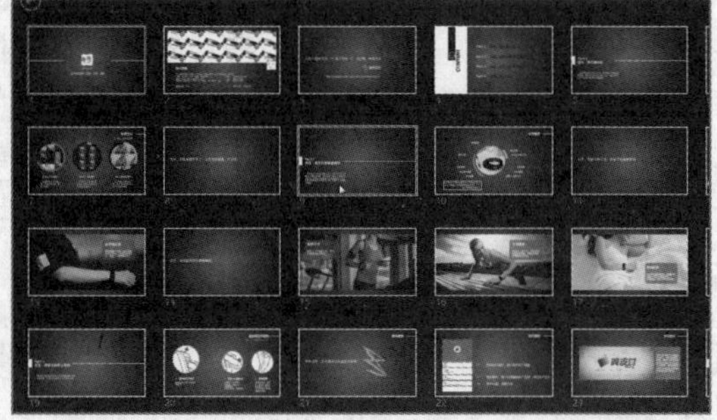

图6-64 定位幻灯片

3. 添加注释

在演示文稿的放映过程中，演讲者若想突出幻灯片中的某些重要内容，并进行着重讲解，则可在幻灯片中添加下划线和圆圈等注释。下面展示在放映“产品营销推广.pptx”演示文稿时，使用荧光笔为第10张幻灯片添加注释内容，具体操作如下。

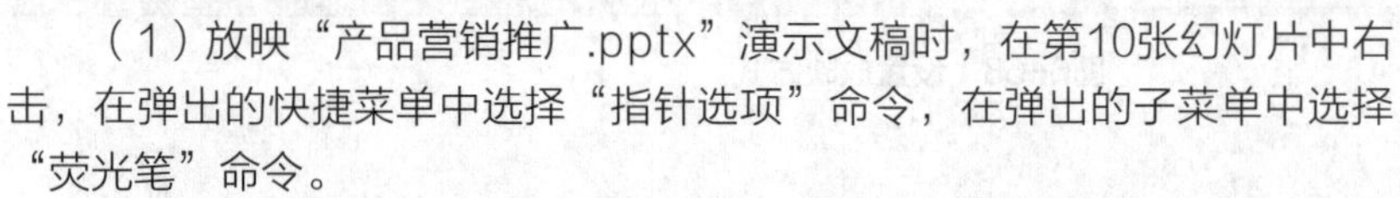

（1）放映“产品营销推广.pptx”演示文稿时，在第10张幻灯片中右击，在弹出的快捷菜单中选择“指针选项”命令，在弹出的子菜单中选择“荧光笔”命令。

（2）在该幻灯片上右击，在弹出的快捷菜单中选择“指针选项”命令，在弹出的子菜单中选择“墨迹颜色”命令，再在弹出的子菜单中选择“红色”命令，如图6-65所示。

（3）将鼠标指针移动到该张幻灯片中需要标注的位置并拖曳，即可标记该张幻灯片中的重点内容。幻灯片放映结束后，将弹出“是否保留墨迹注释？”的提示对话框，单击保留(K)按钮保留墨迹注释，如图6-66所示。

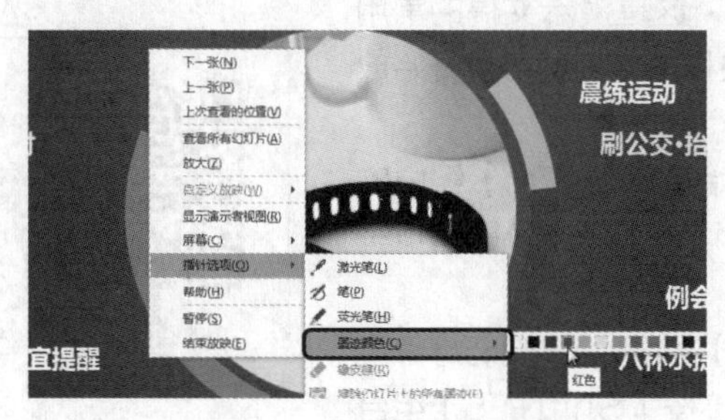

图6-65 设置荧光笔的颜色

图6-66 保存注释

6.3.3 输出演示文稿

演示文稿制作完成后，为了方便在不同场合使用，可将其转换为PDF文件或视频文件，也可以直接将其打包。

1. 将演示文稿输出为PDF文件或视频文件

微课视频

将演示文稿输出为PDF文件或视频文件

演示文稿制作完成后，可将其输出为PDF文件或者视频文件，这样浏览者就可以用不同的方式来观看演示文稿的内容。下面将“产品营销推广.pptx”演示文稿输出为PDF文件，具体操作如下。

（1）打开“产品营销推广.pptx”演示文稿，选择【文件】/【导出】命令，在界面中间选择“创建PDF/XPS文档”选项，在界面右侧单击“创建PDF/XPS”按钮，如图6-67所示。

（2）打开“发布为PDF或XPS”对话框，设置保存位置和文件名，然后单击发布(S)按钮，如图6-68所示。打开保存PDF文件的文件夹，双击该文件即可查看演示文稿的效果。

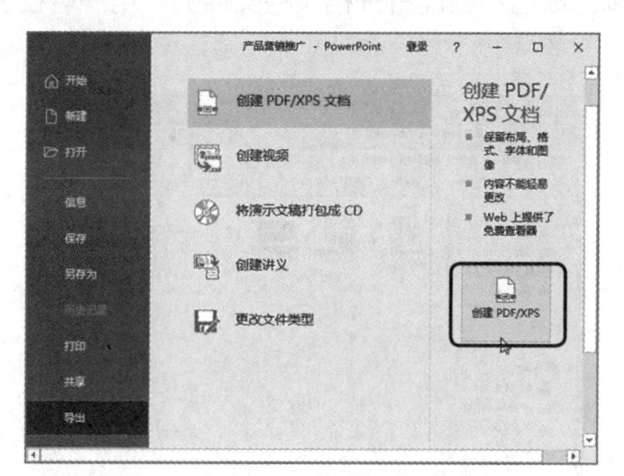

图6-67　单击“创建PDF/XPS”按钮

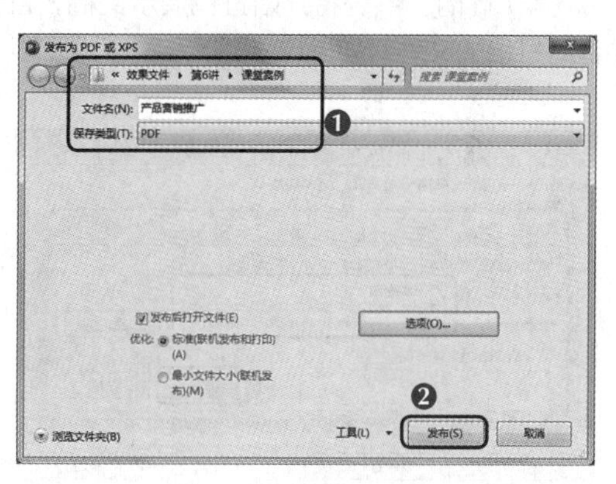

图6-68　设置保存位置和文件名

多学一招　　**将演示文稿输出为视频文件**

选择【文件】/【导出】命令，在界面中间选择“创建视频”选项，在界面右侧单击“创建视频”按钮，在打开的对话框中设置保存位置和文件名，单击保存(S)按钮即可将演示文稿输出为视频文件。

2. 打包演示文稿

如果要在没有安装PowerPoint 2016组件的计算机中打开和放映演示文稿，就需要将演示文稿打包到文件夹或空白CD 中，打包内容包括演示文稿和一些必要的数据文件（如链接文件等）。下面将打包“产品营销推广.pptx”演示文稿，具体操作如下。

（1）打开“产品营销推广.pptx”演示文稿，选择【文件】/【导出】命令，在界面中间选择“将演示文稿打包成CD”选项，在界面右侧单击“打包成CD”按钮，如图6-69所示。

（2）打开“打包成CD”对话框，单击复制到文件夹(F)...按钮，如图6-70所示。

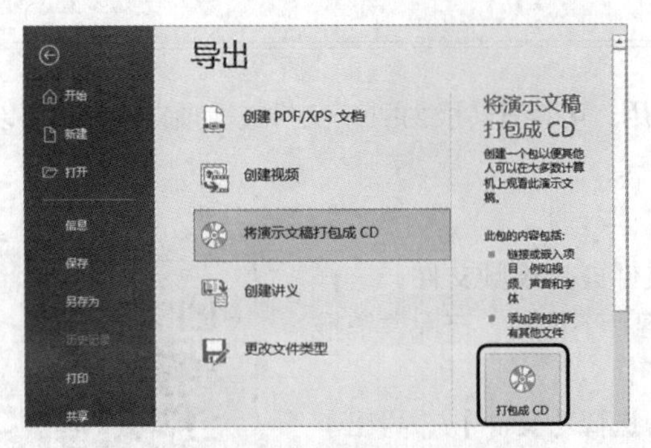

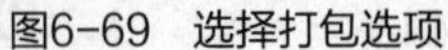
图6-69　选择打包选项

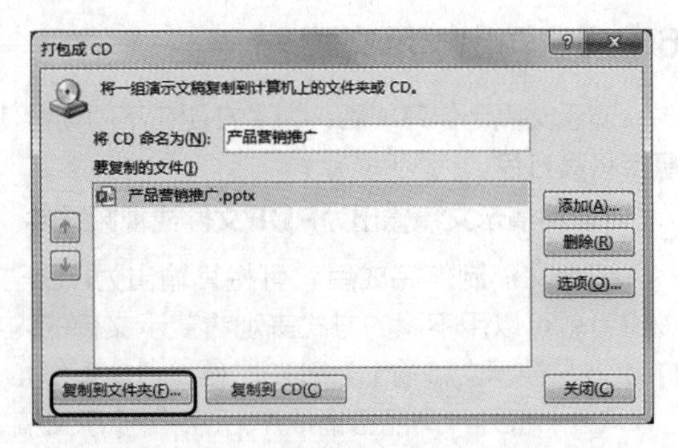

图6-70　单击“复制到文件夹”按钮

（3）打开“复制到文件夹”对话框，在“文件夹名称”文本框中输入文件夹的名称，在“位置”文本框中输入文件的保存位置，然后单击［确定］按钮，如图6-71所示。另外，在打开的提示对话框中单击［是(Y)］按钮。

（4）此时，系统将开始打包演示文稿，且打包完成后将自动打开相应的文件夹，用户可在其中查看打包的文件，如图6-72所示。

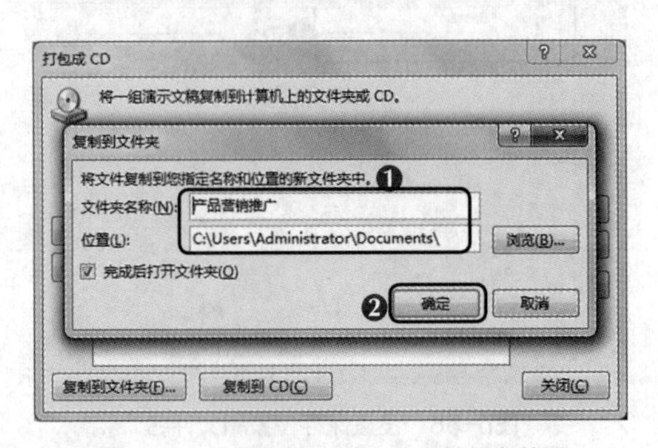

图6-71　设置文件夹名称及文件保存位置

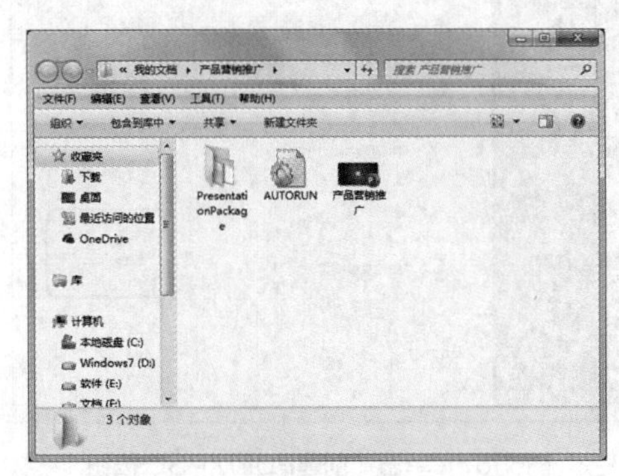

图6-72　查看演示文稿打包效果

6.4　项目实训

本章通过制作“入职培训”演示文稿、设置“公司宣传手册”演示文稿、放映“产品营销推广”演示文稿3个课堂案例，讲解了制作与编辑演示文稿的方法，如搭建演示文稿的结构、添加并设置文本、插入并编辑图片、插入并编辑SmartArt图形、绘制并编辑形状、使用母版设置幻灯片、设置幻灯片的切换效果、设置对象的动画效果等，这些都是日常办公中经常使用的操作，大家应重点学习和把握。下面通过两个项目实训帮助大家灵活运用本章讲解的知识。

6.4.1　制作“旅游宣传画册”演示文稿

1. 实训目标

本实训的目标是制作“旅游宣传画册”演示文稿。制作“旅游宣传画册”演示文稿时需注意，使用的风景图片最好是真实拍摄的，并且要保证图片的美观性。在制作时，首先应打开“旅游宣传画册.pptx”演示文稿，在其中插入风景图片，然后插入文本框并输入风景的描述内容。“旅游宣传画册”演示文稿的最终效果如图6-73所示。

素材所在位置 素材文件\第6章\项目实训\旅游宣传画册.pptx、风景图片文件夹

效果所在位置 效果文件\第6章\项目实训\旅游宣传画册.pptx

图6-73 “旅游宣传画册”演示文稿的最终效果

2. 专业背景

“旅游宣传画册”演示文稿是一种用于宣传旅游景点的演示文稿，所以其中图片较多。因为其目的是宣传旅游景点，所以该类演示文稿要求内容翔实、图文并茂，让人产生旅游的向往和冲动。

3. 操作思路

首先应新建幻灯片，然后依次在幻灯片中插入并编辑图片，最后使用文本框输入对应图片的描述内容。

【步骤提示】

（1）打开“旅游宣传画册.pptx”演示文稿，新建4张幻灯片。

（2）在幻灯片中插入图片，并对图片进行编辑。

（3）在幻灯片中插入文本框，在文本框中输入图片的描述内容，并设置其字体格式。

6.4.2 制作“楼盘投资策划书”演示文稿

1. 实训目标

本实训的目标是制作“楼盘投资策划书”演示文稿。制作“楼盘投资策划书”演示文稿时大家需要明确其目的，并对实际情况进行分析。本实训要求掌握幻灯片母版的设计、幻灯片切换效果的设置、动画效果的设置等知识点。“楼盘投资策划书”演示文稿的最终效果如图6-74所示。

素材所在位置 素材文件\第6章\项目实训\楼盘投资策划书

效果所在位置 效果文件\第6章\项目实训\楼盘投资策划书.pptx

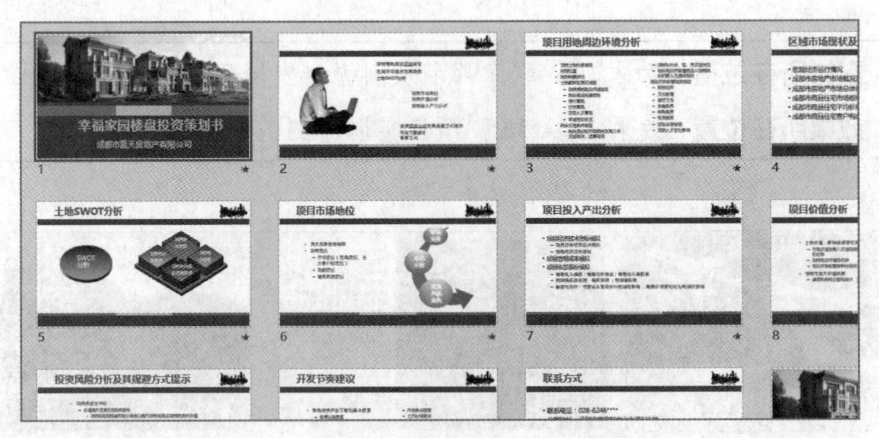

图6-74 “楼盘投资策划书”演示文稿的最终效果

2. 专业背景

楼盘投资策划书是房地产相关单位为了达到招商融资或阶段性发展的目的，在经过前期对项目进行的调研、分析、搜集与整理有关资料的基础上，根据一定的格式和内容的具体要求而编辑整理出的一个全面展示公司和项目状况、未来发展潜力与执行策略的书面材料。

3. 操作思路

先通过幻灯片母版制作幻灯片的统一模板，然后对幻灯片设置切换效果，最后对其中的文本和图形等对象设置动画效果，其操作思路如图6-75所示。

①设置母版　　②设置母版标题幻灯片　　③设置切换效果

图6-75 “楼盘投资策划书”演示文稿的操作思路

【步骤提示】

（1）打开“楼盘投资策划书.pptx”演示文稿，进入幻灯片母版，选择第1张幻灯片，在幻灯片下方绘制一个矩形，取消其轮廓，将其填充为“灰色-80%”，并置于底层。然后使用相同的方法绘制其他形状。

（2）插入“2.jpg”图片，将其移动到幻灯片右上角，然后调整标题占位符的位置，并将其字体格式设置为“微软雅黑”“44”“灰色-25%，背景2，深色50%”，再将内容占位符的字体设置为“微软雅黑”。

（3）选择第2张幻灯片，单击“幻灯片母版”选项卡，在“背景”组中单击选中“隐藏背景图形”复选框，然后复制第1张幻灯片中下方的“蓝”“黄”“蓝”3个形状，将其复制到第2张幻灯片中间位置，并对其大小和位置进行适当的调整，然后插入“1.jpg”图片并进行设置。

（4）设置幻灯片的切换效果及各张幻灯片中各个对象的动画效果。

6.5 课后练习

本章主要介绍了制作和编辑演示文稿的操作方法，下面通过两个练习帮助大家熟悉各知识点的应用方法及相关操作。

练习1：制作“产品宣传”演示文稿

下面将制作“产品宣传”演示文稿，用于宣传公司的产品。它既可以是对某种特定产品的宣传，也可以是对多种产品的宣传。通过本练习，大家可巩固制作演示文稿的流程和一般方法。“产品宣传”演示文稿的最终效果如图6-76所示。

素材所在位置 素材文件\第6章\课后练习\产品宣传

效果所在位置 效果文件\第6章\课后练习\产品宣传.pptx

图6-76 “产品宣传”演示文稿的最终效果

操作要求如下。

- 打开“产品宣传.pptx”演示文稿，在第1、2张幻灯片中绘制文本框并输入相应文本。
- 在第3张幻灯片上方绘制矩形条，设置其格式并在其上方绘制文本框后输入标题，然后插入“垂直V形列表”SmartArt图形，在其中输入文本内容并编辑其格式。
- 将第3张幻灯片上方的形状和标题复制到其他幻灯片中，并修改标题内容，然后插入图片和椭圆形状并进行编辑。
- 在最后一张幻灯片中绘制形状并添加文本内容。
- 设置幻灯片的切换效果，以及各张幻灯片中各个对象的动画效果。

练习2：制作“管理培训”演示文稿

下面将制作“管理培训”演示文稿。管理培训的目的是使企业负责人、团队领导人、职业经理人拥有更加专业的管理技能。本练习的主要内容是在幻灯片母版中设置样式、设置SmartArt图形和动画效果等。“管理培训”演示文稿的最终效果如图6-77所示。

素材所在位置 素材文件\第6章\课后练习\管理培训.pptx

效果所在位置 效果文件\第6章\课后练习\管理培训.pptx

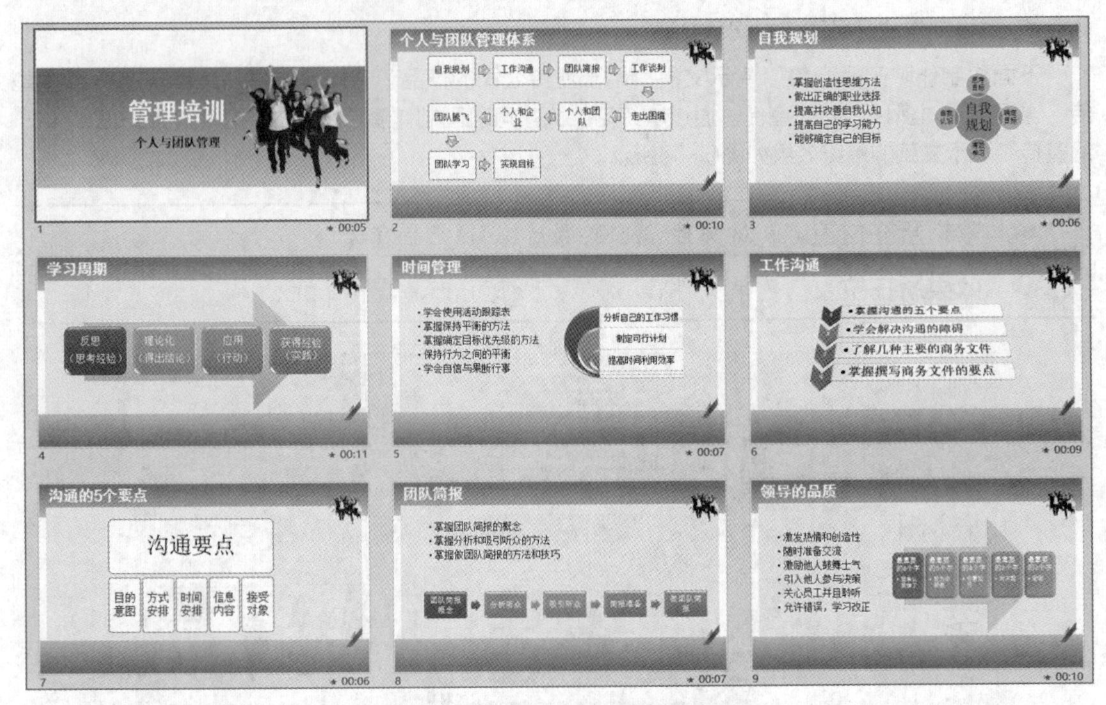

图6-77 “管理培训”演示文稿的最终效果

操作要求如下。

- 打开“管理培训.pptx”演示文稿，在第1张幻灯片中输入并设置标题文本。
- 新建8张幻灯片，输入标题，然后分别在第5和第8张幻灯片中插入SmartArt图形、输入文本并设置其格式。另外，颜色的设置应与背景相协调。
- 进入幻灯片母版视图，在第1张幻灯片中将中间的矩形形状填充为“金色，强调文字颜色4，淡色80%”。
- 设置幻灯片的切换效果，以及各张幻灯片中各个对象的动画效果。

6.6 技巧提升

1. 插入媒体文件

在某些演示场合下，生动活泼的幻灯片能更好地吸引观众。除了前文介绍的插入对象外，用户还可以插入媒体文件，如音频和视频文件，使幻灯片声情并茂。

- **插入音频：** 单击【插入】/【媒体】组中“音频”按钮下方的下拉按钮，在弹出的下拉列表中选择“PC上的音频”选项，在打开的对话框中选择要插入的音频文件，此时幻灯片中将显示一个声音图标，并同时打开提示播放的控制条，单击▶按钮即可预览插入的音频文件的效果，如图6-78所示。

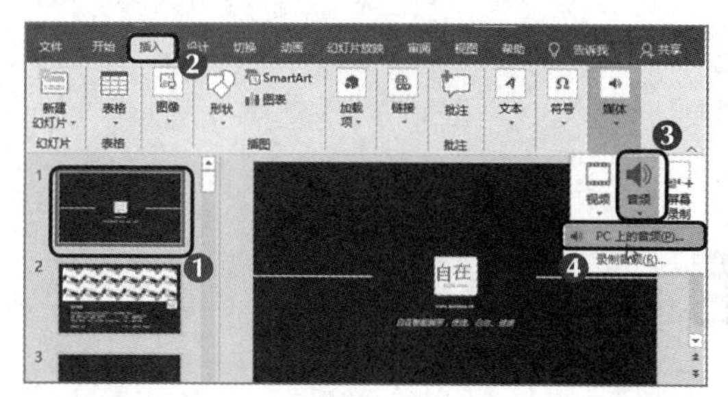

图6-78　插入音频文件

- **插入视频：**单击【插入】/【媒体】组中“视频”按钮下方的下拉按钮，在弹出的下拉列表中选择“PC上的视频”选项，在打开的“插入视频文件”对话框中选择要插入的视频文件，然后单击按钮插入视频文件，如图6-79所示。

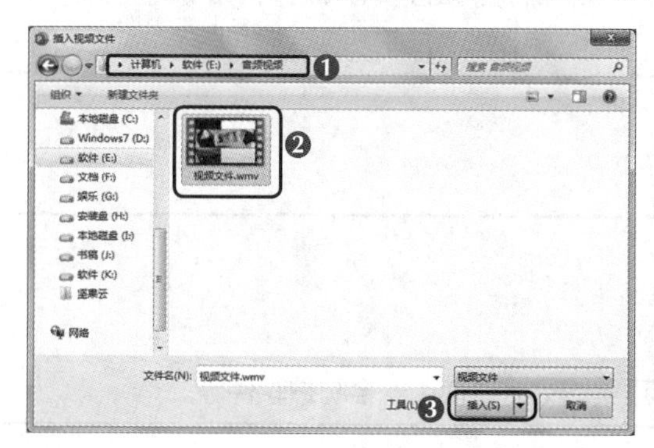

图6-79　插入视频文件

2. 使用动画刷复制动画效果

如果需要为演示文稿中的多个幻灯片对象应用相同的动画效果，那么依次添加动画效果就会非常麻烦，而且浪费时间，这时可以使用动画刷来快速复制动画效果，然后将其应用于多个幻灯片对象。具体操作方法如下：在幻灯片中选择已设置动画效果的对象，单击【动画】/【高级动画】组中的“动画刷”按钮，此时，鼠标指针将变成形状，然后将鼠标指针移动到需要应用动画效果的对象上，单击，即可为该对象应用复制的动画效果。

第7章

常用办公软件的使用

情景导入

老洪发给米拉几张图片，要求她对这些图片进行编辑和美化。米拉接到任务后很苦恼，因为自己不会使用Photoshop。但老洪告诉米拉，安装一款图片处理软件就行，如美图秀秀等，并建议米拉学习其他常用办公软件的使用方法。

学习目标

- 掌握安装与卸载软件的方法。

如获取软件安装程序、安装软件、卸载软件等。

- 掌握常用办公软件的使用方法。

如使用压缩软件、使用Adobe Acrobat、使用美图秀秀、使用安全防护软件等。

素质目标

树立正确的价值观，全面提升自己的职业素养和能力。

案例展示

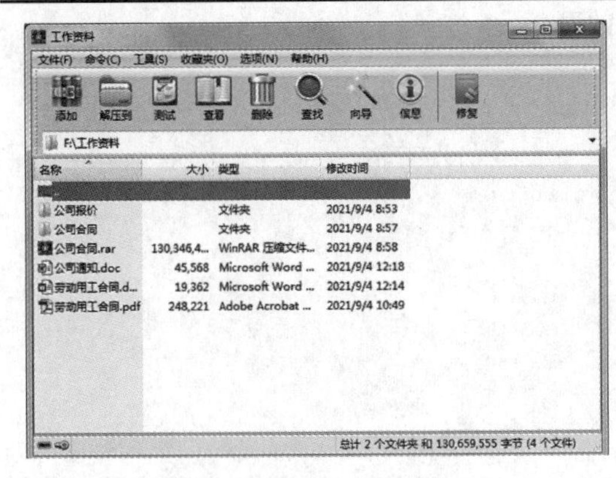

▲使用WinRAR解压文件

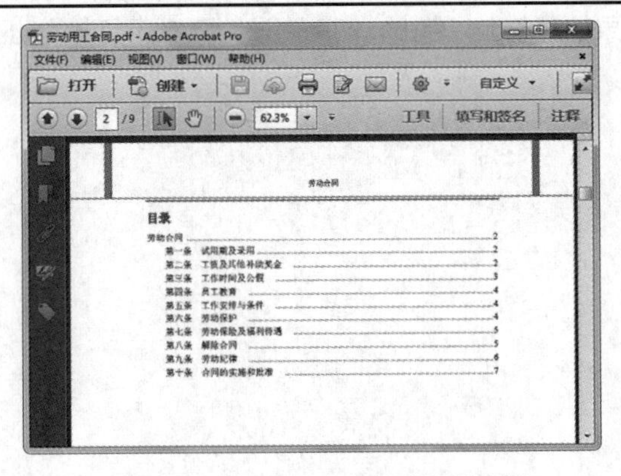

▲使用 Adobe Acrobat 查看 PDF 文档

7.1 安装与卸载软件

办公自动化需要通过计算机系统中的一系列软件辅助进行实现，而计算机系统自带的软件是有限的，若要在办公中实现更多的目的，就需要在计算机系统中安装其他实用的办公软件，因此，办公人员首先应掌握安装与卸载软件的方法。

7.1.1 获取软件安装程序

在安装软件前必须先获取该软件的安装程序，软件安装程序的后缀名一般为“.exe”。获取软件安装程序的方法通常有以下3种。

- **购买：**一般在软件经销商处可以购买到软件的安装光盘，需要注意的是，千万不要购买盗版软件，因为盗版软件不仅得不到软件商的技术支持，而且可能会存在危害计算机安全的计算机病毒。
- **网上下载：**目前很多网站都提供下载共享软件或免费软件的链接，用户可根据需要自行下载，但在下载时要小心网络中的病毒和木马。用户可选择在知名度较高的网站上下载，因为这类网站在安全性方面更有保障。
- **赠送：**有时在购买软件或计算机方面的书籍时，用户会获赠一些经授权许可的共享软件，或作者自行开发的软件。

知识提示 **软件的安装序列号或注册码**

一些软件拥有自己的“身份证”，即安装序列号或注册码，分别用于在安装时输入以继续安装，或在安装后输入以激活软件。大部分软件的安装序列号都印刷在光盘包装盒上。另外，对于一些共享软件，用户可通过网站或手机注册的方法获得安装序列号或注册码，免费软件则不需要安装序列号或注册码，直接安装即可。

7.1.2 安装软件

在计算机中安装各种软件的方法基本相似，且安装过程智能化，用户只需根据软件的安装提示进行操作即可，但是有的软件在安装时，还需要输入安装序列号或注册码。下面以在计算机中安装美图秀秀为例来介绍安装软件的一般方法，具体操作如下。

（1）打开美图秀秀安装程序的保存位置，双击程序图标启动安装程序，如图7-1所示。

（2）在打开的安装界面中选中“我已阅读并接受用户协议和隐私”复选框，然后单击一键安装按钮，如图7-2所示。

（3）系统将开始安装软件，并显示安装进度，用户只需等待其自动安装即可，如图7-3所示。软件安装完成后，计算机桌面上会有美图秀秀的快捷图标。

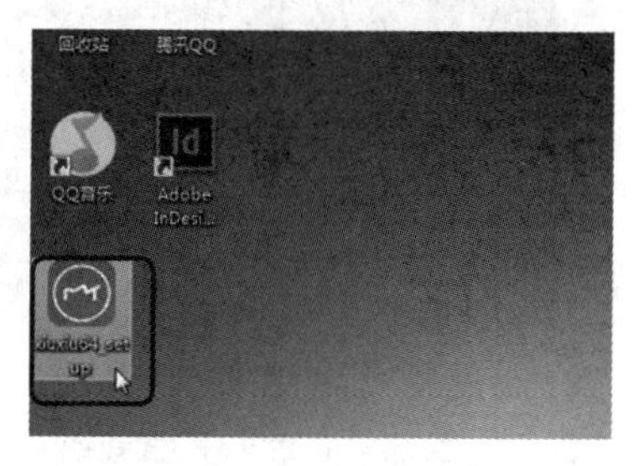

图7-1　启动安装程序

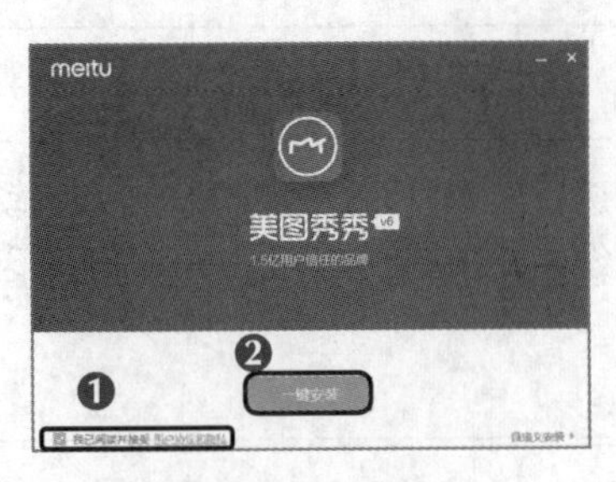

图7-2　开始安装软件

图7-3　安装软件

7.1.3　卸载软件

计算机系统中的软件并不是越多越好，在办公中为了节省系统资源，用户可以将无法正常使用或不经常使用的软件从计算机系统中卸载。卸载软件一般通过控制面板进行。下面以卸载计算机系统中不常使用的“万能压缩”软件为例来讲解卸载软件的一般方法，具体操作如下。

（1）单击“开始”按钮，在系统控制区中选择“控制面板”选项。打开“控制面板”窗口，在其中单击“程序和功能”超链接，如图7-4所示。

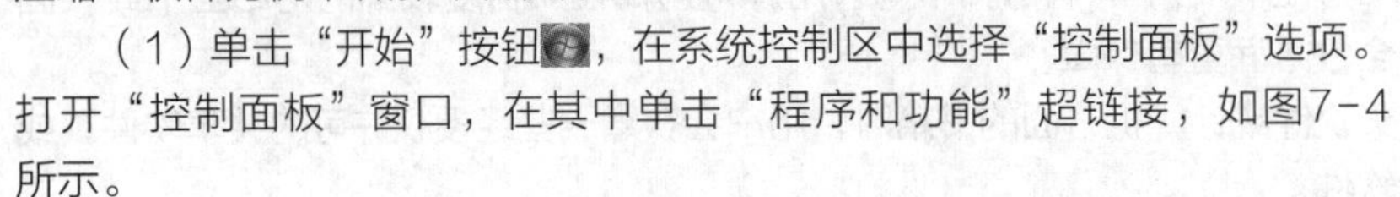

（2）打开“程序和功能”窗口，在“卸载或更改程序”栏中选择“万能压缩1.4”软件，然后单击卸载/更改按钮，再在打开的对话框中单击是(Y)按钮确认卸载，如图7-5所示。

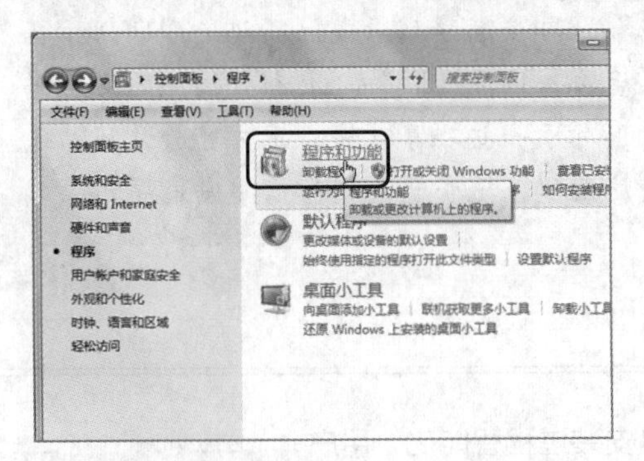

图7-4　单击“程序和功能”超链接

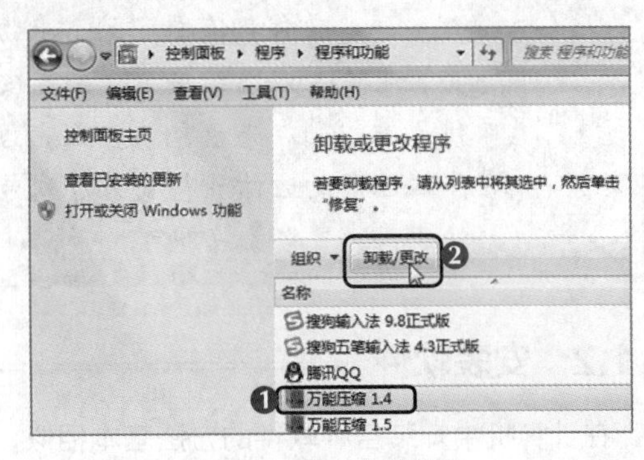

图7-5　执行卸载操作

（3）系统开始卸载软件，并显示卸载进度，如图7-6所示。卸载完成后，系统将弹出提示对话框提示该软件卸载完成，然后单击确定按钮，如图7-7所示。

图7-6　卸载软件

图7-7　完成卸载

7.2 使用压缩软件

压缩是指使用软件通过特殊的编码方式将计算机系统中一些占用硬盘空间较大的文件缩小的操作，而将这些压缩文件还原成最初大小的操作称为解压。常用的压缩解压软件主要有WinRAR等。下面具体介绍使用WinRAR压缩与解压文件的操作方法。

7.2.1 使用WinRAR压缩文件

有的文件占用磁盘空间过大，当用户需要在网络中传输它们时，可先将它们进行压缩，减小文件大小，以缩短传输时间。下面将对本书中制作的Word文档、Excel表格和PowerPoint演示文稿的效果文件进行压缩，具体操作如下。

（1）单击“开始”按钮，在弹出的“开始”菜单中选择“WinRAR”选项，启动WinRAR。在其主界面的地址栏中选择文件的保存位置，在其下方的列表框中选择“公司合同”文件夹，然后单击“添加”按钮，如图7-8所示。

（2）打开“压缩文件名和参数”对话框，保持“压缩文件名称”文本框中的默认设置，然后单击 确定 按钮，如图7-9所示。

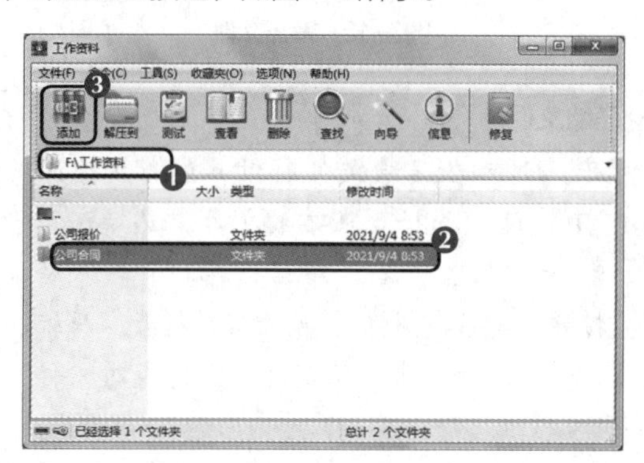

图7-8 添加压缩文件

图7-9 默认设置压缩文件名和参数

（3）系统将开始对所选择的文件进行压缩，并显示压缩进度，如图7-10所示。完成压缩后的文件将被保存到原文件的保存位置。

图7-10 压缩文件

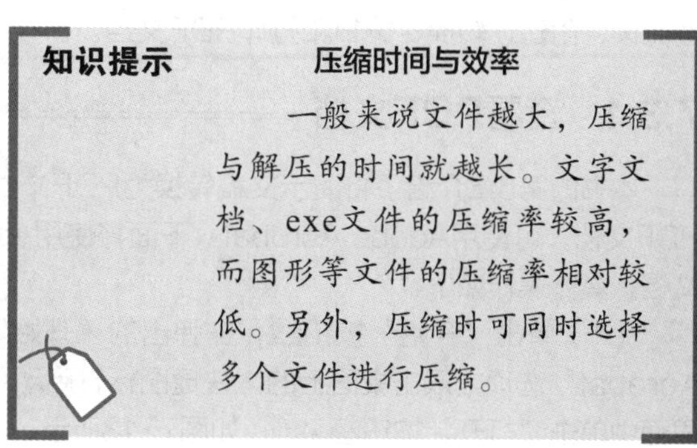

知识提示 **压缩时间与效率**

一般来说文件越大，压缩与解压的时间就越长。文字文档、exe文件的压缩率较高，而图形等文件的压缩率相对较低。另外，压缩时可同时选择多个文件进行压缩。

7.2.2 使用WinRAR解压文件

在网络中下载的文件多数都是压缩文件，其文件图标显示为▇。下载压缩文件后，首先需要对该文件进行解压。下面对“公司合同”压缩文件进行解压，具体操作如下。

（1）打开压缩文件的保存位置，在压缩文件上右击，在弹出的快捷菜单中选择“解压到当前文件夹”命令，如图7-11所示。

（2）系统将对文件进行解压，并显示解压进度，解压后的文件将保存到原位置，如图7-12所示。

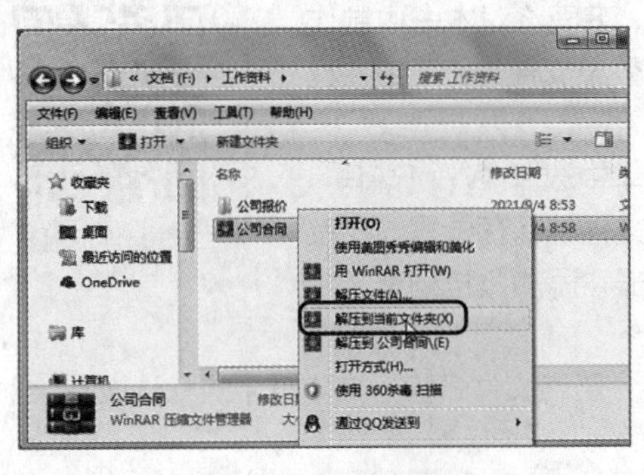

图7-11　选择解压命令

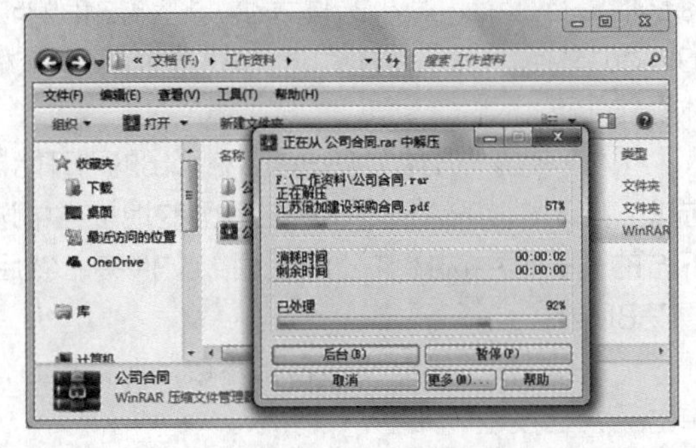

图7-12　解压文件

知识提示

加密压缩文件

如果要防止压缩文件被他人打开，则可在压缩文件时对其进行加密压缩，具体操作方法如下：启动WinRAR软件，选择要压缩的文件，然后选择【文件】/【设置默认密码】命令，打开“输入密码”对话框，在“输入密码”文本框中输入密码，单击确定按钮，单击“添加”按钮，打开“压缩文件名和参数”对话框，保持默认设置，最后单击确定按钮，完成对文件的加密压缩操作。

7.3 使用Adobe Acrobat

PDF格式能如实保留文档原来的面貌和内容，以及字体和图像。使用Adobe Acrobat可方便地阅读、创建、转换、编辑和打印PDF文档。

7.3.1 查看PDF文档

本书的第6章介绍了将演示文稿转换为PDF文件的方法，但如果要查看PDF文档，可使用Adobe Acrobat。下面将使用Adobe Acrobat查看PDF文档，具体操作如下。

（1）单击“开始”按钮，在弹出的“开始”菜单中选择“Adobe Acrobat”选项或双击桌面上的快捷图标，启动Adobe Acrobat。在主界面中单击“打开”按钮打开，如图7-13所示。

（2）在打开的“打开”对话框的地址栏中选择文件的保存位置，然后在列表框中选择“劳动用工合同”文件，单击打开(O)按钮，如图7-14所示。

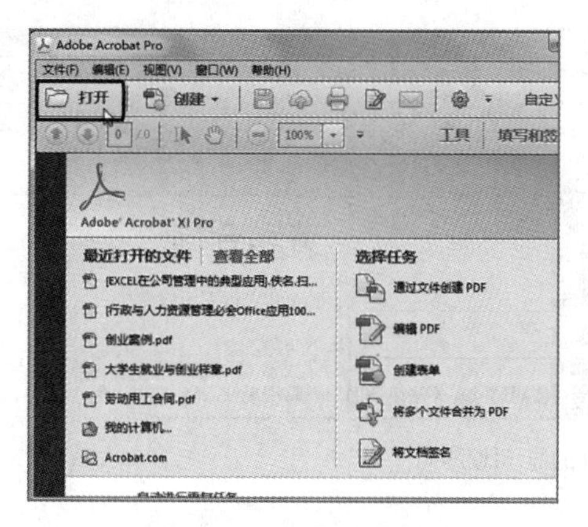

图7-13　单击“打开”按钮

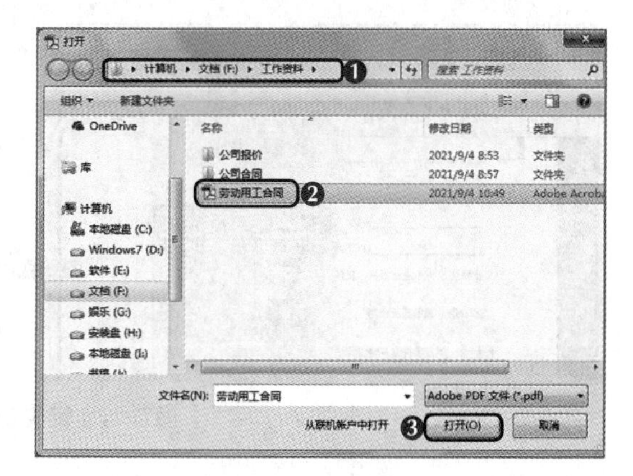

图7-14　选择文件

（3）打开该文件，在软件窗口中将默认显示第1页，滚动鼠标滚轮可以依次进行查看。在工具栏的“页数”文本框中输入“5”，将跳转到第5页，如图7-15所示。

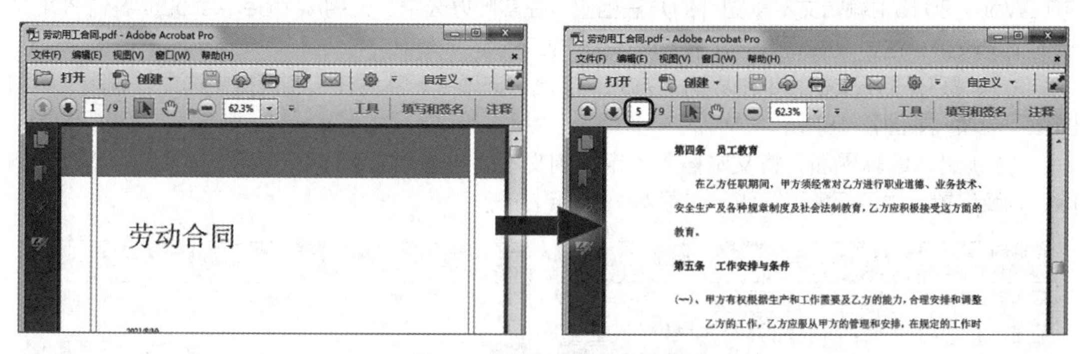

图7-15　浏览PDF文档页面

（4）单击界面左侧工具栏中的“显示/隐藏页面缩略图”按钮，可显示文档页面的缩略图，如图7-16所示。

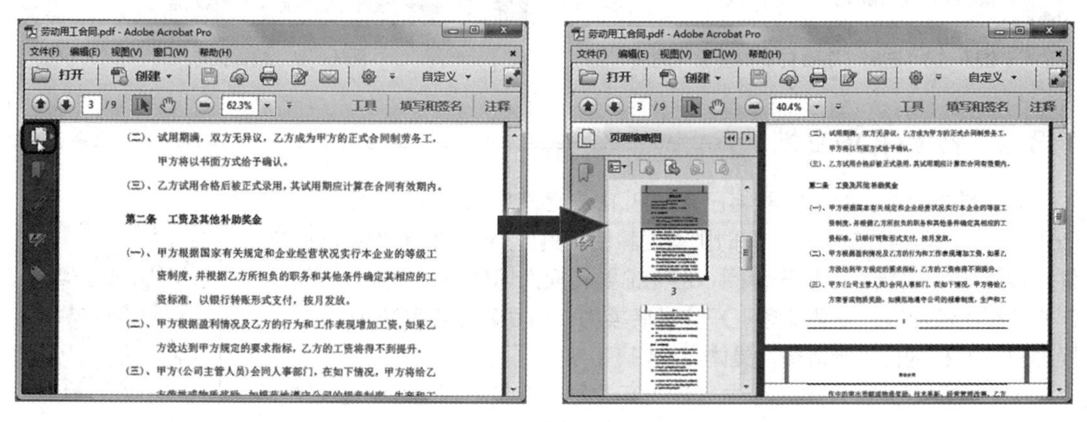

图7-16　显示缩略图

（5）单击“缩放”按钮右侧的下拉按钮，在弹出的下拉列表中选择“100%”选项，页面将按照100%的显示比例进行显示，如图7-17所示。

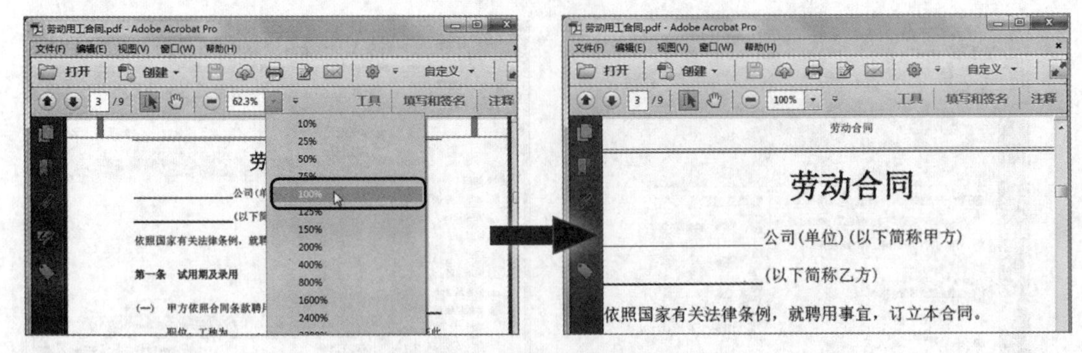

图7-17　调整页面的显示比例

7.3.2　编辑PDF文档

打开PDF文档后，可使用Adobe Acrobat对文档内容（如文字和图像等）进行编辑，其方法与在Word 2016中编辑文本和图片的方法相似。在实际办公中，使用Adobe Acrobat编辑PDF文档的情况较少，这里只做简单的介绍，具体操作如下。

（1）打开PDF文档，单击界面上方的“工具”选项卡，然后在右侧窗格中选择“编辑文本和图像”选项，如图7-18所示。

（2）进入编辑界面，将文本插入点定位到文本处或选择文字内容，可对文字进行修改、删除，以及设置字体、颜色等操作，如图7-19所示。

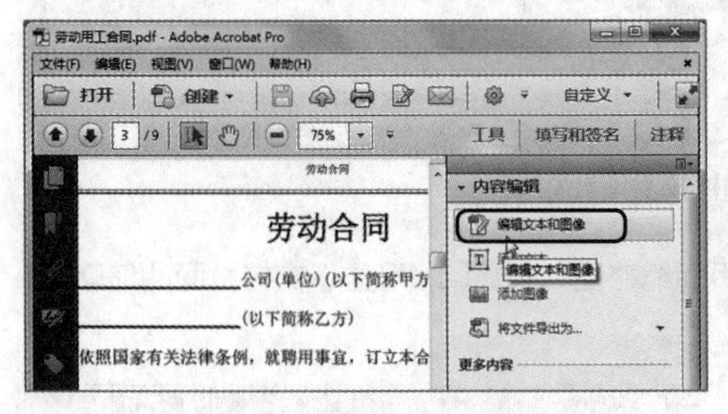

图7-18　选择“编辑文本和图像”选项

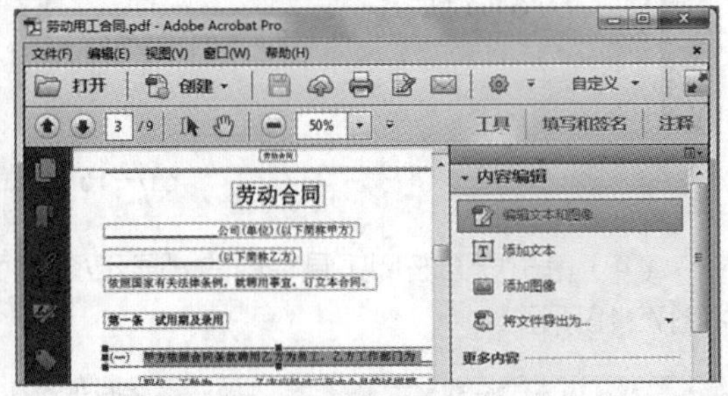

图7-19　编辑文本

7.3.3　转换PDF文档

在日常办公中，有时需要将已有的PDF文档转换为Word、Excel、PowerPoint等格式的文件，有时则需要将使用其他办公软件制作完成的文件转换为PDF文档，以便于传阅，但无论要转换为何种格式的文件，其操作方法都比较相似。下面以将PDF文档转换为Word文档和将Word文档转换为PDF文档为例进行讲解，具体操作如下。

（1）在Adobe Acrobat中打开PDF文档，在其右侧窗格中选择“将文件导出为”选项，在弹出的下拉列表中选择“Mcrosoft Word文档”选项，如图7-20所示。

（2）在打开的“另存为”对话框中设置导出文件的保存位置和名称，然后单击 保存(S) 按钮，如图7-21所示。

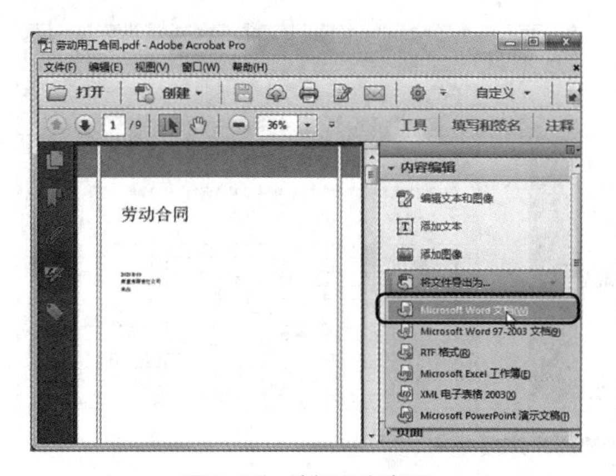

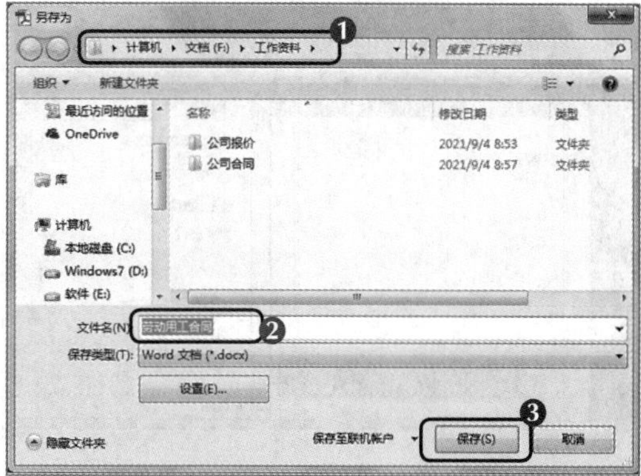

图7-20　选择导出类型　　　　图7-21　设置导出文件的保存位置和名称

（3）系统开始导出文件，导出完成后，将在Word中自动打开导出的文档，如图7-22所示。

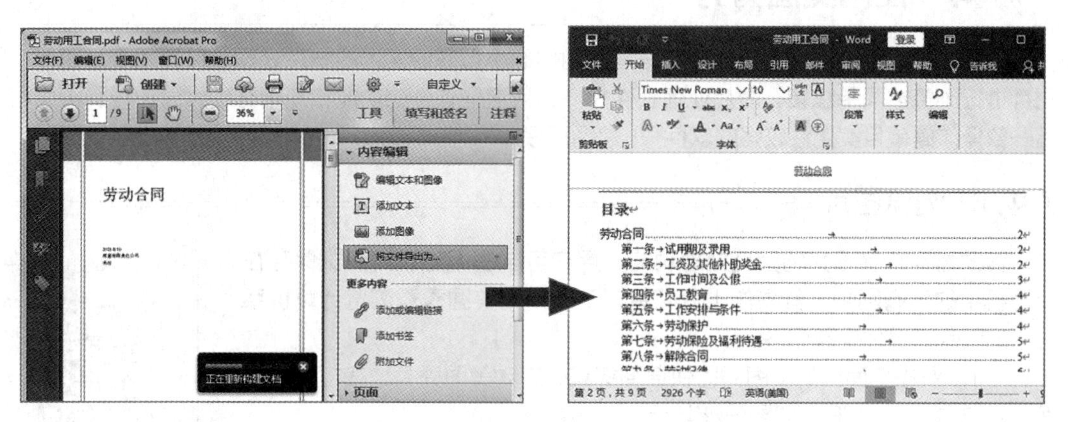

图7-22　将PDF文档导出为Word文档

（4）返回PDF文档界面，在工具栏中单击“创建”按钮，在弹出的下拉列表中选择“从文件创建PDF”选项，在打开的“打开”对话框中选择需要转换的文件，单击按钮，如图7-23所示。

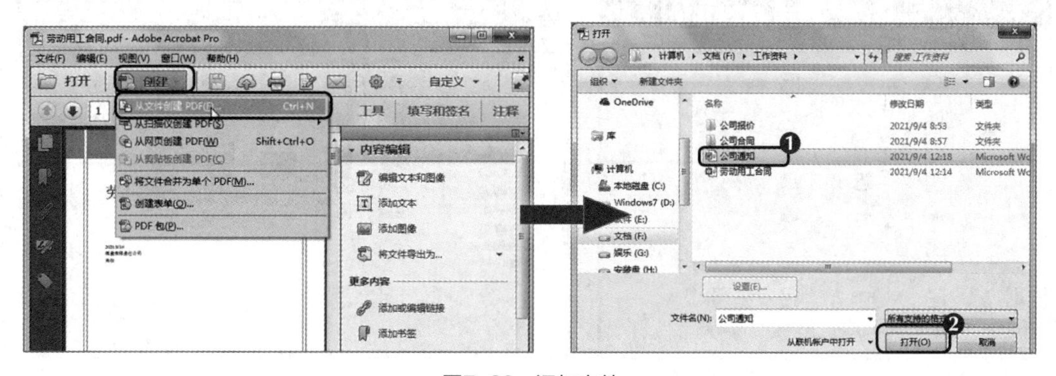

图7-23　添加文件

（5）返回PDF文档界面，系统将开始转换，转换完成后可查看PDF文档效果，如图7-24所示，然后选择【文件】/【保存】命令进行保存。

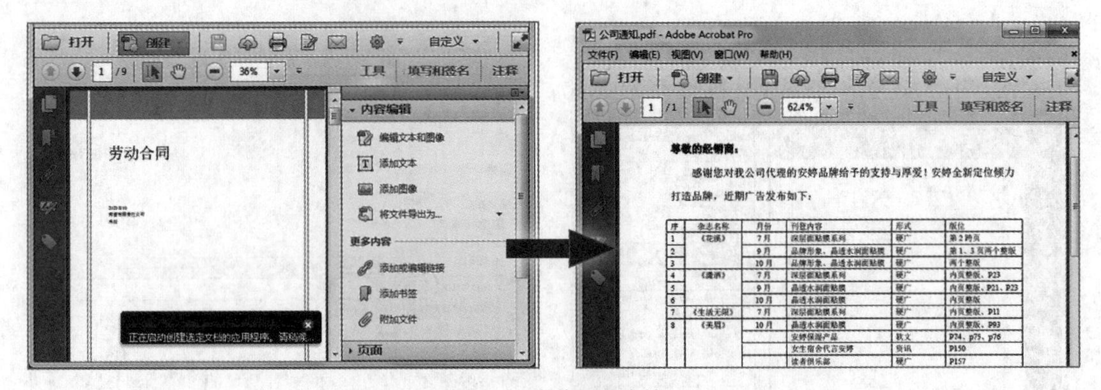

图7-24　创建PDF文档

7.4　使用美图秀秀

公司的计算机系统中通常会安装一些占用体积小且方便实用的图片处理软件，用于对工作中的图片进行浏览或简单编辑。图片处理软件很多，且这些软件的功能和使用方法大同小异。下面将介绍一款操作简单且实用性较强的软件——美图秀秀。

7.4.1　浏览图片

美图秀秀具有强大的图片处理功能，用户可以使用它快速浏览保存在计算机中的所有图片，其操作十分简单。下面使用美图秀秀浏览计算机系统中的图片，具体操作如下。

（1）双击桌面上的美图秀秀快捷图标，启动美图秀秀。在打开的界面上方单击 打开 按钮，如图7-25所示。

（2）在打开的“打开图片”对话框中选择图片文件的保存位置，在中间的列表框中选择需要浏览的图片，然后单击 打开(O) 按钮，如图7-26所示。

图7-25　执行打开图片的操作

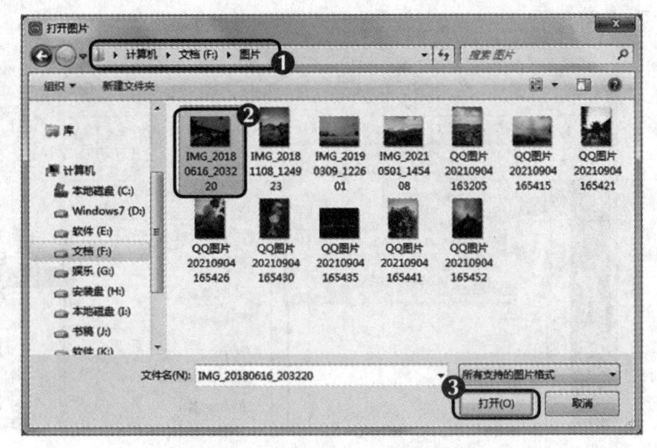

图7-26　选择文件夹中的图片

（3）在打开的界面中可以浏览刚刚选择的图片，通过滚动鼠标滚轮可以对图片进行缩放操作，如图7-27所示。

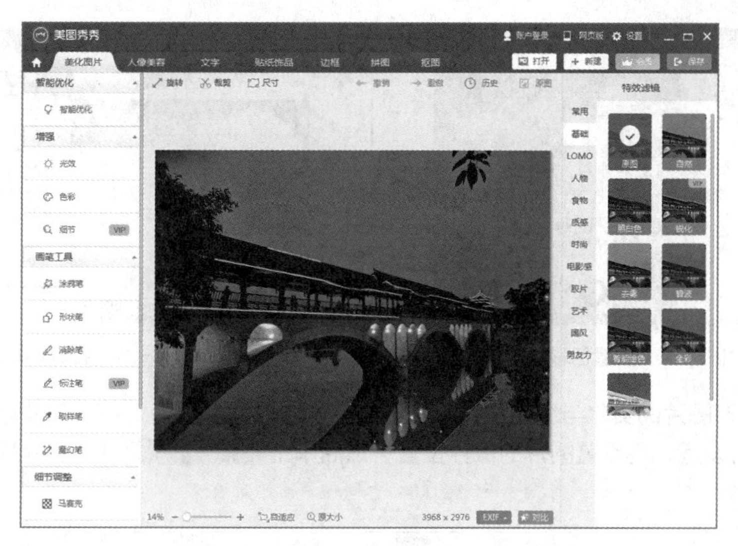

图7-27　浏览图片

7.4.2　编辑图片

在日常办公中，有时需要展示某些活动照片或发布公司产品照片。由于拍摄技巧不够熟练等，拍摄出来的照片不尽如人意，如曝光度不够或照片形式单调等。因此，用户可对照片进行编辑与美化，使照片更加美观。下面将使用美图秀秀对图片进行编辑与美化，具体操作如下。

（1）打开需要编辑的图片，单击界面左侧的“光效”选项，如图7-28所示。

（2）在打开的“光效”界面左侧通过滑动“智能补光”“亮度”“对比度”“高光调节”等选项下面的滑块，对图片进行设置，且在界面右侧可以看到设置后的图片效果，完成后单击界面下方的 保存 按钮，如图7-29所示。

图7-28　打开图片

图7-29　设置光效

（3）返回主界面，单击左侧的“色彩”选项。在打开的“色彩”界面中可对图片的饱和度、色温、色调等进行设置，完成后进行保存，如图7-30所示。

（4）返回主界面，单击上方的“文字”选项卡，打开“文字编辑”界面，在相应的文本框中输入需要在图片中显示的文本，并设置文本的字体、字号和颜色，然后通过下方的“透明”滑块来调节文本的透明度，如图7-31所示。

图7-30　设置色彩

图7-31　编辑文本

（5）完成对图片的美化与编辑后，单击界面上方的【保存】按钮，在打开的界面中对图片的格式、画质等进行设置，再设置图片的保存位置，然后单击【保存】按钮即可进行保存，如图7-32所示。

图7-32　保存图片

7.5　使用安全防护软件

网络在为日常办公带来便利的同时，也给计算机带来了安全问题。计算机接入网络后，网络病毒和木马则变为影响计算机安全的重要因素，因此，一般公司员工在工作前都会安装安全防护软件，以此保障计算机的安全。市面上的安全防护软件较多，其中360安全卫士不仅是一款可以免费使用的安全防护软件，还拥有查杀恶意软件、查杀木马和系统清理等多种功能，是大多数用户的首选。

7.5.1　清理系统垃圾

在日常办公中经常需要制作各类文档，或下载并保存各类资料，长此以往，计算机中将产生很多临时文件等系统垃圾。为了保障计算机有足够的使用空间和较高的运行效率，用户可以使用360安全卫士定期对系统垃圾进行清理，具体操作如下。

（1）启动360安全卫士，在其上方的工具栏中单击“电脑清理”按钮，在“电脑清理”界面中单击【全面清理】按钮，系统将开始扫描，扫描完成后，用户可在界面中选择需要清理的选项，然后单击【一键清理】按钮。

（2）360安全卫士将自动对选中的垃圾文件进行清理，如图7-33所示。

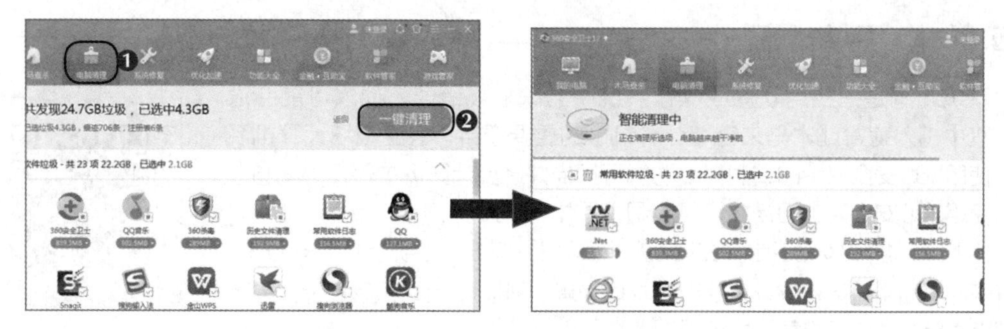

图7-33　一键清理系统垃圾

7.5.2　查杀木马

利用计算机程序的漏洞入侵计算机系统并窃取计算机中资料的程序被称为木马。木马具有隐藏性和自发性等特点，难以通过明显现象发觉。因此，用户需要使用安全防护软件来检测并查杀木马，以保障办公文件的安全，具体操作如下。

（1）启动360安全卫士，在其上方的工具栏中单击“木马查杀”按钮，在“木马查杀”界面中单击“立即体验”按钮，360安全卫士将自动进行扫描检测，如图7-34所示。

图7-34　扫描木马

（2）扫描完成后，该软件将自动选择扫描到的危险项，用户可单击一键处理按钮处理危险项。处理完成后，将打开对话框提示重启计算机以彻底完成处理，若单击好的，立刻重启按钮则立刻重启，若单击稍后我自行重启按钮则需用户稍后手动重启，如图7-35所示。

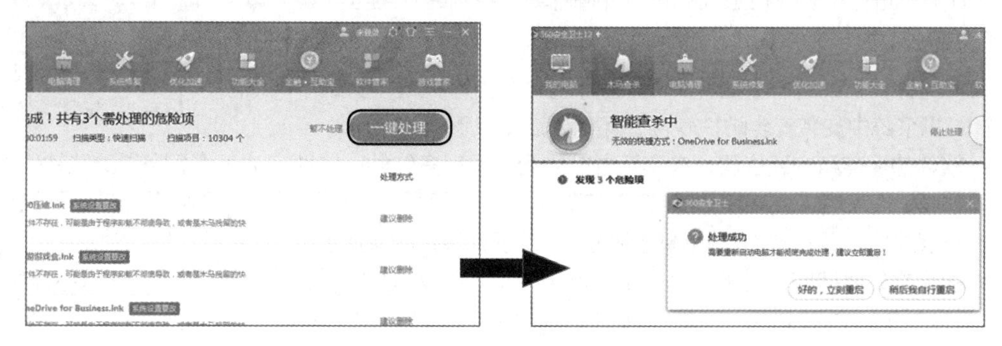

图7-35　处理危险项

7.5.3 修复系统漏洞

系统漏洞是指应用软件或操作系统中的缺陷或错误，他人可能会通过在其中植入病毒或木马来窃取计算机中的重要资料，甚至破坏计算机系统。使用360安全卫士的漏洞修复功能可扫描并修复计算机中存在的漏洞。下面使用360安全卫士扫描并修复漏洞，具体操作如下。

（1）启动360安全卫士，在其上方的工具栏中单击“系统修复”按钮，在打开的界面中将鼠标指针移动到“单项修复”图标上，然后在弹出的下拉列表中单击“全面修复”按钮。

（2）软件将对计算机系统进行扫描，扫描完成后选择高危漏洞选项，单击按钮修复高危漏洞，如图7-36所示。需要注意的是，对于可选的漏洞补丁而言，一般不需要安装，保持默认选择即可。

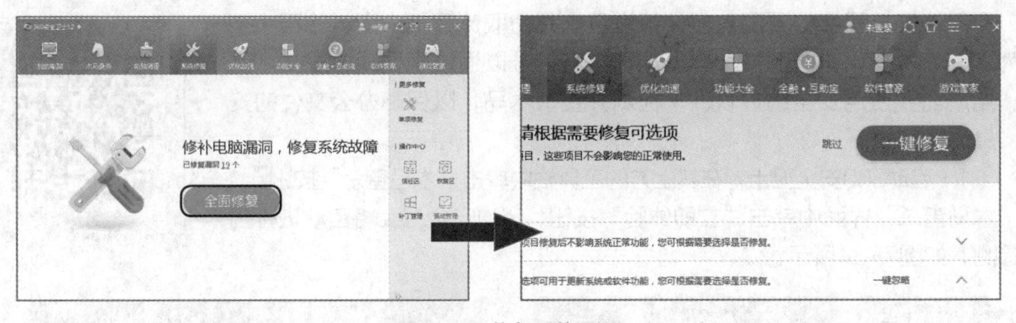

图7-36 修复系统漏洞

7.6 项目实训

本章介绍了常用办公软件的相关知识及使用方法，其中软件的安装和卸载是办公人员的必备知识，WinRAR、Adobe Acrobat、美图秀秀和360安全卫士是工作中会频繁使用的软件，实用性很强，对工作有很大的帮助。下面通过两个项目实训帮助大家灵活运用本章讲解的知识。

7.6.1 系统状态体检与优化

1. 实训目标

大家需要在自己的计算机系统中安装360安全卫士，然后使用360安全卫士对计算机进行状态体检与优化，以保障计算机系统的安全运行。

2. 专业背景

在使用计算机的过程中，用户需要养成良好的软件操作习惯，不仅需要在计算机系统中安装安全防护软件，还需要注意以下3点。

- **软件的保存和安装位置：**在实际办公中会使用很多软件来辅助完成工作，所以这些软件要统一放置在一个位置；另外，在安装软件时，一般要将安装目录设置到除系统盘以外的其他磁盘中，给系统盘留下足够的空间，以保证计算机的快速运行。
- **删除文件要彻底：**对于计算机中不使用的文件要及时删除，选择“删除”命令删除文件时，删除的文件仍然保留在“回收站”中，而回收站占用的空间属于系统盘，因此还需要在回收站中删除这些文件。

- **定期清理和查杀：**因为在办公过程中会产生系统垃圾，或存在木马或系统漏洞，所以用户需要养成定时清理和查杀计算机的习惯。一般发现计算机出现运行缓慢或卡顿的情况时，首先应想到的就是清理和查杀计算机。

3. 操作思路

首先启动360安全卫士，然后在相应界面中对系统进行检测和修复，其操作过程示意图如图7-37所示。

①检测修复　　②加速优化　　③清理垃圾文件

图7-37　系统状态体检与优化操作过程示意图

【步骤提示】

（1）安装并启动360安全卫士，进入“我的电脑”界面，单击立即体检按钮对计算机进行检测，检测完成后单击一键修复按钮进行修复。

（2）进入“优化加速”界面，该软件将自动对优化项目进行扫描，然后单击全面加速按钮对计算机进行扫描，扫描完成后单击立即优化按钮进行优化。

（3）进入“电脑清理”界面，单击一键清理按钮清理扫描出来的垃圾文件。

7.6.2　加密压缩保密型文件

1. 实训目标

本实训要求大家使用WinRAR加密压缩保密型文件。为保密型文件添加密码后，即使文件失窃，也不会立即导致太大的损失。因此，压缩保密型文件时，可选择加密压缩。

2. 专业背景

利用WinRAR可创建RAR和ZIP两种不同格式的压缩文件。

- **RAR：**比ZIP具有更高的压缩率，支持多卷压缩文件，允许物理受损数据的恢复，且管理的文件大小几乎无限制。
- **ZIP：**具有较高的普及率，其压缩速度比RAR更快；单个压缩文件的最大值为4GB。

3. 操作思路

按压缩文件的一般操作步骤进行即可，启动WinRAR软件后，添加保密型文件进行压缩，并设置解压密码。

【步骤提示】

（1）选择多个要压缩的文件夹，右击，在弹出的快捷菜单中选择“添加到压缩文件”命令，打开“压缩文件名和参数”对话框。

（2）在“常规”选项卡中设置压缩文件名称和保存路径，然后在其中单击设置密码(P)...按钮，打开“带密码压缩”对话框。

（3）在“输入密码”文本框中输入加密密码，在“再次输入密码以确认”文本框中输入相同的密码，最后单击确定按钮。

7.7 课后练习

本章主要介绍了安装与卸载软件的方法，以及常用办公软件的使用方法，下面通过两个练习帮助大家巩固所学知识点。

练习1：安装迅雷

本练习将在计算机系统中安装迅雷。迅雷可以说是办公必备软件，用于下载网络中需要的资料。通过本练习，大家可以熟练掌握安装迅雷的方法。迅雷的安装示意图如图7-38所示。

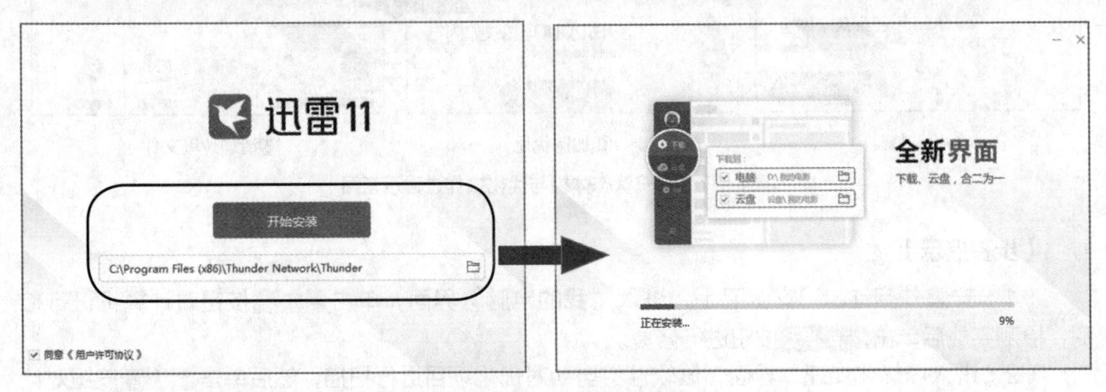

图7-38　迅雷的安装示意图

操作要求如下。

- 在网站中搜索迅雷软件安装程序。
- 打开安装程序，根据提示设置安装位置进行安装。

练习2：使用360安全卫士进行全面检测及修复

安全防护软件在日常办公中占有非常重要的地位，且对安全防护软件的合理使用可以有效保障公司和员工的利益。本练习将使用360安全卫士进行计算机系统的全面检测及修复，即分别进入“木马查杀”“系统修复”“电脑清理”“优化加速”界面进行操作。

操作要求如下。

- 打开360安全卫士，对计算机进行木马查杀。
- 使用360安全卫士安装系统修复文件。
- 使用360安全卫士对计算机的文件进行清理。
- 使用360安全卫士对计算机的运行程序进行优化加速。

7.8 技巧提升

1. 直接打开压缩文件

如果只是临时查看某个压缩文件，则可不对其进行解压，直接通过WinRAR打开该文件即可。具体操作方法如下：启动WinRAR，打开压缩文件的保存位置，双击压缩文件将其打开，然后依次展开文件夹，再双击所需文件将其打开。

2. 打印PDF文档

PDF文档也可以打印输出，其操作方法与打印Word文档的操作方法相似，即选择【文件】/【打印】命令，或按【Ctrl+P】组合键打开“打印”对话框，在“份数”数值框中设置打印份数，在“要打印的页面”栏中设置打印范围，设置完成后单击 打印 按钮即可，如图7-39所示。

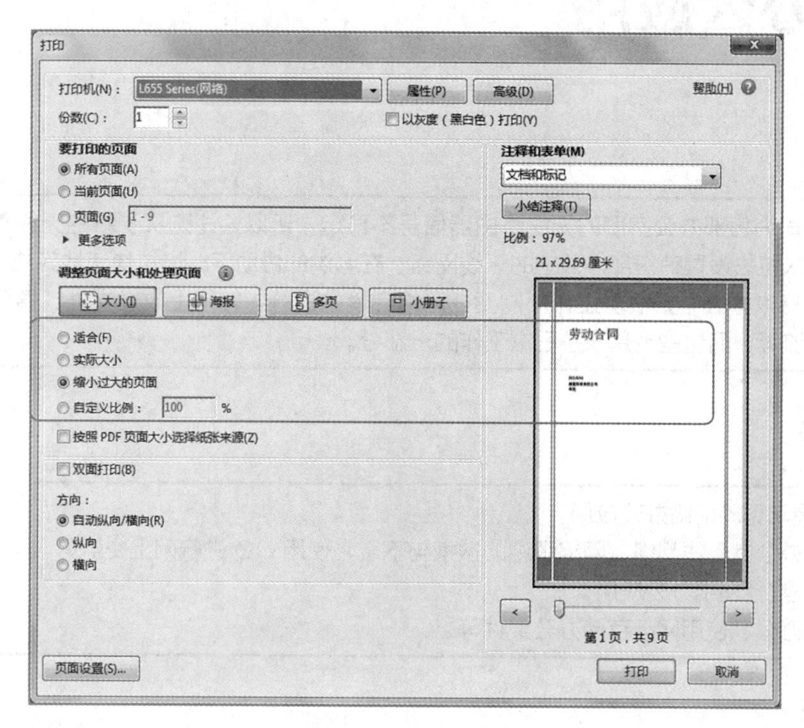

图7-39 打印PDF文档

3. 使用360安全卫士卸载软件

360安全卫士不仅可以保护计算机安全，还可以用于管理软件，如卸载软件等。在用360安全卫士卸载软件时，单击工具栏中的“软件管家”按钮，在“360软件管家”主界面的工具栏中单击“卸载”按钮，在列表中选择需要卸载的软件，然后单击该软件右侧的 一键卸载 按钮，根据提示卸载该软件，如图7-40所示。

图7-40 使用360安全卫士卸载软件

第8章
网络办公应用

情景导入

因为公司销售部办公室旧的无线路由器信号不稳定，所以公司购买了新的无线路由器，然后老洪安排米拉去设置销售部办公室的无线网络。在老洪的协助下，米拉快速地完成了网络的连接设置。在日常办公中，很多工作都需要在网络环境中进行，如网上收发文件、搜索与下载资源、网上交流等，而这些也是米拉日常工作的一部分。

学习目标

- 掌握常见的网络办公应用。

如配置办公室无线网络、网络资源的搜索与下载、使用 QQ 进行网上交流等。

- 掌握其他网络办公应用。

如远程办公、使用网盘存储办公文件等。

素质目标

能够适应现代网络办公的需要，提升网络资源整合能力。

案例展示

▲使用浏览器搜索信息

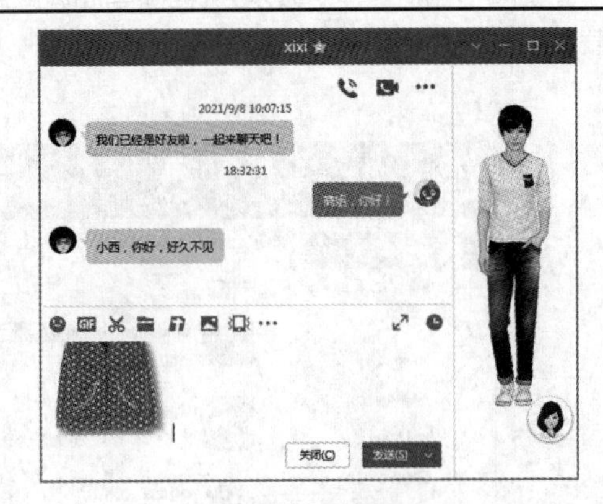

▲ QQ 信息交流窗口

8.1 配置办公室无线网络

现代办公基本离不开网络，如工作人员需要借助网络获取资料或与客户进行交谈等。如今，绝大多数的办公室都配置了无线网络，所以，办公人员有必要对办公室无线网络的配置等知识进行了解和学习。

8.1.1 连接无线路由器

因为公司的外部网络通常早已搭建完成，所以在工作中，员工要做的主要是连接无线路由器。无线路由器是配置办公室无线网络的基础，用来实现外部网络与计算机数据的传输。虽然在公司办理宽带服务时，已有专门的工作人员连接好了无线路由器，但是当需要更换无线路由器时，员工仍需要熟悉连接无线路由器的操作。下面将讲解无线路由器的连接知识，图8-1所示为无线路由器的连接示意图，员工在实际操作时，只需要将WAN端口与外部网络连接即可。另外，一些大型公司会使用交换机来对外部网络进行分配，且一个无线路由器连接一个交换机的端口。LAN端口与计算机端连接，配置无线网络后则不需要用网线连接计算机。

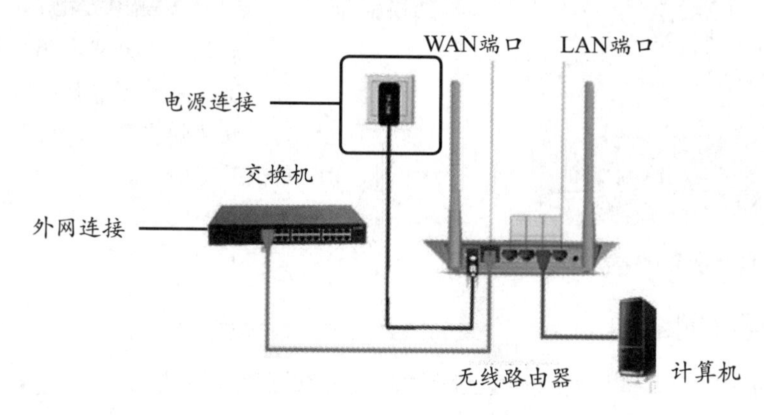

图8-1 无线路由器的连接示意图

8.1.2 设置无线网络

连接无线路由器后，若要实现无线上网功能，还需对无线路由器进行设置，即设置无线网络的名称和连接无线网络的密码，具体操作如下。

（1）无线路由器的底部一般标有无线路由器的默认登录网址、用户名和密码，不同的无线路由器有不同的登录方式。这里以TPLINK WDR5620为例。启动浏览器，打开无线路由器的登录页面，该页面中可设置登录密码，设置完成后单击 确定 按钮，如图8-2所示。

（2）打开路由器设置页面，在页面下方单击“路由设置”按钮，然后在页面左侧单击“上网设置”超链接，在页面右侧的“WAN口连接类型”下拉列表中选择“自动获得IP地址”选项，然后单击 保存 按钮，如图8-3所示。

（3）在页面左侧单击“无线设置”超链接，在页面右侧的“无线名称”和“无线密码”文本框中分别输入无线网络的名称和登录密码，完成后单击 保存 按钮，如图8-4所示。然后关闭该页面，即可完成无线网络的设置。

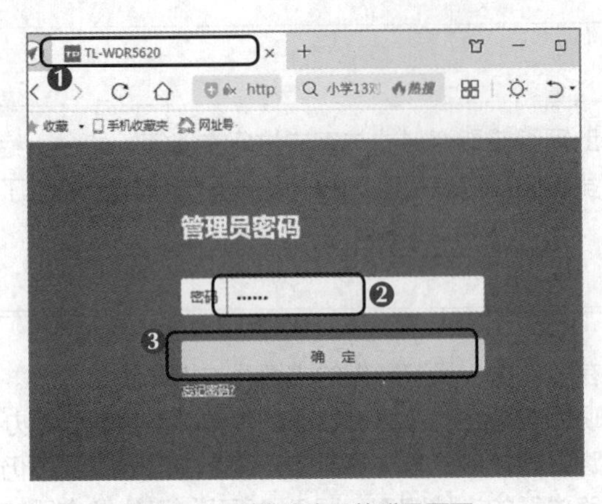

图8-2　无线路由器的登录页面

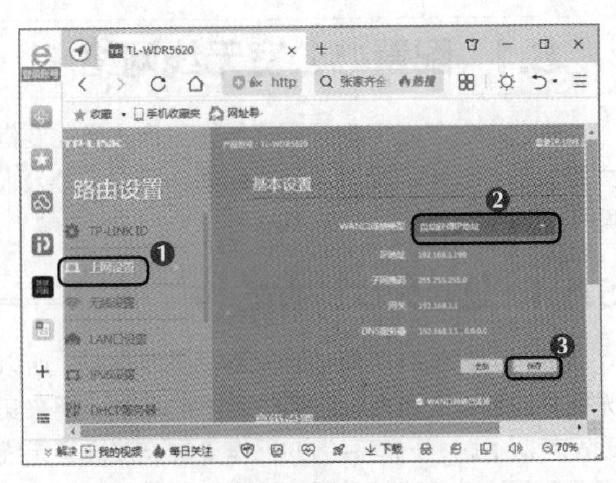

图8-3　选择上网方式

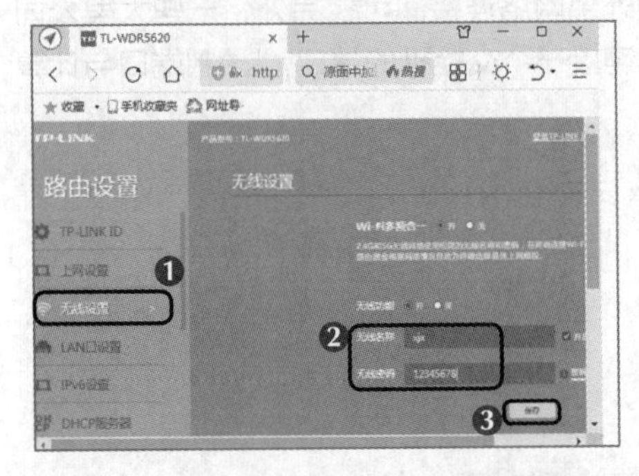

图8-4　设置无线网络的名称和登录密码

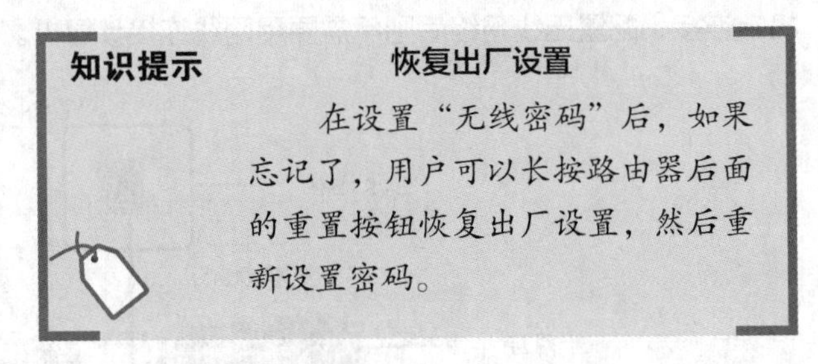

知识提示　　恢复出厂设置

在设置“无线密码”后，如果忘记了，用户可以长按路由器后面的重置按钮恢复出厂设置，然后重新设置密码。

8.1.3　连接无线网络

无线网络设置成功后，即可使用无线上网功能，但此时还需要将办公室中的其他计算机连接到无线网络，具体操作如下。

（1）单击计算机桌面任务栏通知区中的网络图标，打开的界面中将显示计算机搜索到的无线网络，然后在设置的无线网络名称上单击，展开该网络后，单击连接(C)按钮。

（2）打开“连接到网络”对话框，在“安全密钥”文本框中输入设置的“无线密码”后，单击确定按钮连接该网络，如图8-5所示。连接成功后，通知区中的网络图标将变为。

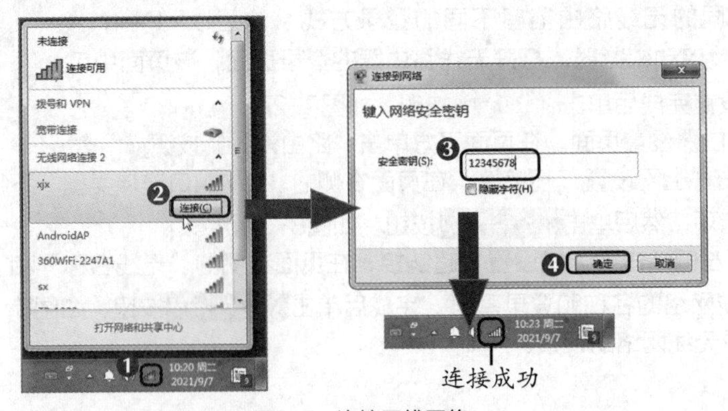

图8-5　连接无线网络

8.1.4 资源共享

计算机成功连接到无线网络后，通过设置，用户可在办公室中接入同一个无线网络的计算机之间实现文件、打印机等资源的共享。下面将介绍如何通过设置来实现接入同一个无线网络的计算机之间的资源共享。

1. 资源共享的准备工作

若要实现办公资源的共享，首先需要将计算机设置为同一个工作组，然后在计算机中开启资源共享功能，具体操作如下。

（1）在系统桌面的“计算机”图标上右击，在弹出的快捷菜单中选择“属性”命令。打开“系统”窗口，在窗口下方的“计算机名称、域和工作组设置”栏中单击“更改设置”超链接，如图8-6所示。

（2）打开“系统属性”对话框，在“计算机名”选项卡中单击更改(C)...按钮，如图8-7所示。

（3）打开“计算机名/域更改”对话框，在“计算机名”文本框中自定义计算机名称，选中“工作组”单选项，在其下方的文本框中将需要进行资源共享的计算机设置为同一个工作组，然后单击确定按钮，如图8-8所示。

图8-6 单击“更改设置”超链接

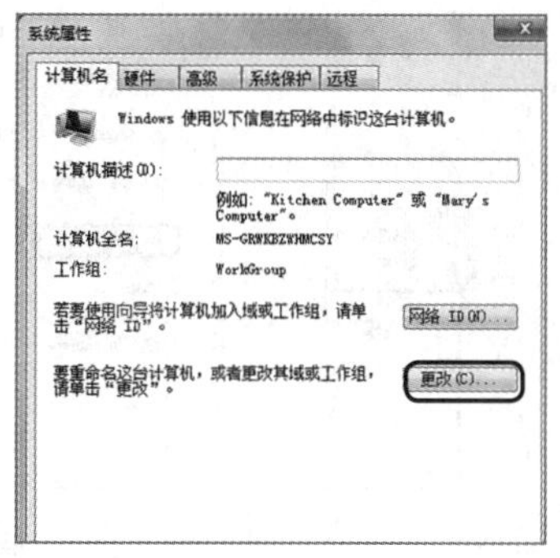
图8-7 单击“更改”按钮

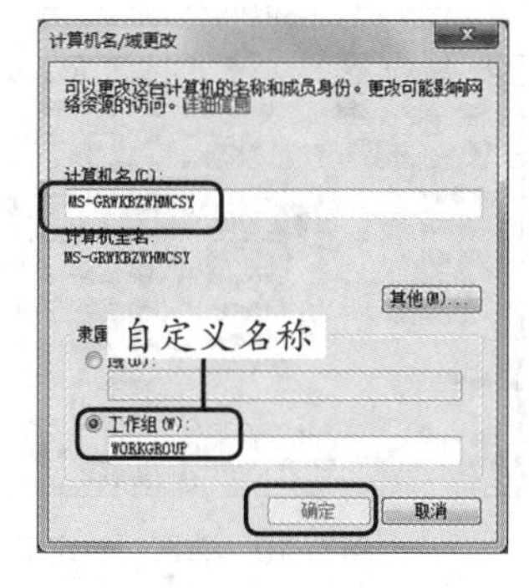

图8-8 设置同一个工作组

（4）单击计算机桌面任务栏通知区的网络图标，在打开的界面中单击“打开网络和共享中心”超链接，在打开的“网络和共享中心”窗口的右侧单击“更改高级共享设置”超链接，打开“高级共享设置”窗口，在“网络发现”栏中选中“启用网络发现”单选项，在“文件和打印机共享”栏中选中“启用文件和打印机共享”单选项，然后单击保存修改按钮，如图8-9所示。

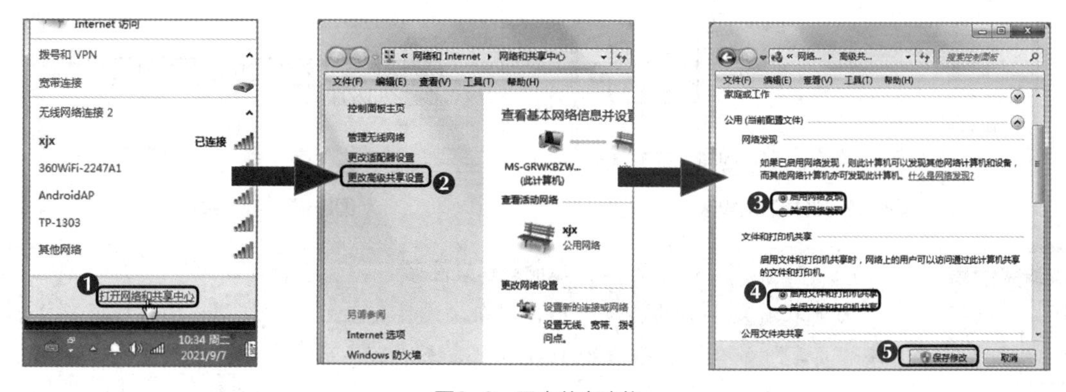
图8-9 开启共享功能

多学一招　　关闭密码保护共享

如果计算机设置了系统的登录密码，那么在设置资源共享时，还需在“高级共享设置”窗口中选中“关闭密码保护共享”单选项。另外，用户也可通过在“控制面板”中单击“网络和共享中心”超链接来打开“网络和共享中心”窗口，然后进行相应的操作。

2. 设置文件夹共享属性

完成资源共享的准备工作后，用户可对计算机中的任意文件夹设置其共享属性，以便快捷地实现计算机之间的资源共享，具体操作如下。

（1）在需要共享的文件夹上右击，在弹出的快捷菜单中选择“共享”命令，在弹出的子菜单中选择“特定用户”命令，如图8-10所示。

（2）打开“文件共享”对话框，在对话框中间的下拉列表中选择一个用户名称（通常选择“Everyone”），然后单击添加(A)按钮，如图8-11所示。

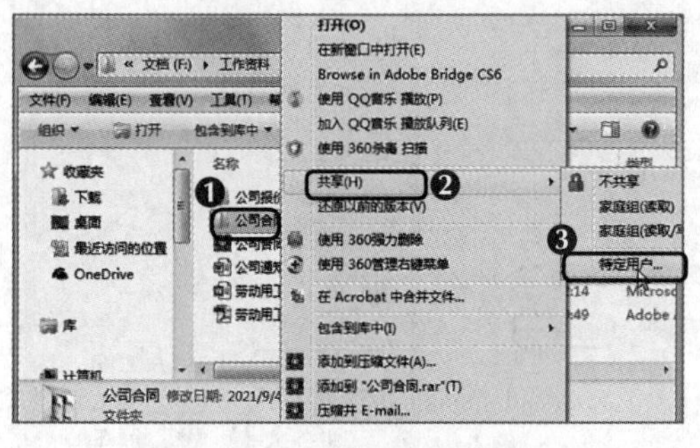

图8-10　选择“特定用户”命令

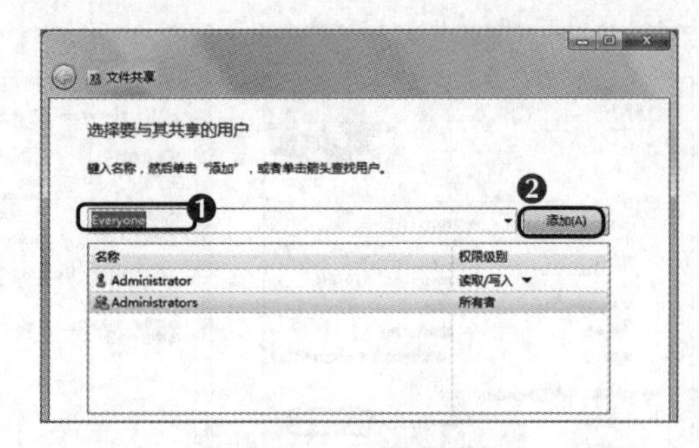

图8-11　添加共享用户

（3）选择的用户将显示在下方的列表中，并且为选择状态，然后单击该用户对应的“权限级别”列中的下拉按钮▾，在弹出的下拉列表中选择访问权限，完成后单击共享(H)按钮，如图8-12所示。

（4）在打开的“文件共享”对话框中显示了添加的共享文件夹，然后单击完成(D)按钮完成设置，如图8-13所示。

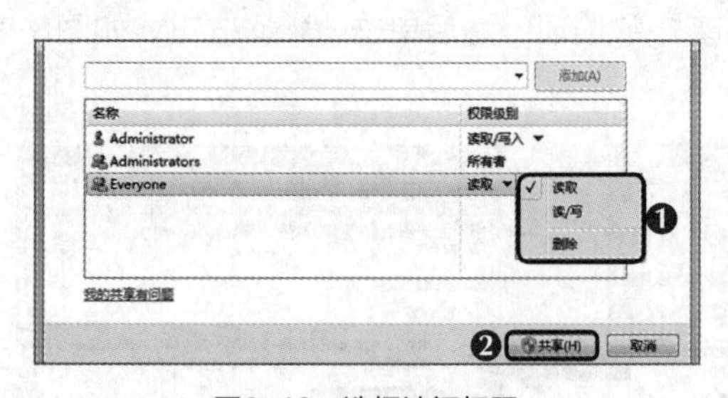

图8-12　选择访问权限

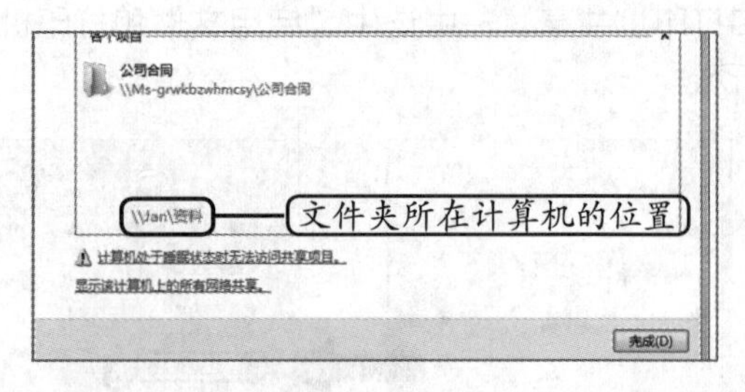

图8-13　完成共享

多学一招　　取消共享文件夹

若要取消文件夹的共享，则只需在该文件夹上右击，在弹出的快捷菜单中选择“共享”命令，在弹出的子菜单中选择“不共享”命令，然后在打开的对话框中选择“停止共享”选项。

3. 访问共享资源

仅掌握设置共享文件夹的知识还不能达到利用局域网来共享资源的目的，用户还需要学会访问局域网中其他计算机中的共享文件的方法。下面将演示访问其他计算机中的共享文件的方法，具体操作如下。

（1）双击桌面上的“网络”图标，打开“网络”窗口。“网络”窗口右侧显示了局域网中的所有计算机和其他设备，双击要访问的计算机图标，如图8-14所示。

（2）打开的窗口中显示“共享”字样的文件夹即是被访问计算机中的共享文件夹，如图8-15所示。双击共享的“公司合同”文件夹可打开该文件夹，再双击其中的文件图标即可打开相应的文件。

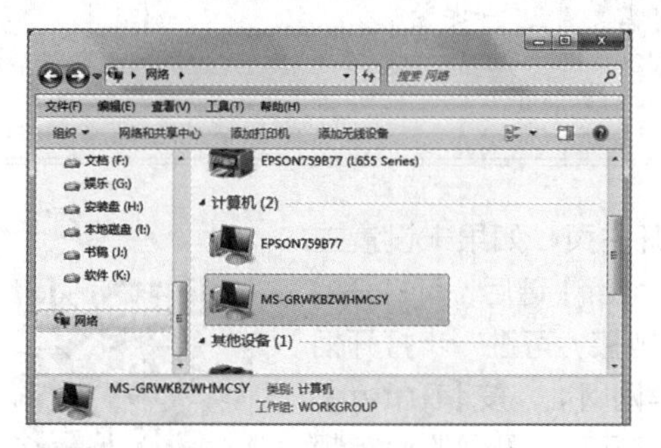

图8-14 打开要访问的计算机

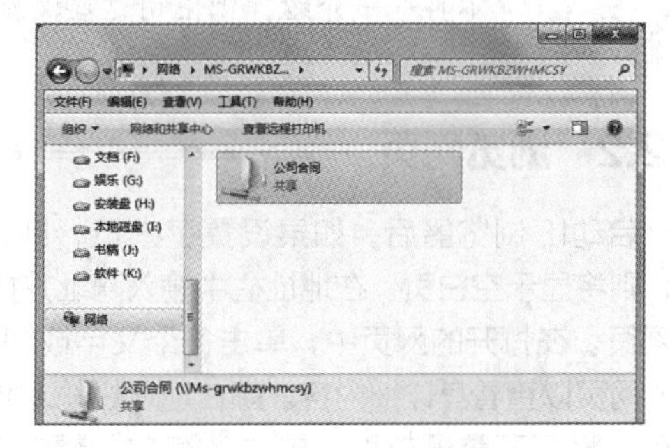

图8-15 访问共享文件夹

8.2 网络资源的搜索与下载

网络的应用较为广泛，网络中包含各种资源，因此，网络是现代自动化办公中不可缺少的组成部分。将计算机连接网络后即可在网络中浏览各种信息，在进行浏览前，用户应先学会使用浏览器的方法，因为浏览器是进入网络的重要门户，只有学会使用浏览器后，才能搜索和下载各种网络资源。

8.2.1 常用浏览器简介

IE（Internet Explorer）浏览器是Windows 7自带的浏览器，也是目前常用的浏览器之一，其工作界面如图8-16所示。除此以外，用户还可自行安装其他浏览器，如360浏览器等，其工作界面如图8-17所示。

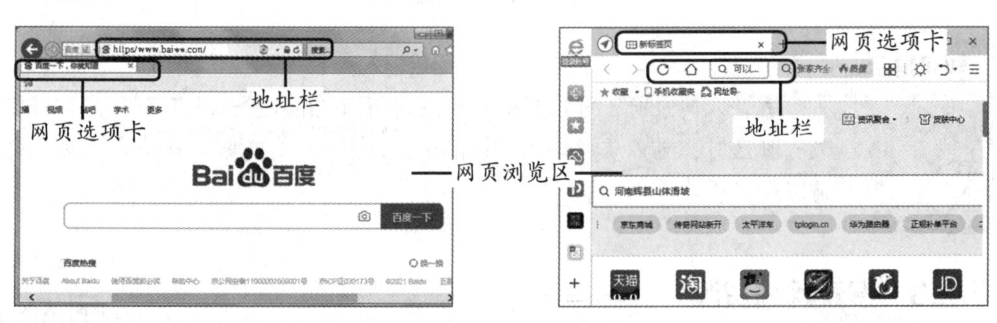

图8-16 IE浏览器

图8-17 360浏览器

从图中可看出，浏览器的界面组成与计算机系统中的窗口组成相似，包括地址栏、网页选项卡和网页浏览区（工作区）等，各部分的作用如下。

- **地址栏：**用于输入或显示当前网页的地址，即网址，单击其右侧的下拉按钮，可在弹出的下拉列表中快速访问曾经浏览过的网页。

- **网页选项卡：**在同一个浏览器窗口中同时打开多个网页，每打开一个网页就会增加一个对应的选项卡标签，单击相应的选项卡标签可在打开的网页之间进行切换，网页浏览区中将显示相应网页的内容。
- **网页浏览区：**用于显示当前网页的内容，包括文字、图片和视频等各种信息。

知识提示　　**其他常用的浏览器**

如今，浏览器数量众多，其他常见的浏览器还有Chrome浏览器、搜狗浏览器、火狐浏览器、QQ浏览器等，其界面组成和使用方法与IE浏览器相似，这里不再一一介绍，但使用这些浏览器前需要先进行安装。

8.2.2 浏览网页

启动IE浏览器后，如果设置了主页，则将打开主页；如果未设置主页，则将显示空白页。在地址栏中输入网址并按【Enter】键后，可打开相应网页。在打开的网页中，单击各个文字或图片超链接，可进一步打开相应的网页以查看其详细内容。如在地址栏输入腾讯官网网址，按【Enter】键后，将打开腾讯首页，单击“汽车”超链接，将打开腾讯网的汽车频道，再单击网页中的具体栏目或文字链接，即可查看相应的内容，如图8-18所示。

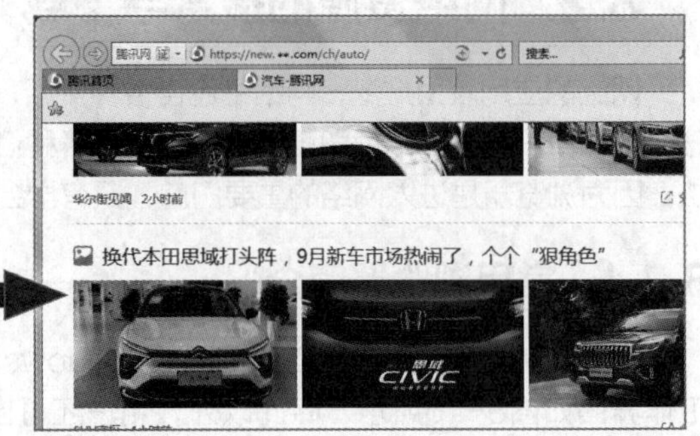

图8-18　浏览网页

知识提示　　**网址输入**

在输入网址时，可以省略掉网址前面的“https://www.”部分，如浏览人邮教育社区时，可以直接输入“ryjiaoyu.com”，浏览器会自动补上网址前面的前缀。

8.2.3 搜索网络资源

搜索网络资源是办公过程中经常使用的技巧，在工作中遇到不明白的问题时，通过网络搜索答案非常方便。通过网络，用户不仅可以搜索到一些感兴趣的信息，还可以搜索到众多知识性问题的答案及计算机上常用的软件等。目前提供搜索功能的搜索引擎有很多，如百度、搜狗、Microsoft

Bing等。下面将使用百度搜索信息，具体操作如下。

（1）启动IE浏览器，在地址栏中输入百度网址，按【Enter】键打开百度首页，在搜索框中输入关键字“蓝天背景”，然后单击百度一下按钮或按【Enter】键，在打开的网页中将显示众多与关键字相关的信息链接，用户可根据文字内容的提示单击相应的超链接，如图8-19所示。

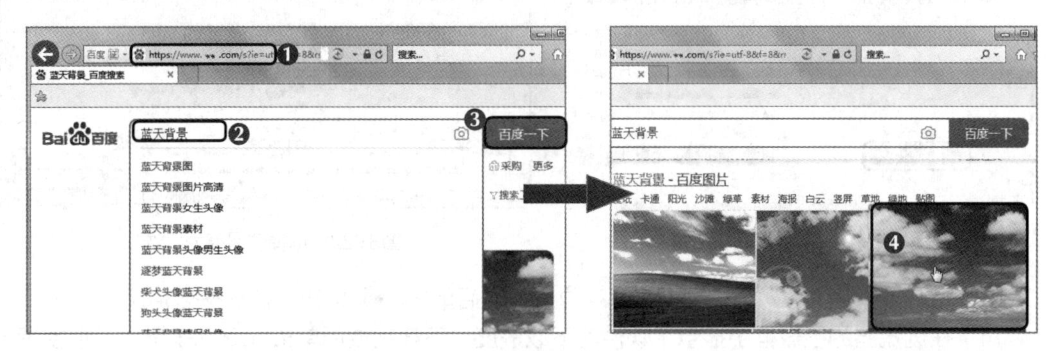

图8-19　搜索相关信息

（2）在打开的网页中选择需要的图片，右击，在弹出的快捷菜单中选择“图片另存为”命令，可将图片保存到计算机中，如图8-20所示。

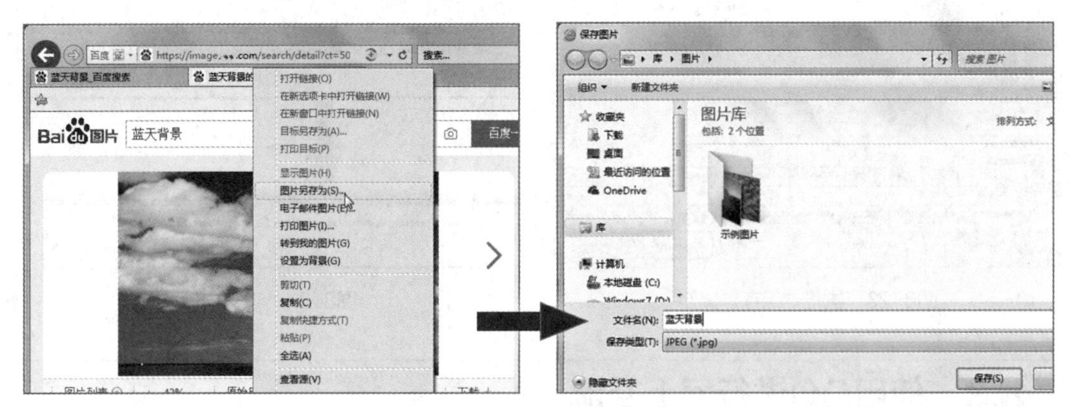

图8-20　保存网页中的图片

8.2.4　下载网络资源

网络资源十分丰富，且很多网站资源都是可下载的，如文档、软件、音乐、视频等。用户可以通过搜索引擎搜索网络资源并下载，也可以在资源的官方网站中下载，关键在于找到资源的下载链接。下面将在QQ的官方网站中下载QQ的安装程序，具体操作如下。

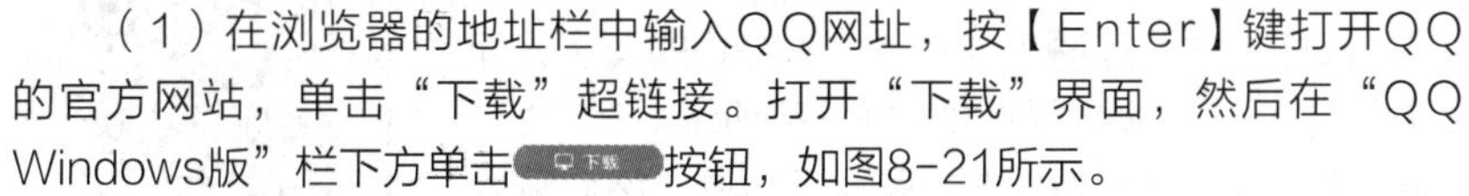

（1）在浏览器的地址栏中输入QQ网址，按【Enter】键打开QQ的官方网站，单击“下载”超链接。打开“下载”界面，然后在“QQ Windows版”栏下方单击下载按钮，如图8-21所示。

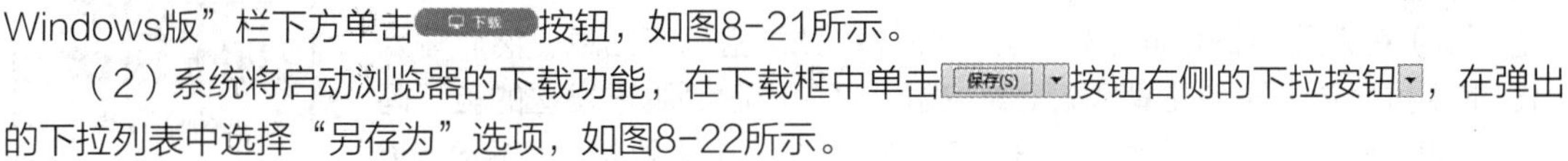

（2）系统将启动浏览器的下载功能，在下载框中单击保存(S)按钮右侧的下拉按钮，在弹出的下拉列表中选择“另存为”选项，如图8-22所示。

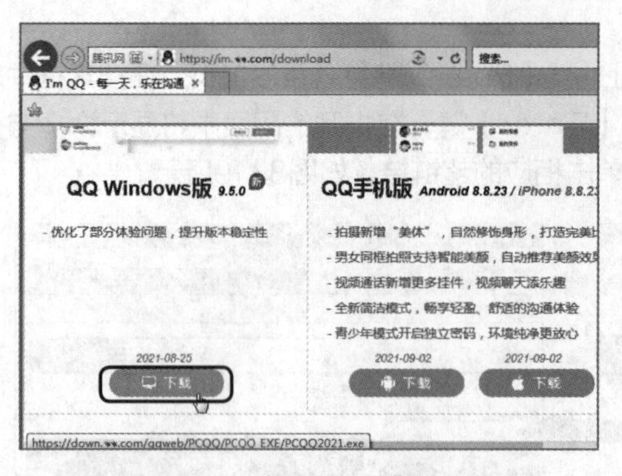
图8-21　单击“下载”按钮

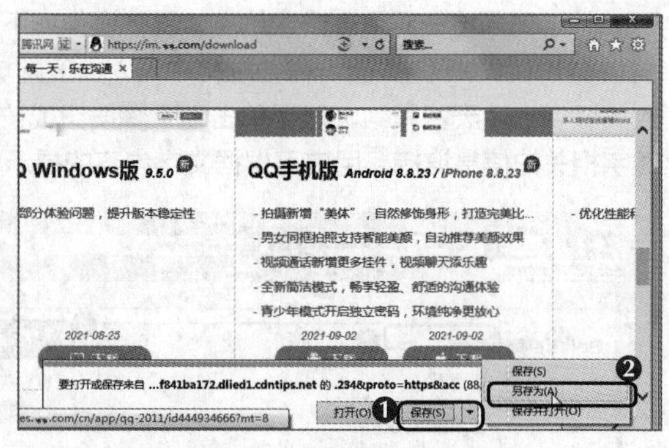
图8-22　选择“另存为”选项

（3）打开“另存为”对话框，设置保存位置，然后单击保存(S)按钮，如图8-23所示。

（4）在浏览器的下载框中显示了软件的下载进度，下载完成后单击打开(O)按钮，可直接运行安装程序，若单击打开文件夹(P)按钮，则打开安装程序所在的文件夹，如图8-24所示。

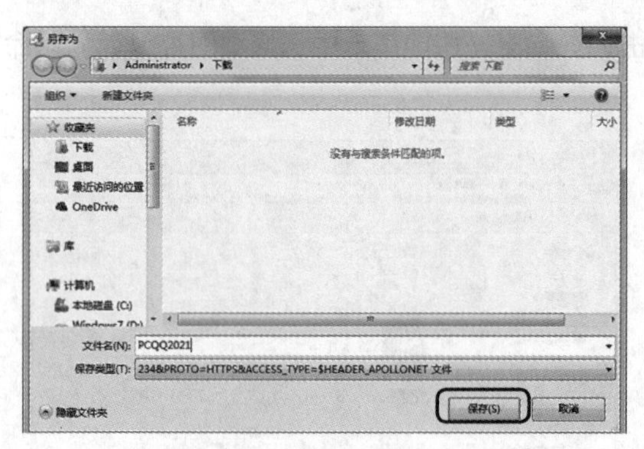
图8-23　执行“保存”操作

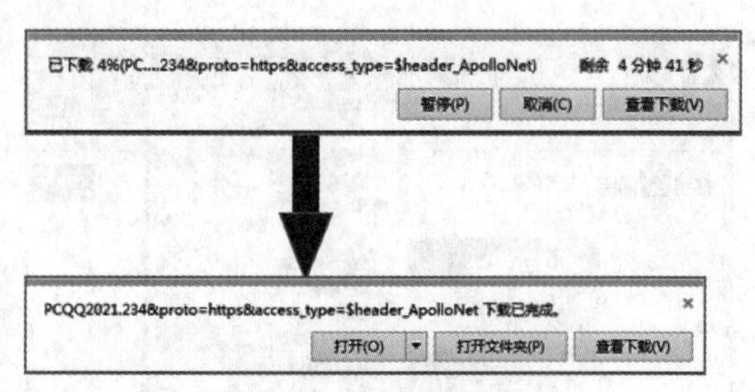
图8-24　下载文件

8.3 使用QQ进行网上交流

互联网普及后，使用网络通信工具进行聊天一直备受人们的推崇，在现代办公中更是如此。目前提供网络即时通信服务的软件有很多，如QQ、微信等。在众多的网络即时通信软件中，QQ是使用人数较多的一种。

8.3.1 申请QQ账号

要使用QQ进行网上交流，首先需要申请QQ账号。下面介绍申请QQ账号的方法，具体操作如下。

（1）双击桌面上的QQ快捷方式图标启动软件，在QQ的登录界面单击“注册账号”超链接进入QQ账号申请页面，如图8-25所示。

（2）在账号申请页面中输入账号昵称和登录密码等信息，然后输入自己的手机号码，再单击发送短信验证码按钮，稍后将收到腾讯发送的验证码短信，如实输入该验证码后，单击立即注册按钮申请账号，如图8-26所示。

图8-25 单击“注册账号”超链接

图8-26 填写申请信息并进行注册

（3）申请成功后，网页中会显示一个号码，该号码即为申请的QQ账号。

8.3.2 添加好友

QQ账号申请成功后，首先需要登录QQ，然后将同事和客户添加为好友，之后才可在QQ中与之进行交流。下面将登录QQ并添加好友，具体操作如下。

（1）启动QQ，在登录界面输入申请的QQ账号和注册时设置的登录密码，然后单击登录按钮，如图8-27所示。

（2）登录后，在QQ主界面下方单击按钮，打开“查找”对话框，在“查找”文本框中输入同事或客户的QQ账号，按【Enter】键查找，界面下方将显示搜索到的QQ账号信息，然后单击+好友按钮，如图8-28所示。

图8-27 登录QQ

图8-28 查找好友

（3）打开“添加好友”对话框，然后在“请输入验证信息”文本框中输入验证信息，单击下一步按钮，如图8-29所示。

（4）在“添加好友”对话框的“备注姓名”文本框中输入对方的备注信息，在“分组”下拉列表中选择好友的分组，如“朋友”等，然后单击下一步按钮，如图8-30所示。

（5）请求发出后，如果对方在线并同意添加好友，则会收到一个系统消息，然后单击任务栏通知区中闪动的好友QQ图标，将打开QQ对话框，在QQ主界面中可查看添加的QQ好友，如图8-31所示。

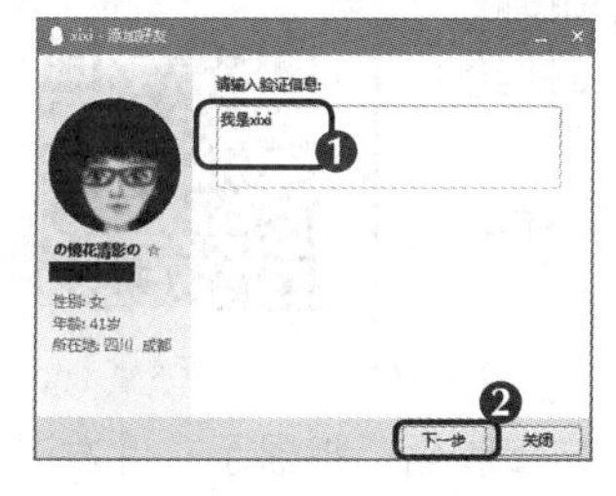

图8-29 输入验证信息

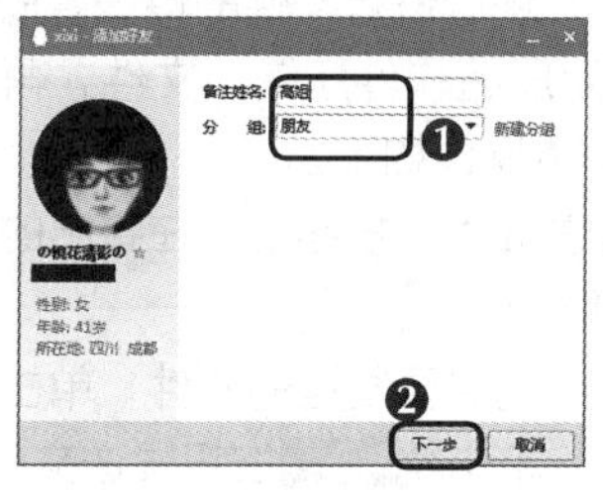

图8-30 设置备注和好友分组

图8-31 查看添加的好友

8.3.3 信息交流

QQ较为重要的功能便是便于用户与好友进行信息交流。添加好友后，用户便可与其进行信息交流，具体操作如下。

（1）在QQ主界面中双击好友所在区域，如图8-32所示。

（2）打开QQ对话框，在下方的文本框中输入内容，然后单击发送按钮发送信息，如图8-33所示。发送的信息将显示在上方的窗格中，对方回复信息后，内容同样会显示在上方的窗格中，如图8-34所示。

图8-32 双击好友所在区域

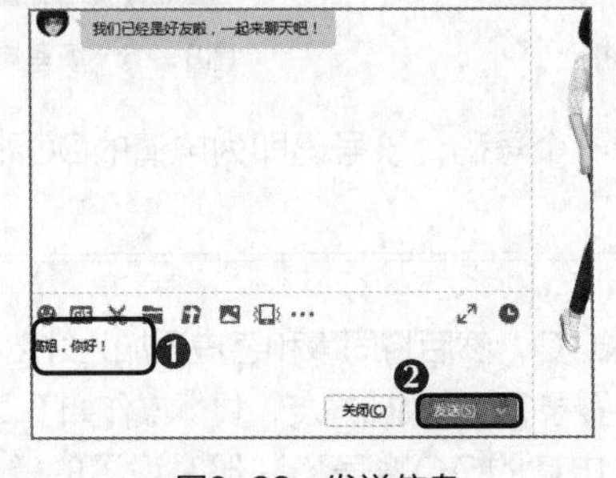

图8-33 发送信息

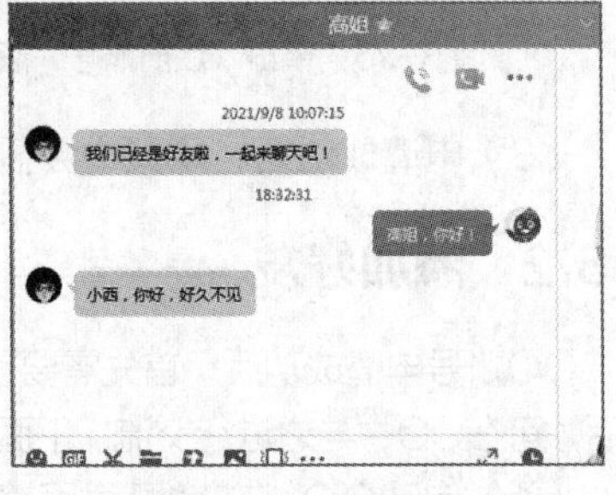

图8-34 查看接收的信息

（3）为了使交谈氛围变得轻松，可单击QQ对话框工具栏中的“选择表情”图标☺，在弹出的下拉列表中选择合适的表情图标进行发送，如图8-35所示。

（4）在办公中有时需要通过截图来说明内容，此时应先打开需要截图的文件窗口，然后在QQ对话框工具栏中单击“截图”按钮✂并拖曳，选择截图范围，如图8-36所示。单击✓完成按钮或双击截图区域，可将图片添加到文本框中，如图8-37所示，然后单击发送(S)按钮发送截图即可。

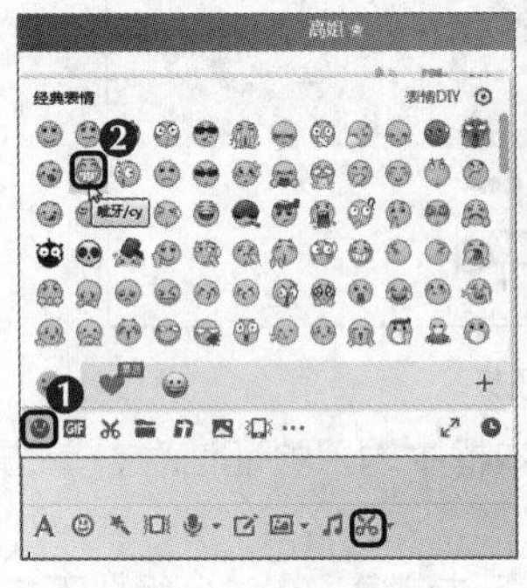

图8-35 发送表情

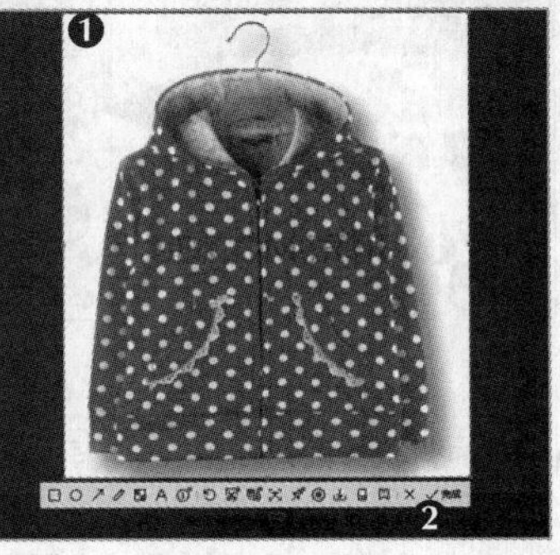

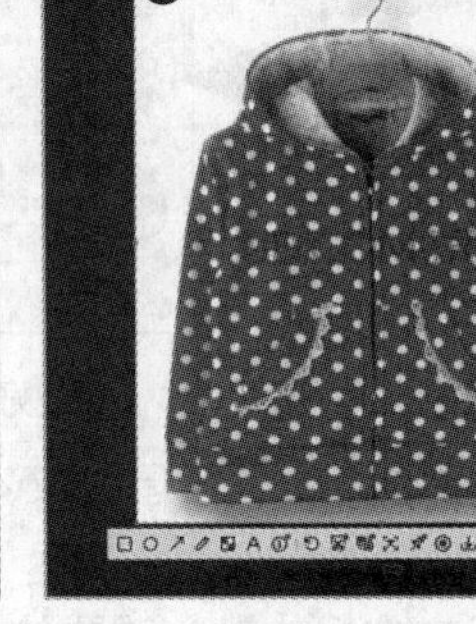

图8-36 截图

图8-37 发送截图

8.3.4 文件传送

使用QQ除了能发送文字信息外，还能进行文件的传送，即发送和接收文件。如果是发送文件，则可先使用压缩软件压缩该文件，再将其发送给对方，下面介绍传送文件的方法，具体操作如下。

（1）在QQ对话框中单击“传送文件”按钮，在弹出的下拉列表中选择“发送文件”选项，如图8-38所示。

（2）在打开的“打开”对话框中选择要发送的文件，单击打开(O)按钮添加要发送的文件，如图8-39所示。单击发送(S)按钮发送文件。对方接收后，将显示文件发送和接收成功的信息提示，如图8-40所示。

图8-38　选择“发送文件”选项

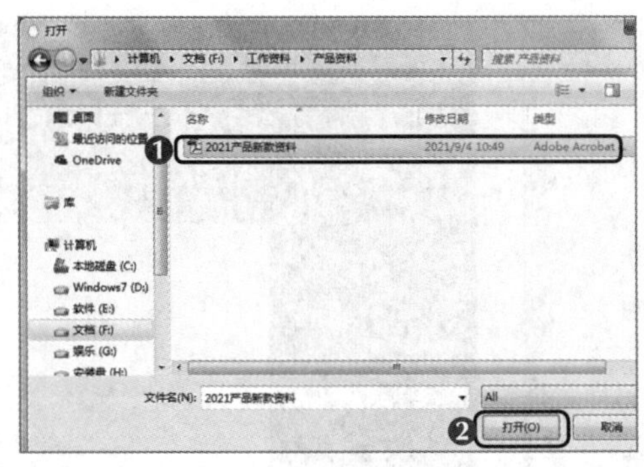

图8-39　添加要发送的文件

图8-40　提示发送成功

（3）当好友发来文件时，可在“传送文件”窗格中单击“另存为”超链接，在打开的“另存为”对话框中选择文件的保存位置，然后单击保存(S)按钮接收该文件，如图8-41所示。

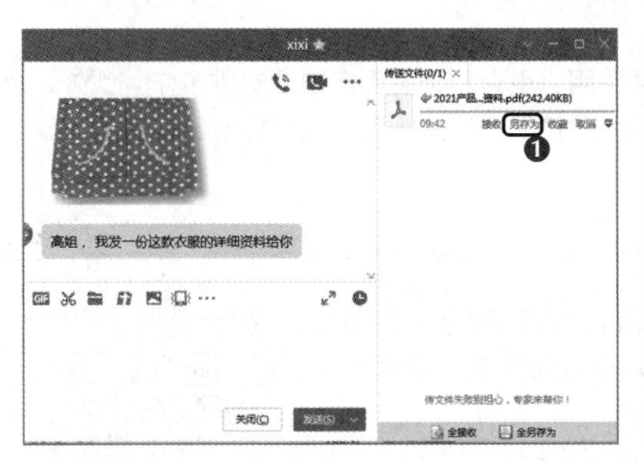

图8-41　接收文件

知识提示　　**收发多个文件**

在用QQ传送多个文件时，可以将多个文件压缩成一个压缩包来发送，这样便于多个文件的收发。

8.3.5　远程协助

在办公中若遇到不懂的操作，用户可通过QQ发送远程协助请求，邀请好友通过网络远程控制自己的计算机系统，并由对方对计算机系统进行操作；反之，用户也可接受好友的远程协助请求并控制好友的计算机系统。下面将在QQ中邀请好友协助办公，具体操作如下。

（1）在好友聊天界面中单击界面上方的“远程桌面”按钮，然后在弹出的下拉列表中选择“邀请对方远程协助”选项，如图8-42所示。

（2）好友接受邀请后，好友的QQ对话框中将显示自己的计算机系统桌面，然后好友可对自己的计算机系统进行操作，如图8-43所示。如果请求控制好友的计算机系统，则待好友同意请求后，自己的QQ对话框中将显示好友的计算机系统桌面。

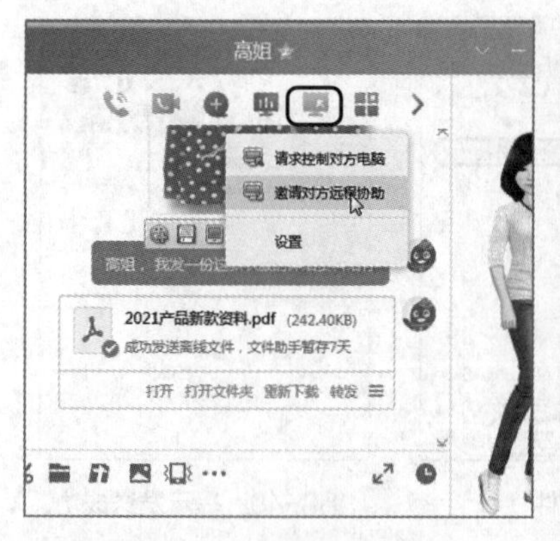

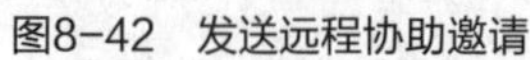
图8-42　发送远程协助邀请

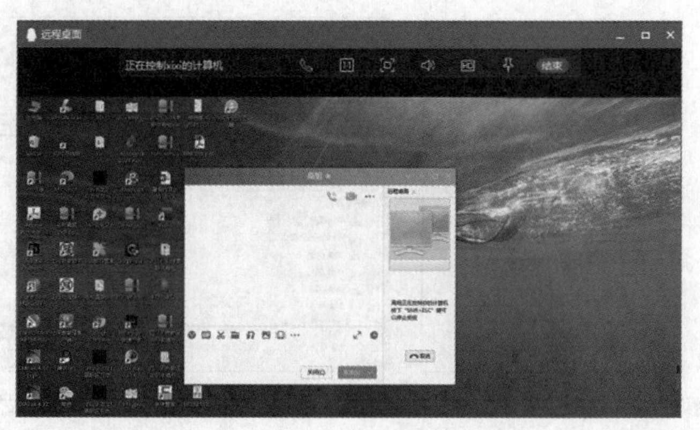

图8-43　进行远程控制

8.4　远程办公

借助网络可以实现远程办公，节约公司的各类费用，也有利于员工自由地安排工作。此外，远程办公还可以节省时间，提高工作效率。远程办公中比较常见的应用包括远程打卡、视频会议，以及移动端和PC端的文件互传。

8.4.1　远程打卡

很多公司都有要求员工打卡上下班的考勤制度，而远程办公的员工则可以通过网络进行远程打卡。下面使用钉钉进行远程打卡，具体操作如下。

（1）在手机中安装并打开钉钉，然后在主界面下方点击“工作台”按钮，在其上方点击“考勤打卡”按钮，如图8-44所示。

（2）在打开的界面中点击“外勤打卡”按钮，如图8-45所示。

图8-44　点击“考勤打卡”按钮

图8-45　点击“外勤打卡”按钮

（3）进入具体的打卡界面，系统将显示具体的外出地点，然后点击底部的“外勤打卡”按钮，如图8-46所示。

（4）在打开的页面中可以看到打卡记录已经显示在页面上了，并提示上班打卡成功，如图8-47所示。

图8-46　点击“外勤打卡”按钮

图8-47　打卡成功

8.4.2　视频会议

在远程办公中，如果需要在工作中进行交流和汇报工作，则可以使用视频会议的方式来进行。使用钉钉的视频会议功能可以开启视频会议，且视频会议能提高沟通效率。下面将使用钉钉的视频会议功能，具体操作如下。

（1）启动钉钉，在工作组界面中点击顶部的按钮。在弹出的下拉列表中选择“视频会议”选项，如图8-48所示。

（2）在打开的界面中，默认选中“会议模式”单选项，然后点击界面下方的添加参会人按钮添加参会人，如图8-49所示。

图8-48　选择“视频会议”选项

图8-49　添加参会人

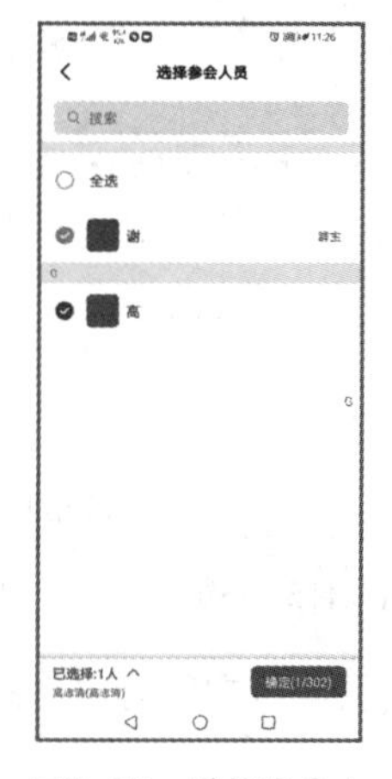

图8-50　选择参会人

（3）在“选择参会人员”界面中选择需要参会的人员，完成后点击界面底部的确定(1/302)按钮，如图8-50所示。

（4）返回视频会议界面，等待其他参会人员进入后即可正式开始视频会议，如图8-51所示。

图8-51　开始视频会议

8.4.3 移动端和PC端的文件互传

目前，移动办公已成为日常工作中的常用方式，尤其是文件的传输在网络的普及下变得更加简单、快捷，且其完全区别于传统的存储和传输模式，只要有计算机、手机和网络，就能轻松实现移动端与PC端之间的文件传输。

1. 使用QQ传输文件

QQ 的使用比较广泛，除了可以通过QQ 给好友发送文件外，用户还可以使用QQ 在手机和计算机之间传输文件。下面将使用QQ在手机和计算机之间互传文件，具体操作如下。

（1）在手机和计算机中登录同一个QQ账号。在计算机中打开QQ，选择“联系人”，在其中双击“我的设备”栏中的“我的Android 手机”选项，如图8-52所示。

（2）打开“我的Android 手机”对话框，单击“传送文件”按钮，如图8-53所示。

图8-52 选择移动设备

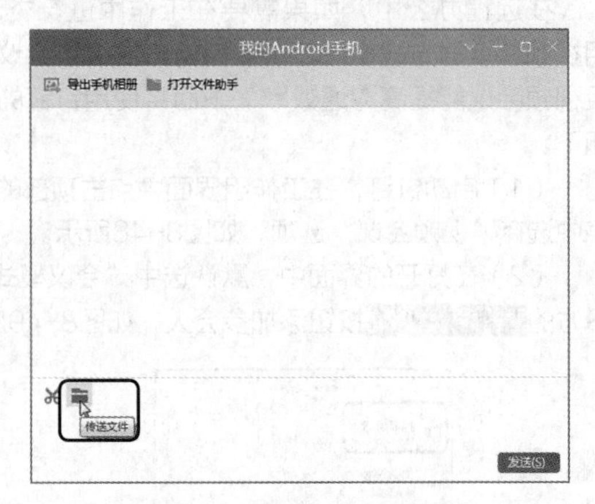

图8-53 单击“传送文件”按钮

（3）在打开的“打开”对话框中选择要传输的文件，然后单击打开(O)按钮，如图8-54所示。

（4）返回对话框，完成将计算机中的文件传输到手机的操作，如图8-55所示。

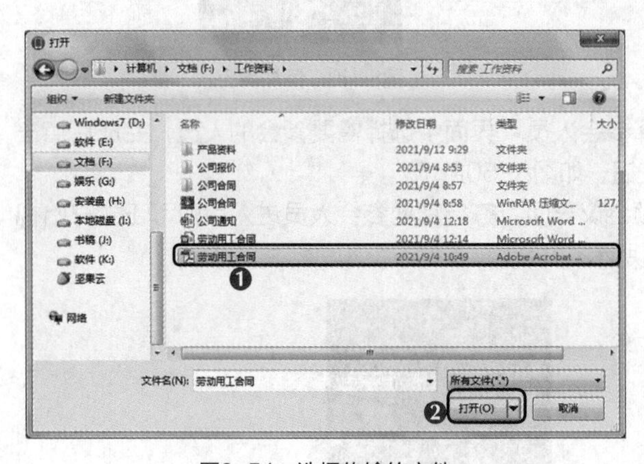

图8-54 选择传输的文件

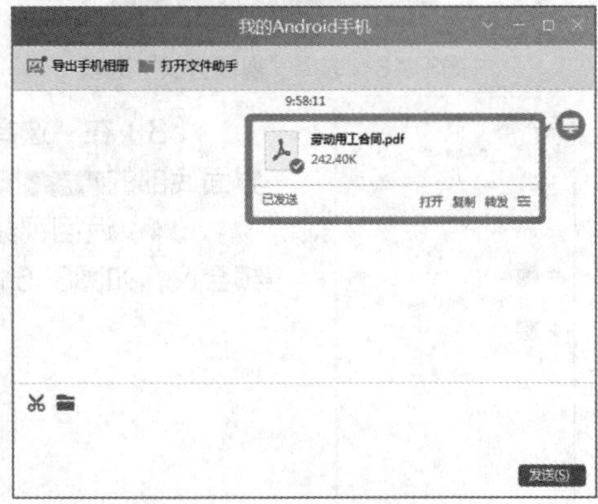

图8-55 完成文件的传输

（5）打开手机中的QQ，可看到计算机传输的文件，如图8-56所示，打开文件之后可对其进行查看、转发及编辑等操作。

（6）返回主界面，在下方选择“联系人”，然后在“联系人”界面上方选择“设备”选项，然后选择“我的电脑”选项，如图8-57所示。

图8-56　在手机上查看接收的文件

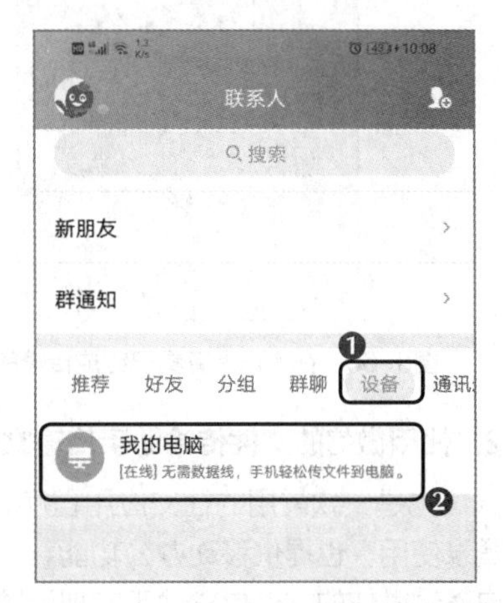

图8-57　选择“我的电脑”选项

（7）打开“我的电脑”对话框，点击工具栏中的“传送文件”按钮，如图8-58所示。

（8）打开“手机文件”界面，选择要发送的文件后，点击右下角的按钮，如图8-59所示。

多学一招　**使用坚果云传输文件**

对于部分办公者来说，使用QQ等软件在手机和计算机之间传输文件只适用于文件的临时传输，对于经常需要在办公室和家里两头办公的人来说，逐个传输文件过于烦琐。此时，使用坚果云能够实现计算机与手机的文件同步，或者实现办公室中的计算机与家中的计算机的文件同步。

图8-58　点击“传送文件”按钮

图8-59　选择要传输的文件

（9）在手机中可以看到已完成传输的文件，如图8-60所示。

（10）在计算机中的QQ对话框中可以看到接收的文件，如图8-61所示，打开文件之后可对其进行复制及转发等操作。

图8-60　在手机上查看已完成传输的文件

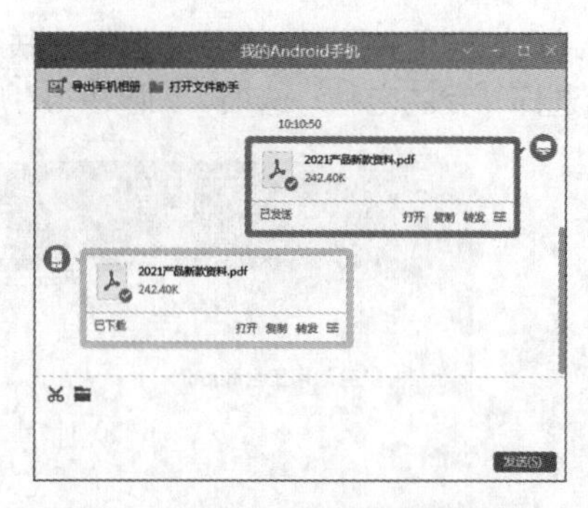

图8-61　在计算机中查看接收的文件

2. 使用微信的文件传输助手传输文件

微信也是一款常用的社交应用程序，它可通过手机、网页和计算机3种方式登录使用，也提供移动办公功能，不仅支持用户随时与他人沟通，还支持用户通过微信的文件传输助手实现计算机与手机的文件互传。下面将使用微信的文件传输助手进行手机和计算机之间的文件互传，具体操作如下。

（1）若要将计算机中的文件传到手机上，首先要在计算机中安装并启动微信，然后通过手机微信扫描二维码进行登录，再在打开的界面左侧选择“文件传输助手”选项，在其右侧打开“文件传输助手”窗口，单击“发送文件”按钮，如图8-62所示。

（2）在打开的“打开”对话框中选择要传输的文件，然后单击打开(O)按钮，如图8-63所示。

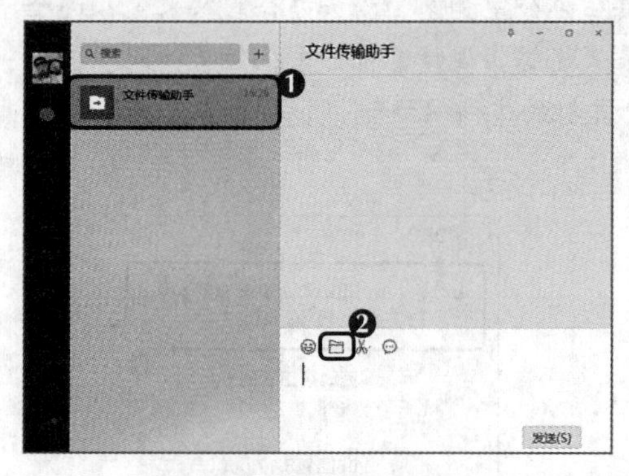

图8-62　打开文件传输助手

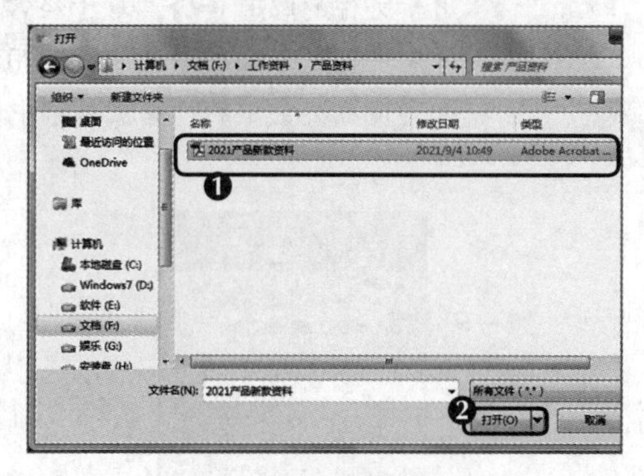

图8-63　选择要传输的文件

（3）选择的文件将被添加至聊天窗口中，单击发送(S)按钮，完成文件的传输，如图8-64所示。

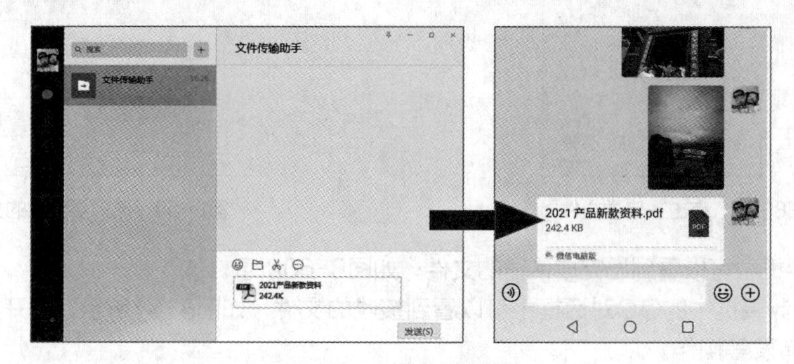

图8-64　完成文件的传输

（4）若要将手机中的文件传到计算机中，就要打开手机中的微信，点击“搜索”图标，在搜索框中输入“文件传输助手”，进入“文件传输助手”界面，点击界面下方的“添加”按钮⊕，然后在其中点击“文件”按钮，在打开的界面中选择要传输给计算机的文件，然后单击界面右上角的发送(1/9)按钮，即可将手机中的文件传输给计算机，如图8-65所示。

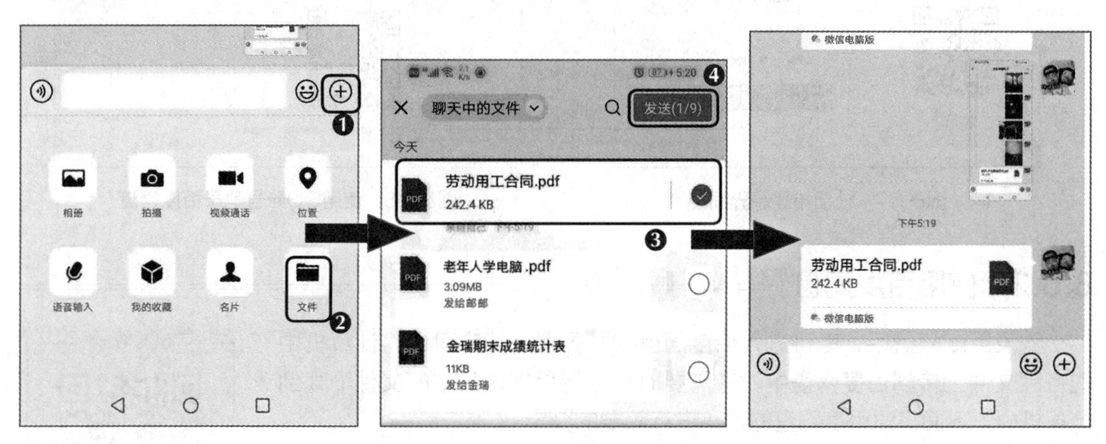

图8-65　利用手机中的微信向计算机传输文件

（5）在计算机上，打开“文件传输助手”窗口，可查看接收到的文件，还可对其进行打开、转发及另存为等操作，如图8-66所示。

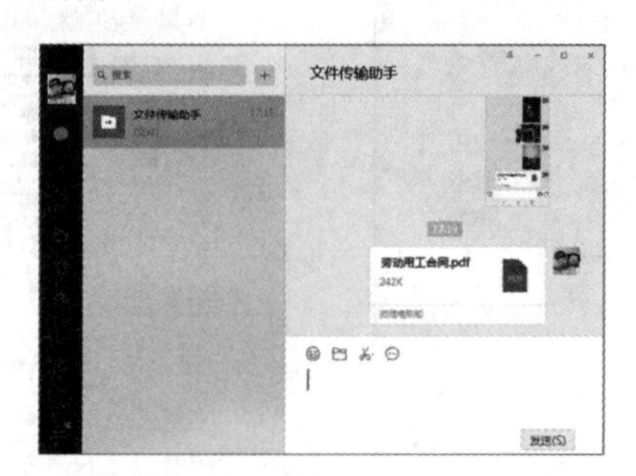

图8-66　在计算机上用微信查看接收到的文件

8.5　使用网盘存储办公文件

网盘可以理解为网络硬盘，其免费存储量能够达到几千GB，甚至更多。在日常办公中，网盘主要用来备份、存放文件。常见的网盘有百度网盘、城通网盘等，其使用方法基本相同。下面以办公中较为常用的百度网盘为例进行介绍。

8.5.1　注册与登录百度网盘

在计算机中下载并安装百度网盘，然后启动该程序，进入百度网盘的注册与登录界面，如图8-67所示，用户可以在其中使用注册的账号进行登录，也可以使用QQ账号或者微信账号等登录。这里单击登录界面右下方的图标，使用QQ账号进行第三方登录。在打开的界面中使用手机中的QQ扫描该界面中的二维码，然后对其进行授权，即可快速登录百度网盘，如图8-68所示。

图8-67　注册与登录界面

图8-68　使用QQ账号登录百度网盘

8.5.2　使用百度网盘

登录百度网盘后，即可进入百度网盘的主界面。用户可以将计算机中的各种文件上传到百度网盘中，待需要时也可将百度网盘中的文件下载到计算机中。下面将对百度网盘的使用进行简要的介绍。

（1）在百度网盘的主界面中单击上传按钮，如图8-69所示。

（2）在打开的“请选择文件/文件夹”对话框中选择计算机中需要上传的文件，完成后单击存入百度网盘按钮，如图8-70所示。

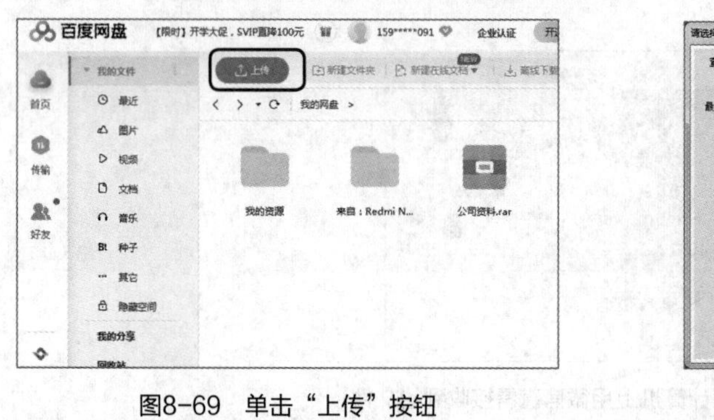

图8-69　单击“上传”按钮

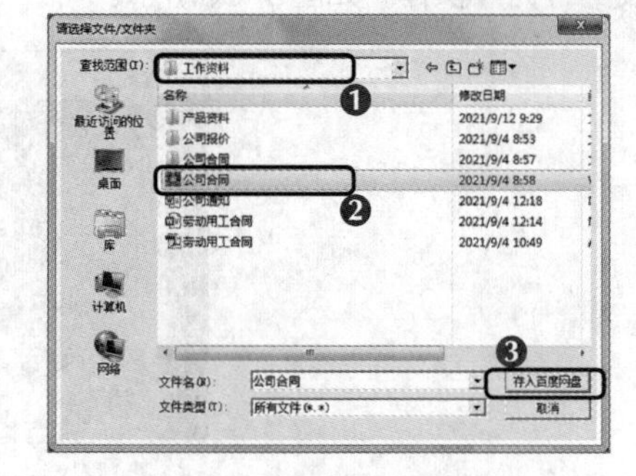

图8-70　选择要上传的文件

（3）百度网盘将开始对选择的文件进行上传，并显示上传进度，如图8-71所示。

（4）上传完成后，百度网盘主界面中的列表中将显示所有上传的文件。如果要进行下载，则选择该文件，然后单击该界面中的下载按钮，如图8-72所示。

图8-71　开始上传文件

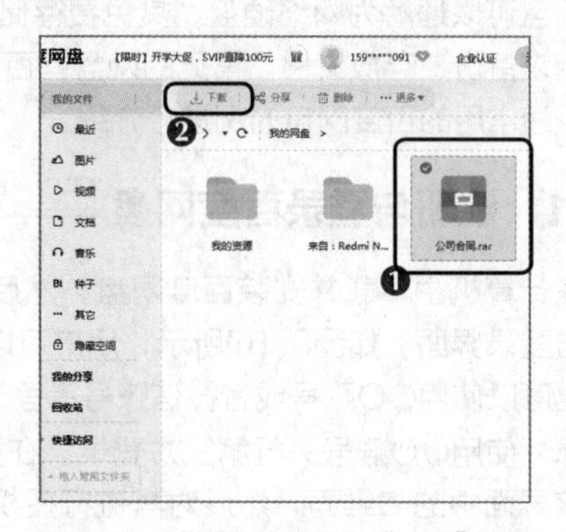

图8-72　选择文件并单击“下载”按钮

（5）在打开的“设置下载存储路径”对话框中设置下载文件的保存位置，完成后单击 下载 按钮，如图8-73所示。

（6）保存在百度网盘中的文件将开始下载，并显示下载进度，如图8-74所示。完成后可在设置的下载文件的保存位置中查看下载的文件。

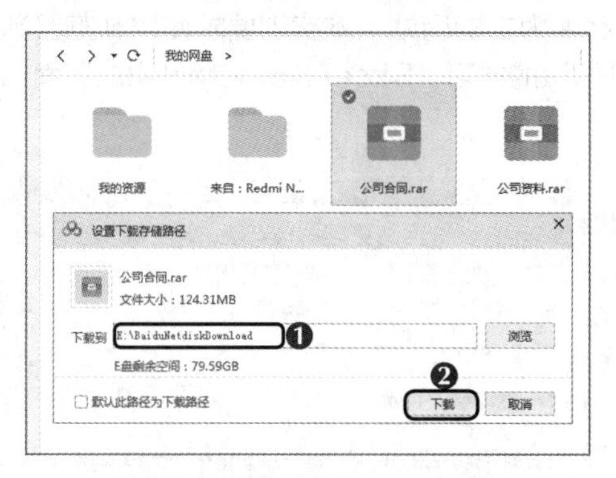

图8-73　设置下载文件的保存位置

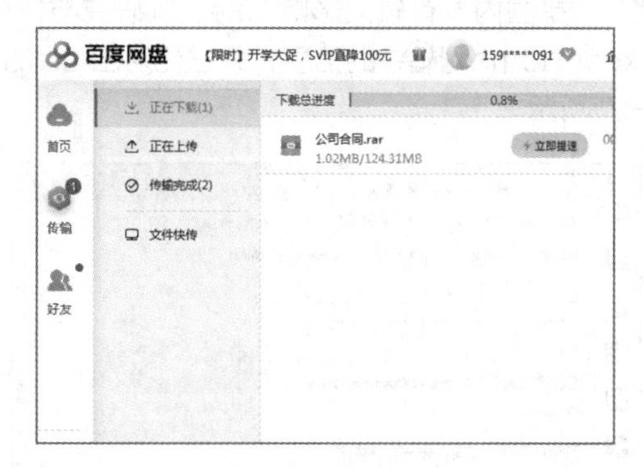

图8-74　开始下载文件

多学一招　　**分享网盘文件**

在网盘中保存的文件上右击，在弹出的快捷菜单中选择“分享”命令，在打开的对话框中可创建文件的分享链接，然后将链接发送给其他用户，其他用户即可通过单击此链接来下载分享的文件。

8.6　项目实训

本章介绍了网络办公应用的相关知识，如连接无线网络、资源共享、搜索网络资源、下载网络资源、使用QQ进行网上交流等，这些都是办公人员会经常用到的知识，大家应重点学习和掌握。下面通过两个项目实训帮助大家灵活运用本章讲解的知识。

8.6.1　与客户交流项目

1. 实训目标

本实训要求使用QQ与客户进行交流。本实训考查了使用QQ的相关操作，包括发送即时消息、发送文件等。

2. 专业背景

在现代社会的交往中，不同行业有不同的要求，站在不同的角度看待问题，结果很可能大不一样。因此，大家在与客户进行交流时，应注意客户的语言特点，从而掌握客户表达的潜在意思和逻辑思维，进而有效地推进项目。

3. 操作思路

先登录QQ并将客户添加为好友，然后与客户进行文字交流，并给客户发送资料。

【步骤提示】

（1）登录QQ，查找客户的QQ账号并添加客户为好友。

（2）就目前进行的项目进行交流，必要时可截图进行表达，并将相关文件发送给客户。

8.6.2 在网络中学习Excel的相关知识

1. 实训目标

本实训的目标是在Excel Home网站中学习Excel的相关知识。Excel Home也叫“Excel之家”，是国内具有较大影响力的、以研究与推广Excel为主的网站。本实训要求使用浏览器浏览Excel Home网站中的信息，并强化对Excel的相关知识的学习。Excel Home网站中的页面如图8-75所示。

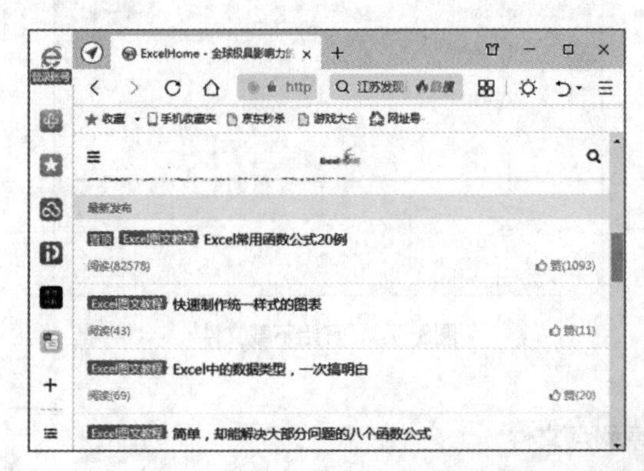

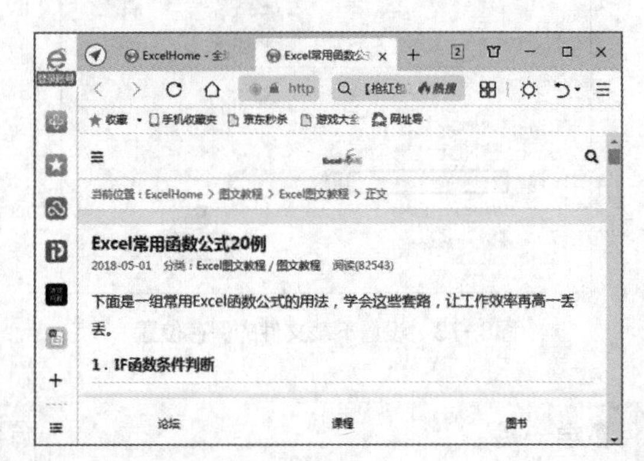

图8-75 使用浏览器查看网页信息并学习Excel的相关知识

2. 专业背景

Excel Home网站为用户提供了学习、答疑、软件下载等主流内容，以及Excel函数、图表制作等方面的内容。同时，该网站还提供了视频、公开课等特色学习内容。Excel Home网站推出的微信公众号也可让用户随时随地地了解与Excel相关的最新信息。

3. 操作思路

首先应启动计算机并连接办公室中的无线网络，安装任意一款浏览器，然后在浏览器中搜索Excel Home网站，最后进入Excel Home网站浏览相关信息。

【步骤提示】

（1）输入无线网络的密码，连接办公室中的无线网络，然后启动浏览器。

（2）利用搜索引擎搜索Excel Home网站，进入Excel Home网站主页，然后根据需要单击相关链接，浏览并学习Excel的相关知识等。

8.7 课后练习

本章主要介绍了网络办公应用的相关知识与操作，下面通过两个练习帮助大家熟悉各知识点的应用及操作方法。

练习1：配置无线网络

本练习要求用手机和计算机配置无线网络，大家需要先购买无线路由器，并连接路由器，然后进入无线路由器设置界面开启无线功能，再在手机和计算机中打开无线功能，输入密码并连接无线网络。如果有多台计算机，可进行共享设置。通过本练习，大家可熟悉无线网络的配置方法。

练习2：注册百度网盘账号和QQ账号

本练习要求在计算机中启动百度网盘，注册账号并登录，然后在其中查看各项功能；注册QQ

账号，添加好友并进行消息的收发。通过本练习，大家将拥有自己的百度网盘账号和QQ账号，以满足工作之需，同时可熟悉百度网盘、QQ等软件的账号注册方法。

8.8 技巧提升

1. 快速共享文件

如果在计算机中已经设置了共享文件夹，则可直接将其他要进行共享的文件存放到该文件夹中，以快速地实现文件共享。

2. 查看QQ消息记录

在日常工作中可能需要使用QQ与多个客户进行交流，但由于工作繁多，用户有时难免会忘记与客户交流的重点内容，此时，可打开与客户进行交流的QQ对话框，单击文本框右上方的按钮，打开“消息记录”窗口，在其中查看与该客户近期的交流内容。

3. 设置浏览器主页

如果需要经常访问一个网站，如公司的网站等，可将其设置为浏览器的主页。具体操作方法如下：打开IE浏览器，选择【工具】/【Internet 选项】命令，打开“Internet 属性”对话框，在其中的“主页”栏中输入网址，然后单击确定按钮，即可将相应网页设置为浏览器的主页，下次启动浏览器时将直接打开该网页。

第9章

常用办公设备的使用

情景导入

最近，公司购买了大批新的办公设备，如打印机、扫描仪、投影仪等，且对原有办公设备进行了更新，但公司能够全方位使用这些办公设备的人才较为缺乏，老洪希望米拉对这些办公设备能够有足够的了解，并掌握必要的操作技术，于是米拉感觉自己肩上的担子似乎又变重了。

学习目标

- 掌握打印机的使用方法。

如安装本地打印机、安装网络打印机、添加纸张、解决卡纸故障等。

- 掌握其他办公设备的使用方法。

如扫描仪的使用、一体化速印机的使用、投影仪的使用等。

素质目标

主动学习新技术和新知识，通过技术上的创新突破处理专业问题，建立专业自豪感。

案例展示

▲彩色打印机

▲投影仪

9.1 打印机的使用

打印机是办公自动化中重要的输出设备，主要用于将计算机运算和处理后的结果输出到纸张上。用户可简单地操作打印机，将制作好的各种类型的文档输出到纸张或有关介质上，以便在不同场合进行传送、阅读和保存。在日常办公中，员工不仅要学会通过打印机打印文件的操作方法，还要对打印机的安装、维护等方法有足够的了解，以利于办公自动化的开展和顺利实现。

9.1.1 打印机的类型

一般来说，日常办公中常会将一些文件打印输出。目前家用和办公中较为常用的打印机是喷墨打印机和激光打印机。下面对打印机的类型及其结构进行介绍，以帮助用户更加直观地掌握打印机的使用方法。

1. 喷墨打印机

喷墨打印机是一种经济型、非击打式的高品质打印机，也是一款性价比较高的彩色图像输出设备，其因强大的彩色功能和较低的价格而在现代办公领域中颇受青睐。

喷墨打印机的原理是将墨水喷到纸张上，以形成点阵图像。它由托纸架、送纸器、导轨、出纸器、调节杆、操作键和指示灯等部分组成，其外观与结构示意图如图9-1所示。

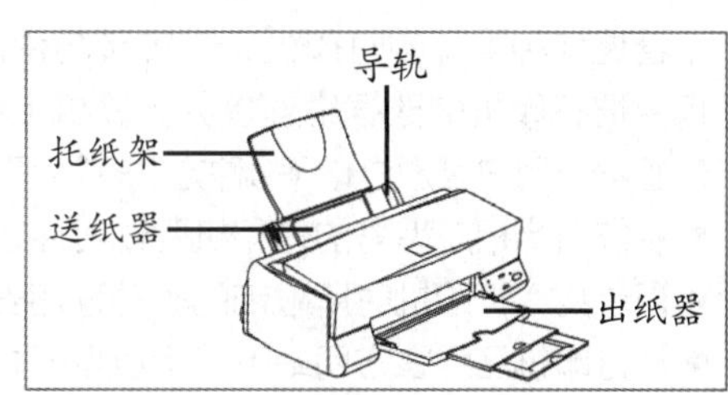

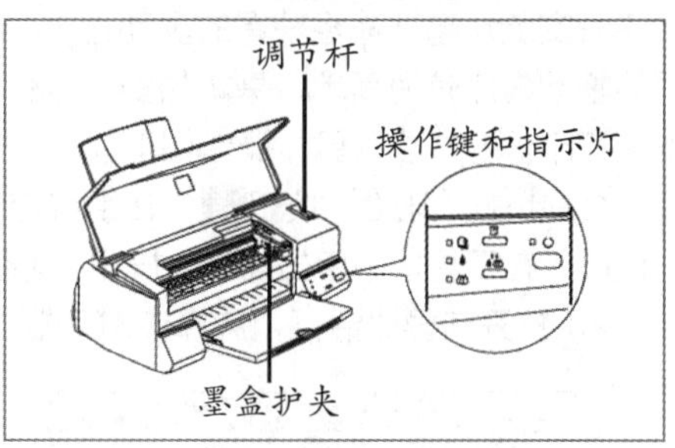

图9-1 喷墨打印机的外观与结构示意图

喷墨打印机的特点是体积小、操作简单方便、打印速度快、工作噪声低和打印的分辨率高。

知识提示 **选购喷墨打印机**

在选购喷墨打印机时，除了要从墨滴控制、打印精度、耗材成本和打印速度4个方面考虑外，还要注意看其是否能直接打印照片。

2. 激光打印机

与喷墨打印机相比，激光打印机使用硒鼓粉盒里的碳粉来形成图像。激光打印机分为黑白激光打印机和彩色激光打印机，顾名思义就是分别用于打印黑白和彩色页面的打印机。彩色激光打印机的价格比喷墨打印机高，且成像技术更复杂，其优势在于技术更成熟、性能更稳定、打印速度和输出质量更高。

图9-2所示为激光打印机的外观与结构示意图。

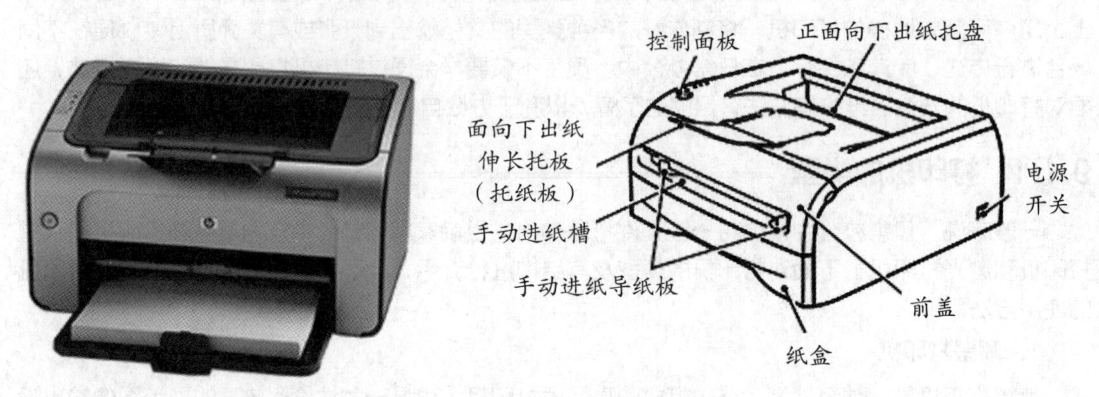

图9-2　激光打印机的外观与结构示意图

9.1.2　安装本地打印机

不管是何种类型的打印机，其安装与使用方法都大同小异。安装打印机不仅要把打印机的数据线连接到计算机上，而且还要加装打印机的驱动程序。通常，用户可通过以下3种方式获取打印机的安装程序。

- 系统自带相应型号的打印机驱动程序。
- 通过购买打印机时所附带的驱动程序安装光盘获取。
- 从打印机品牌官方网站下载相应型号打印机的驱动程序。

不管安装从哪种途径获得的驱动程序，其操作方法基本类似，其中，安装通过光盘和下载方式获得的驱动程序较为简单，基本与安装软件的方法相同。下面以使用系统自带的驱动程序为例，介绍安装打印机的方法，具体操作如下。

（1）单击“开始”按钮，在系统控制区中选择“设备和打印机”选项。打开“设备和打印机”窗口，在工具栏中单击添加打印机按钮，如图9-3所示。

（2）打开向导对话框，选择该对话框中的“添加本地打印机”选项，如图9-4所示。

图9-3　单击“添加打印机”按钮

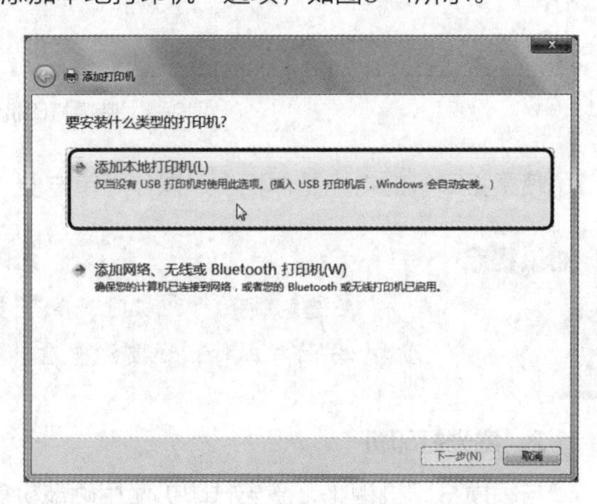

图9-4　选择“添加本地打印机”选项

（3）在“选择打印机端口”界面，选中“使用现有的端口”单选项，然后在其下拉列表中选择默认的LPT1端口，接着单击下一步(N)按钮，如图9-5所示。

（4）在“安装打印机驱动程序”界面，选择使用打印机的厂商和型号，在“厂商”列表框中选择“EPSON”选项，在“打印机”列表框中选择“EPSON LQ-610KII ESC/P2 ”选项，然后单击下一步(N)按钮，如图9-6所示。

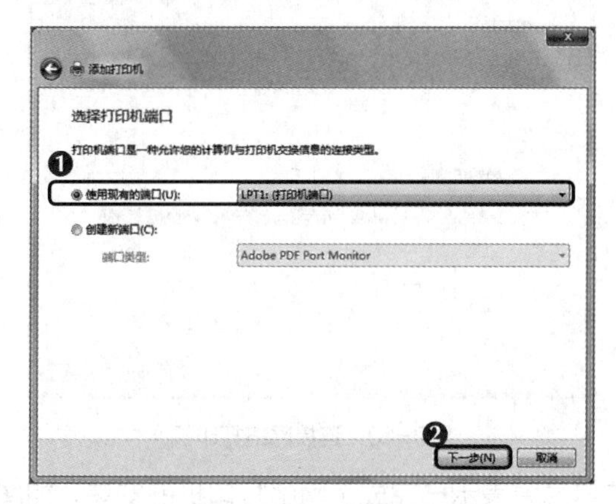

图9-5　选择端口

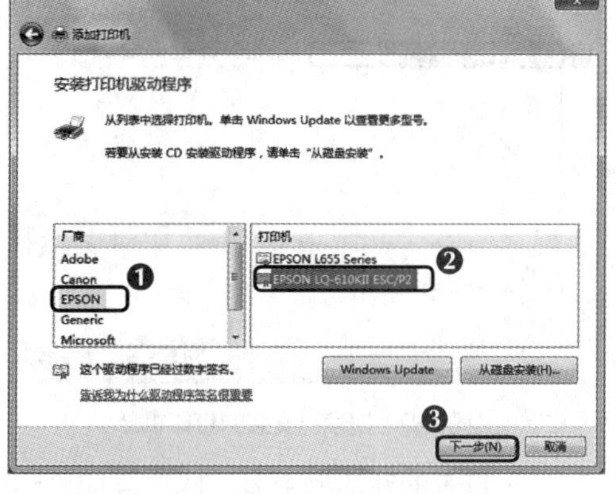

图9-6　选择打印机的厂商和型号

（5）在打开的界面中，用户可在“打印机名称”文本框中自定义安装的打印机的名称，如图9-7所示，然后单击下一步(N)按钮。

（6）系统将开始安装选择打印机的驱动程序，安装完成后将打开“打印机共享”界面。在其中选中“共享此打印机以便网络中的其他用户可以找到并使用它”单选项，然后单击下一步(N)按钮，如图9-8所示。打开提示已成功添加打印机的对话框，单击完成(F)按钮完成安装。

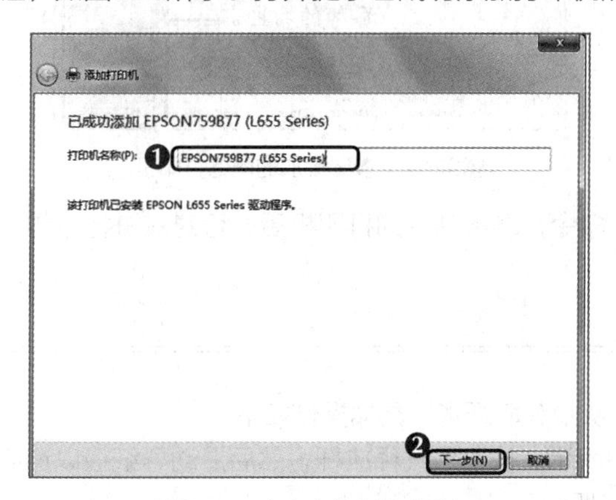

图9-7　自定义打印机名称

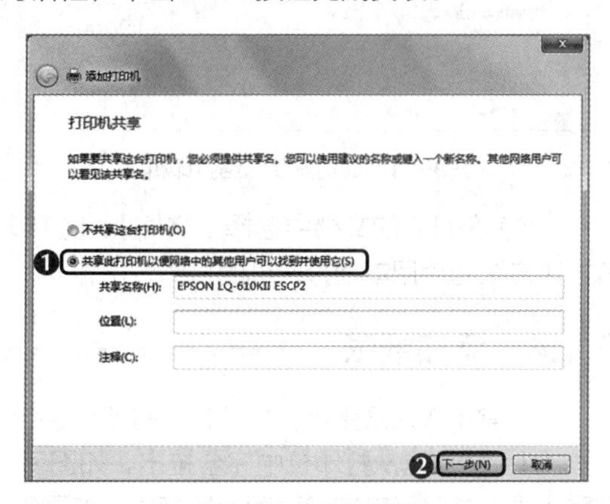

图9-8　共享打印机

9.1.3　安装网络打印机

安装好本地打印机，并共享打印机后，用户可通过网络安装方式为同一个工作组中的其他计算机添加打印机，从而使这些计算机能够共同使用这台打印机，具体操作如下。

（1）打开“设备和打印机”窗口，在工具栏中单击添加打印机按钮，在打开的向导对话框中选择“添加网络、无线或Bluetooth打印机”选项。

（2）系统将开始自动搜索局域网中的打印机，搜索完成后，“打印机名称”列表框中显示了已安装的打印机，用户可在其中选择所需的打印机，然后单击下一步(N)按钮，如图9-9所示。

（3）系统将开始连接网络打印机，并自动下载和安装该打印机的驱动程序，如图9-10所示。

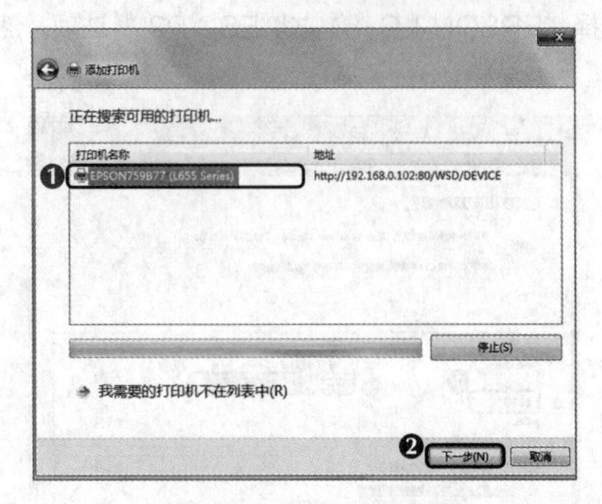

图9-9　搜索已安装的打印机

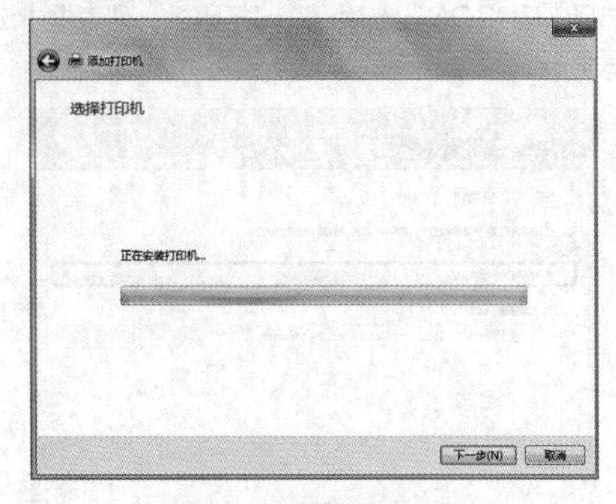

图9-10　连接网络打印机

（4）打开的对话框中显示成功添加打印机的信息，表示已完成了网络打印机的安装，如图9-11所示。

（5）在“设备和打印机”窗口中可看到添加的网络打印机，如图9-12所示。

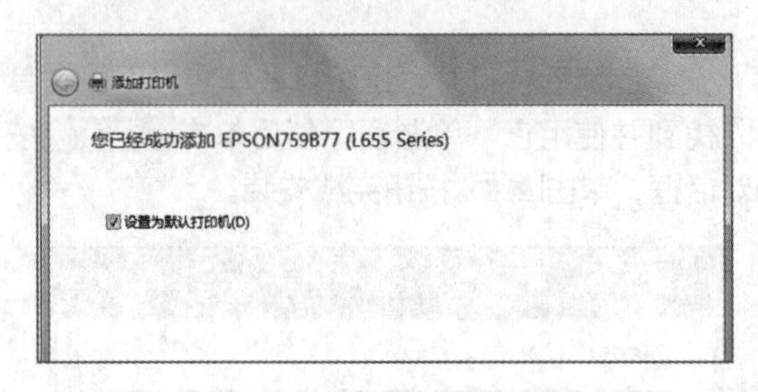

图9-11　成功安装网络打印机

图9-12　查看添加的网络打印机

（6）在打开的文档中选择【文件】/【打印】命令，选择共享的打印机后，可对其进行打印，其打印方法与使用本地打印机的打印方法相同。

9.1.4　添加纸张

在纸盒中放入纸张后，打印机在打印时会自动从中获取纸张，具体操作如下。

（1）将纸盒从打印机中完全拉出，如图9-13所示。按下导纸释放杆，然后滑动导纸板以适应纸张大小，并确保其牢固地插入插槽中，如图9-14所示。

（2）将纸张放入纸盒中，并确保纸张的厚度位于最大纸张限量标记之下，如图9-15所示。

（3）将纸盒牢固地装回打印机中。

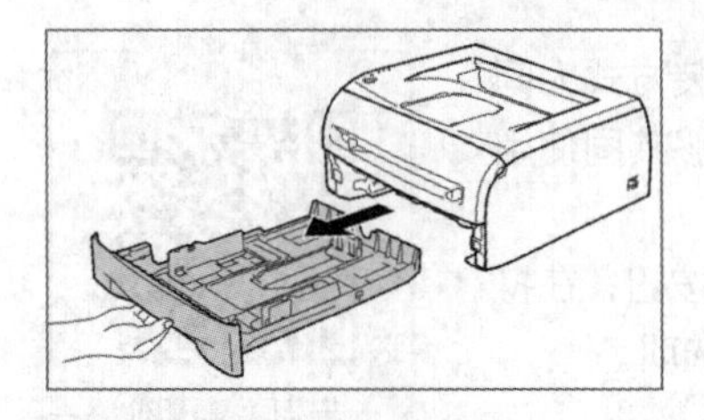

图9-13　拉出纸盒

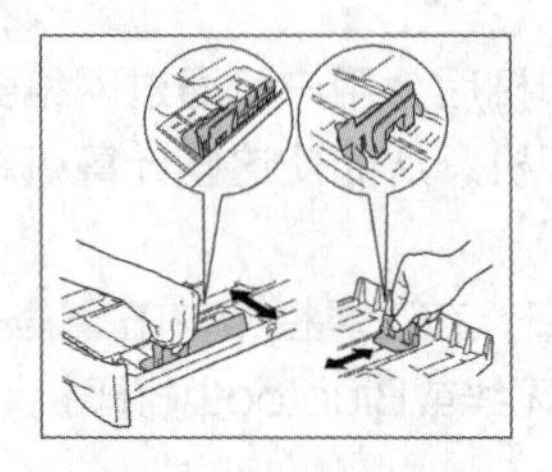

图9-14　调整导纸板

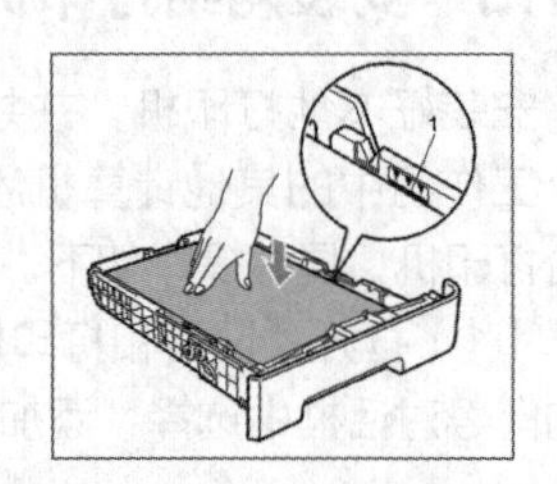

图9-15　放入纸张

9.1.5 解决卡纸故障

打印多份文件时，打印机容易出现卡纸故障。在办公中遇到这种情况时，用户可通过以下方法进行解决：打开前盖，如果能够看到卡住的纸张，则使用适当的力量将纸张取出，如果纸张被卡在更深处，则取出硒鼓单元和墨粉盒组件，按下蓝色锁杆并将墨粉盒从硒鼓单元中取出，然后取出卡住的纸张，如图9-16所示。

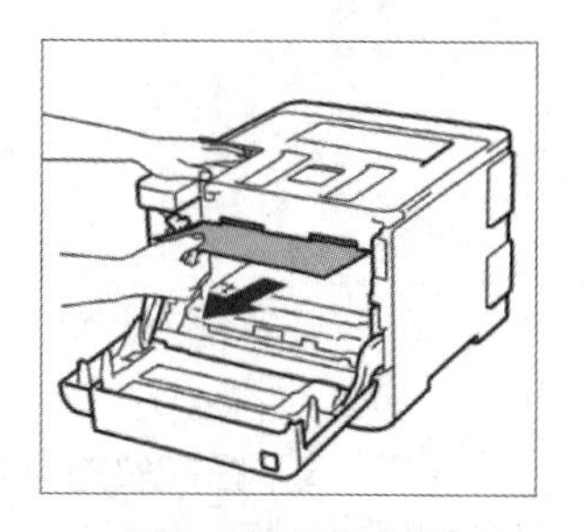

图9-16 取出卡纸

知识提示 **换墨水与加墨粉**

喷墨打印机的墨水使用完后，只需购买相同型号的墨水并加入即可。激光打印机的墨粉使用完后，打印到纸张上的字迹就会不清晰，需要更换硒鼓或添加墨粉，但该操作比较复杂，需由专业人士完成。

9.2 扫描仪的使用

扫描仪是一种捕获图像并将其转换为计算机可以显示、编辑、储存和输出的数字化信息的输入设备。办公自动化领域中普遍使用平板式扫描仪，这种扫描仪占用体积小，便于放置，且操作方便。图9-17所示为平板式扫描仪的外观示意图，图9-18和图9-19所示为扫描仪连接计算机和连接电源的示意图。与打印机的使用方法相同，使用扫描仪也需要安装驱动程序，其驱动程序的获取及安装与打印机驱动程序的获取及安装相似。

图9-17 平板式扫描仪的外观示意图

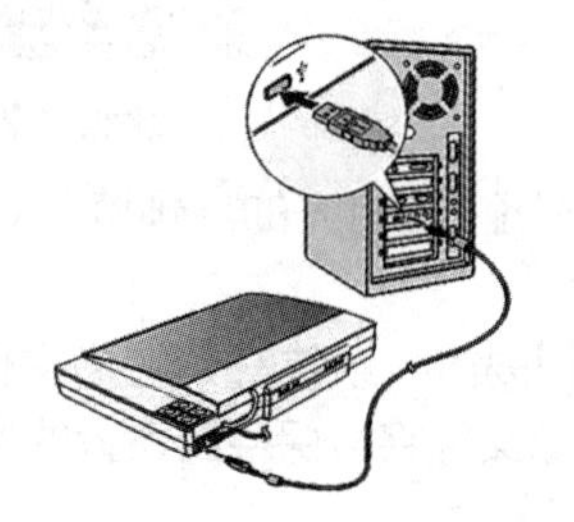

图9-18 扫描仪连接计算机的示意图

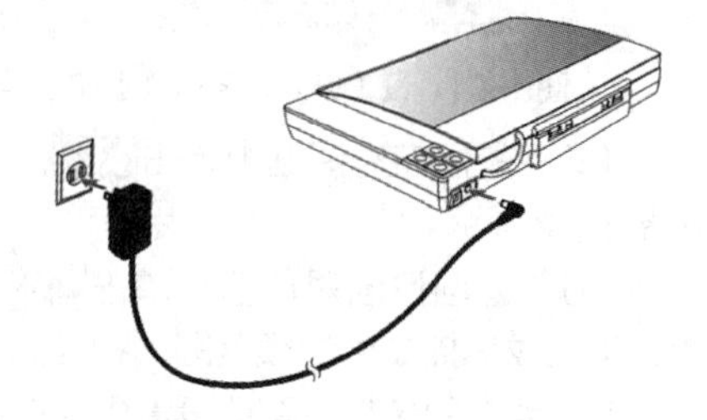

图9-19 扫描仪连接电源的示意图

9.2.1 扫描文件

连接扫描仪并安装驱动程序后，用户即可对所需文件进行扫描，并将扫描结果保存到计算机中。在日常办公中，用户通常需要将一些发票、印有公章的文件或其他文档扫描为图片，并将其保存或发送给同事或客户查看。虽然不同品牌的扫描仪的扫描界面有所差异，但是其工作方式和操作方法基本相同。下面使用爱普生扫描仪扫描文件，具体操作如下。

（1）打开扫描仪盖，将需要扫描的文件放在文件台上，需要扫描的面朝下，然后将文件抚平，盖上扫描仪盖，以免文件移动，如图9-20所示。

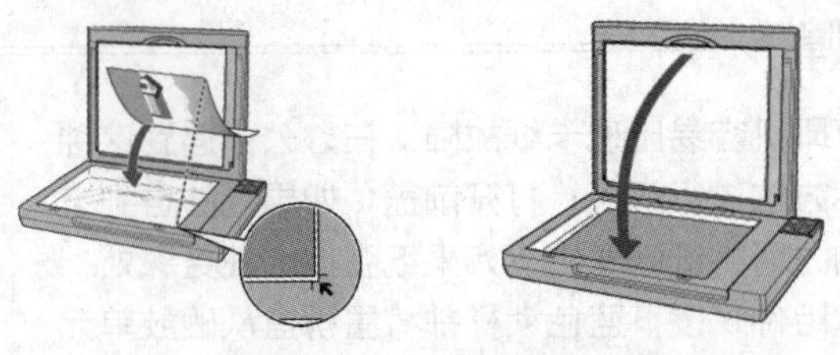

图9-20　放置扫描文件

（2）按下扫描仪的电源按钮启动扫描仪，在“开始”菜单中选择扫描仪选项，打开扫描仪软件的扫描对话框。

（3）在“模式”下拉列表中选择“办公模式”选项，在“图像类型”栏中选中“彩色”单选项，在“分辨率”下拉列表中选择“300”选项，然后单击按钮，如图9-21所示，

（4）打开“文件保存设置”对话框，在“位置”栏中选中“我的图片”单选项，在“图像格式”栏的“类型”下拉列表中选择“PDF（*.pdf）”选项，完成后单击确定按钮，如图9-22所示。

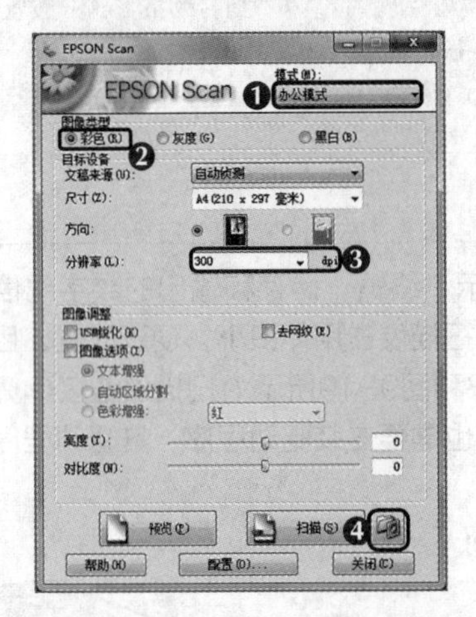

图9-21　设置模式、图像类型和分辨率

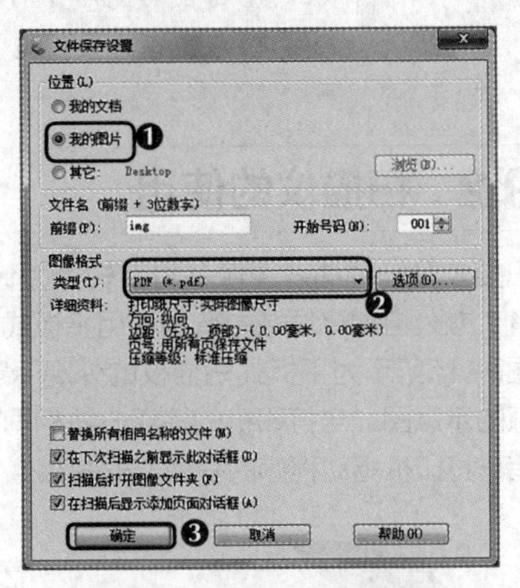

图9-22　设置图像位置和类型

（5）在扫描对话框中单击预览按钮。在打开的“预览”对话框中预览扫描文件的效果，如图9-23所示。

（6）返回扫描对话框，单击扫描按钮，系统开始扫描文件，如图9-24所示。扫描完成后，可生成扫描文件的预览图。扫描的图像文件将被保存到设置的保存位置；如果没有设置文件保存位置，那么图像将以默认设置保存在计算机中。

图9-23　预览扫描文件的效果

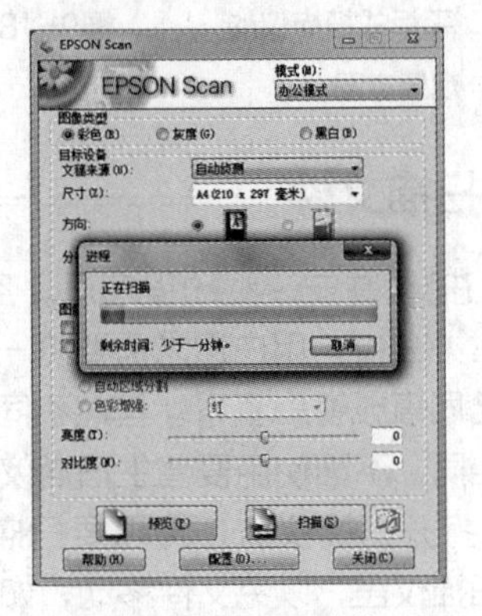

图9-24　扫描文件

9.2.2 使用扫描仪的注意事项

使用扫描仪时应注意以下5点事项。

- 避免碰撞扫描仪，在室内搬运扫描仪时应小心、平稳，长距离搬运扫描仪时，必须先复位固定螺栓。
- 避免将非扫描件放在文件台和扫描仪盖上。
- 扫描时，如文件不平整，可轻压上盖，但注意不可过于用力。
- 保持扫描仪的清洁，文件台上如有污垢，可用软布蘸少量酒精擦拭。
- 不要拆开扫描仪或给一些部件加润滑油。

9.3 一体化速印机的使用

一体化速印机是打印机和复印机等设备的结合体，已逐步取代单独的复印机等设备。图9-25所示为常见一体化速印机的外观示意图，它具有打印和复印的功能，在办公中被广泛应用，其打印部分与打印机的组成基本相同。下面主要介绍其复印功能。

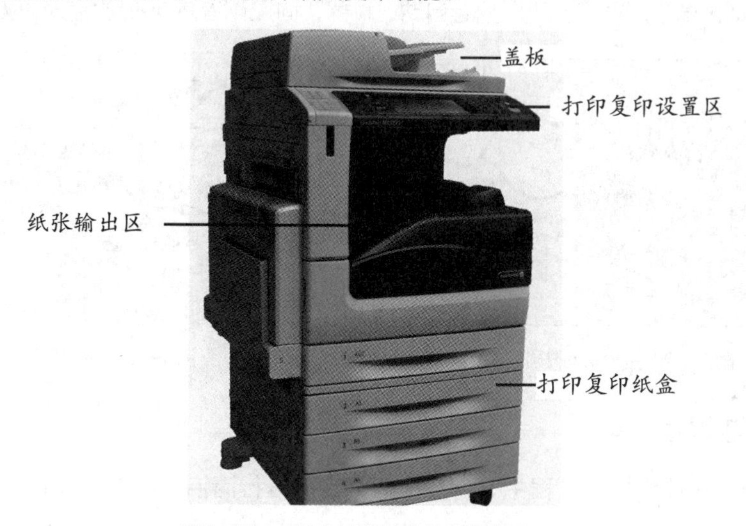

图9-25 一体化速印机的外观示意图

9.3.1 复印文件

使用一体化速印机的复印功能可以快速地复制出多份文件，且复印方法非常简单，具体操作如下。

（1）连接一体化速印机电源线，然后开机进行预热。

（2）小心向外拉动打开进纸盘，然后将纸装入进纸盘，如图9-26所示。

图9-26 放入纸张

（3）抬起曝光玻璃盖，将原稿面朝下放置在曝光玻璃上，并将原稿与左刻度标记对齐，如图9-27所示。

（4）盖上盖板，在控制面板中按制版模式选择键，使其亮起，如图9-28所示，按“启动”键开始制版，再按印刷模式选择键，使其亮起，按数字键输入印刷数量，按“启动”键开始印刷。

图9-27　放置原稿

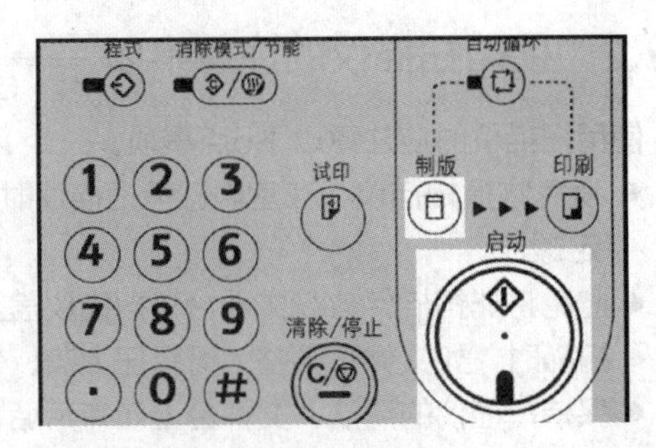

图9-28　制版

9.3.2　卡纸处理

当发生卡纸时，一体化速印机将停止工作，同时指示灯会提示卡纸。如果是进纸部位卡纸，可以慢慢用力拉出卡纸，如图9-29所示，取出卡纸后若指示灯仍旧亮着，可以打开前盖然后完全关上。如果是自动送稿器中出现原稿卡纸，可以打开自动送稿器盖，轻轻拉出原稿，如图9-30所示，若仍无法取出卡住的原稿，可以抬起自动送稿器，向操作者方向拉绿色旋钮以便取出原稿。

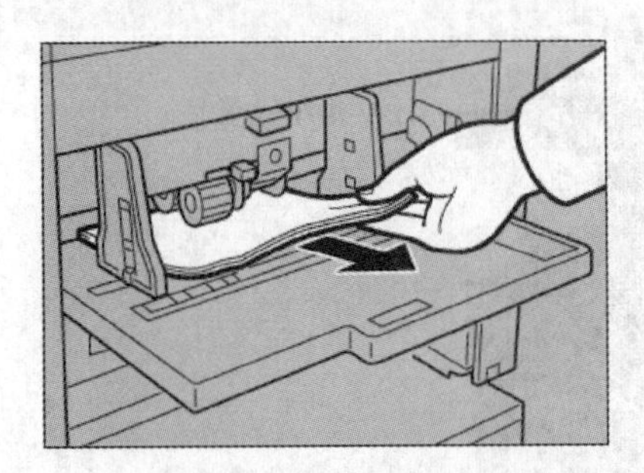

图9-29　拉出进纸卡纸

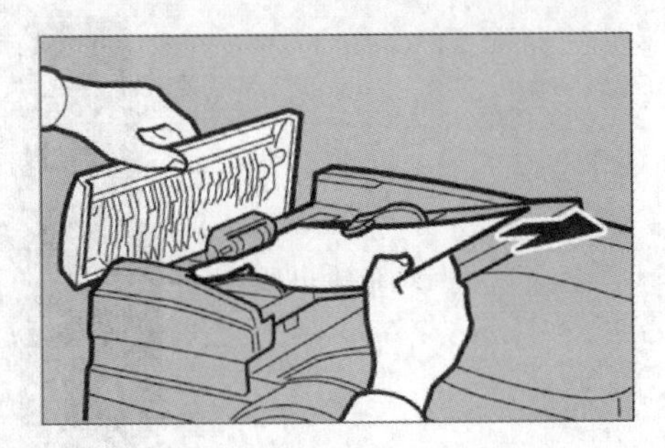

图9-30　拉出原稿卡纸

9.3.3　清洁设备

在使用一体化速印机的过程中，用户应对其定期进行清洁，以保证其正常工作，具体操作如下。

（1）关闭设备电源，用柔软的无绒干布擦去设备外部的灰尘。

（2）抬起曝光玻璃盖，用一块湿布清洁曝光玻璃盖，然后用一块干布将其擦净，如图9-31所示。

（3）用一块湿布擦掉进纸盘的搓纸辊上的纸尘，然后用一块干布将其擦干净，如图9-32所示。

（4）如果一体化速印机使用的是自动送稿器，则需要抬起送稿器，用一块湿布清洁送稿器，然后用一块干布将其擦净，如图9-33所示。

图9-31　清洁曝光玻璃盖

图9-32　清洁搓纸辊

图9-33　清洁送稿器

9.4 投影仪的使用

投影仪是用于放大显示图像或视频的投影装置，可与计算机连接，将计算机中的图像或视频转换成高分辨率的图像或视频，并将其投放在幕布上，具有高分辨率、高清晰度和高亮度等特点。投影仪被广泛应用于教学、移动办公、讲座演示和商务活动中。投影仪一般可分为两种，即便携式投影仪和吊装式投影仪，如图9-34和图9-35所示。

图9-34　便携式投影仪

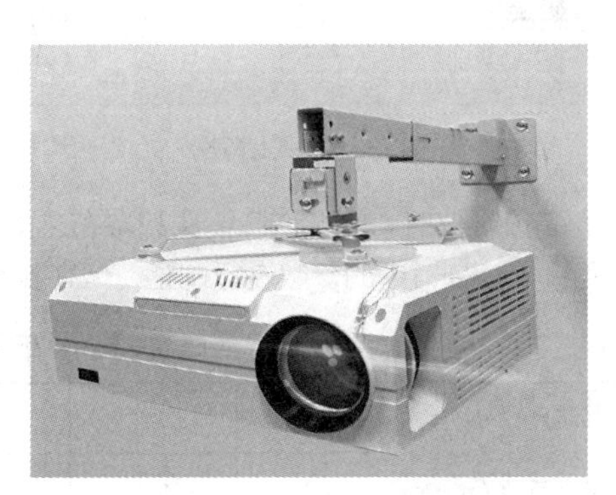

图9-35　吊装式投影仪

9.4.1 安装投影仪

投影仪的投影方式主要有桌上正投、吊装正投、桌上背投和吊装背投4种，其中，桌上正投和吊装正投是办公中使用较为广泛的投影方式。无论使用哪种方式进行投影，都必须对投影的角度进行适当的调整，所以在使用前，用户应首先将投影仪安装好，使其正对投影幕布，再通过投影仪操作面板上的按键来调整投影角度和投影大小。

- **桌上正投：**投影仪位于幕布的正前方，如图9-36所示，这是放置投影仪的常用方式，其安装快速且具移动性。
- **吊装正投：**投影仪倒挂于幕布正前方的天花板上，如图9-37所示。

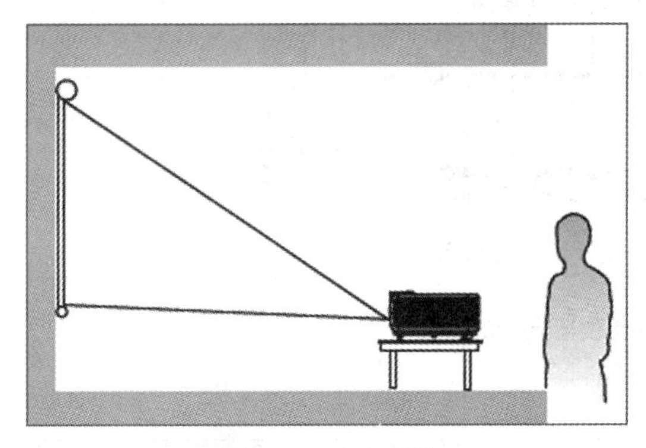

图9-36　桌上正投

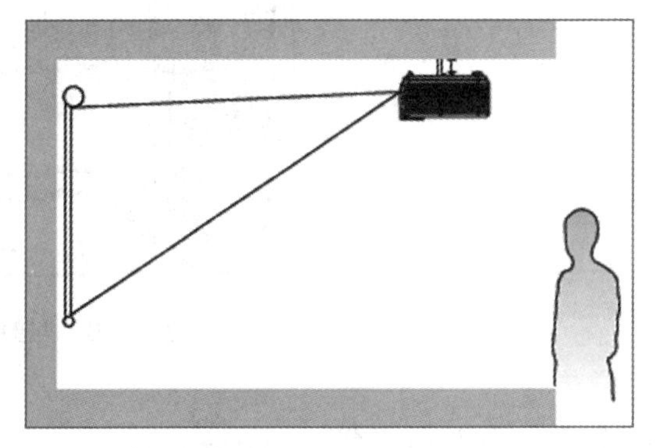

图9-37　吊装正投

- **桌上背投：**投影仪位于幕布的正后方，如图9-38所示，采用此投影方式需要一块专用的投影幕布。
- **吊装背投：**投影仪倒挂于幕布正后方的天花板，如图9-39所示，采用此投影方式需要一块专用的投影幕布和投影仪悬挂安装套件。

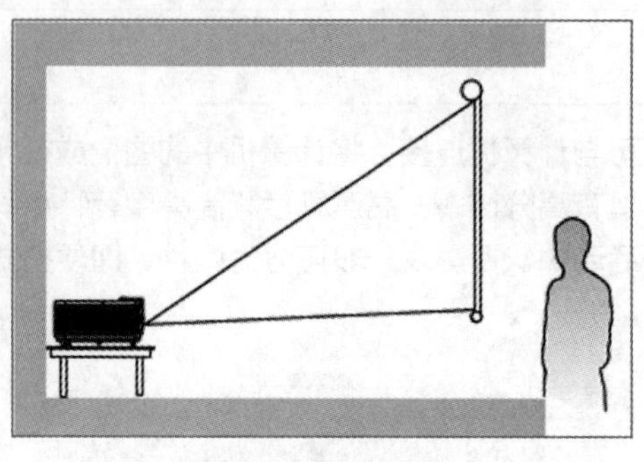
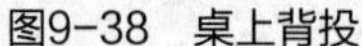

图9-38　桌上背投

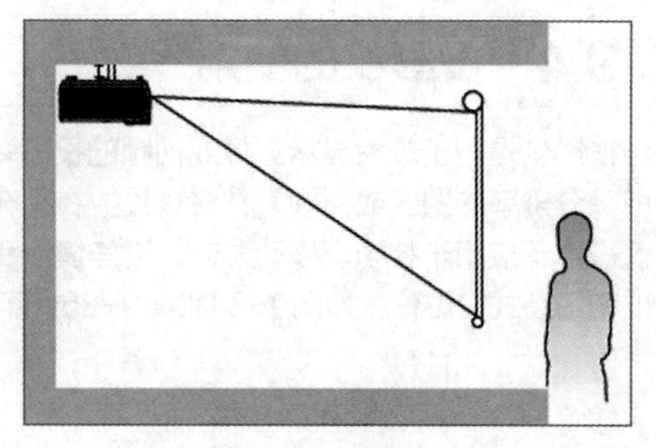

图9-39　吊装背投

安装投影仪时，需要注意镜头和幕布之间的距离，幕布尺寸不同，该距离则应有相应的变化，具体可参考表9-1中的参数进行调整，但在实际操作中还是应根据需要和实际情况进行调整。

表 9-1　幕布和镜头间距的设置参数

屏幕尺寸 /in	40	80	100	150	200	250	300
最小距离 /m	1.2	2.3	2.9	4.4	5.9	7.3	8.8
最大距离 /m	1.4	2.8	3.6	5.4	7.2	9.0	10.7

9.4.2　连接投影仪

将投影仪连接到计算机上后，即可将计算机中的画面投射到投影幕布上，具体操作如下。

（1）打开投影仪，将随机的HD D副15芯电缆两端分别连接在投影仪与计算机对应的端口上。

（2）将A/V连接适配器的输入端连接到投影仪上，在输出端连接音频电缆的输入端，然后将音频电缆的输出端连接到计算机对应的端口上，具体操作如图9-40所示。

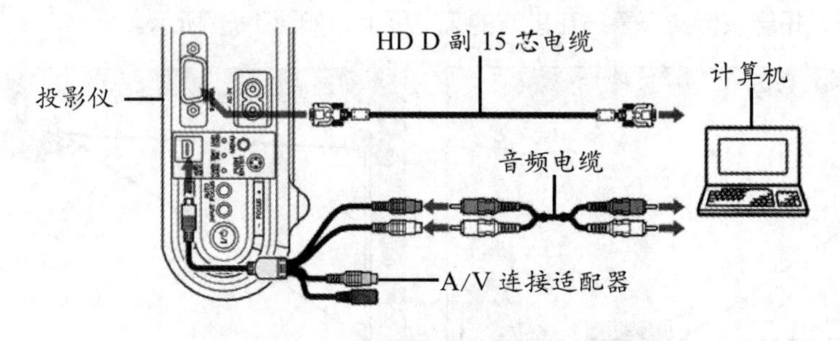

图9-40　连接投影仪与计算机

9.4.3　使用投影仪

投影仪安装、连接完成后，即可开始使用。在投影过程中，用户可根据投影效果进行相应的调试，具体操作如下。

（1）连接设备，当指示灯亮起时，表示投影仪进入待机状态，然后按下开机键。

（2）使投影仪与投影幕布垂直（不能垂直时可稍微调整角度，最大10°），然后按投影仪上的调节键，以调整投影仪的高度，如图9-41所示。

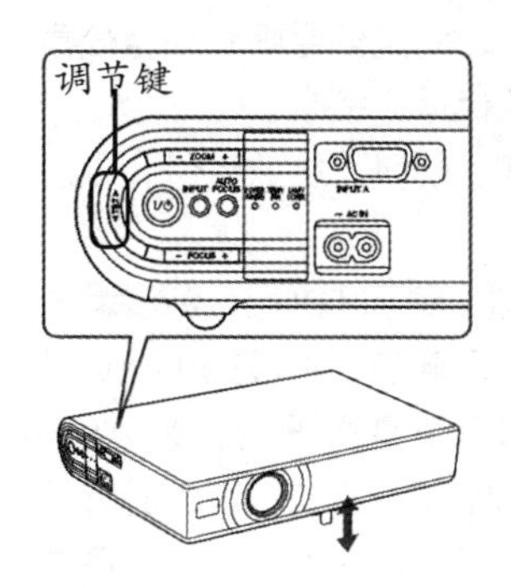

图9-41　调节投影仪高度

（3）切换所连接的装置向投影仪输出信号，根据计算机类型的不同，可能需要按下某个功能键来切换计算机的输出，如图9-42所示。

（4）通过操作面板上的“Wide”键来放大投影尺寸，通过“Tele”键来缩小投影尺寸，适当情况下，可将投影仪移至离投影幕布更远的地方，以进一步放大影像。

（5）当图像不太清晰时，可在操作面板上按下相应的按键以调整焦距。

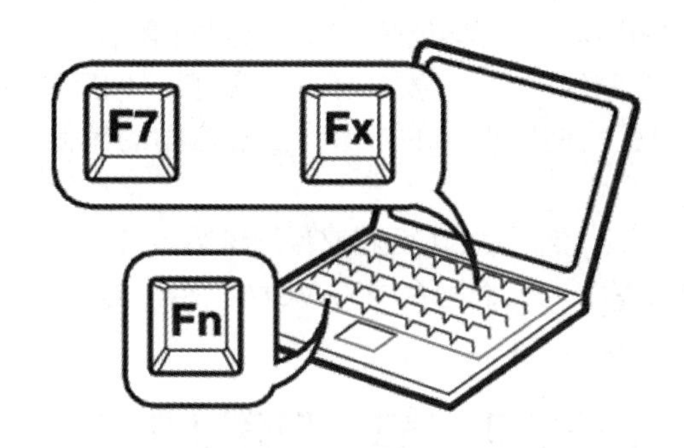

图9-42　计算机上的切换功能键

9.5　项目实训

本章介绍了常用办公设备的使用方法，其中，打印机是日常办公中的常用设备，而扫描仪、一体化速印机和投影仪等也较为常用。下面通过两个项目实训帮助大家灵活运用本章讲解的知识。

9.5.1　扫描并打印业务合同

1. 实训目标

本实训要求扫描并打印业务合同，涉及使用扫描仪和打印机等办公设备的相关知识。

2. 专业背景

员工在签订合同时，需要注意以下6个方面的内容。

- **审查：**在签订合同前，要认真做好主体审查工作，确认对方是否有资格做这笔交易，并查看对方的营业执照，了解其经营范围，以及对方的资金、信用和经营情况，其运营项目是否合法；若其具有担保人，也应调查其担保人的情况。

- **盖公章：**合同一般要求盖公章，而重要合同必须盖公章；加盖公章后应尽量要求对方的法定代表人或业务经理、特别授权代理人签字。
- **保密：**对于合同所涉及的数量、质量、货款支付，以及履行期限、地点和方式等内容，必须严格保密。
- **明确规定商品的标准：**一般按国家标准执行，若没有固定标准而有专业标准的，则按照专业标准执行；若没有国家和专业标准的，则应按企业标准执行。
- **明确规定双方应承担的义务和违约的责任：**清晰、明确地规定双方的责任和义务，若对方违约的可能性较大，则要尽量约定违约金数额或计算标准。
- **“订金”和“定金”要有所区别：**订金系预付款，合同解除或终止时顶抵货款或退回；而定金是担保金，交付定金一方违约时不予返还，收取定金一方违约时双倍返还，正常履行时顶抵货款，且合同起草时不能将“定金”写成“订金”“保证金”“押金”或“定约金”等。

3. 操作思路

首先应扫描合同文件，然后将U盘连接到计算机中，再通过网络将合同文件传送给对方，双方确认无误后，即可打印合同。

【步骤提示】

（1）连接扫描仪的电源，打开盖板，将合同的第1页放在原稿台上（合同左下角与原稿台对齐）。

（2）放下盖板，执行扫描操作，扫描仪开始扫描合同的第1页。

（3）打开盖板，取出合同的第1页，放入合同的第2页，然后放下盖板，执行相同的操作，扫描仪开始扫描合同的第2页。使用相同的方法，扫描合同的其他页，完成后取出合同的最后一页。

（4）将所有图片进行压缩，然后通过QQ将文件发送给对方。

（5）确定合同内容无误后，打开编写合同的Word文档，选择【文件】/【打印】命令，打开“打印”对话框，打印两份合同。

9.5.2 复印员工身份证并打印“员工入职登记表”表格

1. 实训目标

本实训要求双面复印新员工的身份证，然后打印“员工入职登记表”表格，登记新员工基本信息。

2. 专业背景

在日常办公中，如果公司招聘了新员工，那么行政人员就需要对新员工的身份、教育情况等信息进行核实和登记。一般要求员工提供身份证，然后对其身份证进行复印或扫描，以做好备份，便于在发放工资或购买保险等情况时使用。此外，新员工还需要填写“员工入职登记表”表格，在其中填写姓名、联系方式和教育情况等信息。

3. 操作思路

首先应对身份证进行双面复印，然后打印“员工入职登记表”表格，最后让员工填写自身的基本信息。

【步骤提示】

（1）启动一体化速印机，打开盖板，将身份证正面朝下放置在原稿台上，放下盖板，然后按“开始”键开始复印身份证正面。

（2）身份证正面复印完成后，再次打开盖板，将身份证反面朝下放置在原稿台上，与复印身份证正面时放置的位置间隔一个以上身份证证件的宽度，然后按“开始”键开始复印身份证反面。

（3）身份证反面复印完成后，将身份证原件取出交给新员工，然后打开保存在计算机中的“员工入职登记表”表格，设置页面后，选择【文件】/【打印】命令将其打印出来。

9.6 课后练习

本章主要介绍了常用办公设备的使用方法，下面在具备投影仪和U盘的条件下，通过两个练习帮助大家进一步掌握投影仪和U盘的使用方法。

练习1：连接投影仪并放映演示文稿

本练习将用数据线连接投影仪和计算机来放映演示文稿。大家首先应打开投影仪的电源，调节投影仪高度，将其正对投影幕布（若没有幕布，则可以使用白色的墙壁代替，但是应避免墙壁周围有较强的光源，以免影响投影图像的显示效果），然后在PowerPoint 2016中打开演示文稿，按【F5】键进行放映。

练习2：使用U盘存放效果文件

本练习将使用U盘存放用户制作的Word文档、Excel表格和PowerPoint演示文稿的效果文件。大家首先应在计算机中打开保存效果文件的位置，然后将U盘插入USB接口，复制效果文件，将其粘贴到U盘中。

9.7 技巧提升

1. 直接在网络中添加共享打印机

用户除了可以通过“控制面板”来添加局域网中的共享打印机外，还可直接在网络计算机中添加共享打印机，具体操作方法如下：双击桌面上的“网络”图标，打开“网络”窗口，再次双击安装有打印机的计算机选项，打开该计算机，在共享打印机选项上右击，在弹出的快捷菜单中选择“连接”命令，系统将自动进行连接，连接完成后即可使用，如图9-43所示。

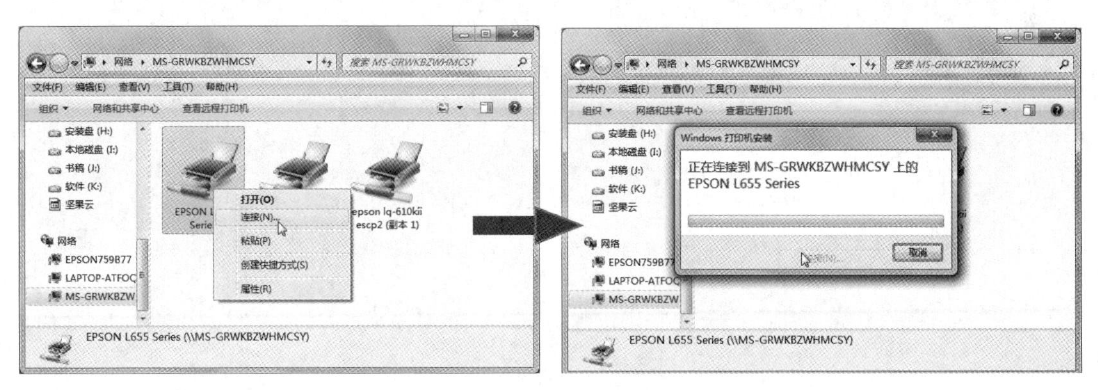

图9-43 直接在网络计算机中添加共享打印机

2. 通过软件启动扫描仪并进行扫描

扫描仪除了可以像书中介绍的那样，通过向导方式进行文件扫描外，还可通过软件进行扫描，如尚书七号、Photoshop等。在尚书七号中进行扫描的方法如下：打开扫描仪盖，放入需要扫描的图片或资料，使有图像的一面朝下，然后合上扫描仪盖，启动尚书七号软件，选择【文件】/【扫描】命令即可开始扫描，扫描完成后，软件的窗口中将显示扫描的图片。

3. 查杀移动硬盘或U盘中的木马

因为移动硬盘或U盘经常在不同计算机之间使用，所以容易感染木马。用户可通过360安全卫士等软件查杀移动硬盘或U盘中的木马，具体操作方法如下：在360安全卫士的主界面中单击“木马查杀”按钮，然后在打开的界面中单击“按位置查杀”按钮，再在打开的对话框的“扫描区域设置”列表框中选择移动硬盘或U盘的选项，最后单击开始扫描按钮开始查杀，如图9-44所示。

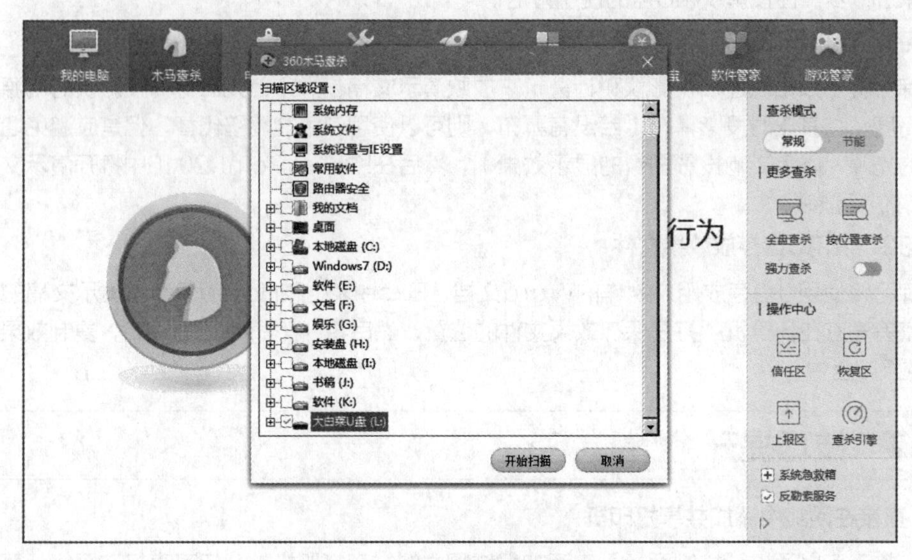

图9-44　查杀移动硬盘或U盘的木马

第10章 综合案例——编写广告文案

情景导入

米拉如今在工作岗位上游刃有余，也不负老洪的厚望，制作各类办公文档的速度和制作的各类办公文档的质量都有充分的保证，办公软件和设备也都运用得很熟练。公司最近接了一个项目，编写广告文案的重担落在了米拉的身上。借此机会，米拉将对前面所学的办公知识进行巩固和总结。

学习目标

- 巩固Word 2016、Excel 2016与PowerPoint 2016的操作方法。

如新建文件、保存文件、输入内容、编辑内容格式、美化文档、美化表格和美化演示文稿等。

- 巩固常用办公软件和设备的使用方法。

如WinRAR、QQ、Adobe Acrobat等软件的使用，以及打印机、扫描仪等办公设备的使用。

素质目标

学以致用，综合运用各方面知识解决各种问题，并不断创新工作方法。

案例展示

▲“洗面奶广告案例”演示文稿效果

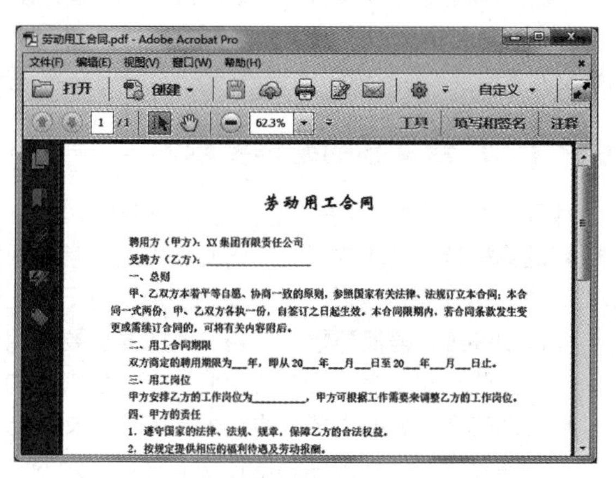

劳动用工合同

聘用方（甲方）：XX集团有限责任公司

受聘方（乙方）：________________

一、总则

甲、乙双方本着平等自愿、协商一致的原则，参照国家有关法律、法规订立本合同；本合同一式两份，甲、乙双方各执一份，自签订之日起生效。本合同限期内，若合同条款发生变更或需续订合同的，可将有关内容附后。

二、用工合同期限

双方商定的聘用期限为___年，即从20___年___月___日至20___年___月___日止。

三、用工岗位

甲方安排乙方的工作岗位为_________，甲方可根据工作需要来调整乙方的工作岗位。

四、甲方的责任

1．遵守国家的法律、法规、规章，保障乙方的合法权益。

2．按规定提供相应的福利待遇及劳动报酬。

▲合同 PDF 文档效果

10.1 案例目标

本案例要求制作广告文案，因此需要使用Office办公软件、网络办公应用和常用办公设备等方面的知识。在日常办公中，用户不仅需要掌握Word文档、Excel表格，以及PowerPoint演示文稿的编辑和设置等，还需要掌握在网络中搜索资源的方法，并熟练掌握常用办公设备的使用方法。广告文案的最终效果如图10-1所示。下面讲解具体的制作方法。

素材所在位置 素材文件\第10章\综合案例\广告文案

效果所在位置 效果文件\第10章\综合案例\广告文案

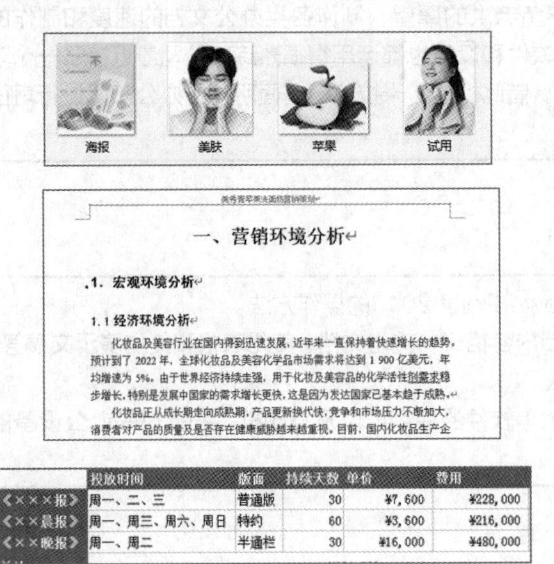

一、营销环境分析

1．宏观环境分析

1.1 经济环境分析

化妆品及美容行业在国内得到迅速发展，近年来一直保持着快速增长的趋势。预计到了2022年，全球化妆品及美容化学品市场需求将达到1 900亿美元，年均增速为5%。由于世界经济持续走强，用于化妆及美容品的化学活性剂需求稳步增长，特别是发展中国家的需求增长更快，这是因为发达国家已基本趋于成熟。

化妆品正从成长期走向成熟期，产品更新换代快，竞争和市场压力不断加大，消费者对产品的质量及是否存在健康威胁越来越重视。目前，国内化妆品生产企

	投放时间	版面	持续天数	单价	费用
《×××报》	周一、二、三	普通版	30	¥7,600	¥228,000
《××晨报》	周一、周三、周六、周日	特约	60	¥3,600	¥216,000
《××晚报》	周一、周二	半通栏	30	¥16,000	¥480,000

图10-1 广告文案的最终效果

10.2 专业背景

广告文案是大众传媒的一种宣传方式，传播速度快、效果佳。广告文案有广义和狭义之分，广义的广告文案是指通过广告语言、形象和其他因素，对既定的广告主题、广告创意进行具体表现；而狭义的广告文案则由表现广告信息的语言与文字构成。

10.2.1 广告文案的编写要求

编写广告文案时，用户应注意以下4点要求。

- **准确规范、点明主题：** 广告文案中的语言要规范、完整，避免产生歧义或误解；还要符合日常的语言表达习惯，避免使用生僻及过于专业的词语。
- **简明精练、言简意赅：** 广告文案的语言要简明扼要、精练概括，以尽可能少的语言实现有效的广告信息传播，使广告受众迅速记住广告内容。
- **生动形象、表明创意：** 生动形象的广告文案能够吸引受众的注意，在进行文案创作时，可采用生动活泼、新颖独特的语言，并以一定的图像进行辅助配合。

- **动听流畅、上口易记：**广告语言应优美、流畅和动听，易识别、记忆和传播，从而突显广告的定位，突出广告主题和广告创意，产生良好的广告效果。

10.2.2 广告文案的构成

广告文案主要由广告标题、广告正文、广告口号、广告图像和广告音响构成。在广告设计中，文案与图形图像同等重要，其中图形图像具有视觉冲击力，而广告文案具有较深的影响力。下面对广告标题、广告正文和广告口号进行简要介绍。

- **广告标题：**广告标题是广告内容的诉求重点，用于吸引消费者对广告产生兴趣。广告标题的语言应简明扼要，信息的传递应明确，且字数一般以12字之内为宜。
- **广告正文：**广告正文是对产品或服务的说明，从而加深消费者对产品或服务的了解与认识。广告正文的内容应实事求是、通俗易懂，并且还要抓住主要信息进行叙述。
- **广告口号：**广告口号是战略性的语言，可以使消费者掌握产品或服务的特性。广告口号应简洁明了、语言明确、独创有趣且便于记忆。

10.2.3 广告文案的编写原则

编写广告文案时，用户应遵循真实性原则、原创性原则和有效传播原则。

- **真实性原则：**真实性是广告文案的生命力所在，如果违背了真实性原则，那么广告文案就会因为失真而丧失可信度。广告活动如果失去了受众的信任，那么其本身就会是毫无意义的行为。
- **原创性原则：**原创性包括表现手法上的独创和信息内容上的独创，因此，广告文案既需要在形式上体现其原创性，也需要寻找到独特的信息内容进行表现。
- **有效传播原则：**有效传播是指通过沟通建立与目标消费者之间的独特联系，广告文案的优劣不仅取决于其销售产品的能力，更取决于其能否树立一个良好的品牌形象，并获得消费者的信任。

10.3 制作思路分析

在制作广告文案前，应收集相关资料，做好前期准备。此时，用户不仅可以进行相关的调查活动，还可在网上查找需要的数据和图片，再进行整合处理。处理数据时，用户可将Excel 2016和Word 2016结合使用，之后再发送文件供相关负责人审核，审核通过后将其打印输出，最后收集相关资料制作幻灯片。广告文案的制作思路如图10-2所示。

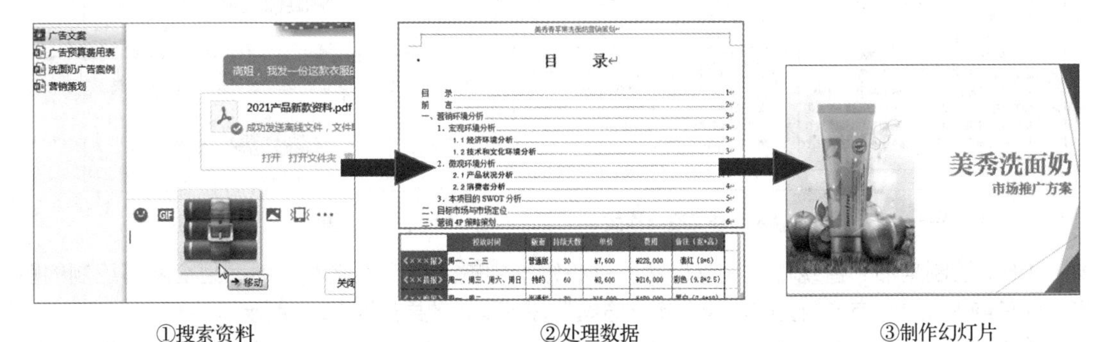

①搜索资料　②处理数据　③制作幻灯片

图10-2　广告文案的制作思路

10.4 操作过程

拟定好制作思路后，即可按照思路逐步进行操作，下面进行详细讲解。

10.4.1 制作“营销策划”文档

利用Word 2016整理文字资料，然后制作营销策划。制作营销策划之前必须进行市场调查，其目的是了解目标市场，然后分析和研究调查结果。撰写广告文案时，应该将实际调查的数据进行整理归纳，这样才能制作出真正符合市场需求的产品广告。下面使用Word 2016制作“营销策划”文档，具体操作如下。

（1）打开Word 2016，新建并保存“营销策划.docx”文档。

（2）在文档中输入相关资料，并将所有正文文本格式设置为“宋体”“小四”“首行缩进”“1.25倍行距”，然后为小标题段落添加项目符号，效果如图10-3所示。

（3）为一级标题文本应用“标题 1”样式，并设置为居中显示；为二级标题文本应用“标题 2”样式；将三级标题文本格式设置为“黑体”“小三”；将四级标题文本格式设置为“宋体”“小四”“加粗”，然后分别为各级文本段落设置相应的大纲级别，效果如图10-4所示。

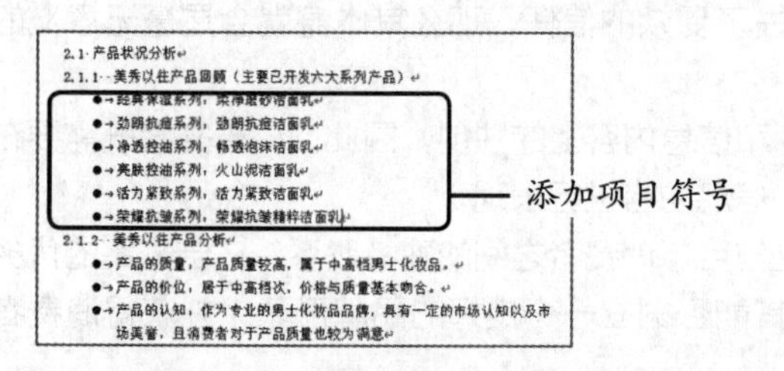
2.1 产品状况分析
2.1.1 美秀以往产品回顾（主要已开发六大系列产品）
- 经典保湿系列，深净磨砂洁面乳
- 劲朗抗痘系列，劲朗抗痘洁面乳
- 净透控油系列，畅透泡沫洁面乳
- 爽肤控油系列，火山泥洁面乳
- 活力紧致系列，活力紧致洁面乳
- 荣耀抗皱系列，荣耀抗皱精粹洁面乳

2.1.2 美秀以往产品分析
- 产品的质量，产品质量较高，属于中高档男士化妆品。
- 产品的价位，居于中高档次，价格与质量基本吻合。
- 产品的认知，作为专业的男士化妆品品牌，具有一定的市场认知以及市场美誉，且消费者对于产品质量也较为满意

图10-3 输入文本、设置正文文本格式并添加项目符号

- 产品的价位，居于中高档次，价格与质量基本吻合。
- 产品的认知，作为专业的男士化妆品品牌，具有一定的市场认知以及市场美誉，且消费者对于产品质量也较为满意

2.1.3 产品现状

通过市场调查问卷可知，虽然美秀有了一定的知名度，但是产品知名度低于外国品牌，市场占有率比较低，仅为 9%，远远低于国际知名品牌。

2.2 消费者分析

2.2.1 大众对于男士化妆品的认识
- 大众审美观念正逐渐发生改变，举止得体、仪容整洁、个性化的标准逐

图10-4 设置标题文本样式及文本段落的大纲级别

（4）在文档中插入表格，在其中输入相应内容并设置其格式，效果如图10-5所示。

（5）在“2.1 调查对象”下的表格“年龄段”下方插入“年龄段.jpg”图片，并使其居中显示，然后按照相同的方法在其他表格下方插入相应的图片，效果如图10-6所示。

3. 本项目的SWOT分析

优势	劣势	机会	威胁
➢ 质量、技术等方面都体现专业性 ➢ 资金、技术实力雄厚，具有市场基础	➢ 品牌宣传力度不够 ➢ 营销创新不够	➢ 经济发展迅速，消费者购买力增强 ➢ 男士审美观发生变化，越来越在乎形象	➢ 大多数中国男性缺少美容护肤的意识 ➢ 国外品牌占据高端市场
SO	**WO**	**ST**	**WT**
➢ 塑造良好的品牌形象，扩大知名度 ➢ 利用经验、技术等方面的优势不断研发满足消费者需求的产品	➢ 加大广告投入，使品牌形象深入人心 ➢ 采用多渠道、多元化营销策略，向消费者传递品牌文化、理念	➢ 提供咨询服务传播美容护肤常识，挖掘潜在市场 ➢ 采用差异化竞争策略，在细分市场上做精做强	➢ 适当地宣传，不断巩固品牌形象 ➢ 在产品和营销上不断创新

图10-5 插入表格、输入内容并设置格式

年龄段	25岁以下	25到35岁	36~50岁	50岁以上
答卷数量	4	212	12	0
答卷比例	2%	93%	5%	0

25岁以下
25到35岁
36到50岁
50岁以上

月收入	2000元以下	2000~5000元	5001~10000元	10000元以上
答卷数量	28	112	64	24
答卷比例	12%	49%	28%	11%

2000元以下
2000~5000元
5001~10000元
10000元以上

图10-6 插入图片

（6）绘制矩形、直线和箭头等形状，并在矩形中输入相应的文本，然后组合所有绘制的图形，将其嵌入在“1.市场调查的步骤及实施方案”段落下，效果如图10-7所示。

（7）在页眉区域双击进入页眉编辑状态，输入页眉内容“美秀青苹果洗面奶营销策划”文本，然后切换到页码编辑状态，插入普通数字型页码，并将其居中显示，效果如图10-8所示。

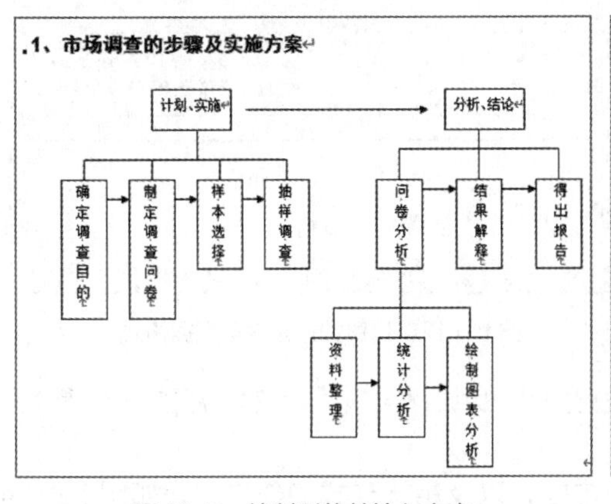

图10-7　绘制形状并输入文本

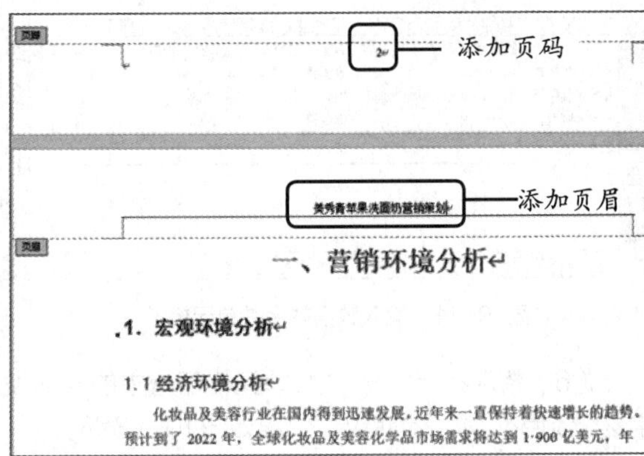

图10-8　添加页眉和页码

（8）在第一页上方插入目录，其格式为“来自模板”，“显示级别”为3，效果如图10-9所示。

（9）在目录页上方插入“奥斯汀”封面，并分别在模板中输入标题和作者，效果如图10-10所示。最后将制作完成的文档进行保存。

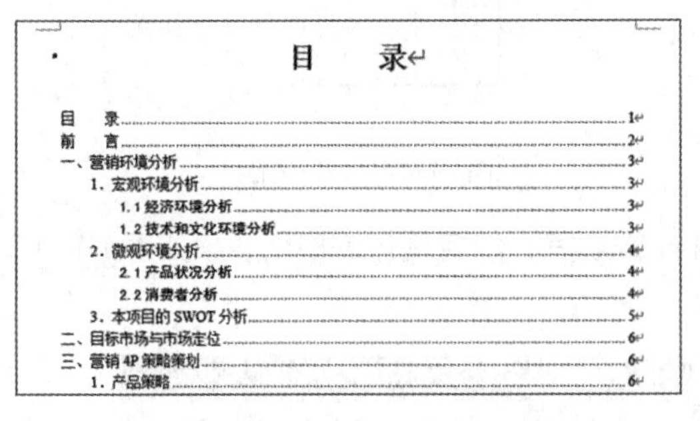

目　录

目　录	1
前　言	2
一、营销环境分析	3
1. 宏观环境分析	3
1.1 经济环境分析	3
1.2 技术和文化环境分析	3
2. 微观环境分析	4
2.1 产品状况分析	4
2.2 消费者分析	4
3. 本项目的SWOT分析	5
二、目标市场与市场定位	6
三、营销4P策略策划	6
1. 产品策略	6

图10-9　插入目录

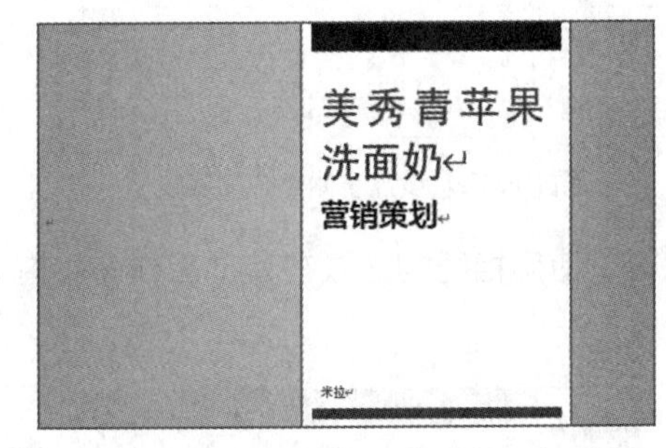

图10-10　插入封面

10.4.2　制作“广告预算费用表”表格

搜集完资料后，即可将相关数据录入Excel表格，再使用公式对广告预算费用进行计算。下面在Excel 2016中计算广告预算费用，具体操作如下。

（1）打开Excel 2016，新建并保存“广告预算费用表.xlsx”工作簿。

（2）新建4张工作表，然后将5张工作表分别命名为“总计费用”“报纸”“杂志”“电视”“户外、车体”。

（3）选择“报纸”工作表，输入相应的数据后，合并B5:G5单元格区域，然后根据内容调整行高和列宽，效果如图10-11所示。

（4）在F2单元格中输入公式“=D2*E2”，再将公式向下填充到F4单元格中，然后在B5单元格中使用求和函数“=SUM(F2:F4)”，计算出F2:F4单元格区域中的费用总和。

（5）将表头的对齐方式设置为居中对齐，然后将E2:E4、F2:F4单元格区域，以及B5单元格中的数据类型设置为“货币”，再将C2:G4单元格区域中的对齐方式设置为居中对齐，效果如图10-12所示。

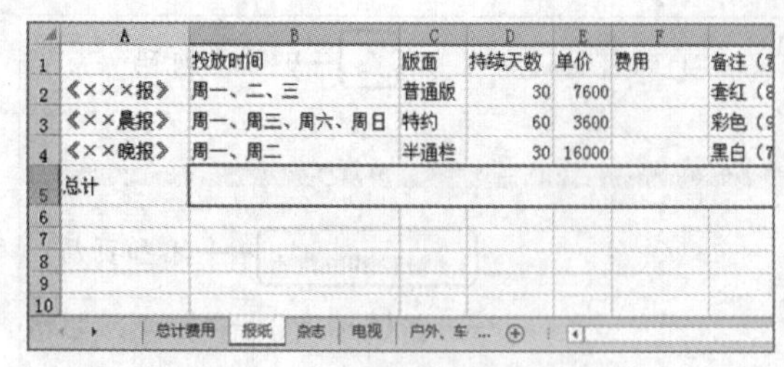

图10-11　输入数据并合并单元格

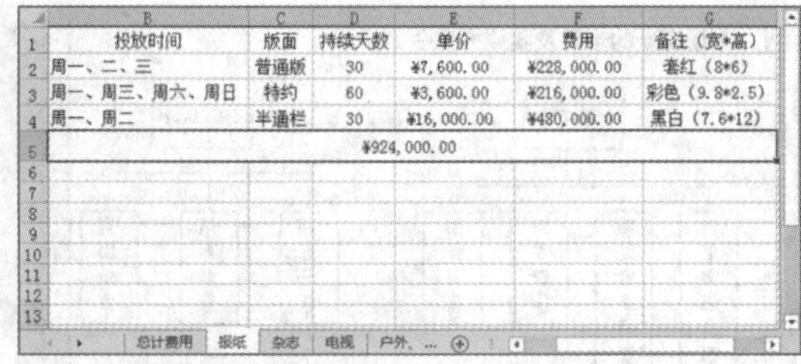

图10-12　计算数据并设置数据格式

（6）将A2:A5、B1:G1单元格区域中的字体设置为“白色、背景 1”，然后添加“深蓝、文字 2、淡色40%”的底纹，效果如图10-13所示。

（7）为B2:G5单元格区域添加虚线样式的内边框，以及粗线样式的外边框，如图10-14所示。

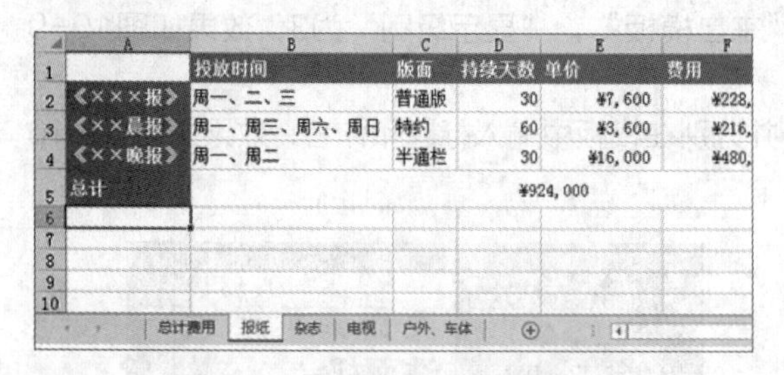

图10-13　设置字体格式和底纹

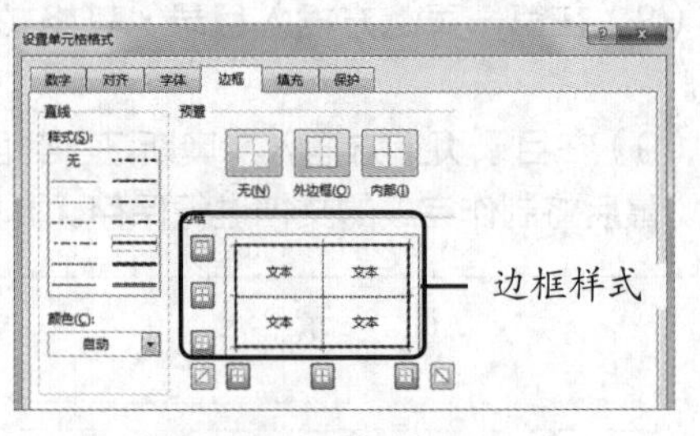

图10-14　设置边框

（8）使用相同的方法在其他工作表中输入并计算数据，然后美化表格，效果如图10-15所示。

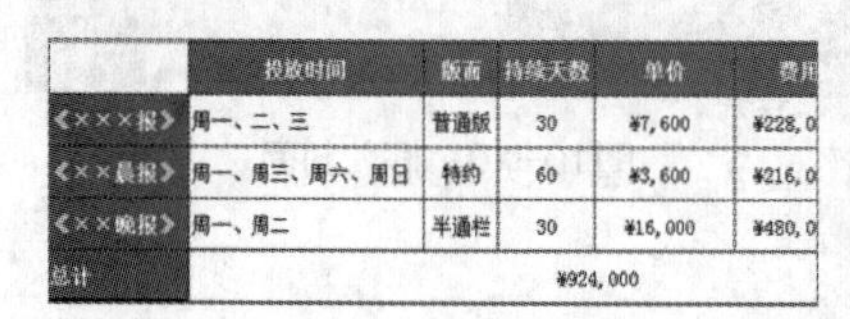

图10-15　美化表格

（9）选择“总计费用”工作表，在B2单元格中输入“=”，然后单击“报纸”工作表标签，在该工作表中选择B5单元格，并按【Enter】键引用该单元格中的数据。

（10）分别在C2、D2和E2单元格中引用相应表格中的数据，然后在F2单元格中计算B2:E2单元格区域中的数据总和，效果如图10-16所示。

（11）在F3单元格中输入“1”，在B3:E3单元格区域中分别输入公式“=B2/F2”“=C2/F2”“=D2/F2”“=E2/F2”，计算出各项费用占总费用的比例，然后将B3:F3单元格区域中的数据类型设置为“百分比”，效果如图10-17所示。

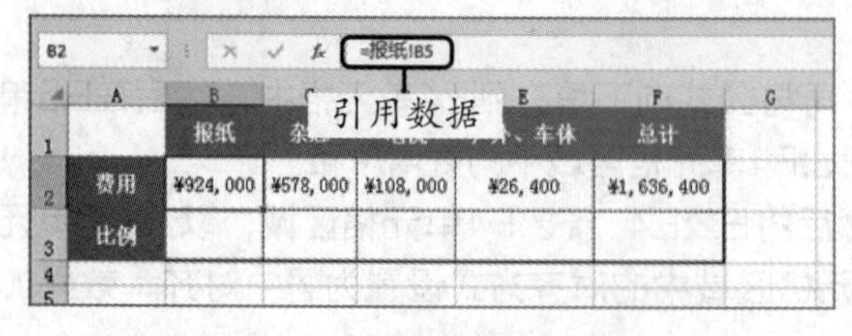

图10-16　引用各项费用并计算总费用

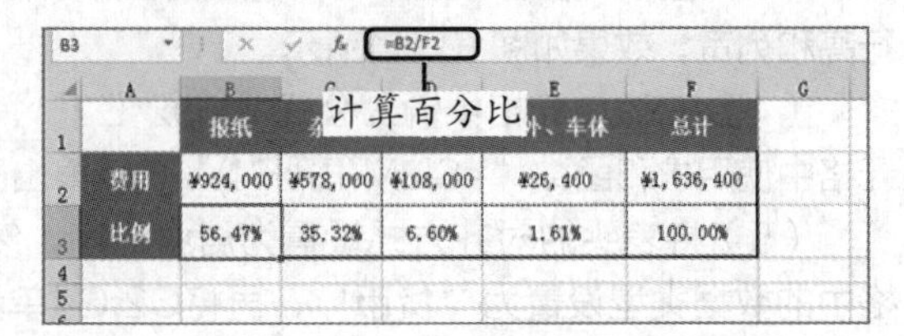

图10-17　计算各项费用占总费用的比例

10.4.3 制作“洗面奶广告案例”演示文稿

微课视频

制作“洗面奶广告案例”演示文稿

资料整理完毕后，即可使用PowerPoint 2016制作产品的广告演示文稿，从而更直观地展示产品。下面在PowerPoint 2016中制作“洗面奶广告案例”演示文稿，具体操作如下。

（1）打开PowerPoint 2016，新建“洗面奶广告案例.pptx”演示文稿。

（2）单击【设计】/【自定义】组中的“幻灯片大小”按钮，在弹出的下拉列表中选择“自定义幻灯片大小”选项。在打开的“幻灯片大小”对话框中将幻灯片大小设置为“全屏显示（16:9）”，如图10-18所示。

（3）切换到幻灯片母版视图，将主题设置为“平面”，如图10-19所示，然后将主题的颜色设置为“蓝色Ⅱ”。

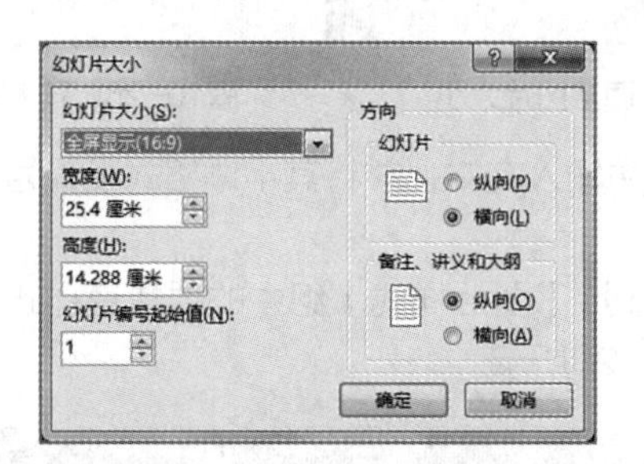

图10-18 设置幻灯片页面大小

图10-19 设置幻灯片主题

（4）将第1张幻灯片母版上方的矩形填充颜色设置为“青绿，个性色3，淡色60%”，高度设置为“2.2厘米”，宽度设置为“25.4厘米”，并设置矩形的排列顺序，如图10-20所示。

（5）在矩形的下方绘制一个填充颜色为“橙色”、高度为“0.15厘米”、宽度为“25.4厘米”的新矩形，如图10-21所示。

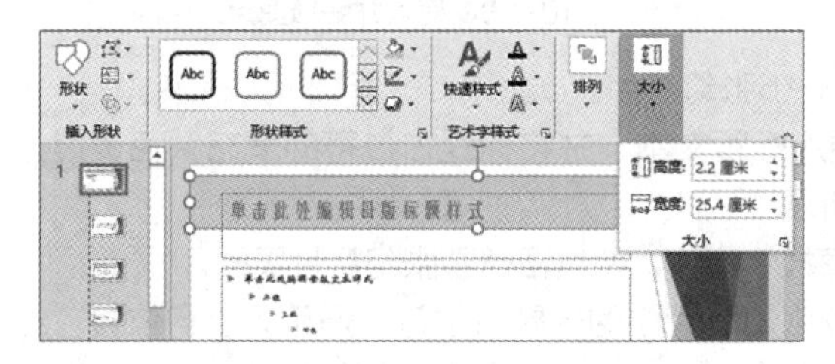

图10-20 修改上方第1个矩形

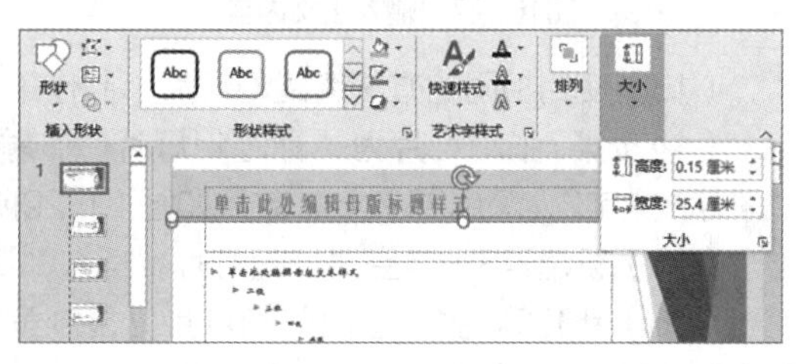

图10-21 绘制新矩形

（6）选择第1张幻灯片中的标题占位符，将其字体格式设置为“方正中雅宋简”“27”，如图10-22所示。

（7）选择副标题占位符，将其字体格式设置为“方正中雅宋简”“9”，如图10-23所示。

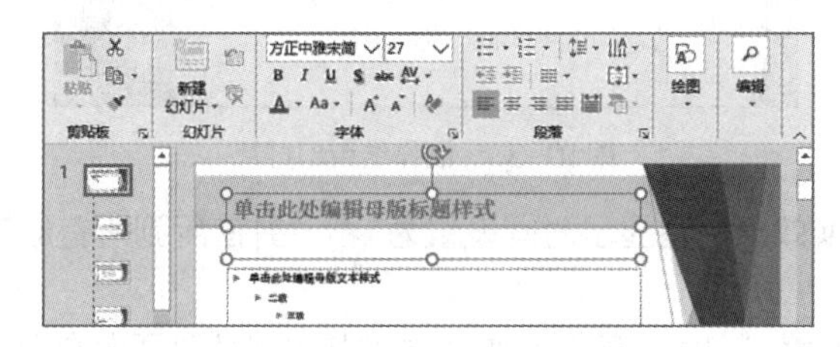

图10-22 设置标题占位符字体格式

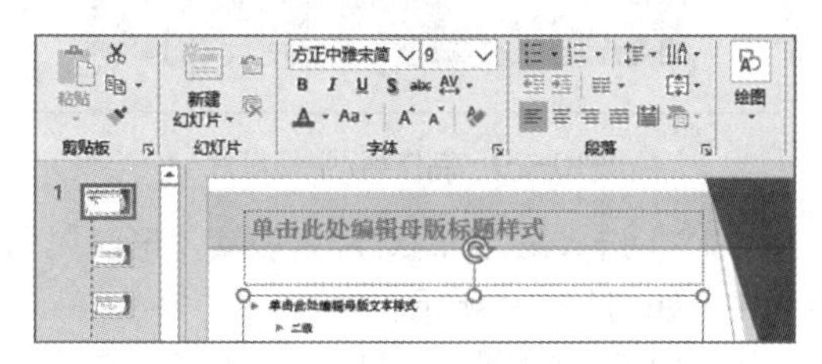

图10-23 设置副标题占位符字体格式

（8）退出幻灯片母版视图，选择第1张幻灯片，单击【插入】/【图像】组中的“图片”按钮。在打开的“插入图片”对话框中双击“洗面奶”图片，如图10-24所示。

（9）将图片插入幻灯片中，选择图片，适当调整其大小和位置，效果如图10-25所示。

（10）调整标题占位符的大小，输入标题文本，并将字体设置为“方正中雅宋简”，效果如图10-26所示。

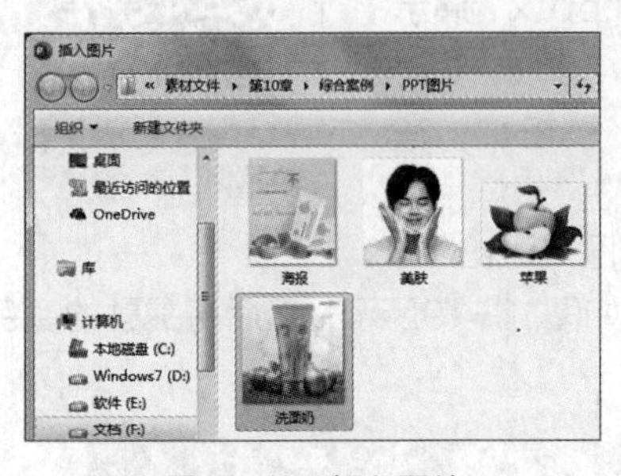

图10-24　插入图片

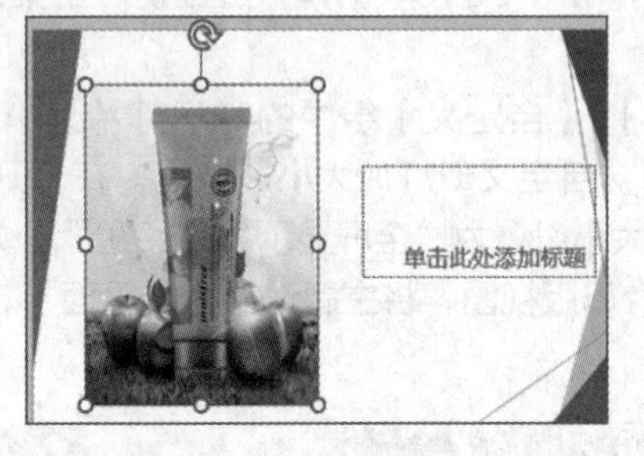

图10-25　调整图片大小

图10-26　输入标题

（11）按【Entet】键新建幻灯片，在正文占位符中输入文本，并将其字体格式设置为“方正中雅宋简”“19”，效果如图10-27所示。

（12）在幻灯片右侧插入“美肤”图片，在【格式】/【图片样式】组中的“快速样式”下拉列表中将图片样式设置为“旋转，白色”，效果如图10-28所示。

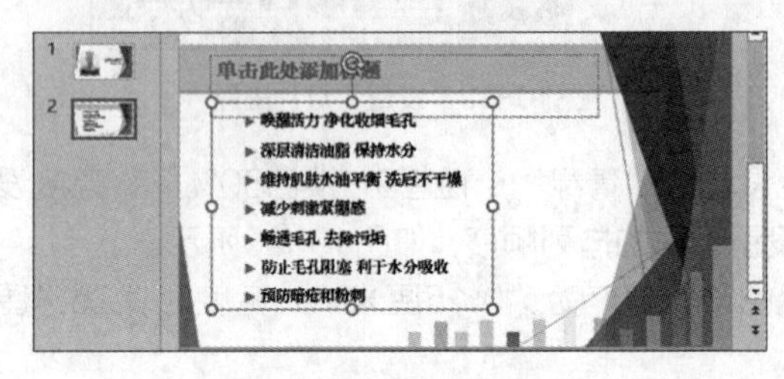

图10-27　输入正文内容

图10-28　插入并编辑图片

（13）使用相同的方法新建幻灯片，制作第3～6张幻灯片。

（14）第7张幻灯片为“标题幻灯片”，输入标题文本，并将标题占位符的填充颜色设置为“深青，文字2，深色25%”，效果如图10-29所示。

（15）新建第8张“空白”幻灯片，插入“海报”图片，使其覆盖整张幻灯片页面。

（16）新建第9张“空白”幻灯片，复制第7张幻灯片中的标题占位符，调整大小和位置，然后输入结束语，并将其填充颜色设置为“绿色、个性色4”，效果如图10-30所示。

图10-29　制作第7张幻灯片

图10-30　制作结束幻灯片

（17）选择第1张幻灯片，设置“形状”切换效果，将显示时间设置为1秒，并应用到所有幻灯片中，如图10-31所示。

（18）选择第2张幻灯片中的正文占位符，设置“向内溶解”动画效果，并将持续时间设置为1秒，如图10-32所示。

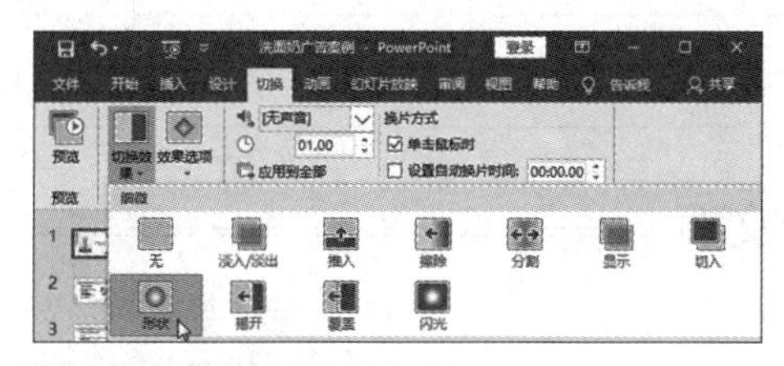

图10-31　设置幻灯片切换效果

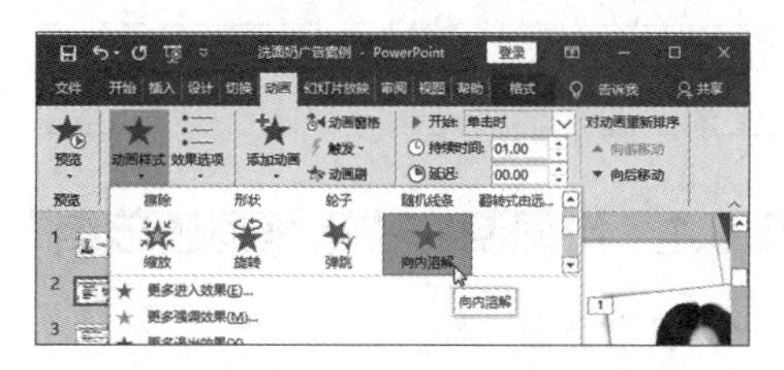

图10-32　设置幻灯片对象动画效果

（19）使用相同的方法为其他幻灯片中的各个对象设置动画效果，然后保存演示文稿。

10.4.4　发送文件进行审核

在工作中完成文件的制作后，有时还需要将文件发送给相关负责人进行审核，相关负责人将查看其是否合乎要求。下面首先将制作的文件进行压缩，然后使用QQ发送，具体操作如下。

（1）打开“广告文案”文件夹，选择制作完成的3个文件，右击，在弹出的快捷菜单中选择“添加到‘广告文案.rar’”命令，如图10-33所示。

（2）登录QQ账号，将压缩后的文件拖曳至QQ对话框的文本框中，然后将其发送给相关负责人，如图10-34所示。

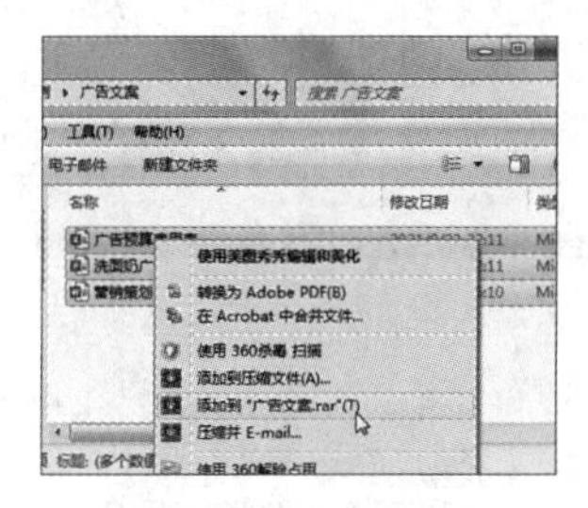

图10-33　压缩文件

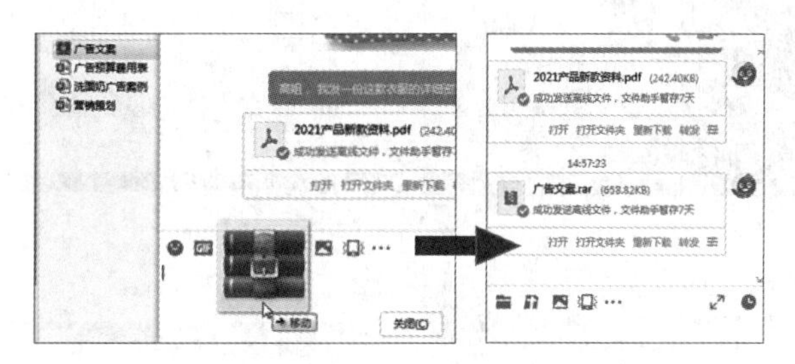

图10-34　发送压缩文件

10.4.5　打印文档

在日常办公中，有时需要将文档打印出来，以便查看和使用。下面将制作的“营销策划.docx”文档打印3份，具体操作如下。

（1）启动打印机，在Word 2016中选择【文件】/【打印】命令。

（2）在“打印”界面的“份数”数值框中输入“1”，在“打印机”栏中选择连接的打印机，在“设置”栏中设置页面方向为纵向，纸张大小为A4。

（3）预览效果后，单击“打印”按钮开始打印，如图10-35所示。

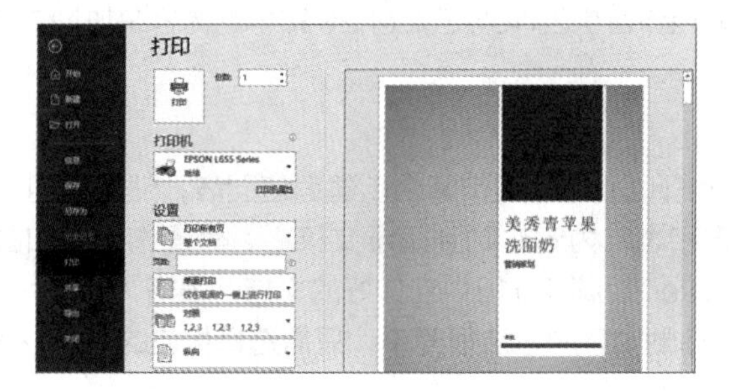

图10-35　打印文档

10.5 项目实训

10.5.1 协同制作“年终销售总结”演示文稿

1. 实训目标

根据提供的“年终销售总结.pptx”“销售情况统计.xlsx”“销售工资统计.xlsx”“销售总结草稿.docx”文件，协同制作“年终销售总结”演示文稿并设计动画效果，最终效果如图10-36所示。

素材所在位置 素材文件\第10章\项目实训\年终销售总结\

效果所在位置 效果文件\第10章\项目实训\年终销售总结\

图10-36 “年终销售总结”演示文稿的最终效果

2. 专业背景

“年终总结”演示文稿是公司针对当年的整体情况进行的汇总报告，概括性极强，是总结性的演示文稿，其重点一般包括产品的生产状况、质量状况、销售情况以及来年的计划。“年终总结”演示文稿对公司有积极的作用，在实际工作中，这类文稿包含总结文本信息、表格及图表等对象，在PowerPoint 2016中调用Word 2016、Excel 2016中的内容来协同制作演示文稿，可以有效提高工作效率。

3. 操作思路

首先应在“销售情况统计.xlsx”工作簿中创建销售图表，然后使用PowerPoint 2016创建演示文稿，并将文档内容和表格内容粘贴到演示文稿中，其操作思路如图10-37所示。在Word 2016、Excel 2016、PowerPoint 2016中制作好的文档、表格、幻灯片等对象可以通过复制、粘贴操作相互调用。复制与粘贴对象的方法很简单，只需选择相应的对象并进行复制，再切换到另一个Office组件中粘贴即可。

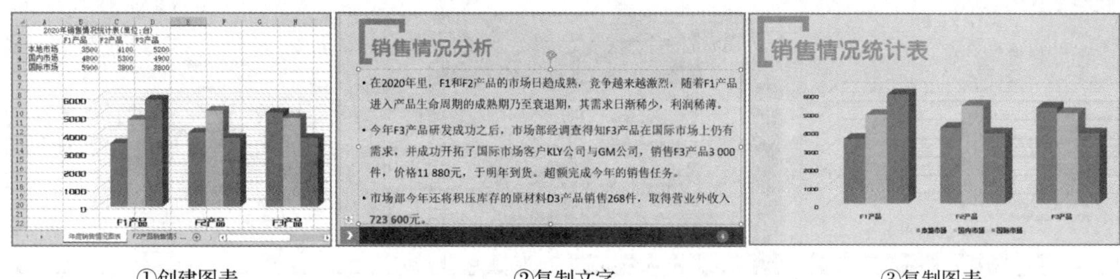

①创建图表　　②复制文字　　③复制图表

图10-37　“年终销售总结”演示文稿的操作思路

【步骤提示】

（1）将“销售总结草稿.docx”文档的正文内容添加到“年终销售总结.pptx”演示文稿的第4张、第6张、第7张幻灯片中。

（2）在“销售情况统计.xlsx”工作簿中创建销售图表，然后将图表粘贴到“年终销售总结.pptx”演示文稿的第3张幻灯片中。

（3）将“销售情况统计.xlsx”工作簿中的F2产品销售表格数据粘贴到“年终销售总结.pptx”演示文稿的第5张幻灯片中。

（4）在“年终销售总结.pptx”演示文稿的第8张幻灯片中粘贴“销售工资统计.xlsx”工作簿的“基本工资”工作表和“提成工资”工作表中的销售数据表格。

（5）为每张幻灯片中的各个对象添加动画效果，并为每张幻灯片设置切换效果。

10.5.2　使用QQ开展业务

1. 实训目标

本实训的目标是使用QQ开展业务，首先公司领导通过QQ发布任务，如制作劳动合同等，然后员工开始制作劳动合同等，制作完成后，将合同文件发送给领导进行审核，这里先将合同文档转换为PDF文件再进行发送。审核通过之后，员工按照实际情况进行打印。

素材所在位置　素材文件\第10章\项目实训\劳动用工合同.docx

效果所在位置　效果文件\第10章\项目实训\劳动用工合同.pdf

2. 专业背景

QQ在办公自动化中占有举足轻重的地位。它拥有众多用户，几乎每个客户和同事都有一个甚至多个QQ账号。在工作中，很多事情都需要通过QQ来进行，如信息的交流、业务的沟通、消息的传达等。在使用QQ的过程中，用户应掌握相关交流技巧，即交谈的对象身份不同，交谈的内容、说话的语气和用词等都应有所区别，如在称呼方面，与客户交流时需要使用尊称，与上司交流时要尽量言简意赅等。

3. 操作思路

先打开“劳动用工合同.docx”文档，然后使用Adobe Acrobat将“劳动用工合同.docx”文档转换为PDF格式的文件，并通过QQ传送文件，最后打印输出，其操作思路如图10-38所示。

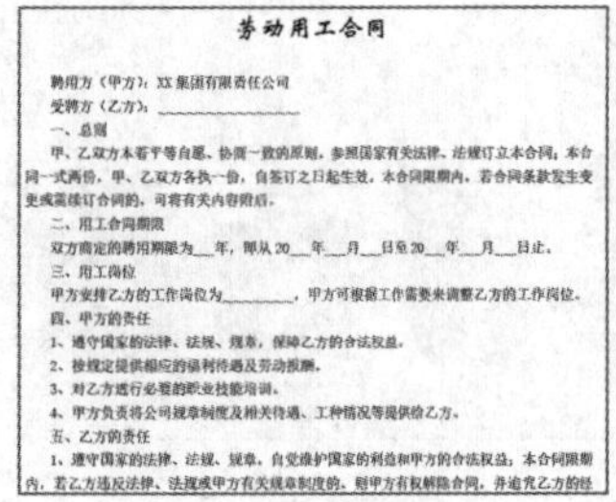

劳动用工合同

聘用方（甲方）：XX集团有限责任公司

受聘方（乙方）：________________

一、总则

甲、乙双方本着平等自愿、协商一致的原则，参照国家有关法律、法规订立本合同；本合同一式两份，甲、乙双方各执一份，自签订之日起生效。本合同限期内，若合同条款发生变更或需续订合同的，可将有关内容附后。

二、用工合同期限

双方商定的聘用期限为__年，即从20__年__月__日至20__年__月__日止。

三、用工岗位

甲方安排乙方的工作岗位为________，甲方可根据工作需要来调整乙方的工作岗位。

四、甲方的责任

1、遵守国家的法律、法规、规章，保障乙方的合法权益。

2、按规定提供相应的福利待遇及劳动报酬。

3、对乙方进行必要的职业技能培训。

4、甲方负责将公司规章制度及相关待遇、工种情况等提供给乙方。

五、乙方的责任

1、遵守国家的法律、法规、规章，自觉维护国家的利益和甲方的合法权益；本合同限期内，若乙方违反法律、法规或甲方有关规章制度的，则甲方有权解除合同，并追究乙方的经

①使用Word 2016制作文档

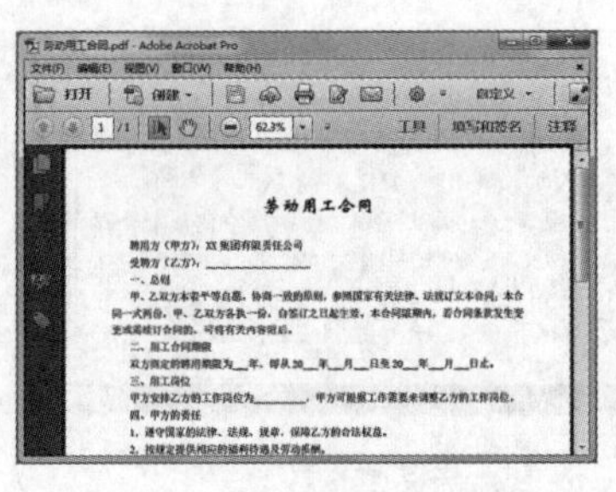

②使用Adobe Acrobat转换文档格式

③发送文件

图10-38　使用QQ开展业务的操作思路

【步骤提示】

（1）启动Word 2016，打开“劳动用工合同.docx”文档。

（2）使用Adobe Acrobat将“劳动用工合同.docx”文档转换为PDF文件。

（3）登录QQ账号，发送“劳动用工合同.pdf ”文件供相关负责人进行审核。

（4）通过审核后，将“劳动用工合同.docx”文档打印输出。

10.6　课后练习

本章主要通过综合案例来巩固Word 2016、Excel 2016和PowerPoint 2016的相关操作知识。下面通过两个练习帮助大家进一步掌握使用Word 2016、Excel 2016和PowerPoint 2016制作各类文件的一般方法。

练习1：协同制作“市场分析”演示文稿

下面将根据提供的文档和表格，在PowerPoint 2016中粘贴相关文本并插入相关工作簿，协同完成“市场分析”演示文稿的制作，“市场分析”演示文稿的最终效果如图10-39所示。

素材所在位置　素材文件\第10章\课后练习\市场分析\

效果所在位置　效果文件\第10章\课后练习\市场分析.pptx

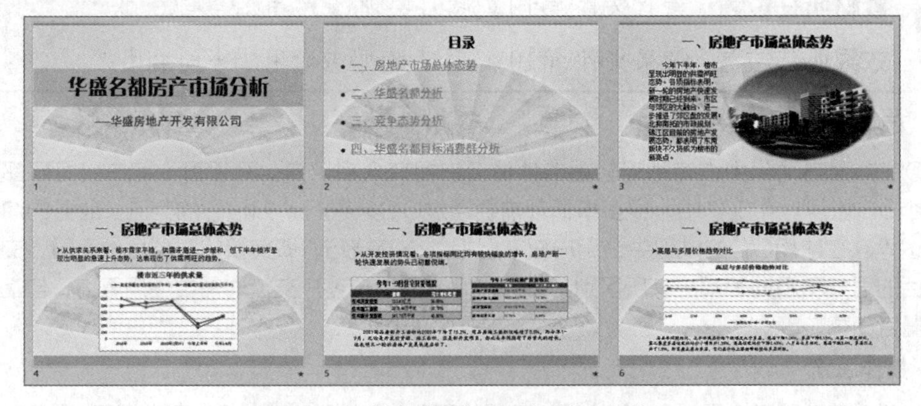

图10-39　“市场分析”演示文稿的最终效果

操作要求如下。

- 在提供的“市场分析.docx”文档中复制相关文本。

- 在PowerPoint 2016中按【Ctrl+V】组合键进行粘贴。
- 选择需要创建图表的幻灯片，单击【插入】/【文本】组中的“对象”按钮，打开“插入对象”对话框，在其中选择需要插入的“开发情况.xlsx”工作簿和“投资情况.xlsx”工作簿。

练习2：办公软、硬件的使用方法

通过本练习，大家可掌握办公自动化中常用软、硬件的使用方法，练习目的如下。

- 熟练掌握使用WinRAR压缩与解压文件的操作方法。
- 熟练掌握使用QQ的操作方法。
- 熟练掌握使用美图秀秀的操作方法。
- 熟练掌握打印机的使用方法。
- 熟练掌握一体化速印机的使用方法。
- 了解扫描仪和投影仪的使用方法。

操作要求如下。

- 获取相关的软件安装程序，下载后进行解压，再进行安装。
- 使用QQ与同事进行交流。
- 使用美图秀秀编辑计算机中保存的图片。
- 将制作的某个Word文档利用打印机进行打印。
- 将上一步中打印的Word文档复印两份。
- 将现有的文件通过扫描仪扫描到计算机中。
- 使用投影仪放映制作的演示文稿。

10.7 技巧提升

1. Word文档的制作流程

Word 2016常用于制作和编辑办公文档，如通知、说明书等。在制作这些文档时，只要掌握了使用Word 2016制作文档的流程，那么操作起来就非常方便、快捷。虽然使用Word 2016可制作的文档类型非常多，但其制作流程基本相同，如图10-40所示。

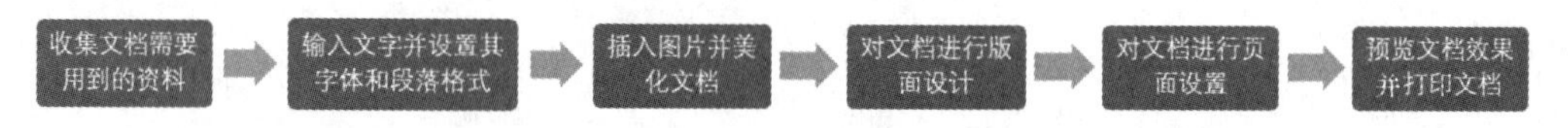

图10-40 Word文档的制作流程

2. Excel表格的制作流程

Excel 2016常用于创建和编辑电子表格，用户通过它不仅可以制作各种类型的电子表格，还能对其中的数据进行计算、统计等。Excel 2016的应用范围比较广泛，如制作日常办公表格、财务表格等。因此，用户需要掌握Excel 表格的制作流程，如图10-41所示。

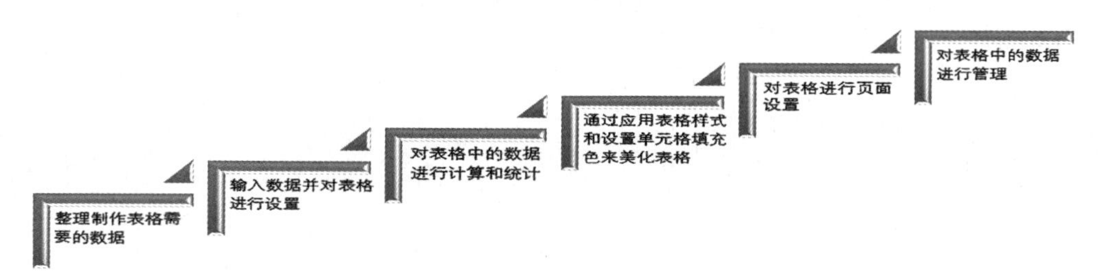

图10-41 Excel表格的制作流程

3. PowerPoint演示文稿的制作流程

PowerPoint 2016是目前办公领域中应用较为广泛的Office组件，可用于制作培训资料、宣传单、课件及会议报告等多种类型的演示文稿。虽然使用PowerPoint 2016制作的演示文稿类型比较多，但其制作流程基本类似，如图10-42所示。

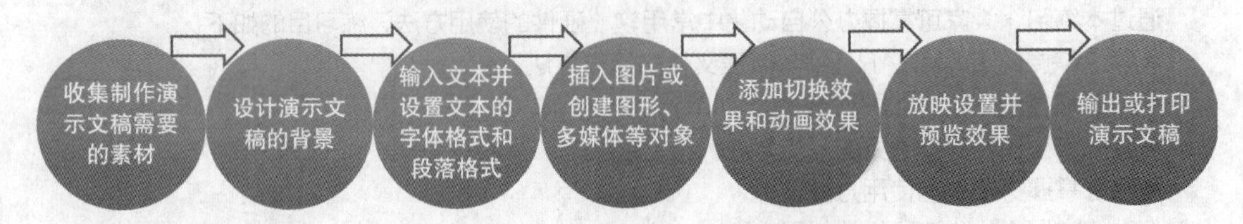

图10-42 PowerPoint演示文稿的制作流程